Heft 600

DEUTSCHER AUSSCHUSS FÜR STAHLBETON

Erläuterungen zu DIN EN 1992-1-1 und DIN EN 1992-1-1/NA (Eurocode 2)

1. Auflage 2012

Herausgeber:
Deutscher Ausschuss für Stahlbeton e. V. – DAfStb

Beuth Verlag GmbH · Berlin · Wien · Zürich

Inhalt

Zu diesem Heft

Das DAfStb-Heft 600 „Erläuterungen zu Eurocode 2" setzt die Reihe der 1979, 1989, 2003 und 2010 herausgegebenen DAfStb-Hefte [300], [400] und [525] mit Erläuterungen zu den Ausgaben von DIN 1045 bzw. DIN 1045-1 aus den Jahren 1978, 1988, 2001 und 2008 fort. Wie bei den Vorgängerheften sollen die Ausführungen in Heft 600 der Praxis das Verständnis und den Gebrauch der Norm durch Erläuterungen und Darlegung der wissenschaftlichen Grundlagen erleichtern.

Das Heft 600 enthält Erläuterungen zum Normentext von DIN EN 1992-1-1 [R28] mit Nationalem Anhang DIN EN 1992-1-1/NA [R29] sowie ergänzende und alternative Anwendungsregeln. Dabei wird auf das Normenhandbuch zum Eurocode 2 von 2012 [R50] Bezug genommen, in dem beide Normentexte verwoben wurden. Die Berichtigung 1 und der Entwurf der A1-Änderung des Nationalen Anhangs sind hierbei bereits berücksichtigt.

Um Bilder, Tabellen und Gleichungen des Heftes 600 von denen im Eurocode 2 zu unterscheiden, sind die Bild-, Tabellen- und Gleichungsnummern in Heft 600 mit einem vorgestellten „H" gekennzeichnet.

Die Erläuterungen im Heft 600 wurden durch eine Redaktionsgruppe[1] auf der Grundlage von Ausarbeitungen einzelner Mitglieder des Technischen Ausschusses „Bemessung und Konstruktion" des DAfStb und ausschussnahen Fachleuten[2] vorbereitet. Wesentliche Inhalte wurden aus Heft 525, das durch viele weitere namhafte Fachkollegen erarbeitet wurde[3], entnommen und redaktionell überarbeitet. Das Heft 600 wurde anschließend dem Technischen Ausschuss „Bemessung und Konstruktion" des DAfStb, der personengleich mit dem zuständigen Arbeitsausschuss 005-07-01 „Bemessung und Konstruktion" des Normenausschusses Bauwesen (NABau) im DIN Deutsches Institut für Normung e.V. ist, vorgelegt und in einem normenähnlichen Verfahren, d. h. im Konsens zwischen allen beteiligten Gruppen, verabschiedet.

Der Redaktionsgruppe und den Verfassern sei an dieser Stelle noch einmal ausdrücklich für die aufgewendete Zeit bei der Bearbeitung des Heftes 600 und des Nationalen Anhangs von DIN EN 1992-1-1 gedankt. Möge das vorliegende Heft zu einer breiteren Akzeptanz des neuen Normenwerkes in der Praxis beitragen.

Univ.-Prof. Dr.-Ing. Josef Hegger
Obmann Technischer Ausschuss Bemessung und Konstruktion

[1] **Redaktionsgruppe DAfStb-Heft 600 (2012):** Dr.-Ing. F. Fingerloos, Deutscher Beton- und Bautechnik-Verein; Univ.-Prof. Dr.-Ing. J. Hegger, RWTH Aachen; Dipl.-Ing. A. Ignatiadis, Deutscher Ausschuss für Stahlbeton; Dipl.-Ing. F. Teworte, RWTH Aachen; Dr.-Ing. U. Wiens, DAfStb; Univ.-Prof. Dr.-Ing. K. Zilch, TU München

[2] **Zuarbeit DAfStb-Heft 600 (2012):** Dr.-Ing. W. Baumgärtel, Ministerium für Umwelt, Klima und Energiewirtschaft Baden-Württemberg; Dr.-Ing. J. Furche, Filigran Trägersysteme GmbH & Co. KG; Dipl.-Ing. V. Häusler, DIBt; Prof. Dr.-Ing. J. Hofmann, Universität Stuttgart; Prof. Dr.-Ing. W.Jäger, Jäger Ingenieure GmbH; Dipl.-Ing. R. Kautsch, IG Bauplan GmbH; Prof. Dr.-Ing. R. Maurer TU Dortmund; Dr.-Ing. J. Moersch, Institut für Stahlbetonbewehrung; Dipl.-Ing. H. Perski, Ministerium für Wirtschaft, Energie, Bauen, Wohnen und Verkehr Nordrhein-Westfalen; Prof. Dr.-Ing. K.-H. Reineck, Universität Stuttgart; Dipl.-Ing. C. Reitmayer, TU München; Dr.-Ing. W. Roeser, Ingenieurbüro Hegger und Partner; Prof. Dr.-Ing. J. Schnell, TU Kaiserslautern; Dipl.-Ing. C. Siburg, RWTH Aachen; R. Sommer, Thüringer Landesverwaltungsamt; Jun.-Prof. Dr.-Ing. C.Thiele, TU Kaiserslautern; Dipl.-Ing. M. Tillmann, Fachvereinigung Deutscher Betonfertigteilbau e.V.; Dr.-Ing. J. Weidner, Bilfinger Berger SE; Dipl.-Ing. B. Ziems, Friedrich+Lochner GmbH

[3] **Zuarbeit DAfStb-Heft 525 (2003/2010):** Dr.-Ing. R. Beutel (†), Ingenieurbüro Hegger und Partner; Dr.-Ing. H. Bökamp, Thomas & Bökamp Ingenieurgesellschaft; Prof. Dr.-Ing. W. Buschmeyer, Universität Duisburg-Essen; Univ.-Prof. Dr.-Ing. M. Curbach, TU Dresden; Dr.-Ing. U. Donaubauer, Ingenieurbüro Köhler + Seitz; Dipl.-Ing. L. Eckfeldt, TU Dresden; Univ.-Prof. Dr.-Ing. R. Eligehausen, Universität Stuttgart; Dr.-Ing. T. Faust, König Heunisch und Partner; Dr.-Ing. F. Fingerloos, DBV; Dr.-Ing. T. Fritsche, Fritsche Ingenieurbüro für Bauwesen; Dipl.-Ing. S. Görtz, Ingenieurgesellschaft Zerna Köpper und Partner; Univ.-Prof. Dr.-Ing. J. Grünberg, Universität Hannover; Dipl.-Ing. Vera Häusler, DIBt; Univ.-Prof. Dr.-Ing. J. Hegger, RWTH-Aachen; Dr.-Ing. P. Henke, Henke + Rapolder Ingenieurgesellschaft; Dipl.-Ing. H.-U. Kammeyer, Nord-West-Planungsgesellschaft; Univ.-Prof. Dr.-Ing. H. S. Müller, Universität Karlsruhe; Univ.-Prof. i. R. Dr.-Ing. U. Quast, Universität Hamburg-Harburg; Prof. Dr.-Ing. K.-H. Reineck, Universität Stuttgart; Dr.-Ing. W. Roeser, Ingenieurbüro Hegger und Partner; Dr.-Ing. habil. D. Rußwurm (†), Überwachungsgemeinschaft B-Zert e.V.; Dr.-Ing. H. Saleh, Universität Leipzig; Dipl.-Ing. G. Schenck, Universität Leipzig; Univ.-Prof. Dr.-Ing. P. Schießl, TU München; Dipl.-Ing. D. Schwerm, Fachvereinigung Deutscher Betonfertigteilbau e.V.; Dr.-Ing. A. Sint, Ingenieurbüro Sint; Dipl.-Ing. Kerstin Speck, TU Dresden; Dr.-Ing. habil. N. V. Tue, König Heunisch und Partner; Dr.-Ing. U. Wiens, DAfStb; Dr.-Ing. M. Zink, König Heunisch und Partner; Univ.-Prof. Dr.-Ing. K. Zilch, TU München.

Einleitung

Zu jedem Eurocode (DIN EN 199x-y) existiert in der Regel ein Nationaler Anhang (DIN EN 199x-y/NA), der die Festlegung von länderspezifischen Regelungen ermöglicht. Diese gelten für die Tragwerksplanung in dem Land der Bauwerkserrichtung.

Die Bauproduktnormen umfassen die Baustoffe (wie z. B. Zement, Gesteinskörnung, Beton, Betonstahl, Spannstahl) und Bauteile (wie z. B. Fertigteile). Weitere spezielle Bauprodukte können im Rahmen von Zulassungen bemessen und verwendet werden (z. B. nichtrostende Bewehrung, Bewehrungselemente, Verbindungen, Spannbetonhohlplatten). Zulassungen können vom Deutschen Institut für Bautechnik (DIBt) erteilte deutsche allgemeine bauaufsichtliche Zulassungen (abZ) oder Europäische technische Zulassungen (ETA) sein, die ggf. mit nationalen Zulassungen zu verwenden sind (vgl. Bauregelliste). Darüber hinaus werden auch von anderen europäischen Zulassungsstellen europäische technische Zulassungen (ETA) herausgegeben (ausführliche Informationen hierzu siehe: *www.dibt.de* → Zulassungen).

Im Eurocode 2 und im Nationalen Anhang wird an mehreren Stellen auf eine abZ oder ETA verwiesen. Daher wird mehrfach der allgemeinere Begriff „Zulassung" für beide Zulassungsarten im NA und im Heft 600 verwendet. Soweit entsprechende Zulassungen mit Bezug auf den Eurocode 2 vorliegen, darf auf beide Zulassungsarten zurückgegriffen werden.

Anders als in der bisherigen Normenpraxis in Deutschland üblich wird die Grundlagennorm für den Stahlbeton- und Spannbetonbau DIN EN 1992-1-1 [R28] durch die anderen Normenteile DIN EN 1992-2 [R32] und DIN EN 1992-3 [R34] ergänzt. Diese ergänzenden „Rumpfnormen" für die Betonbrücken sowie Silos und Behälterbauwerke enthalten nur noch die spezifischen abweichenden oder zusätzlichen Regeln ihrer Bauart und sind somit nur zusammen mit dem Grundlagenteil anwendbar.

In DIN EN 1992-3 [R34] sind Regeln zur Bemessung, Konstruktion und Bewehrung von Silos und Behältern gegeben. Dabei werden auch die Anforderungen für wasserundurchlässigen Beton geregelt. Die im Nationalen Anhang [R35] geforderten Werte gehen dabei auf die DAfStb-Richtlinie „Wasserundurchlässige Bauwerke aus Beton" [R63] zurück. In der Richtlinie finden sich jedoch neben Regeln zur Bemessung, Konstruktion und Bewehrung u. a. auch Angaben zur Ausführung, Fugenausbildung, Abdichtung und Instandsetzung. Deshalb ist die Richtlinie weiterhin auch für Behälter, zusätzlich zu DIN EN 1992-3 [R34], anzuwenden.

Um der Praxis die Anwendung zu erleichtern, werden autorisierte Normen-Handbücher für den Hochbau [R50] und den Brückenbau [R51] erstellt, in denen die jeweiligen Dokumente textlich zusammengeführt sind. Das Normen-Handbuch für den Hochbau [R50] wurde durch den Deutschen Ausschuss für Stahlbeton e. V. und den Deutschen Beton- und Bautechnik-Verein E.V. vorbereitet und im Normenausschuss Bauwesen (NABau) im DIN Deutsches Institut für Normung e. V. vom Arbeitsausschuss NA 005-07-01 „Bemessung und Konstruktion" geprüft und bestätigt.

Innerhalb der Norm wird zwischen Prinzipien (Absätze mit der Kennzeichnung „P") und Anwendungsregeln (ohne Kennzeichnung mit „P") unterschieden. Abweichungen von den Prinzipien sind nur auf der Grundlage einer Zustimmung im Einzelfall oder einer Zulassung möglich.

Abweichende Anwendungsregeln sind möglich, sofern sie gleichwertig sind. Die Anwendung abweichender Anwendungsregeln ist im Allgemeinen zwischen Tragwerksplaner und Prüfingenieur zu klären. Andernfalls ist die Zustimmung der zuständigen Bauaufsichtsbehörde erforderlich. Grundsätzlich ist die Gleichwertigkeit der alternativen Anwendungsregeln durch den Tragwerksplaner mittels entsprechender Ableitungen (z. B. wissenschaftliche Veröffentlichungen) oder Vergleichsrechnungen nachzuweisen.

Aufgrund des normenähnlichen Verfahrens der Erstellung darf für die ergänzenden oder alternativen Anwendungsregeln in diesem Heft die Gleichwertigkeit ohne weiteren Nachweis vorausgesetzt werden.

Anwendungsregeln können, gekennzeichnet durch die Wortwahl, Festlegungen und Bedingungen enthalten, von denen bei der Anwendung der betreffenden Anwendungsregeln nicht abgewichen werden darf, da sonst deren Gültigkeit nicht mehr gegeben ist.

Die wesentlichste Abweichung zum bisher üblichen Gebrauch ist die Festlegung im Eurocode 2, dass die Druckspannungen positiv angegeben werden. Es wird erwartet, dass der planende Ingenieur fallbezogen selbst erkennt, ob eine Druckspannung günstig (z. B. tragfähigkeitssteigernd) oder ungünstig wirkt. Gleiches gilt auch für Zugspannungen. Das kann dazu führen, dass Zugspannungen bei tragfähigkeitsreduzierender Wirkung in Gleichungen negativ eingesetzt werden müssen.

Zum Vorwort

Die neue Eurocode-Generation wird in Deutschland als Europäische Normen EN (z. B. DIN EN 1992) bauaufsichtlich im Jahr 2012 eingeführt.

Die Norm ist durch ihre Bekanntmachung über die Listen der Technischen Baubestimmungen der Bundesländer bauaufsichtlich allgemein verbindlich. Sofern in diesem Heft Bezug genommen wird auf DIN EN 1992-1-1 [R28], schließt dies in der Regel DIN EN 1992-1-1/NA [R29] mit ein.

Zu 1 ALLGEMEINES

Zu 1.1 Anwendungsbereich

Die Norm gilt einheitlich für Tragwerke und Bauteile aus Beton, Stahlbeton und Spannbeton, die vor Ort hergestellt oder vorgefertigt werden. Es sind alle Arten der Vorspannung mit Spanngliedern (im sofortigen, im nachträglichen oder ohne Verbund, intern und extern geführt) in DIN EN 1992-1-1 geregelt. Die Vorspannkraft ist frei wählbar, sofern nicht Mindestanforderungen einen Mindestwert der Vorspannkraft ergeben (z. B. Dekompressionsnachweis nach 7.3).

Zu 1.2 Normative Verweisungen

DIN EN 10080 „Stahl für die Bewehrung von Beton – Schweißgeeigneter Betonstahl" [R40] wird derzeit überarbeitet. Daher gelten für die Eigenschaften und die Verwendung der Betonstähle bis auf Weiteres die Normen der Reihe DIN 488 [R1] bzw. Zulassungen (z. B. für Gitterträger, nichtrostende Betonstähle, Betonstähle mit besonderen Rippungen).

Solange DIN EN 10138 „Spannstähle" [R42] nicht überarbeitet und bauaufsichtlich eingeführt ist, gelten für die Eigenschaften und die Verwendung der Spannstähle (Draht, Litze, Stab) in Deutschland ausschließlich die jeweiligen Zulassungen.

Die Richtlinien des DAfStb werden in Bezug auf die Bemessungsregeln schrittweise auf den Eurocode 2 umgestellt (z. B. „Stahlfaserbeton" [R62], „Betonbau beim Umgang mit wassergefährdenden Stoffen" [R59]). Eine sinngemäße Anwendung der noch auf DIN 1045-1 [R4] bezogenen Richtlinien ist zulässig und zweckmäßig (z. B. WU-Richtlinie mit DAfStb-Heft [555]).

Gleichzeitig mit DIN EN 1992-1-1 wird DIN EN 13670 „Ausführung von Tragwerken aus Beton" [R44] (einschließlich des zugehörigen Nationalen Anhangs DIN 1045-3:2012-03 „Tragwerke aus Beton, Stahlbeton und Spannbeton – Teil 3: Bauausführung – Anwendungsregeln zu DIN EN 13670" [R2]) eingeführt. Damit wird DIN 1045-3:2008-08 „Tragwerke aus Beton, Stahlbeton und Spannbeton – Teil 3: Bauausführung" [R4] außer Kraft gesetzt.

Zu 1.5 Begriffe

Im Nationalen Anhang wurden weitestgehend die bewährten Begriffe aus DIN 1045-1 [R4] wieder aufgenommen, die im Eurocode 2 selbst, aber auch in anderen Normen vorkommen, die Bezug zur Bemessung haben, und zweckmäßig sind.

Die Definitionen des Balkens, Plattenbalkens, der Platte und des wandartigen bzw. scheibenartigen Trägers haben sich im Vergleich zur DIN 1045-1 [R4] geändert.

Die Abgrenzung zwischen Normalbeton, Leichtbeton und Schwerbeton erfolgt in Übereinstimmung mit DIN EN 206-1 [R18] und DIN 1045-2 [R4] unabhängig von der Festigkeitsklasse nach der Trockenrohdichte.

Die Definition der Wichtegrenze zwischen Leichtbeton und Normalbeton wurde in Übereinstimmung mit DIN EN 206-1 [R18] im NA wieder auf 2000 kg/m³ (statt 2200 kg/m³) festgelegt (siehe auch Erläuterungen zu 11.1.1).

Schwerbeton nach NA.1.5.2.10 wird unter Verwendung von schweren Gesteinskörnungen hergestellt. Die bemessungsrelevanten Eigenschaften des Betons können individuell von der jeweils verwendeten Gesteinskörnung abhängen. Für die Bemessung von Bauteilen aus Schwerbeton sind deshalb die Bemessungswerte im Einzelfall zu überprüfen und festzulegen.

Maßgebend für die Abgrenzung zwischen direkter und indirekter Lagerung nach NA.1.5.2.26 ist die Lage des gedachten Knotens, der aus dem Zugband der unteren Bewehrungslage und der letzten Druckstrebe des gestützten Bauteils gebildet wird. An diesem Knoten wird das Bauteil gestützt. Liegt der Knoten in der oberen Hälfte des tragenden Querschnitts des stützenden Bauteils, so liegt eine direkte Lagerung vor. Die Regel in Bild NA.1.1 gilt nur für Rechteckträger, deren Oberkanten in einer Ebene liegen.

Zu 2 GRUNDLAGEN DER TRAGWERKSPLANUNG

Zu 2.1 Anforderungen

Zu 2.1.1 Grundlegende Anforderungen

Es wird zwischen rechnerischen Nachweisen in den Grenzzuständen der Tragfähigkeit und der Gebrauchstauglichkeit unterschieden. Die Nachweise in den Grenzzuständen der Tragfähigkeit erfüllen das der Norm zugrunde liegende Sicherheitsniveau gegenüber Einsturz oder ähnlichen Formen des Tragwerksversagens. Die Nachweise in den Grenzzuständen der Gebrauchstauglichkeit sichern allgemein die Gebrauchstauglichkeit des Tragwerks, bauartspezifisch teilweise auch die Dauerhaftigkeit des Tragwerks (z. B. Nachweis der Begrenzung der Rissbreite). Um das Ziel eines angemessen dauerhaften Tragwerks sicherzustellen, sind die zugehörigen rechnerischen Grenzwerte verbindlich formulierte Mindest- oder Maximalwerte. Rechnerische Grenzwerte zur Sicherung der Gebrauchstauglichkeit sind dagegen als Richtwerte angegeben. Für besondere Anforderungen aus der Nutzung bestimmter Bauwerke können abweichende Grenzwerte vereinbart werden, die mit dem Bauherren in der Projektbeschreibung (siehe NA.2.8) festzulegen sind.

Zu 2.1.2 Behandlung der Zuverlässigkeit

Das DIN EN 1992 zugrunde liegende Sicherheitskonzept ist allgemein in Eurocode 0: DIN EN 1990 [R22], [R23] geregelt. Die zusätzlichen und bauartspezifischen Festlegungen in DIN EN 1992-1-1 berücksichtigen die nichtlinearen Berechnungsverfahren der Schnittgrößenermittlung, das Ermüdungsverhalten der Baustoffe und Tragwerke und geben Ergänzungen zur Spannbetonbauweise.

Teilsicherheitsbeiwerte werden durch andere Sicherheitselemente, die je nach Anwendung multiplikativ oder additiv sein können, ergänzt. Teilsicherheitsbeiwerte und andere Sicherheitselemente sind insgesamt so festgelegt, dass in jedem Nachweis die nach DIN EN 1990 erforderliche Zuverlässigkeit erfüllt ist; siehe auch Erläuterungen in [H2-4] und [H2-5].

Eine Differenzierung der in der Bemessung im Grenzzustand der Tragfähigkeit anzusetzenden Sicherheitsbeiwerte und Lasten nach Schadensfolgen findet bisher in Deutschland nicht statt (mit wenigen Ausnahmen, z. B. bei Gewächshäusern). Die Bedeutung eines Bauwerks und die Höhe möglicher Schadensfolgen wurden in der MBO [R56] bzw. den Bauordnungen der Länder vielmehr über Gebäudeklassen mit differenzierten Anforderungen an den Brandschutz und an die Prüfung der Tragwerksplanung und an die Bauüberwachung berücksichtigt [H2-3].

Zu 2.1.3 Nutzungsdauer, Dauerhaftigkeit und Qualitätssicherung

Die in DIN EN 1992-1-1 und den zugehörigen bauartspezifischen Bemessungs- und Bauproduktnormen enthaltenen Regelungen zur Gewährleistung der Dauerhaftigkeit sollen bei angemessenem und geplantem Instandhaltungsaufwand in der Regel während der vorgesehenen Nutzungsdauer von 50 Jahren für Hochbauten die geforderte Tragfähigkeit und Gebrauchstauglichkeit ohne wesentliche Beeinträchtigung der Nutzungseigenschaften sicherstellen.

Eine Wartungsplanung, die die wesentlichen Wartungsintervalle und Wartungsmaßnahmen, insbesondere von Baustoffen und Bauteilen mit kürzerer Lebensdauer, umfasst, gehört mit zum Umfang der Planung, falls besondere Bedingungen zu berücksichtigen sind [H2-3].

Zu 2.3 Basisvariablen

Zu 2.3.1 Einwirkungen und Umgebungseinflüsse

Zu 2.3.1.2 Temperaturauswirkungen und 2.3.1.3 Setzungen

Zwang infolge von aufgezwungenen, behinderten Bewegungen oder Verformungen, z. B. aus Baugrundsetzungen, Temperaturdifferenzen oder zeitabhängigen Betonverformungen, ist nach DIN EN 1990/NA [R23], NDP zu A.1.3.1 (4) als veränderliche Einwirkung Q zu betrachten.

In statisch unbestimmten Systemen sind die Schnittgrößen infolge äußerer Lasten nur von der Verteilung der Steifigkeiten im System abhängig, die Schnittgrößen infolge Zwangs hingegen auch von den Absolutwerten der Querschnittssteifigkeiten. Bei Biegebauteilen können die Querschnittssteifigkeiten und damit auch die Zwangschnittgrößen durch Rissbildung deutlich abfallen. Wird bei linear-elastischer Schnittgrößenermittlung der Steifigkeitsabfall infolge Rissbildung nicht detailliert in Ansatz gebracht, darf als pauschale Abminderung entsprechend der bisherigen Praxis der Teilsicherheitsbeiwert auf die Zwangschnittgröße zu $\gamma_Q = 1,0$ gesetzt werden. Wird hingegen der Steifigkeitsabfall berücksichtigt, ist der Teilsicherheitsbeiwert zu $\gamma_Q = 1,5$ zu setzen.

Bei nichtlinearen Verfahren der Schnittgrößenermittlung ist der Teilsicherheitsbeiwert bei der Zwangursache (z. B. Setzungsdifferenz) anzusetzen, bei linear-elastischer Schnittgrößenermittlung aufgrund des linearen

Zusammenhangs entweder bei der Zwangursache oder bei der Auswirkung des Zwangs (Zwangschnittgröße).

Bei Verfahren der Schnittgrößenermittlung nach der Plastizitätstheorie hat der Zwang keinen Einfluss auf die Verteilung und Größe der Schnittgrößen, sofern das Tragwerk eine ausreichende Verformbarkeit (Duktilität) aufweist. Es ist jedoch nachzuweisen, dass die Summe der vorhandenen plastischen Drehwinkel aus äußeren Einwirkungen und Zwang den Bemessungswert $\theta_{pl,d}$ nach 5.6.3 (4) nicht überschreitet.

Zu 2.3.1.4 Vorspannung

Zu (3): Externe Spannglieder dürfen nach Absatz (3) auch außerhalb der Umhüllenden des Tragwerks angeordnet werden. Hier werden zusätzliche Maßnahmen zum Schutz vor außergewöhnlichen Einwirkungen (z. B. Anprall, Brand, Vandalismus) empfohlen. Bei weit außerhalb des Querschnitts liegenden Spanngliedern (unterspannte Konstruktionen, Schrägkabelsysteme) ist auch zu prüfen, ob der für Spannbeton mit Spanngliedern im Querschnitt festgelegte Sicherheitsbeiwert $\gamma_P = 1,0$ und die zugehörigen Bemessungskombinationen angemessen sind [H2-3].

Zu 2.3.3 Verformungseigenschaften des Betons

Zu (3): Bei fugenloser Bauweise von Bauteilen mit großen Längenänderungen sind die Auswirkungen aus Temperatur, Schwinden und Kriechen zu berücksichtigen. Diese führen bei behinderter Verformung zu entsprechenden Zwangschnittgrößen, da diese nicht durch Dehnfugen abgebaut werden.

Zu 2.3.4 Geometrische Angaben

Zu 2.3.4.2 Zusätzliche Anforderungen an Bohrpfähle

Toleranzen für die Bauteile des Spezialtiefbaus (z. B. Schlitzwände, Bohrpfähle), die direkt gegen den Boden betoniert werden, sind in DIN EN 13670 ([R44], [R2]) für die Ausführung von Betonbauwerken nicht erfasst. Auf eine Abminderung des Bohrpfahl-Nenndurchmessers d_{nom} und damit der statischen Nutzhöhe von bewehrten Bohrpfählen für die Bemessung darf verzichtet werden. Dafür sind die gegenüber DIN EN 1992-1-1 vergrößerten Betondeckungen nach DIN EN 1536 [R20], 7.7 zu berücksichtigen, welche den besonderen Ausführungsbedingungen Rechnung tragen. Mit den Mindestbewehrungsregeln nach 9.8.5 wird ein umschnürter Kernquerschnitt gesichert, sodass der Ansatz der Bruttoquerschnittsfläche aus d_{nom} auch für den Betontraganteil gerechtfertigt ist [H2-3].

Bei unbewehrten Bohrpfählen sollte wegen der fehlenden Umschnürung des Kernquerschnitts der reduzierte Nettodurchmesser d anstelle des Nenndurchmessers d_{nom} (= brutto) für die rechnerische Bestimmung der Betontragfähigkeit angesetzt werden.

Zu 2.4 Nachweisverfahren mit Teilsicherheitsbeiwerten

Zu 2.4.1 Allgemeines

Grenzzustände der Tragfähigkeit

Der Widerstand des kritischen Bauteilquerschnitts im Grenzzustand der Tragfähigkeit hängt von den geometrischen Größen (a) und den Baustoffeigenschaften (X) ab. Allgemein lässt sich für den Bemessungswert des Tragwiderstands schreiben:

$$R_d = R(a_{d1}, a_{d2}, ..., X_{d1}, X_{d2}, ...)$$ (H.2-1)

Unter der Voraussetzung der Einhaltung der zulässigen Grenzabmaße (maximal zulässige Maßabweichungen) nach DIN EN 13670 [R44], 10.6 dürfen die geometrischen Größen a_d mit ihren Nennwerten, z. B. Entwurfsmaße des Querschnitts, Nennmaß der Betondeckung c_{nom}, ohne weitere Sicherheitselemente angesetzt werden. Damit ist sichergestellt, dass mit den Teilsicherheitsbeiwerten nach 2.4.2.4 die erforderliche Sicherheit erreicht wird.

Die Bemessungswerte der Baustoffeigenschaften X_d werden mit den Teilsicherheitsbeiwerten γ_M und einem Umrechnungsfaktor η aus den charakteristischen Werten der Baustoffeigenschaften X_k ermittelt:

$$X_d = \eta \cdot \frac{X_k}{\gamma_M}$$ (H.2-2)

Die Teilsicherheitsbeiwerte γ_M berücksichtigen die Streuungen der Materialkennwerte und die Modellunsicherheiten bei der Ermittlung des Tragwiderstands des kritischen Querschnitts (statistische Effekte).

Der Umrechnungsfaktor η enthält keine statistischen Effekte, sondern deterministisch beschreibbare Einflüsse auf die bemessungsrelevanten Eigenschaften der Baustoffe, z. B. die Auswirkungen der Lastdauer, der Nacherhärtung und der Belastungsgeschwindigkeit. Bei der Ermittlung des Bemessungswertes der Betondruckfestigkeit f_{cd} nach 3.1.6 entspricht der Beiwert α_{cc} dem Umrechnungsfaktor η.

In außergewöhnlichen Bemessungssituationen können die bemessungsrelevanten Eigenschaften der Baustoffe von den DIN EN 1992-1-1 zugrunde liegenden Eigenschaften abweichen, z. B. infolge hoher Belastungsgeschwindigkeiten bei Explosion, Anprall oder Erdbeben. Besondere Angaben zum Beiwert η in diesen Fällen sind in DIN EN 1992-1-1 nicht gegeben. Angaben zu den bemessungsrelevanten Eigenschaften der Baustoffe im Brandfall sind jedoch in DIN EN 1992-1-2 [R30], [R31] enthalten.

Die Nachweise in den Grenzzuständen der Tragfähigkeit werden durch Gegenüberstellung der Bemessungswerte der Beanspruchungen E_d (hier im Allgemeinen Schnittgrößen) und der entsprechenden Widerstandsgrößen R_d geführt:

$$E_d \leq R_d \qquad\qquad\qquad (H.2\text{-}3)$$

Die Bemessungswerte der Beanspruchungen E_d sind nach DIN EN 1990 [R22] in den GZT unter Ansatz von Teilsicherheitsbeiwerten $\gamma_F \geq 1{,}0$ für die jeweils betrachtete Bemessungssituation zu ermitteln.

Grenzzustände der Tragfähigkeit infolge Verlust der Lagesicherheit des Tragwerks oder eines seiner Teile (z. B. durch Abheben, Umkippen und Aufschwimmen) sind in DIN EN 1990 [R22] geregelt, da sie bauartunabhängig sind.

Grenzzustände der Gebrauchstauglichkeit

Die Nachweise in den Grenzzuständen der Gebrauchstauglichkeit werden durch Gegenüberstellung der Bemessungswerte der Beanspruchungen E_d (hier Spannungen, Verformungen, rechnerische Rissbreiten) und der zugehörigen Gebrauchstauglichkeitskriterien C_d geführt:

$$E_d \leq C_d \qquad\qquad\qquad (H.2\text{-}4)$$

Die Bemessungswerte der Einwirkungen dürfen in den GZG mit $\gamma_F = 1{,}0$ ermittelt werden, d. h. der repräsentative Wert einer Einwirkung oder deren Auswirkung (z. B. Spannung) wird als unmittelbarer Bemessungswert verwendet.

Bei vorgespannten Bauteilen beinhaltet der Nachweis der Begrenzung der Rissbreite nach 7.3 auch den Nachweis des Grenzzustands der Dekompression im Querschnitt.

Insbesondere bei weitgespannten Decken mit entsprechender Nutzung (z. B. Tanzsäle oder Sporthallen) kann zur Sicherung der Gebrauchstauglichkeit auch die Begrenzung menschenerregter Schwingungen notwendig sein. Hinweise dazu können der Literatur z. B. [H2-1], [H2-2] entnommen werden.

In DIN EN 1990 [R22], 6.5 sind die folgenden Einwirkungskombinationen beschrieben:

- charakteristische (seltene) Einwirkungskombination,

- häufige Einwirkungskombination und

- quasi-ständige Einwirkungskombination.

In der quasi-ständigen Einwirkungskombination werden die veränderlichen Einwirkungen mit ihren quasiständigen Werten $\psi_{2,i} \cdot Q_{k,i}$, als zeitlicher Mittelwert mit einer Überschreitungs- oder Unterschreitungshäufigkeit von 50 % definiert, angesetzt. Zu ein und derselben veränderlichen Einwirkung gehörende Nutz- oder Verkehrslasten sind im Allgemeinen ungünstigst (feldweise) anzuordnen. Bei der Berechnung von Langzeitauswirkungen (z. B. Berechnung der zeitabhängigen Vorspannverluste nach 5.10.6) und bei Nachweisen, bei denen die Einwirkungsgröße unter Berücksichtigung deren zeitabhängigen Veränderung berechnet wird (z. B. beim Nachweis nach 7.2 (5)), ist jedoch eine feldweise Anordnung nicht erforderlich. Vielmehr sollten in diesen Fällen alle Felder eines Durchlauftragwerks mit dem gleichen quasi-ständigen Wert ($\psi_2 \cdot Q_k$) belastet werden.

Zu 2.4.2 Bemessungswerte

Zu 2.4.2.2 Teilsicherheitsbeiwerte für Einwirkungen aus Vorspannung

Zu (2): Nichtlineare Verfahren schließen in der Regel Nachweise nach Theorie II. Ordnung von stabilitätsgefährdeten Druckgliedern mit ein. Da die Auswirkungen der Vorspannung auf geometrische und physikalische Nichtlinearitäten unterschiedlich günstig und ungünstig sein können, sind diese im GZT fallweise mit einem obereren ($\gamma_{P,unfav} = 1{,}2$) und unteren ($\gamma_{P,fav} = 0{,}83$) Bemessungswert der Vorspannung zu untersuchen. Dies gilt für alle Vorspannarten. Die Festlegung von $\gamma_{P,unfav} = 1{,}0$ für extern vorgespannte Druckglieder hat daher wegen der nationalen Ergänzung zu nichtlinearen Verfahren keine praktische Bedeutung [H2-3].

Größere oder kleinere Werte für den Bemessungswert der Vorspannkraft sollten auch dann angenommen werden, wenn dem Spannglied entscheidende Bedeutung für die Tragfähigkeit des Tragwerks oder eines Bauteils zukommt (z. B. als Abspannung oder Zuganker).

Zu 2.4.2.3 Teilsicherheitsbeiwerte für Einwirkungen beim Nachweis gegen Ermüdung

Die Ermüdungsnachweise werden wegen der Abhängigkeit des Materialverhaltens vom realen Spannungsniveau, um welches die Schwingbreite oszilliert, anders als die anderen Nachweise im GZT auf der Basis häufig wiederkehrender Lasten im Gebrauchszustand geführt. Der Teilsicherheitsbeiwert $\gamma_{F,fat}$ wurde mit 1,0 festgelegt, da davon ausgegangen wird, dass die zugrunde liegende Lastfallkombination bereits zu einem ausreichenden Sicherheitsniveau führt [H2-3].

Die Abgrenzung von vorwiegend ruhenden zu nicht vorwiegend ruhenden Einwirkungen erfolgt im Allgemeinen bei einer auf die Nutzungsdauer bezogenen Lastwechselzahl von $N = 10^4$ [H2-8]. Bis zu dieser Lastwechselzahl ist der Ermüdungseinfluss in der statischen Bemessung abgedeckt. Wird in den Einwirkungsnormen für eine nicht ruhende und dynamisch wirkende Last eine „vorwiegend ruhende statische Ersatzlast" unter Einschluss der dynamischen Wirkung definiert, wie z. B. für den böigen Wind oder für Parkhauslasten, kann man davon ausgehen, dass für diese Last keine Ermüdungsberechnung erforderlich ist [H2-3].

Zu 2.4.2.4 Teilsicherheitsbeiwerte für Baustoffe

Die Teilsicherheitsbeiwerte für die Bemessung der Bauteilwiderstände im Hochbau sind für normalfesten Beton, für Betonstahl und für Spannstahl in DIN EN 1992-1-1/NA identisch mit DIN 1045-1 [R4] festgelegt.

Das Verhältnis der Teilsicherheitsbeiwerte γ_C für Beton und γ_S für Betonstahl und Spannstahl entspricht im Prinzip dem Verhältnis der früheren globalen Sicherheitsbeiwerte 2,1 und 1,75 in Abhängigkeit von dem das Querschnittsversagen bestimmenden Versagensmechanismus (Betonversagen oder Stahlversagen in DIN 1045:1988-07 [R6]). Der höhere Teilsicherheitsbeiwert für Beton berücksichtigt insbesondere die größere Streuung der Betonfestigkeiten.

Die Indizes der Teilsicherheitsbeiwerte γ_C und γ_S sind konsequent groß geschrieben, da es sich um Teilsicherheitsbeiwerte der Materialseite γ_M handelt, die die Modellunsicherheiten bei den Bauwerkswiderständen und die Unsicherheiten der Baustoffeigenschaften berücksichtigen.

Für Bauteile aus hochfestem Beton war nach DIN 1045-1 [R4] noch ein von der Betondruckfestigkeit abhängiger vergrößerter Teilsicherheitsbeiwert $(\gamma_C \cdot \gamma_C')$ zu berücksichtigen. Bei Biegung mit Längskraft und bei Druckgliedern wird auf diesen erhöhten Teilsicherheitsbeiwert in DIN EN 1992-1-1 mit NA nunmehr verzichtet. Da jedoch die zunehmende Sprödigkeit bei hochfestem Beton insbesondere im Bereich von Betondruckstreben wesentlich größere Bedeutung hat, wurde in DIN EN 1992-1-1/NA eine direkte Abminderung der Druckstrebenfestigkeit hochfester Betone $\geq$ C55/67 bzw. $\geq$ LC55/60 mit dem Faktor $\nu_2 = 1,1 - f_{ck} / 500$ bei Querkraft- und Torsionsbeanspruchung, Stabwerkmodellen usw. eingeführt.

Mit den sicherheitstheoretischen Annahmen für die geometrischen Streuungen korrespondieren die einzuhaltenden Grenzabmaße in der Bauausführung, die für die Querschnittsabmessungen und die Lage der Bewehrung und Spannglieder in DIN EN 13670 [R44] bzw. DIN 1045-3 festgelegt sind. Für die Maßtoleranzen werden in DIN EN 13670 zwei konstruktive Toleranzklassen vorgegeben. Am fertig gestellten Tragwerk gilt Toleranzklasse 1 für normale Toleranzen. Weitergehende Anforderungen an Toleranzen können ggf. nach DIN 18202 [R15] festgelegt werden. Die in DIN EN 13670 für die Toleranzklasse 1 bzw. die in DIN 1045-3 angegebenen Werte entsprechen den Bemessungsannahmen von DIN EN 1992, insbesondere mit Bezug auf die Teilsicherheitsbeiwerte für Baustoffe. Die Toleranzklasse 2 ist als Voraussetzung für die Verwendung abgeminderter Teilsicherheitsbeiwerte vorgesehen, welche jedoch im deutschen NA ausgeschlossen worden ist (siehe Anhang A).

Besondere, über die festgelegten Toleranzen hinausgehende Anforderungen sind demnach in die bautechnischen Unterlagen aufzunehmen.

Zu 2.4.2.5 Teilsicherheitsbeiwerte für Baustoffe bei Gründungsbauteilen

In DIN EN 1992-1-1/NA zu 2.4.2.5 (2) wird mit Verweis auf DIN EN 1536 [R20] auf eine weitere Erhöhung des Teilsicherheitsbeiwertes γ_C für Beton mit $k_f = 1,1$ bei der Bemessung von Bohrpfählen verzichtet. Die mit der Bohrpfahlherstellung verbundenen größeren Streuungen in der Betonfestigkeit werden schon in DIN EN 1536 [R20], 6.3.3, Tabelle 3, gegenüber den in DIN 1045-2:2008-08 [R4], Tabellen F.2.1 und F.2.2 festgelegten erhöhten Mindestzementgehalten von $z \geq 325$ kg/m³ beim Einbringen im Trockenen bzw. $z \geq 375$ kg/m³ beim Einbringen unter Wasser aus Sicht der Geotechnik ausreichend berücksichtigt [H2-7].

Zu 2.4.3 Kombinationsregeln für Einwirkungen

Bei mehreren in einer Bemessungssituation gleichzeitig auftretenden und voneinander unabhängigen Einwirkungen sind die Beanspruchungen E_d für die Kombinationen der Einwirkungen zu berechnen.

Bei linear-elastischer Schnittgrößenermittlung gilt das Superpositionsprinzip. Der Bemessungswert der Beanspruchung E_d kann in diesem Fall durch Kombination der aus den einzelnen unabhängigen Einwirkungen ermittelten Beanspruchungen (Schnittgrößen der Einzellastfälle) ermittelt werden.

Einwirkungen werden durch charakteristische Werte F_k (ständige Einwirkungen G_k, veränderliche Einwirkungen Q_k) beschrieben. Es handelt sich dabei um Mittelwerte oder Quantilwerte statistischer Verteilungen. Werte für direkte Einwirkungen (äußere Lasten) sind in den Einwirkungsnormen der Reihe DIN EN 1991 festgelegt.

Für die veränderlichen Einwirkungen Q (z. B. Nutzlasten, Verkehrslasten) sind in DIN EN 1991 repräsentative Werte $Q_{rep,i}$ als Produkte eines charakteristischen Wertes Q_k mit einem Kombinationsbeiwert $\psi_i \leq 1{,}0$ in der Art definiert, dass die Überschreitungsdauer oder die Überschreitungshäufigkeit der Werte innerhalb eines Bezugszeitraums auf eine bestimmte Größe begrenzt ist.

Für die Nachweise in den Grenzzuständen werden die repräsentativen Werte F_{rep} (G_k, Q_k oder $Q_{rep,i}$) durch die Multiplikation mit Teilsicherheitsbeiwerten γ_F in Bemessungswerte F_d überführt.

Durch die Teilsicherheitsbeiwerte für die Einwirkungen γ_F werden neben den Unsicherheiten der Einwirkungen selbst auch die Modell- und Geometrieunsicherheiten, z. B. bei der Festlegung des statischen Systems oder der Steifigkeiten, erfasst. Daraus folgt, dass auch bei größenmäßig sehr genau erfassbaren Einwirkungen, z. B. aus der Füllung von Flüssigkeitsbehältern mit Füllhöhenbegrenzung, die verbleibenden Modellunsicherheiten durch einen Teilsicherheitsbeiwert $\gamma_F \approx \gamma_G = 1{,}35$ zu berücksichtigen sind (vgl. auch DIN EN 1990/NA [R23], NDP zu A.1.3.1 (4)).

Zu (1): Die allgemeinen Kombinationsregeln für Einwirkungen bei linear-elastischer Schnittgrößenermittlung dürfen entweder auf die Einwirkungen selbst oder auf die Auswirkungen bezogen werden, d. h. auf Schnittgrößen oder auch auf innere Kräfte bzw. Spannungen in einem Querschnitt, die von mehreren Schnittgrößen (z. B. Interaktion von Längskraft und Biegemoment) abhängen. Bei linearer Schnittgrößenermittlung sind die Auswirkungen den Einwirkungen proportional.

Die Kombinationsregeln berücksichtigen die statistische Wahrscheinlichkeit des gleichzeitigen Auftretens der in der Regel auf eine Auftretenswahrscheinlichkeit von einmal in 50 Jahren (98 %-Quantilwert) definierten charakteristischen Größen veränderlicher Einwirkungen. Diese Kombinationsregeln führen auf der anderen Seite zu einer möglichen Vielzahl von Einwirkungskombinationen, die die Überschaubarkeit und Prüfbarkeit der statischen Berechnungen deutlich reduzieren und die Fehleranfälligkeit erhöhen kann. Dies hat in der Praxis zu teilweise grundsätzlicher Kritik des Sicherheitskonzeptes geführt.

In vielen Fällen kann es nach wie vor sinnvoll sein, alle oder viele Kombinationsbeiwerte ψ auf 1,0 zu setzen. Darunter leidet das Bemessungsergebnis in wirtschaftlicher Hinsicht kaum. Im Gegenteil ist mit Blick auf immer wieder erforderlich werdende Tragfähigkeitsreserven und auf die nachhaltige (Um-)nutzung von Immobilien eine solche Vorgehensweise angemessen. Andererseits kann die Kombinatorik bei einer größeren Zahl veränderlicher Einwirkungen, beispielsweise bei der Beurteilung beim Bauen im Bestand, nutzbringend angewendet werden.

Wegen des relativ hohen Eigenlastanteils im Massivbau weichen die Schnittgrößen nicht wesentlich ab, wenn man die Anzahl der Einwirkungskombinationen durch folgende, auf der sicheren Seite liegende Vereinfachung bei den Kombinationsbeiwerten gegenüber der vollständigen Kombinationswertetabelle NA.A.1.1 aus DIN EN 1990/NA [R23] analog Tabelle H2.1 reduziert. Dies führt nicht zu unwirtschaftlichen, sondern zu robusten und nachhaltigen Konstruktionen sowie zu verbesserter Übersichtlichkeit und Prüfbarkeit der statischen Berechnung.

Tabelle H2.1 – Vereinfachte Kombinationsbeiwerte
für Beton- und Stahlbetonbauteile im üblichen Hochbau

	1	2	3	4
	Einwirkung [a]	**selten** ψ_0	**häufig** ψ_1	**quasi-ständig** ψ_2
1	• Kategorie A/B: Wohn-, Aufenthalts-, Büroräume • Kategorie C: Versammlungsräume • Kategorie D: Verkaufsräume • Kategorie F/G: Verkehrsflächen • Schneelasten, Windlasten • Temperatureinwirkungen	0,7		0,6
2	• Kategorie E: Lagerräume • Baugrundsetzungen	1,0		

[a] Nutzlasten im Hochbau (Kategorien siehe DIN EN 1991-1-1 [R24])

Für Beton- und Stahlbetonbauteile im üblichen Hochbau (außer Lagerräume und Baugrundsetzungen) sind dann z. B. die Gleichungen (H-2-5) bis (H.2-7) anwendbar.

– GZT: ständige und vorübergehende Kombination

$$E_d = \sum_{j \geq 1} 1{,}35 \cdot E_{Gk,j} + 1{,}5 \cdot E_{Qk,1} + 1{,}5 \sum_{i > 1} 0{,}7 \cdot E_{Qk,i}$$ (H.2-5)

– GZG: häufige Kombination (z. B. Spannungsbegrenzung)

$$E_{d,char} = \sum_{j \geq 1} E_{Gk,j} + 0{,}7 \sum_{i \geq 1} E_{Qk,i}$$ (H.2-6)

– GZG: quasi-ständige Kombination (z. B. Rissbreiten, Verformungen)

$$E_{d,perm} = \sum_{j \geq 1} E_{Gk,j} + 0{,}6 \sum_{i \geq 1} E_{Qk,i}$$ (H.2-7)

Zu (2): Da die Streuungen der Eigenlasten innerhalb eines Bauteils gering sind, dürfen bei Hochbauten die Konstruktionseigenlast und die Eigenlasten nichttragender Teile im Allgemeinen zu einer gemeinsamen unabhängigen Einwirkung G_k (Eigenlasten) zusammengefasst werden (vgl. DIN EN 1991-1-1 [R24], 3.2 (1)). In diesem Fall darf bei durchlaufenden Platten und Balken der gleiche Bemessungswert bei ungünstiger Auswirkung mit $G_{d,sup} = 1{,}35 G_k$ und bei günstiger Auswirkung mit $G_{d,inf} = 1{,}0 G_k$ in allen Feldern angesetzt werden.

Der Einfluss der Variation der Eigenlasten auf die Sicherheit ist vom Verhältnis der Eigenlasten zu den wesentlich stärker streuenden veränderlichen Einwirkungen abhängig. Daher setzt diese Regel voraus, dass die Summe der veränderlichen Einwirkungen je Feld mindestens 20 % der Summe der ständigen Einwirkungen je Feld beträgt. Davon kann im Hochbau im Allgemeinen ausgegangen werden.

Diese Regel setzt weiterhin nicht zu große Spannweitenunterschiede in den Feldern voraus. Insbesondere bei langen Kragarmen kann eine feldweise ungünstige Anordnung der Eigenlast mit dem oberen oder unteren Bemessungswert erforderlich sein. Besondere Bemessungssituationen, z. B. Entfall der entlastenden Wirkung von ständigen Einwirkungen auf Kragarme im angrenzenden Feld im Reparaturfall, sind ggf. gesondert zu berücksichtigen.

Der Nachweis der Lagesicherheit ist in DIN EN 1990 [R22] geregelt. Dabei werden die charakteristischen Werte aller ungünstig wirkenden Anteile der ständigen Einwirkungen, z. B. Eigenlasten, Erddruck, mit einem Faktor $1{,}10 \geq \gamma_{G,sup} \geq 1{,}00$ und die charakteristischen Werte aller günstig wirkenden Anteile mit einem Faktor $0{,}90 \leq \gamma_{G,sup} \leq 0{,}95$ multipliziert (vgl. DIN EN 1990/NA [R23], NDP zu A.1.3.1 (3)). Ist der Grenzzustand der Lagesicherheit für eine Stützung zu untersuchen, sollten hierbei nicht nur die Stützgrößen (Auflagerkräfte), sondern auch die Schnittgrößen in den angrenzenden Bauteilen betrachtet werden.

Zu 2.5 Versuchsgestützte Bemessung

Die Anwendung der versuchsgestützten Bemessung in der Tragwerksplanung bedarf der Zustimmung des Bauherrn und der zuständigen Behörde (DIN EN 1990/NA:2010-12 [R23], NCI zu 5.2 (1)).

Zu 2.6 Zusätzliche Anforderungen an Gründungen

Zu (3): Für die Tragwerksplanung von Gründungen und ihre Interaktion mit dem Baugrund sind DIN EN 1990 (Grundlagen der Tragwerksplanung), DIN EN 1991 (Einwirkungen), DIN EN 1992 (Tragwerke aus Beton) und DIN EN 1997 (Sicherheitsnachweise in der Geotechnik) mit den jeweiligen Nationalen Anhängen heranzuziehen, wobei zusätzliche nationale Anwendungsregeln zum Eurocode 7 in DIN 1054 [R10] enthalten sind (im Sinne von NCI). Darüber hinaus sind ggf. die Normen des Spezialtiefbaus zu berücksichtigen ([R17], [R20], [R43], [R46]).

Die Bemessung in Grenzzuständen mit Teilsicherheitsbeiwerten ist auch für Standsicherheitsnachweise in der Geotechnik eingeführt worden. Dabei weichen einzelne Regelungen in Bezug auf die Grundlagen des Sicherheitskonzepts von den Bemessungsregeln im Betonbau ab (z. B. Nachweis der Kippsicherheit von Fundamenten durch Begrenzung der klaffenden Sohlfuge mit charakteristischen Einwirkungen im GZG statt unter γ-fachen günstigen bzw. ungünstigen Einwirkungen im GZT), weitere Beispiele und Erläuterungen siehe [H2-6].

Zu 2.7 Anforderungen an Befestigungsmittel

Bei der Planung und Ausführung von Befestigungsmitteln ist zu unterscheiden zwischen den Regelungen für die Bauprodukte und den Regelungen für die Nachweisführung.

Die Verwendbarkeit der Befestigungsmittel, d. h. der Bauprodukte, kann entweder auf europäischer oder nationaler Ebene nachgewiesen werden.

Auf europäischer Ebene erfolgt der Nachweis der Brauchbarkeit von Befestigungsmitteln durch europäische technische Zulassungen (ETA). Harmonisierte europäische Normen (hEN) für solche Produkte gibt es bisher nicht.

Zu beachten ist, dass in Deutschland für eine Reihe von Bauprodukten (und Bausätzen) nach europäischen technischen Zulassungen (und harmonisierten Normen nach der Bauproduktenrichtlinie) ergänzende Anwendungsregelungen zu beachten sind. Dies kann bis zur Notwendigkeit einer zusätzlichen allgemeinen bauaufsichtlichen Zulassung (abZ) für die Anwendung des jeweiligen Produkts gehen. Hinweise auf solche Anwendungsregelungen können dem Teil II der Liste der Technischen Baubestimmungen entnommen werden [R57].

National erfolgt der Nachweis in der Regel durch abZ, in Ausnahmefällen durch Zustimmungen im Einzelfall (ZiE). Auch wenn in den vergangenen Jahren viele abZ durch ETA ersetzt wurden, werden auch weiterhin nationale Zulassungen benötigt werden, da nicht für alle Arten von Befestigungsmitteln Leitlinien (ETAG - Guideline for European Technical Approval) oder abgestimmte Bewertungsgrundlagen (CUAP - Common Understanding of Assessment Procedure) für die Erteilung von ETA's zur Verfügung stehen.

Zulassungen (abZ bzw. ETA) enthalten u. a. eine Beschreibung des Produkts und des Verwendungszwecks, Festlegungen für die Herstellung der Befestigungsmittel (einschließlich Überwachung), den Nachweis der Konformität bzw. der Übereinstimmung sowie Angaben zur Kennzeichnung und zum Einbau der Befestigungsmittel. Für die Nachweisführung wichtig sind die Angaben zum Bemessungsverfahren sowie die Anhänge mit Werkstoff- und Montagedaten und den charakteristischen Widerstandswerten.

Für die Nachweisführung stehen für viele Befestigungsmittel unterschiedliche Verfahren zur Verfügung. In den Zulassungen wird auf die jeweils anzuwendenden Bemessungsverfahren verwiesen, die beispielsweise in den Leitlinien für europäische technische Zulassungen (z. B. ETAG 001), in Technical Reports (z. B. TR 020) oder auch in einigen Teilen von CEN/TS 1992-4:2009 bzw. DIN SPEC 1021-4 [R37] enthalten sind. Darüber hinaus gibt es Zulassungen, die sämtliche Vorgaben für die Nachweisführung ohne Bezug auf übergreifende Dokumente enthalten und solche, in denen die Vorgaben der genannten Dokumente für den speziellen Anwendungsfall ergänzt oder modifiziert werden. Ebenso gibt es Zulassungen mit einer angepassten Bemessung nach DIN 1045-1 [R4] bzw. DIN EN 1992-1-1.

Es ist zwingend erforderlich, das in der jeweiligen Zulassung (abZ bzw. ETA) vorgeschriebene Verfahren anzuwenden. Die Mischung mehrerer Verfahren ist nicht zulässig.

Zu NA.2.8   Bautechnische Unterlagen

Der Abschnitt zu den Anforderungen und Inhalten der bautechnischen Ausführungsunterlagen aus DIN 1045-1 [R4] wurde in angepasster Form in den Nationalen Anhang übernommen.

Zu NA.2.8.1 Umfang der bautechnischen Unterlagen

Der Mindestumfang der zu erstellenden bautechnischen Unterlagen wird durch die baurechtlichen Bestimmungen der Bundesländer bzw. durch Sonderregelungen der öffentlichen Auftraggeber festgelegt.

Zu NA.2.8.2 Zeichnungen

Zeichnungen sind die zur Bauausführung erforderlichen planlichen Unterlagen.

Zu den weiteren Anforderungen an den Beton auf Bewehrungsplänen gehören z. B. die Feuchtigkeitsklasse nach Tabelle 4.1, NA.7, oder eine ggf. notwendige Begrenzung des Größtkorns der Gesteinskörnung oder die Festlegung der Festigkeitsentwicklung des Betons (z. B. entsprechend dem Konzept der Rissbreitenbegrenzung nach 7.3.2).

Hinweise zur Festlegung von Ausschalfristen abhängig vom Erhärtungsverlauf des Betons und der Belastung während der Bauzeit sind im DBV-Merkblatt „Betonschalungen und Ausschalfristen" [DBV6] enthalten.

Mit besonders hohem seitlichem Frischbetondruck ist bei fließfähigen, leichtverdichtbaren Betonen in hohen Betonierabschnitten zu rechnen ([R16], DAfStb-Heft [567]). Dies gilt insbesondere für selbstverdichtenden Beton.

Zu NA.2.8.3 Statische Berechnungen

Für die statischen Berechnungen wird das in den Planunterlagen dargestellte Bauwerk in einem statischen Rechenmodell abgebildet. Alle relevanten Einwirkungen sind anzusetzen. Vorzugsweise zur Ermittlung der Schnittgrößen komplexer statischer Systeme werden moderne Berechnungsverfahren verwendet. Für die Aufbereitung der Ergebnisse hinsichtlich Übersichtlichkeit und Prüfbarkeit wird auf die „Richtlinie für das Aufstellen und Prüfen EDV-unterstützter Standsicherheitsnachweise (Ri-EDV-AP-2001)" [R66] der Bundesvereinigung der Prüfingenieure für Bautechnik hingewiesen.

Zu NA.2.8.4 Baubeschreibung

Für die Herstellung und Beurteilung von Beton mit gestalteten Ansichtsflächen werden im DBV-Merkblatt „Sichtbeton" [DBV8] Hinweise gegeben. Die dort definierten „Sichtbetonklassen" sind geeignet, die besonderen Anforderungen an die Oberflächen in einer Baubeschreibung zu definieren und zu vereinbaren. Für Fertigteile kann alternativ auch die Anwendung des FDB-Merkblatts über „Sichtbetonflächen von Fertigteilen aus Beton und Stahlbeton" [FDB1] vereinbart werden.

Zu 3 BAUSTOFFE

Zu 3.1 Beton

Zu 3.1.1 Allgemeines

In diesem Abschnitt sind die bemessungsrelevanten Eigenschaften des Betons zusammengefasst. Die Konformität des Betons wird im Wesentlichen nur über die Betondruckfestigkeit nachgewiesen. Die anderen bemessungsrelevanten Eigenschaften werden aus der Betondruckfestigkeit abgeleitet.

Die in der Norm und in den folgenden Erläuterungen angegebenen Beziehungen gelten für den allgemeinen Fall. Grundsätzlich verändern sich mit steigender Druckfestigkeit in der Tendenz auch alle anderen Betoneigenschaften. Dies gilt insbesondere für die weiteren Festigkeitswerte und die Formänderungskenngrößen unter sonst gleichen Voraussetzungen [H3-10]. In Abhängigkeit von der Betonzusammensetzung, von der Zementart und von den Eigenschaften der verwendeten Gesteinskörnungen können aber die tatsächlichen Eigenschaften von den aus der Druckfestigkeit abgeleiteten Eigenschaften mehr oder weniger deutlich abweichen. Sofern sichere Erfahrungswerte oder Prüfwerte für die bemessungsrelevanten Eigenschaften des zum Einsatz kommenden Betons vorliegen, sollten diese bei der Tragwerksplanung angesetzt werden. Bei gegen Abweichungen bestimmter Betonkennwerte (z. B. Elastizitätsmodul, Betonzugfestigkeit) empfindlichen Tragwerken oder Bauteilen sollten die betreffenden Kennwerte als zusätzliche Anforderungen bei der Festlegung des Betons nach DIN EN 206-1 [R18] vereinbart, in einer Erstprüfung experimentell ermittelt und durch Produktionskontrollen überwacht werden. Die Prüfungen des Betons sollten anwendungsbezogen und nach einheitlichen Prüfverfahren durchgeführt werden; siehe z. B. DAfStb-Heft [422].

Zu (2): Die Bemessung von Tragwerken und Bauteilen aus Leichtbeton ist in DIN EN 1992-1-1 ergänzend in Abschnitt 11 geregelt. Um die Lesbarkeit des Normentextes zu verbessern, wurde auf eine doppelte Schreibweise der Formelzeichen verzichtet. Die bemessungsrelevanten Eigenschaften des Leichtbetons weichen von denen des Normalbetons teilweise deutlich ab. Die Integration des Leichtbetons in das Regelwerk wurde im Wesentlichen durch von der Trockenrohdichte abhängige Korrekturfaktoren η_1, η_2, η_3 und η_E für die Betonkennwerte des Normalbetons, für die Endkriechzahlen und bei den Bemessungsgleichungen im Abschnitt 11 vorgenommen. Für weitere Erläuterungen siehe [H3-6].

Zu (NA.3): Anforderungen, Eigenschaften, Herstellung und Konformitätskriterien sind für Beton, der für Ortbetonbauwerke, vorgefertigte Bauwerke und Fertigteile für Gebäude und Ingenieurbauwerke verwendet wird, in DIN EN 206-1 [R18] geregelt. DIN EN 206-1 weist an einigen Stellen auf nationale Regeln hin, um unterschiedliche klimatische und geografische Bedingungen, verschiedene Schutzniveaus sowie bewährte regionale Gepflogenheiten und Erfahrungen zu berücksichtigen. In Deutschland sind diese Regeln in DIN 1045-2 [R4] enthalten. Als Arbeitshilfe für den Anwender sind in DIN-Fachbericht 100 [R52] bzw. in [H3-8] die Festlegungen beider Normen zu einem durchgängig lesbaren Text zusammengefügt.

Zu 3.1.2 Festigkeiten

Zu (1)P: Der Klassifizierung der Betone liegt die charakteristische Druckfestigkeit f_{ck}, definiert als Druckfestigkeit von Probezylindern mit $h / D = 300 / 150$ mm im Alter von 28 Tagen, zugrunde (in DIN EN 206-1 [R18] mit $f_{ck,cyl}$ bezeichnet).

Der maßgebende Festigkeitswert für die Bemessung nach DIN EN 1992-1-1 ist die an Probezylindern ermittelte charakteristische Druckfestigkeit f_{ck} (bei Leichtbeton mit f_{lck} bezeichnet), da diese der einaxialen Druckfestigkeit im Bauteil besser als die Würfeldruckfestigkeit entspricht.

Für die Konformitätskontrolle nach DIN 1045-2 [R4] ist allerdings – sofern nichts anderes vereinbart wurde – die an Probewürfeln mit einer Kantenlänge $h = 150$ mm ermittelte Druckfestigkeit $f_{c,cube}$ zu verwenden. Aufgrund der unterschiedlichen vorgeschriebenen Lagerungsbedingungen und Würfelgrößen entsprechen die Würfeldruckfestigkeiten $f_{ck,cube}$ nur ungefähr, aber nicht exakt den Werten β_{w200} nach DIN 1045:1988-07 [R6]. Eine Zuordnung der Festigkeitsklassen nach dem alten und dem neuen Normenwerk kann [DBV11] entnommen werden. Die den Festigkeitsklassen des Leichtbetons zugeordneten charakteristischen Würfeldruckfestigkeiten (in DIN 1045-1 [R4] mit $f_{lck,cube}$ bezeichnet) unterscheiden sich von denen des Normalbetons, da bei Leichtbeton der Einfluss der Probekörpergeometrie geringer ist als bei Normalbeton.

Zu (2)P: Für die Herstellung und die Verwendung von Betonen der Druckfestigkeitsklassen C90/105 und C100/115 sowie für hochfesten Leichtbeton der Druckfestigkeitsklassen LC70/77 und LC80/88 ist eine Zulassung oder eine Zustimmung im Einzelfall erforderlich. Für die Überwachung und Qualitätssicherung hochfester Betone gelten zusätzliche Auflagen nach DIN 1045-2 [R4], Anhang H.

Zu (3): In den Tabellen 3.1 und 11.3.1 sind die Kenngrößen für die Betone des Anwendungsbereichs der DIN EN 1992-1-1 angegeben. Die darüber hinaus in DIN EN 206-1 [R18] und DIN 1045-2 [R4] geregelten Betone sind für Bauteile des Anwendungsbereichs der DIN EN 1992-1-1 nicht generell geeignet (Betone kleiner C12/15) oder nicht allgemein regelbar (im Wesentlichen hochfeste Leichtbetone größer LC80/88) und daher in den Tabellen nicht enthalten.

Bei den Werten f_{ctm}, f_{ctk} und E_{cm} handelt es sich um Richtwerte, die im Allgemeinen mit ausreichender Genauigkeit der Planung von Stahlbeton- und Spannbetontragwerken zugrunde gelegt werden dürfen. Sofern rechnerische Beziehungen zwischen den einzelnen Kenngrößen bestehen, sind diese aufgeführt. Die tatsächlichen Werte können teilweise von diesen Richtwerten deutlich abweichen. Gegebenenfalls sollten die Kenngrößen als zusätzliche Anforderung bei der Festlegung des Betons gemäß DIN EN 206-1 [R18] festgelegt, in einer Erstprüfung geprüft und durch weitere Produktionskontrollen kontrolliert werden.

Ist der Beton gleichzeitig Druck- und Zugspannungen in verschiedenen Hauptrichtungen ausgesetzt, so nimmt die aufnehmbare Druckspannung mit steigender Zugspannung deutlich ab [H3-2], [H3-10]. Bei Auftreten von Rissen, die das Druckfeld kreuzen, ist die ausnutzbare Druckfestigkeit von der über die Risse maximal übertragbaren Schubkraft abhängig.

Für die Festigkeit der Druckstreben im Fachwerkmodell nach 6.2.3 wurde ein Abminderungsbeiwert ν_1 festgelegt, der den durch die im Verbund liegenden Bügel eingetragenen Querzug, die Störung des Druckfeldes durch die Bügelschenkel und die unregelmäßige Rissoberfläche berücksichtigt. Dieser Wert gilt allgemein für den Fall, dass die Druckstreben parallel zu den Rissen verlaufen.

In NDP zu 6.2.3 (2) wird der Einfluss von Rissen, die durch die Druckstreben gekreuzt werden, durch die Begrenzung des Querkraftanteils $V_{Rd,cc}$ berücksichtigt. In anderen Fällen ist der Einfluss von den die Druckfelder kreuzenden Rissen durch reduzierte Werte für ν_1 zu berücksichtigen; für Angaben hierzu siehe Erläuterungen zu 6.5.4.

Die Abminderung der einaxialen Druckfestigkeit ist insbesondere bei örtlich begrenzten Festigkeitsbetrachtungen zu berücksichtigen (z. B. bei Stabwerkmodellen). Bei üblichen Flächentragwerken (z. B. bei zweiachsig gespannten Platten) darf auf eine Abminderung verzichtet werden, da diese in der Regel über ein ausreichendes Umlagerungspotenzial verfügen.

Zu (4): Grundsätzlich ist die Druckfestigkeit zur Einteilung in die geforderte Druckfestigkeitsklasse nach DIN EN 206-1 [R18], 4.3.1, und zur Bestimmung der charakteristischen Festigkeit nach DIN EN 206-1 [R18], 5.5.1.2, an Probekörpern im Alter von 28 Tagen zu bestimmen.

Hierbei ist auch im Rahmen der Konformitätskontrolle für die Druckfestigkeit nach DIN EN 206-1 [R18], 8.2.1, die Konformität an Probekörpern zu beurteilen, die im Alter von 28 Tagen geprüft werden.

Für besondere Anwendungen kann es notwendig sein, die Betondruckfestigkeit zu einem früheren oder späteren Zeitpunkt als nach 28 Tagen zu vereinbaren bzw. zu bestimmen, z. B. bei Leichtbeton, bei massigen Bauteilen oder nach Lagerung unter besonderen Bedingungen wie z. B. Wärmebehandlung. Bei massigen Bauteilen sollte die DAfStb-Richtlinie „Massige Bauteile aus Beton" [R58] angewendet werden.

In der Praxis werden in zunehmendem Maße Betonsorten angeboten, deren Nachweisalter für die Betonfestigkeit auf 56 Tage oder später einseitig vom Hersteller festgelegt wurden. Erfolgt die Verwendung solcher Betonsorten ohne Einbeziehung aller am Bau Beteiligten, wie z. B. ohne Planer oder Bauausführender, können daraus Defizite in der Sicherheit oder bei der Ausführungsqualität entstehen (z. B. Nichtbeachtung verlängerter Ausschalfristen und Nachbehandlungszeiten). Die Bauaufsicht hat sich daher entschlossen, über die Musterliste der Technischen Baubestimmungen [R57], ab Fassung 2010-02, die Abweichung des Nachweisalters mit bestimmten Anforderungen, z. B. an die Qualitätssicherung, wie folgt zu verknüpfen:

Grundsätzlich ist die Druckfestigkeit zur Einteilung in die geforderte Druckfestigkeitsklasse nach DIN EN 206-1 [R18], Abschnitt 4.3.1 und zur Bestimmung der charakteristischen Festigkeit nach DIN EN 206-1 [R18], Abschnitt 5.5.1.2 an Probekörpern im Alter von 28 Tagen zu bestimmen. Hierbei ist auch im Rahmen der Konformitätskontrolle für die Druckfestigkeit nach DIN EN 206-1 [R18], Abschnitt 8.2.1 die Konformität an Probekörpern zu beurteilen, die im Alter von 28 Tagen geprüft werden. Von diesem Grundsatz darf nur abgewichen werden, wenn entweder

I) die DAfStb-Richtlinie „Massige Bauteile aus Beton" [R58] angewendet werden darf und angewendet wird

oder

II) alle folgenden Bedingungen erfüllt werden:

a) Es besteht ein technisches Erfordernis für den Nachweis der Druckfestigkeit in höherem Prüfalter. Dies ist beispielsweise der Fall bei manchen hochfesten Betonen, bei fugenarmen/fugenfreien Konstruktionen und bei Bauteilen mit hohen Anforderungen an die Rissbreitenbegrenzung.

b) Die Verwendung des Betons wird mindestens den Regelungen der Überwachungsklasse 2 nach DIN 1045-3 unterworfen, sofern sich nicht aufgrund der Druckfestigkeitsklasse höhere Anforderungen ergeben. Dabei muss im Rahmen der Überwachung des Einbaus von Beton nach DIN 1045-3, Anhang C die Notwendigkeit des erhöhten Prüfalters von der Überwachungsstelle bestätigt sein.

c) Es liegt ein vom Bauunternehmen erstellter Qualitätssicherungsplan vor, in dem projektbezogen dargelegt wird, wie das veränderte Prüfalter im Hinblick auf Ausschalfristen, Nachbehandlungsdauer und Bauablauf berücksichtigt wird. Dieser Qualitätssicherungsplan ist der Überwachungsstelle im Rahmen der Überwachung nach DIN 1045-3, Anhang C vor Bauausführung zur Genehmigung vorzulegen.

d) Im Lieferverzeichnis sowie auf dem Lieferschein wird besonders angegeben, dass die Druckfestigkeit des Betons nach mehr als 28 Tagen bestimmt wird. Unbeschadet dieser Regelung bleibt das Werk für die von der Norm geforderte Vereinbarung mit dem Abnehmer verantwortlich. Dabei ist auf die Auswirkungen auf den Bauablauf, insbesondere hinsichtlich Nachbehandlungsdauer, Dauerhaftigkeit und Ausschalfristen, einzelfallbezogen hinzuweisen.

Falls die Betonfestigkeit für ein Alter bis zu 91 Tagen bestimmt wird, ist eine weitere Reduktion der Dauerstandsbeiwerte um den Faktor k_t nicht erforderlich, da diese schon reduziert mit α_{cc} und α_{ct} = 0,85 < 1,0 im NA festgelegt wurden. Die in EN 1992-1-1 vorgeschlagenen Werte α_{cc} und α_{ct} = 1,0 setzten voraus, dass der Belastungsbeginn im Betonalter von nicht mehr als 28 Tagen stattfindet und damit mehr Nacherhärtungspotenzial zur Kompensation des Dauerstandsabfalls der Festigkeit zur Verfügung steht [H3-7].

Zu (7)P: Der maßgebende Kennwert der Betonzugfestigkeit für die Bemessung nach DIN EN 1992-1-1 ist die einaxiale zentrische Zugfestigkeit f_{ct}, deren Bestimmung allerdings versuchstechnisch schwierig ist. Üblicherweise wird deshalb die Zugfestigkeit als Spaltzugfestigkeit $f_{ct,sp}$ an Zylindern ermittelt (in DIN EN 206-1 [R18] mit f_{tk} bezeichnet). Eine Umrechnung der Werte darf mit der Gleichung (3.3) in Absatz (8) erfolgen.

Die Zugfestigkeit des Betons ist im Wesentlichen von den Eigenschaften des Zementsteins, den Eigenschaften der Gesteinskörnung und dem Verbund zwischen Zementstein und Gesteinskörnung abhängig. In den Tabellen 3.1 und 11.3.1 sind Richtwerte für den allgemeinen Fall gegeben.

Die bei der Bemessung eines Bauteils ausnutzbare Zugfestigkeit kann vom reinen Materialkennwert deutlich abweichen. Ursachen dafür sind zu überlagernde Eigenspannungen infolge ungleichmäßigen Abfließens der Hydratationswärme, ungleichmäßigen Schwindens über den Bauteilquerschnitt und Behinderung der Schwindverformungen durch die Bewehrung, die Schwächung des Betonquerschnitts und Zugspannungskonzentrationen durch die Bewehrung, die gegenüber der Kurzzeitfestigkeit deutlich geringere Dauerstandsfestigkeit sowie der Maßstabseinfluss aus der Bauteilgeometrie. Die genannten Effekte wirken sich im Allgemeinen parallel zur Bauteiloberfläche wesentlich stärker aus als rechtwinklig zur Bauteiloberfläche.

Zu (9): Die zeitliche Entwicklung der Betonzugfestigkeit $f_{ct}(t)$ folgt ebenfalls dem Hydratationsgrad. Die Zugfestigkeit nimmt zunächst wie die Druckfestigkeit zu. Nach 28 Tagen ist die Zugfestigkeitssteigerung infolge der Nacherhärtung geringer [H3-10]. Das wird in Gleichung (3.4) durch den Exponenten α näherungsweise berücksichtigt.

Die frühe Zugfestigkeit im Bauteil bis zu einem Betonalter von 28 Tagen kann andererseits jedoch auch vorübergehend durch Spannungen aus Trocknungsschwinden reduziert werden, die von der Bauteilgröße und den Lagerungs- und Nachbehandlungsbedingungen abhängen [H3-13].

Zu 3.1.3 Elastische Verformungseigenschaften

Zu (1): Gegenüber den rein elastischen Verformungseigenschaften des Betons hat der Steifigkeitsabfall des gerissenen Bauteilquerschnitts im Allgemeinen gegenüber dem ungerissenen Querschnitt einen wesentlich größeren Einfluss auf die Bauteilverformungen. Bei hoch bewehrten Bauteilen und bei Bauteilen, die im Wesentlichen im ungerissenen Zustand verbleiben (z. B. Druckglieder, Spannbetonbauteile) können die Verformungen jedoch maßgeblich durch die elastischen Verformungseigenschaften des Betons bestimmt sein.

Im Bereich der Gebrauchsspannungen (bis etwa σ_c = 0,4f_{cm}) verhält sich der Beton annähernd linear, d. h. das Verhältnis aus Betonspannung σ_c und zugehöriger Betondehnung ε_c kann durch einen konstanten Elastizitätsmodul E_c ausgedrückt werden. Der Elastizitätsmodul kann aus dem Belastungsast der Arbeitslinie eines Druck- oder Zugversuchs als Tangenten-, Sekanten- oder Sehnenmodul bestimmt werden.

In DIN EN 1992-1-1 sind zur Formulierung des Kriechansatzes nach 3.1.4 (3) und zur Beschreibung der Spannungs-Dehnungs-Linie nach 3.1.5 (1) verschiedene Elastizitätsmoduln definiert. Der Elastizitätsmodul E_c ist als Tangentenmodul im Ursprung der Spannungs-Dehnungs-Linie definiert und entspricht ungefähr dem Modul E_{c0} bei rascher Entlastung von einem niedrigen Lastniveau bei $\sigma_c \approx 0,4f_c$ (vgl. Bild H3-1). Plastische Verformungsanteile werden nicht erfasst. Er gilt für statische Druckbeanspruchung und darf näherungsweise auch für Zugbeanspruchung angesetzt werden. Der Elastizitätsmodul E_{cm} ist als Sekantenmodul bei einer Spannung $\sigma_c \approx 0,4f_{cm}$ definiert und beschreibt die Steifigkeit des ungerissenen Betons im Gebrauchslastniveau bei Kurzzeitbelastung unter Berücksichtigung von plastischen Anfangsdehnungen $\Delta\varepsilon_{c,p}$.

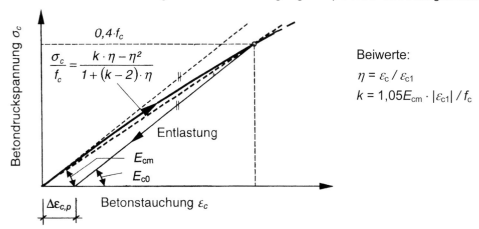

Bild H3-1 – Sekantenmodul E_{cm} und Entlastungsmodul E_{c0} von $\sigma_c \approx 0,4f_c$ aus (entspricht Tangentenmodul E_c)

Zu (2): Der Elastizitätsmodul des Betons wird von der Zementsteinqualität und -menge, vom Verbund zwischen Zementstein und Gesteinskörnung und vor allem von der Art der Gesteinskörnung beeinflusst. Aufgrund der unterschiedlichen Steifigkeit der verwendeten Gesteinskörnungen schwankt er relativ stark. Bei Verwendung lokal vorhandener Gesteinskörnungen kann es zu einer ausgeprägten regionalen Abhängigkeit der erzielten Elastizitätsmoduln kommen.

Im Regelfall genügt es, als Rechenwert für den Elastizitätsmodul die in DIN EN 1992-1-1 in Abhängigkeit von der Betonfestigkeitsklasse angegebenen Richtwerte anzusetzen. Falls der Elastizitätsmodul jedoch wesentlich für das Verhalten des Tragwerks oder Bauteils ist und keine sicheren Erfahrungswerte vorliegen, sollte er als zusätzliche Anforderungen bei der Festlegung des Betons nach DIN EN 206-1 [R18] vereinbart, in einer Erstprüfung experimentell bestimmt und durch Produktionskontrollen überwacht werden. Dabei kann allerdings eine Streuung des im Bauwerk wirksamen gegenüber dem experimentell bestimmten Elastizitätsmodul von bis zu 10 % nicht ausgeschlossen werden.

Der nach DIN 1048-5 [R9] ermittelte Sehnenmodul kann aufgrund der geringen unteren Prüfspannung näherungsweise als Sekantenmodul bei oberer Prüfspannung angesehen werden. Durch Wegfall des überwiegenden Anteils der viskosen und verzögert elastischen Verformung infolge der zweimaligen Vorbelastung ist er meist nur wenig kleiner als der Tangentenmodul im Ursprung der Spannungs-Dehnungs-Linie E_c [H3-10]. Der nach DIN 1048-5 [R9] ermittelte Elastizitätsmodul kann daher als Elastizitätsmodul E_c für eine Berechnung nach DIN EN 1992-1-1 verwendet werden.

Richtwerte für den Elastizitätsmodul von Leichtbeton nach Tabelle 11.3.1 werden mit einem von der Rohdichte abhängigen Korrekturfaktor η_E aus den Werten für Normalbeton abgeleitet. Für Erläuterungen dazu siehe [H3-6].

Die Werte für den Elastizitätsmodul in Tabelle 3.1 gelten für Betone mit quarzitischen Gesteinskörnungen bei einer Betonprüfung im Alter von 28 Tagen. Der tatsächlich vorhandene Elastizitätsmodul kann je nach verwendeter Gesteinskörnung durchaus bis zu 20 % höher oder bis zu 30 % niedriger ausfallen [H3-2], [H3-10].

Der Tangentenmodul E_c wird in DIN EN 1992-1-1 mit $1,05E_{cm}$ angenommen. Die nunmehr in DIN EN 1992-1-1 eingeführte Beziehung für die Richtwerte E_{cm} bei quarzitischer Gesteinskörnung

$$E_{cm} = 22.000 \cdot [(f_{ck} + 8) / 10]^{0,3} \approx 11.000 \cdot f_{cm}^{0,3} \tag{H.3-1}$$

entspricht der im CEB-Bulletin 228 [H3-4] vorgeschlagenen Beziehung für den Tangentenursprungsmodul E_{ci} für hochfeste Betone. Die Gleichung (H.3-1) führt gegenüber den sehr konservativ angenommenen Werten nach DIN 1045-1 [R4] zu relativ hohen E-Moduln. Sie wurde jedoch für den Eurocode 2 auch als geeignete Abschätzung für die normalfesten Betone übernommen [H3-5].

Zu (3): Die zeitabhängige Entwicklung des E-Moduls verläuft anfangs relativ schneller als die der Betondruckfestigkeit und darf in DIN EN 1992-1-1 durch die Gleichungen (3.1), (3.2) und (3.5) in Anlehnung an den MC90 [H3-3] unter Laborbedingungen abgeschätzt werden. Im Unterschied zum MC90 mit dem Exponenten $\alpha = 0,5$ für $[\beta_{cc}(t)]^{\alpha}$ wurde in der EN 1992-1-1-Fassung der Exponent auf $\alpha = 0,3$ reduziert.

Zu (4): Die Querdehnzahl μ hängt nur wenig vom Betonalter und der Nachbehandlung ab. Sie liegt im Allgemeinen zwischen 0,14 und 0,26 und nimmt mit wachsender Druckfestigkeit zu. Mit Beginn der Rissbildung fällt die Querdehnzahl μ im unmittelbaren Rissbereich deutlich ab, da im Riss parallel zu diesem keine Zugkraft übertragen werden kann. Eine Berechnung von Stahlbetonplatten mit $\mu = 0$ führt in den meisten Fällen zu Schnittgrößen, die für die Ermittlung der Bewehrung auf der sicheren Seite liegen [H3-15]. In Fällen, wo wegen geringer Zugbeanspruchung eine Rissbildung nicht zu erwarten oder diese nicht zulässig ist, sollte mit $\mu = 0,2$ gerechnet werden.

Im Allgemeinen darf jedoch immer mit $\mu = 0,2$ gerechnet werden, d. h. vorhandene Hilfsmittel zur Schnittgrößenermittlung bei Platten, die auf dieser Annahme beruhen, sind weiterhin nutzbar.

Zu (5): Die Wärmedehnzahl von Beton hängt wesentlich von der Art der Gesteinskörnung und vom Feuchtegehalt ab. Genauere Angaben enthält DAfStb-Heft [425]. Die Eigenspannungen im Bauteil infolge der etwas unterschiedlichen Wärmedehnzahlen des Betonstahls und des Betons sind gering und können bei der Bemessung im Grenzzustand der Tragfähigkeit unter Normaltemperatur im Allgemeinen vernachlässigt werden. Im Brandfall können sich jedoch deutlich unterschiedliche Wärmedehnzahlen und eine Veränderung der Verbundbedingungen zwischen Stahl und Beton ergeben.

Zu 3.1.4 Kriechen und Schwinden

Kriechen

Zu (1)P: Das Kriechen wird neben dem Belastungsalter, den Umgebungsbedingungen und Bauteilabmessungen sowie der Spannungshöhe von zahlreichen betontechnologischen Parametern wie Wasserzementwert, Zementart und Zementgehalt sowie Art der Gesteinskörnung usw. beeinflusst. Die genannten betontechnologischen Parameter bestimmen ebenfalls die Höhe der Betondruckfestigkeit, sodass diese Kenngröße als Referenzwert für den Einfluss der Betonzusammensetzung zur Abschätzung der Größe des Kriechens in DIN EN 1992-1-1 herangezogen wurde.

Da das Maß des Feuchteverlustes während der Wirkung einer Dauerlast die Größe der Kriechverformung beeinflusst, ergibt sich bei vorhandenen Feuchtegradienten eine ungleichförmige Verteilung der Kriechneigung über den Querschnitt eines Bauteils. Bei Betrachtung des mittleren Verhaltens eines Querschnitts, können die hieraus resultierenden Effekte vernachlässigt werden. Berücksichtigt werden muss das ungleichförmige Austrocknen und Kriechen bei einer genaueren, punktweisen Analyse von Spannungen und Verformungen in einem Querschnitt.

Zu (2): Der Kriechprozess setzt sich aus dem Grundkriechen und dem Trocknungskriechen zusammen. Bei höherfestem Beton ist das Kriechvermögen, insbesondere das Trocknungskriechen, durch die höhere Festigkeit und die wesentlich größere Dichtheit deutlich reduziert.

Für beide Kriechanteile wird in DIN EN 1992-1-1 und DIN 1045-1 [R4] (siehe [525], Gleichung H.9-6) ein identischer Produktansatz für die Kriechzahl zugrunde gelegt:

$$\varphi(t,t_0) = \varphi_0 \cdot \beta_c(t,t_0) = \varphi_{RH} \cdot \beta(f_{cm}) \cdot \beta(t_0) \cdot \beta_c(t,t_0) \tag{H.3-2}$$

DIN EN 1992-1-1, Anhang B, darf normativ in Deutschland angewendet werden. Für Betonfestigkeiten $\geq$ C30/37 ist die Übereinstimmung zwischen den Kriechfunktionen aus Anhang B und aus DAfStb-Heft [525] zu 9.1.4 (8) vollständig. Für Betonfestigkeiten $\leq$ C25/30 ergeben sich nach Anhang B etwas geringere Kriechzahlen.

Die Kriechzahlen gelten im Temperaturbereich von –40 °C bis +40 °C sowie für Umgebungsbedingungen mit Luftfeuchten zwischen 40 % und 100 % [H3-5]. Die Kriechfunktionen im Anhang B beschreiben das lineare Kriechen bis zu einem Spannungsniveau bei Belastungsbeginn mit kriecherzeugenden Druckspannungen von $\sigma_c \leq 0,45 f_{ck}(t_0)$.

Die Gleichung (B.7) hat für eine Belastungsdauer von ca. 70 Jahren Gültigkeit. Im Eurocode 2 wird davon ausgegangen, dass die sich für diese Belastungsdauer ergebende Kriechzahl für den praktischen Gebrauch als Endkriechzahl betrachtet werden kann [H3-10].

Die Kriechdehnung ist gemäß Anhang B mit einem wirklichkeitsnahen E-Modul, d. h. unter Berücksichtigung des Einflusses der Gesteinskörnung, zu bestimmen.

Zu (4): Für übliche Konstruktionsbetone kann im Bereich der Gebrauchsspannungen (bis etwa $\sigma_c = 0{,}4f_{cm}(t_0)$ mit Zeitpunkt der Lastaufbringung t_0 ein annähernd linearer Zusammenhang zwischen kriecherzeugender Spannung und Kriechdehnung angenommen werden. Die Grenze des Übergangs vom linearen zum nichtlinearen Kriechen hängt stark von der Festigkeit des Betons (Porosität) ab und liegt bei hochfesten Betonen deutlich höher [H3-12]. Das der Norm zugrunde liegende Vorhersagemodell für die Kriechverformungen geht von einem linearen Zusammenhang zwischen kriecherzeugender Spannung und Kriechdehnung aus. Die Gültigkeitsgrenze des Ansatzes wurde in der Norm vereinfacht zu $\sigma_c = 0{,}45f_{ck}(t_0)$ ($f_{ck}(t_0)$ = charakteristische Zylinderdruckfestigkeit des Betons zum Zeitpunkt t_0 der Lastaufbringung) festgelegt. Bei höheren kriecherzeugenden Spannungen ist das nichtlineare Kriechen zu berücksichtigen.

Die Gleichung (3.7) ist im Bereich $0{,}45f_{ck}(t_0) \leq \sigma_c \leq 0{,}7f_{ck}(t_0)$ anwendbar (entspricht etwa $0{,}4f_{cm}(t_0) \leq \sigma_c \leq 0{,}6f_{cm}(t_0)$ [H3-13]).

Kriechen wird nur für Bauteile mit hohem Dauerlastanteil maßgebend (z. B. Stützen, bekieste Flachdächer, Speicher- oder Silobauwerke, Schwimm- oder Abwasserbecken). Unabhängig davon kann es auch bei sehr zeitiger Belastung innerhalb der ersten 28 Tage zu einem verstärkten Kriecheinfluss kommen. Auf Bauteile aus Baustoffen mit erhöhten Kriecheigenschaften, wie z. B. einige Leichtbetone, ist besonderes Augenmerk zu richten. Die Spannungsgrenze $0{,}45f_{ck}(t_0)$ bezieht sich dabei nicht auf eine kurzzeitige Belastung, z. B. im Bauzustand, da für die Bewertung und Eingrenzung des Kriecheinflusses vor allem die kriecherzeugende Dauerlast entscheidend ist. Von einer wesentlichen Beeinflussung der Gebrauchstauglichkeit, Tragfähigkeit oder Dauerhaftigkeit kann dann gesprochen werden, wenn sich Schnittgrößen, Verformungen oder ähnliche bemessungsrelevante Größen infolge des Kriechens um mehr als 10 % ändern, was wiederum nur durch genaue Berechnung der Kriechverformungen nachgewiesen werden kann.

Ursache für das nichtlineare Verhalten sind Mikrorisse, hervorgerufen z. B. durch Schwinden, hohe Lasten und spannungsinduzierte Alterung. Die Gleichung (3.7) stellt insofern eine Vereinfachung dar, als sie die Abnahme des Grades der Nichtlinearität mit steigender Belastungsdauer und sinkender Luftfeuchtigkeit nicht berücksichtigt. Verzögert eintretende, nahezu elastische Rückdehnungen bis zu einer eventuellen vollständigen Entlastung sind linear abhängig von der Spannung und bis zu einer Beanspruchung von $\sigma_c = 0{,}6f_{ck}$ möglich. Bei dicken Bauteilen kann eine Reduktion des Koeffizienten 1,5 bis zu 0,5 notwendig sein [H3-3].

Zu (5): Die Kriechzahlen in Bild 3.1 und die, die sich nach Anhang B ergeben, sind für eine mittlere Temperatur von $T = 20\,°C$ berechnet. Weicht die voraussichtlich vorhandene mittlere Temperatur im betrachteten Zeitraum in einem größeren Maß von dem in der Norm angenommenen Wert ab, kann dieses unter anderem durch Modifikation des wirksamen Betonalters $t_{0,\text{eff}}$ berücksichtigt werden; weitere Angaben enthalten [H3-1] und [H3-2].

Die wirksame Querschnittsdicke h_0 in Bild 3.1 darf bei überwiegend geschlossenen Hohlkastenquerschnitten mit der Hälfte des inneren Umfangs u_i (vgl. Bild H6-28) ermittelt werden, da die Austrocknung im Hohlkasten im Vergleich zu den Außenflächen deutlich verzögert und reduziert stattfindet. Bei offenen durchlüfteten Kastenquerschnitten ist der gesamte innere Umfang u_i des Querschnitts anzusetzen.

Zu (6): Bei normalfestem Konstruktionsbeton liefert das Grundschwinden einen gegenüber dem Trocknungsschwinden vergleichsweise kleinen Verformungsbeitrag oder spielt nur in sehr jungem Betonalter, deutlich vor Beginn der Austrocknung, eine untergeordnete Rolle (Bild H3-2). In früheren Vorhersageansätzen wurde dieser Anteil daher vernachlässigt oder nicht als eigene Schwindkomponente dargestellt.

Mit zunehmender Betonfestigkeit, d. h. mit den damit einhergehenden Veränderungen der Mikrostruktur des Betons, wächst das Grundschwinden, während das Trocknungsschwinden abnimmt. Bei hochfestem Beton kann deshalb das Ausmaß des Grundschwindens deutlich über dem des Trocknungsschwindens liegen (vgl. Bild H3-2). Damit muss die Verformungskomponente Grundschwinden im Ansatz berücksichtigt werden. Das Gesamtschwinden wird in DIN EN 1992-1-1 daher aus der Summe von Grundschwinden und Trocknungsschwinden berechnet (Gleichung (3.8)).

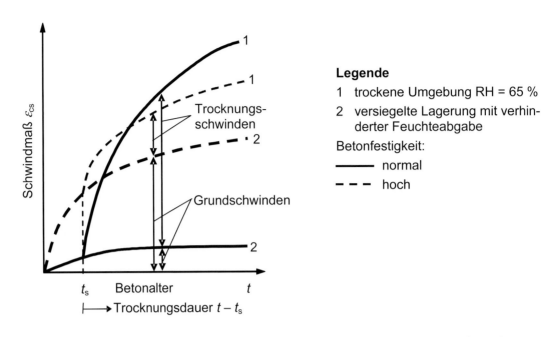

Bild H3-2 – Schematische Darstellung des zeitlichen Verlaufs von Grund- und Trocknungsschwinden bei normalfesten und hochfesten Betonen [H3-12]

Trocknungsschwinden

Im Schwindansatz nach DIN EN 1992-1-1 werden die aus der Betonzusammensetzung resultierenden Einflüsse in Näherung allein durch die Betondruckfestigkeit und die Zementklasse erfasst. Im Vergleich mit DAfStb-Heft [525] (Grundlagen auch in [H3-11], [H3-12]) sind die Grundwerte für die Trocknungsschwinddehnung $\varepsilon_{cd,0}$ im Anhang B auf 85 % der Werte $\varepsilon_{cds0}(f_{cm}) \cdot \beta_{RH}(RH)$ nach [525] wegen des Vorfaktors 0,85 in Gleichung (B.11) reduziert. Dies berücksichtigt die Unterschiede zwischen den unter Laborbedingungen ermittelten und den am realen Bauteil auftretenden Schwinddehnungen.

Der zeitliche Verlauf für die Trocknungsschwinddehnung wird in DIN EN 1992-1-1 durch Multiplikation des Grundmaßes $\varepsilon_{cd,0}$ mit dem Zeitfaktor $k_h \cdot \beta_{ds}(t, t_s)$ in Gleichung (3.9) abgebildet. Die Verlaufsfunktion nach Gleichung (3.10) hängt im Wesentlichen von der Austrocknungsgeschwindigkeit und damit von der wirksamen Dicke h_0 ab. Bei der Erarbeitung des EC 2 wurden die Schwinddehnungen nach [525] bzw. [H3-11] im Vergleich mit verschiedenen nationalen Vorschriften und Erfahrungen als unrealistisch hoch kritisiert. Dies wurde u. a. darauf zurückgeführt, dass die Auswirkungen der wirksamen Dicke h_0 in [525] nur in der Zeitverlaufsfunktion, jedoch nicht im Grundmaß des Trocknungsschwinden selbst berücksichtigt werden. Darüber hinaus basieren die meisten Versuchsdaten zum Schwinden nur auf Zeiträumen von bis zu 5 Jahren. Daher wurde in DIN EN 1992-1-1 die Zeitverlaufsfunktion nach Gleichung (3.10) eingeführt und mit den Korrekturfaktoren 0,85 (in Gleichung (B.11) integriert) und k_h ingenieurmäßig angepasst. Größere Unterschiede zu den Werten nach [525] ergeben sich dadurch für den Zeitraum nach 5 Jahren. Der Abminderungsfaktor k_h in DIN EN 1992-1-1, Tabelle 3.3 berücksichtigt zusätzlich das reduzierte Austrocknungsverhalten von Bauteilen mit größerer wirksamer Querschnittsdicke und kompensiert zum Teil die Unterschiede in den Zeitverlaufsfunktionen nach 50 bzw. 70 Jahren (vgl. Bild H3-3). Zum Zeitpunkt $t = \infty$ liegt die Annahme $\beta_{ds}(\infty) \rightarrow 1{,}0$ immer auf der sicheren Seite [H3-7].

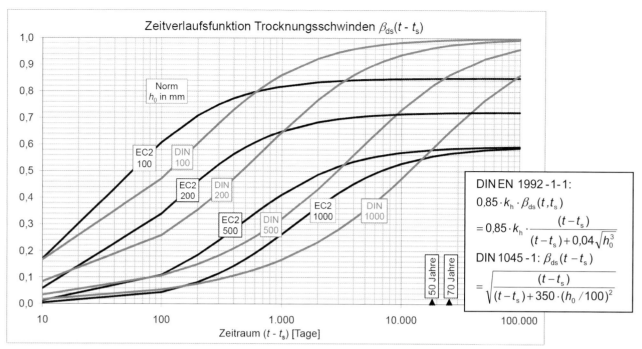

Bild H3-3 enthält:

Zeitverlaufsfunktion Trocknungsschwinden $\beta_{ds}(t - t_s)$

Norm h_0 in mm

EC2 100, DIN 100, EC2 200, DIN 200, EC2 500, DIN 500, EC2 1000, DIN 1000

50 Jahre, 70 Jahre

Zeitraum (t - t_s) [Tage]

DIN EN 1992-1-1:

$$0{,}85 \cdot k_h \cdot \beta_{ds}(t,t_s)$$
$$= 0{,}85 \cdot k_h \cdot \frac{(t - t_s)}{(t - t_s) + 0{,}04\sqrt{h_0^3}}$$

DIN 1045-1: $\beta_{ds}(t - t_s)$

$$= \sqrt{\frac{(t - t_s)}{(t - t_s) + 350 \cdot (h_0 / 100)^2}}$$

Bild H3-3 – Vergleich der Zeitverlaufsfunktionen für Trocknungsschwinden nach DIN EN 1992-1-1 (mit Abminderungsfaktoren) und Heft [525] bezogen auf den gleichen Grundwert $\varepsilon_{cd,0}$ (aus [H3-7])

Die Trocknungsschwindmaße ε_{cd} nach DIN EN 1992-1-1 zum Zeitpunkt t = 50 Jahre betragen demnach je nach wirksamer Dicke, Zementart und Betonfestigkeitsklasse nur noch zwischen ca. 65 % bis 95 % der Werte nach DAfStb-Heft [525]. Mit der Zeitverlaufsfunktion werden die Endschwinddehnungen jedoch etwas schneller erreicht.

Da die Variationskoeffizienten ohnehin bei 30 % liegen und die Auswirkungen auf die Bemessungsergebnisse im GZT deutlich geringer sind als die Unterschiede der Trocknungsschwindmaße, werden die günstigeren Regelungen aus EN 1992-1-1 ohne Änderung im NA übernommen. Das erhöht die Wirtschaftlichkeit der Bauweise. In der Regel unterscheiden sich die Schwinddehnungen an realen Bauteilen von den im Laborklima ermittelten, da der Austrocknungsprozess durch Feuchte- und Temperaturschwankungen verlangsamt wird. Darüber hinaus werden die Schwinddehnungen durch Bewehrung oder Stahlquerschnitte im Verbundbau reduziert und langfristig auch durch Zugkriechen abgebaut. Bei verformungsempfindlicheren Bauteilen und sensiblen Nachweisen (z. B. in sehr trockener Umgebung oder wenn Schwinden die maßgebende Zwangbeanspruchung darstellt) sollten ohnehin Grenzwertbetrachtungen vorgenommen werden. Die größeren Endschwindmaße ($t \rightarrow \infty$) nach DIN 1045-1 [R4] bzw. DAfStb-Heft [525] liegen auf der sicheren Seite und können jedenfalls auch weiter verwendet werden [H3-7].

In DIN EN 1992-1-1 werden in Tabelle 3.2 nur einige Nennwerte für die unbehinderte Trocknungsschwinddehnung $\varepsilon_{cd,0}$ in [‰] für Beton mit Zement CEM Klasse N (normal erhärtend) angegeben. Diese wurden auf Basis des Anhangs B ermittelt. Als Hilfestellung für die Praxis wurden in DIN EN 1992-1-1/NA, Anhang B die erweiterten Tabellen NA.B.1 bis NA.B.3 – Grundwerte für die unbehinderte Trocknungsschwinddehnung $\varepsilon_{cd,0}$ – mit den Zementklassen S, N und R sowie mit allen Betonfestigkeitsklassen ergänzt. In Bezug auf die relative Luftfeuchte wurde auf die nicht praxisrelevante Spalte für 20 % verzichtet, dafür wird die für trockene Umgebungsbedingungen relevante relative Luftfeuchte 50 % ergänzt.

Grundschwinden

Das Grundschwinden vollzieht sich unabhängig von den klimatischen Umgebungsbedingungen. Daher ist auch die Zeitfunktion des Grundschwindens von der Bauteildicke unabhängig. Anders als beim Trocknungsschwinden ist das Grundschwinden über einen Querschnitt gleichförmig verteilt. Es erzeugt also keine Eigenspannungen in einem unbewehrten Querschnitt.

Der vereinfachte, linearisierte und zementunabhängige Ansatz für das Endmaß des Grundschwindens nach EN 1992-1-1, Gleichung (3.12) liefert bei normalfesten Betonen je nach Zementart und Betonfestigkeitsklasse Werte zwischen 55 % (C20/25 mit Zementklasse S) bis 100 % (C50/60 mit Zementklasse R) der Werte nach [525]. Im relevanten Bereich der hochfesten Betone beträgt die Übereinstimmung zwischen 90 % (Zementklasse N) bis 110 % (Zementklasse R) (vgl. Bild H3-4). Da der Anteil am Gesamtschwindmaß bei normalfesten Betonen relativ gering und die Auswirkungen auf die Bemessungsergebnisse im GZT damit noch geringer sind, wird die vereinfachte Gleichung (3.12) übernommen [H3-7].

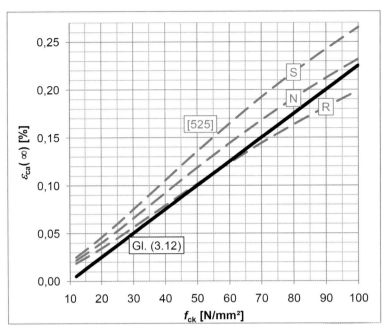

Bild H3-4 – Vergleich der Endmaße für Grundschwinden ε_{ca} (∞) nach Gleicung (3.12) und [525] (aus [H3-7])

Zu 3.1.5 Spannungs-Dehnungs-Linie für nichtlineare Verfahren und Verformungsberechnungen

Die durch Gleichung (3.14) beschriebene und in Bild 3.2 sowie Bild H3-5 dargestellte Spannungs-Dehnungs-Linie bildet das Verformungsverhalten des Betons unter kurzzeitig wirkenden einaxialen Spannungszuständen wirklichkeitsnah ab. Die zugehörigen Dehnungen ε_{c1} und ε_{cu1} für Normalbeton (bzw. ε_{lc1} und ε_{lcu1} für Leichtbeton) sind Tabellen 3.1 und 11.3.1 zu entnehmen. Angelehnt an Versuchsbeobachtungen nimmt die Dehnung ε_{c1} bei Erreichen der Betondruckfestigkeit mit zunehmender Druckfestigkeit zu. Dem abnehmenden Verformungsvermögen von Hochleistungsbetonen wird durch eine stufenweise Reduktion der Betongrenzdehnung ε_{cu1} mit steigender Festigkeit Rechnung getragen (siehe Tabelle 3.1).

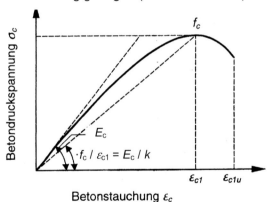

Bild H3-5 – Spannungs-Dehnungs-Linie für die Schnittgrößen- und die Verformungsermittlung

Die Linie gilt für Druckbeanspruchung mit kontinuierlich gesteigerter Dehnung und geringer Dehnrate von $\leq$ -2 ‰ / min, wie sie bei den üblichen statischen Lasten und Verkehrslasten auftreten. Bei hohen Dehngeschwindigkeiten durch schnell einwirkende, d. h. dynamische Beanspruchungen, z. B. Aufprall, Explosion, Schlag, Stoß, steigen die Druckfestigkeit des Betons sowie die weiteren Betonkennwerte deutlich an; weitere Angaben enthält z. B. [H3-14].

Der Tangentenmodul E_c = 1,05E_{cm} bestimmt die Steigung der Spannungs-Dehnungs-Linie im Ursprung. Sofern eine Berechnung der elastischen Verformungen unter Ansatz einer vereinfachten linearen Spannungs-Dehnungs-Linie für den Bereich der Gebrauchsspannungen (bis etwa σ_c = 0,4f_{cm}) erfolgt, sollte zur Berücksichtigung der plastischen Anfangsdehnungen $\Delta\varepsilon_{c,p}$ (vgl. Bild H3-1) der Sekantenmodul E_{cm} verwendet werden.

Bei nichtlinearen Verfahren der Schnittgrößenermittlung nach 5.7 ist die Spannungs-Dehnungs-Linie nach Bild 3.2 unter Ansatz von rechnerischen Mittelwerten der Baustoffkenngrößen anzuwenden. Bei Bauteilen mit vollständig überdrückten Querschnitten kann die Streuung des Elastizitätsmoduls einen nicht zu vernachlässigenden Einfluss auf das Tragverhalten des Bauteils haben (z. B. bei stabilitätsgefährdeten Bauteilen). Deshalb sollte in diesen Bauteilen $0,85E_c$ angesetzt werden.

Zu 3.1.6 Bemessungswert der Betondruck- und Betonzugfestigkeit

Zu (1)P: Durch den Faktor $\alpha_{cc} = 0,85$ werden die gegenüber der Kurzzeitfestigkeit geringere Dauerstandsfestigkeit des Betons sowie die deterministisch beschreibbaren Unterschiede zwischen der am Probekörper ermittelten Druckfestigkeit und der Festigkeit im Bauteil berücksichtigt

Gemäß NA dürfen in begründeten Fällen (z. B. Kurzzeitbelastung) auch höhere Werte mit $\alpha_{cc} \leq 1$ berücksichtigt werden, da bei hohen Belastungsgeschwindigkeiten und kurzen Einwirkzeiten, wie z. B. bei einem Aufprall, einer Explosion, einem Schlag oder Stoß, eine höhere Druckfestigkeit mobilisiert wird.

Zu (2)P: Die bei der Bemessung eines Bauteils ausnutzbare Zugfestigkeit kann vom reinen Materialkennwert deutlich abweichen. Ursachen dafür sind zu überlagernde Eigenspannungen infolge ungleichmäßigen Abfließens der Hydratationswärme, ungleichmäßigen Schwindens über den Bauteilquerschnitt und Behinderung der Schwindverformungen durch die Bewehrung, die Schwächung des Betonquerschnitts und Zugspannungskonzentrationen durch die Bewehrung, die gegenüber der Kurzzeitfestigkeit deutlich geringere Dauerstandsfestigkeit sowie der Maßstabseinfluss aus der Bauteilgeometrie. Die genannten Effekte wirken sich im Allgemeinen parallel zur Bauteiloberfläche wesentlich stärker aus als rechtwinklig zur Bauteiloberfläche. Eine rechnerische Erfassung der Effekte ist schwierig.

Sofern die Zugfestigkeit bei der Bemessung von unbewehrten Bauteilen nach DIN EN 1992-1-1 in Ansatz gebracht werden darf, ist sie deshalb mit einem Bemessungswert $f_{ctd} = \alpha_{ct} \cdot f_{ctk;0,05} / \gamma_C$ (bzw. $f_{lctd} = \alpha_{ct} \cdot f_{lctk;0,05} / \gamma_C$ für Leichtbeton) anzusetzen. Dieser wurde mit identischem Dauerstandsbeiwert $\alpha_{ct} = 0,85$ und Teilsicherheitsbeiwert $\gamma_C = 1,5$ wie beim Bemessungswert der Betondruckfestigkeit festgelegt.

Ausnahme: Bei der Ermittlung der Verbundspannungen f_{bd} nach 8.4.2 (2) darf $\alpha_{ct} = 1,0$ angesetzt werden, weil die Verbundfestigkeit als Vielfaches der Betonzugfestigkeit (für gerippte Bewehrungsstäbe mit dem Faktor 2,25 [H3-3]) auf Basis von Ausziehversuchen unter Kurzzeitbelastung so festgelegt wurde, dass die unter Gebrauchslasten größeren Verbundspannungen am Beginn der Verankerung keine kritischen Rissbildungen oder Gleitungen erzeugen. Dauerlasten bewirken einen Abbau dieser Spitzenwerte und führen zu einer Annäherung an die rechnerisch angenommene gleichmäßige Spannungsverteilung entlang der gesamten Verankerungslänge [300].

Zu 3.1.7 Spannungs-Dehnungs-Linie für die Querschnittsbemessung

Die Grundlagen für die Biegebemessung (Ebenbleiben der Querschnitte, Arbeitslinien Beton usw.) sind qualitativ in DIN EN 1992-1-1 und DIN 1045-1 [R4] gleichwertig. Die möglichen Dehnungsverteilungen über den Querschnitt im GZT sind mit der maximalen Randstauchung des Betons ε_{cu2} bzw. ε_{cu3} und mit den NA-Festlegungen für die Grenzdehnung der Bewehrung ε_{ud} nach Bild 6.1 unverändert.

Zu (1): Das Parabel-Rechteck-Diagramm in Bild 3.3 gibt die rechnerische Verteilung der Spannungen in der Betondruckzone für die Querschnittsbemessung im Grenzzustand der Tragfähigkeit an. Die rechnerische Bruchdehnung des Betons ist auf die Werte ε_{cu2} bzw. ε_{lcu2} nach Tabellen 3.1 und 11.3.1 zu begrenzen, vgl. auch 6.1. Bei vollständig überdrückten Querschnittsteilen, wie z. B. Gurten von profilierten Querschnitten, ist zusätzlich die mittlere Stauchung auf ε_{c2} bzw. ε_{c3} zu begrenzen (siehe 6.1 (5)).

Die Dehnung bei Erreichen der Betondruckfestigkeit ε_{c2} nimmt mit wachsender Betonfestigkeit betragsmäßig zu (vgl. Tabellen 3.1 und 11.3.1). Zur Berücksichtigung des mit zunehmender Betondruckfestigkeit steileren Abfalls der aufnehmbaren Spannung nach Überschreiten der Höchstlast (vgl. Spannungs-Dehnungs-Linie nach Bild 3.2) wird dagegen die Grenzdehnung ε_{cu2} reduziert. Dies hat zur Folge, dass für hochfeste Betone keine einheitliche, normierte Spannungs-Dehnungs-Linie vorhanden ist, wie das bei Betonen bis zur Festigkeitsklasse C50/60 der Fall ist. Bemessungsdiagramme gelten deswegen bei Betonen ab der Festigkeitsklasse C55/67 jeweils nur für eine einzige Festigkeitsklasse.

Im Vergleich mit DIN 1045-1 [R4] sind die P-R-Diagramme für normalfeste Betone identisch. Für hochfeste Betone ist die Völligkeit der Parabel in der ausgenutzten Druckzone nach DIN EN 1992-1-1 geringer, dafür sind die Bruchdehnungen und die Bemessungswerte der Druckfestigkeit (im NA $\gamma_C = 1,5$) größer als in DIN 1045-1 (Bild H3-6). Die Unterschiede in den Bemessungsergebnissen sind gering [H3-7].

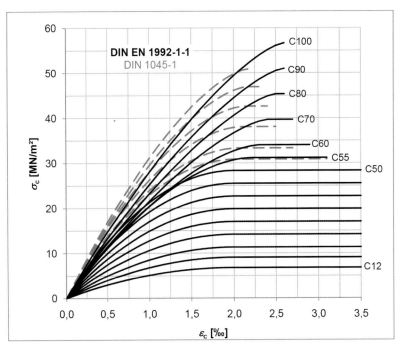

Bild H3-6 – P-R-Spannungs-Dehnungs-Linien nach DIN EN 1992-1-1 und DIN 1045-1 [R4] (aus [H3-7])

Zu (2): Die angenäherte und einfachere bilineare Spannungs-Dehnungs-Linie nach DIN EN 1992-1-1 unterschneidet das Parabel-Rechteck-Diagramm deutlich. Im Vergleich mit DIN 1045-1 liegt der Knickpunkt wegen der größeren Stauchung ε_{c3} weiter auf der sicheren Seite (für normalfeste Betone $\varepsilon_{c3,EC2}$ = 1,75 ‰ statt $\varepsilon_{c3,DIN}$ = 1,35 ‰). Die Bruchdehnungen und die Bemessungswerte der Druckfestigkeit für hochfeste Betone sind analog dem P-R-Diagramm nach DIN EN 1992-1-1 etwas größer [H3-7].

Zu (3): Der Spannungsblock nach DIN EN 1992-1-1 gestattet eine moderat höhere Ausnutzung der Betondruckzone als nach DIN 1045-1 [R4].

Der Spannungsblock nach Bild 3.5 ist nur bei im Querschnitt liegender Nulllinie anwendbar und eignet sich besonders für die Bemessung mit Handrechnung und von Querschnitten mit nicht rechteckig begrenzter Betondruckzone. Der Beiwert λ beschreibt die effektive Druckzonenhöhe des Spannungsblocks und η ist ein Faktor, der den Bemessungswert der Betondruckfestigkeit anpasst. Für hochfesten Beton wird mit reduzierten λ- und η-Werten die geringere Völligkeit und der kürzere horizontale Ast der zugrunde liegenden Parabel-Rechteck-Linie berücksichtigt. Der Ansatz liegt für Druckzonen, deren Breite zum Rand mit der maximalen Druckdehnung hin zunimmt, auf der sicheren Seite. Sofern die Druckzonenbreite zum Rand mit der maximalen Dehnung hin abnimmt, ist f_{cd} zusätzlich pauschal um 10 % abzumindern.

Sofern die Bemessung computergestützt durchgeführt wird, sollte einer „genauen" Integration des Parabel-Rechteck-Diagramms über die Druckzone der Vorzug gegeben werden.

Zu 3.1.8 Biegezugfestigkeit

Die Biegezugfestigkeit ist als die maximal aufnehmbare Spannung am Zugrand eines Biegebalkens definiert, die sich unter Annahme linear-elastischen Verhaltens des Betons nach der Biegetheorie ergibt. Entscheidend für die Biegezugfestigkeit ist die Bauteilhöhe [H3-13]. Mit zunehmender Bauteilhöhe nimmt die Biegezugfestigkeit ab und nähert sich der zentrischen Zugfestigkeit an (in Gleichung (3.23) ab $h \geq 600$ mm identisch).

Der Umrechnungsfaktor zwischen Biegezugfestigkeit und zentrischer Zugfestigkeit $f_{ct,fl}$ / f_{ct} = (1,6 - h / 1000 mm) darf auch für die Bemessungswerte f_{ctd} angesetzt werden.

Zu 3.1.9 Beton unter mehraxialer Druckbeanspruchung

Mehraxiale Spannungszustände treten insbesondere bei Flächentragwerken und dickwandigen Konstruktionen oder auch unter Teilflächenpressungen auf. Die Festigkeit von Beton bei zweiaxialer Druckbeanspruchung ist je nach dem Verhältnis der Hauptspannungen um bis zu ca. 25 % höher als die einaxiale Druckfestigkeit. Die Zugfestigkeit von Beton bei zweiaxialer Zugbeanspruchung ist vom Verhältnis der Hauptspannungen unabhängig und gleich der zentrischen Zugfestigkeit. Ist der Beton gleichzeitig Druck- und Zugspannungen ausgesetzt, so nimmt die aufnehmbare Druckspannung mit steigender Zugspannung deutlich ab. Die Betonfestigkeit ist bei gleichen Druckspannungen in allen drei Hauptrichtungen am größten. Sie ist umso geringer, je mehr der Spannungszustand vom hydrostatischen abweicht [H3-13].

Ein typischer mehraxialer Spannungszustand entsteht auch bei der Durchleitung konzentrierter Stützenkräfte durch Deckenplatten. Günstig wirkt dabei die Behinderung der seitlichen Querdehnung im Knoten durch die Deckenscheibe. *Weiske* [H3-16] hat diesen Effekt in ungestörten Deckenknoten aus Normalbeton in Versuchen beobachtet und dabei eine Erhöhung der einaxialen Betondruckfestigkeit in Richtung der Deckendicke mit einem Faktor $\alpha^* = 2{,}5$ bis $3{,}8$ bis zum Versagen festgestellt. Voraussetzung hierfür ist der Verzicht auf stützennahe Deckendurchbrüche und eine kreuzweise Mindestlängsbewehrung in den Decken, die bei Flachdecken üblicherweise durch die Biegebewehrung gesichert ist. Für die Begrenzung der Stützeneindrückung im Gebrauchslastbereich ist dann eine angemessene Vertikalbewehrung im Deckenknoten erforderlich. Die vorsichtige Ausnutzung einer Bemessungsdruckspannung $\sigma_{Rd,max} \leq 2{,}0 f_{cd}$ im ungestörten Deckenknotenbereich zwischen Geschossstützen wird empfohlen [H3-9].

Zu 3.2 Betonstahl

Zu 3.2.1 Allgemeines

Zu (1)P: Die Produktnorm DIN 488 [R1] enthält Anforderungen an das Bauprodukt Betonstahl zur Sicherung der Qualität des nach dieser Norm produzierten Betonstahls (Betonstahl in Stäben und Ringen, Betonstahlmatten und Gitterträger). Daneben werden auch Betonstähle nach Zulassungen produziert, wobei sich die Anforderungen in den Zulassungen an DIN 488 orientieren. Betonstähle nach Zulassungen sind z. B. Betonstahl in Ringen, profilierte Betonstahlmatten und Gitterträger.

In DIN 488-1:2009-08 [R1] werden zwei Betonstahlsorten geregelt, die mit B500A (statt BSt 500 (A)) in DIN 1045-1) bzw. B500B (statt BSt 500 (B) in DIN 1045-1) bezeichnet werden. Außerdem werden die lieferbaren Nenndurchmesser $d = 6{,}0$ mm bis 40 mm geregelt. Die Erweiterung der Nenndurchmesser gegenüber DIN 488-2:1986-06 über 28 mm hinaus führte dazu, dass in DIN EN 1992-1-1/NA, 8.8: „Zusätzliche Bewehrungsregeln für große Stabdurchmesser" für Stabdurchmesser $\phi = 40$ mm die bisher in den abZ enthaltenen zusätzlichen Bemessungs- und Konstruktionsregeln mit dem Ziel ergänzt wurden, diese zukünftig ohne Zulassung als geregelte Betonstäbe zu verwenden. Für Stabdurchmesser $\phi > 40$ mm sind weiterhin Zulassungen erforderlich.

Zu (2)P: Für hochfeste Betonstähle, die durch Recken oder Ziehen teilweise oder vollständig kaltverformt sind, ist die Spannungs-Dehnungs-Linie für Zug und Druck nicht symmetrisch (*Bauschinger*-Effekt). Der Betrag der Stahlspannung an der Quetschgrenze (Druckbeanspruchung) ist geringer als der an der Streckgrenze (Zugbeanspruchung). Da diese Betonstähle aber im Allgemeinen eine wesentlich höhere Streckgrenze als den Nennwert $f_y = 500$ N/mm² aufweisen und der Betonstahl bei der Bemessung auf Druck nur bis zu einer maximalen Stauchung von 2,2 ‰ ausgenutzt werden darf (siehe 6.1), ist dieser Effekt nicht relevant. Darüber hinaus haben einige kaltverfestigte Betonstähle einen geringeren E-Modul im Druckbereich als im Zugbereich. Der Unterschied ist allerdings gering und darf in der Praxis vernachlässigt werden.

Zu (4): Die Forderung, dass die Verwendung von Betonstählen nach Zulassung für Betone ab C70/85 in den Zulassungen geregelt sein muss, wurde im NA beibehalten. Im Vergleich zu normalfestem Beton ist die Gefahr eines Spaltens der Betondeckung und daraus resultierenden Längsrissen größer, da der Verbund durch die höhere Betondruckfestigkeit und den größeren E-Modul deutlich steifer wird.

Zu (5): Für die Verwendung von Gitterträgern sind weiterhin Zulassungen erforderlich.

Zu 3.2.2 Eigenschaften

Zu (1)P: Betonstahl vom Ring kann nach DIN 488-3 [R1] sowohl aus B500A oder B500B Betonstahl bestehen. Maßgebend sind die Eigenschaften nach dem Richten. Für Betonstahl vom Ring nach bisherigen abZ darf davon ausgegangen werden, dass Stäbe und Matten aus B500WR stets hochduktile Eigenschaften aufweisen. Kaltverformter Betonstahl in Ringen B500KR wurde entsprechend den nachgewiesenen Produkteigenschaften zumeist als normalduktil, aber auch als hochduktil in den Zulassungen geregelt.

Für Sonderanwendungen existieren neben den Stählen der Klassen A und B noch spezielle Stähle mit sehr hohen Duktilitätseigenschaften (z. B. Klasse C für Bauten in Erdbebengebieten). Bei Verwendung dieser Stähle sind die Bemessungswerte aus den technischen Unterlagen abzuleiten. Für die Verwendung der Klasse C ist in Deutschland eine Zulassung erforderlich.

Die Charakteristik der Spannungs-Dehnungs-Linie des Betonstahls hat einen bedeutenden Einfluss auf die Verformbarkeit der Stahlbetonbauteile. Durch die plastische Verformungsfähigkeit (Duktilität) des Betonstahls wird die Vorankündigung des Bruches durch große Verformungen und eine Energiedissipation bei Anprall oder zyklischer Belastung (Erdbeben) gewährleistet.

Die Verformbarkeit der Stahlbetonbauteile hat einen Einfluss auf die Verteilung der Schnittgrößen im Tragwerk. Eine definierte Duktilität des Betonstahls ist Voraussetzung für die Anwendung der in DIN EN 1992-1-1 enthaltenen Verfahren der Schnittgrößenermittlung. Kennwerte für die Duktilität des Betonstahls sind der charakteristische Wert der Dehnung ε_{uk} (Gesamtdehnung aus elastischem und plastischem Anteil) bei maximaler Beanspruchung und der charakteristische Wert des Verhältnisses zwischen Zugfestigkeit und Streckgrenze $(f_t / f_y)_k$.

Die Betonstähle weisen in der Regel höhere Streckgrenzen auf (f_y > 500 N/mm²). Bei der Schnittgrößenermittlung werden im Allgemeinen ein Erreichen der Streckgrenze und ein Einsetzen der Plastizierung im Bereich der Rechenannahmen vorausgesetzt. Um eine übergroße elastische Festigkeitszunahme, verbunden mit einer Überbeanspruchung der Verankerungskapazität gestaffelter Stäbe, zu vermeiden, ist für Betonstähle B500B der 90%-Quantilwert des Verhältnisses der Ist- zur Nennstreckgrenze $R_{e,ist} / R_{e,nenn}$ auf 1,3 begrenzt (DIN 488-1 [R1], Tabelle 2).

Der Temperaturbereich für die Eigenschaften der Betonstähle wird in C.1 (1) relativ eng eingegrenzt. Die Hersteller weisen die Stahleigenschaften in der Regel bei Normaltemperatur +20 °C nach. In den Zulassungen von Betonstählen wird auf einen zugehörigen Gebrauchstemperaturbereich nicht eingegangen. Tatsächlich liegen für extreme Temperaturen keine verwertbaren Versuchsdaten vor (abgesehen von Warmzugversuchen im Zusammenhang mit der Brandschutznormung oder Festlegungen zum Warmbiegen mit ≥ 500 °C). Betonstähle aller Lieferformen sollen demnach die für die Bemessung erforderlichen Eigenschaften im Temperaturbereich zwischen –40 °C und +100 °C aufweisen.

Eine einmalige geringe Überschreitung dieses reduzierten Temperaturbereiches führt nicht zu deutlich veränderten Baustoffeigenschaften. Für die normale Hochbaupraxis ist auch der reduzierte Gebrauchstemperaturbereich ausreichend.

Eine zufällige bzw. planmäßige Überschreitung des angegebenen Temperaturbereichs tritt im Brandfall oder beim Warmbiegen auf. Mit steigender Stahltemperatur steigt der Wärmeausdehnungskoeffizient des Stahls an, der E-Modul und die Stahlfestigkeit fallen hingegen stark ab. Durch die Veränderung des Verhältnisses der Wärmeausdehnungskoeffizienten von Stahl und Beton verändern sich während der Temperaturerhöhung auch die Verbundbedingungen beim eingebetteten Betonstahl.

Die Relaxation des Betonstahls kann bei Normaltemperaturen vernachlässigt werden, da bis zum Erreichen der Proportionalitätsgrenze keinerlei merkliche Relaxation eintritt. Im Warmzustand sinkt die Relaxationsgrenze allerdings deutlich unter die Warmstreckgrenze. Für Zustände nach Wiederabsinken der Temperatur, z. B. beim Warmbiegen, steigt die Relaxationsgrenze wieder auf den ursprünglichen Wert vor der Erwärmung.

Nach dem Brand oder dem Warmbiegen verbleibt eine verringerte Restfestigkeit und eine Einschränkung der Eigenschaften hinsichtlich Duktilität und Dauerschwingfestigkeit. Die maximal zulässige Temperatur beim Warmbiegen und entsprechend reduzierte Werte für die Streckgrenze sind in 8.3 (NA.6)P angegeben. Angaben für die Bemessung im Brandfall enthält DIN EN 1992-1-2 mit NA [R30], [R31].

Zu (3)P: Die in DIN EN 1992-1-1 enthaltenen Verfahren zur Schnittgrößenermittlung und Bemessungs- und Konstruktionsregeln setzen bestimmte Eigenschaften und Bemessungskennwerte des verwendeten Betonstahls voraus.

In EN 1992-1-1 ist vorgesehen, die Bemessungs- und Konstruktionsregeln auf Betonstähle mit charakteristischen Streckgrenzen von 400 N/mm² ≤ f_{yk} ≤ 600 N/mm² anzuwenden. In DIN EN 1992-1-1/NA wurde jedoch in Übereinstimmung mit der (neuen) DIN 488-Reihe [R1] und den abZ für Betonstähle der Anwendungsbereich in Deutschland auf die bewährten Betonstahlsorten mit f_{yk} = 500 N/mm² eingeschränkt. Betonstähle mit anderen Streckgrenzen sind daher nur mit Zustimmung der Bauaufsicht oder mit ggf. weitergehenden Zulassungen verwendbar. Diese Einschränkungen sollen auch die Prüfbarkeit und Feststellung der Konformität der verwendeten Betonstahlprodukte auf der Baustelle erleichtern.

Zu (4)P: Die Mindestwerte für die bezogene Rippenfläche in Tabelle C.2DE sind Grundlage für die maximal übertragbare Verbundkraft zwischen Betonstahl und umgebendem Beton (Bemessungswerte der Verbundspannung siehe Gleichung (8.2)). Das Verbundverhalten beeinflusst andererseits auch die Duktilität der Stahlbetonbauteile im gerissenen Zustand. Die Duktilitätsanforderungen an den Stahl gelten daher nur im Zusammenhang mit den in Tabelle C.2DE bezogenen Rippenflächen.

Die Ausbildung der Rippen (Höhe, Breite, Abstand, Ausrundungen) hat durch die Kerbwirkung am Übergang zum Stabkern einen wesentlichen Einfluss auf die Dauerschwingfestigkeit. Anforderungen an die Rippengeometrie sind in DIN 488 [R1] enthalten.

Zu 3.2.4 Duktilitätsmerkmale

Zu (2): Bild 3.7 b) zeigt eine typische Spannungs-Dehnungs-Linie für kaltverformte Stähle ohne ausgeprägte Streckgrenze. Die Streckgrenze f_y ist für diesen Fall als die Spannung, bei der eine bleibende Dehnung von 0,2 % auftritt, definiert. Die Dehnung ε_{uk} bei Höchstlast ist vom Kaltumformgrad des Stahls abhängig.

Zu 3.2.5 Schweißen

Die Angaben in Tabelle 3.4 ermöglichen dem Tragwerksplaner die Auswahl geeigneter Schweißverfahren für die Ausführung planmäßiger Schweißverbindungen bereits bei der Tragwerksplanung.

Für die Schweißverbindungen gilt DIN EN ISO 17660 [R47]. International werden sowohl glatte als auch gerippte Betonstähle verwendet. Wenn Betonstahlmatten aus geripptem Betonstahl hergestellt werden, wird das Schweißverfahren 23 „Buckelschweißen" angewendet, welches zusätzlich als Regelfall in die Zeile „Widerstandspunktschweißen" der Tabelle 3.4 gehört. Wenn glatte Betonstähle zu einem Kreuzungsstoß nach Bild 5 von DIN EN ISO 17660-1 [R47] verbunden werden, wird das Schweißverfahren 21 „Widerstandspunktschweißen" verwendet.

Zu 3.2.7 Spannungs-Dehnungs-Linie für die Querschnittsbemessung

Zu (1): Die Linie nach Bild 3.8 gilt für den „reinen" Betonstahl. Der Einfluss des Verbundes zwischen Betonstahl und Beton ist in den entsprechenden Regeln zur Verankerung und Übergreifung in 8.4 bis 8.7 und zur Betondeckung in 4.4 berücksichtigt.

Bei Verwendung von Betonstahl nach DIN 488 [R1] oder nach Zulassungen darf für den charakteristischen Wert der Streckgrenze f_{yk} = 500 N/mm² angesetzt werden.

Bei der Bemessung mit Stahldehnungen unterhalb der zu (f_{yk} / γ_S) gehörenden Dehnung ε_s wird entsprechend Bild 3.8 kein Sicherheitsbeiwert auf die Stahlspannung angesetzt. Der Elastizitätsmodul des Betonstahls hat nur geringe Schwankungen, sodass eine Berücksichtigung im Sicherheitsbeiwert γ_S entfallen kann. Die in γ_S enthaltenen Anteile zur Berücksichtigung der Unsicherheiten bei den Modellannahmen (Modellunsicherheit) und andere Anteile müssten allerdings erhalten bleiben. Die genannten verbliebenen Effekte können allerdings durch eine geringe Änderung der Dehnungsebene im Querschnitt leicht aufgenommen werden.

Zu (2): In EN 1992-1-1 wird die ansteigende Arbeitslinie für beide Stahlklassen unterschiedlich mit $f_{tk} = k \cdot f_{yk}$ bei ε_{uk} vorgeschlagen, wobei für die Bestimmung der rechnerischen Stahlfestigkeit bei ε_{du} = 0,9ε_{uk} angesetzt werden darf. Der Ansatz unterschiedlicher Dehnungen und Zugfestigkeiten ist jedoch bemessungstechnisch aufwändiger und baupraktisch nicht sinnvoll, um mögliche Wechsel zwischen Betonstahlbewehrung (in der Regel B500B) und geschweißter Bewehrung (z. B. Betonstahlmatten, in der Regel B500A) nicht zu erschweren. Darüber hinaus sind bei sehr großen Betonstahldehnungen über 25 ‰ im GZT grundsätzlich alle Nachweise im GZG zu führen und die zweckmäßigen Vereinfachungen wie z. B. Verzicht auf die Spannungsnachweise nach 7.1 (NA.3) oder auf die Rissbreitenbegrenzung bei dünnen Deckenplatten nach 7.3.3 (1) nicht mehr ohne Weiteres zulässig [H3-7].

Die maximal ausnutzbare rechnerische Betonstahlzugfestigkeit unter Berücksichtigung der Nachverfestigung wurde in DIN EN 1992-1-1/NA daher wieder einheitlich für beide Betonstahlklassen B500A und B500B bei einer Bemessungsdehngrenze von ε_{du} = 25 ‰ mit $f_{tk,cal} = k \cdot f_{yk} = 1{,}05 \cdot 500 = 525$ N/mm² festgelegt.

DIN EN 1992-1-1/NA für B500A und B500B:

$$f_{tk,cal} = 525 \text{ N/mm}^2 \text{ bei } \varepsilon_{du} = 25 ‰ \rightarrow f_{td} = 525 / 1{,}15 = 456{,}5 \text{ N/mm}^2 \qquad \text{(H.3-3)}$$

Diese Dehngrenze sollte sowohl für den ansteigenden als auch für den horizontalen Ast der Betonstahl-Arbeitslinie eingehalten werden. Die bekannten Bemessungshilfsmittel für $\leq$ C50/60 nach DIN 1045-1 [R4] können dann ohne Weiteres weiter verwendet werden [H3-7].

Zu (4): Der E-Modul des Betonstahls liegt üblicherweise zwischen 195.000 und 210.000 N/mm². Für die Berechnung darf genügend genau mit dem Mittelwert E_s = 200.000 N/mm² gerechnet werden. Die Werte gelten für übliche Bauwerkstemperaturen im Bereich von –40 °C bis +100 °C.

Für nichtrostende Bewehrungsstähle sind je nach Werkstoffsorte ein E-Modul von 150.000 N/mm² bis 160.000 N/mm² und eine Wärmedehnzahl von $13 \cdot 10^{-6}$ bis $16 \cdot 10^{-6}$ K^{-1} in den Zulassungen geregelt.

Zu (NA.5): Sofern keine Versuchswerte vorliegen, dürfen für f_y der Wert f_{yk} = 500 N/mm² und für $(f_t / f_y)_k$ und ε_{uk} die Werte aus Tabelle C.1 in Bild NA.3.8.1 eingesetzt werden. Der abfallende Ast der Spannungs-Dehnungs-Linie nach Erreichen von $(f_t / f_y)_k \cdot f_y$ darf vernachlässigt werden. Die Spannungen σ_s sind auf die Nennquerschnittsfläche des Betonstahls bezogen.

Zu 3.3 Spannstahl

Zu 3.3.2 Eigenschaften

Für die Spannstähle, das Herstellungsverfahren, die Eigenschaften, die Prüfverfahren und das Verfahren zum Übereinstimmungsnachweis gelten bis zur bauaufsichtlichen Einführung von EN 10138 die Festlegungen der Zulassungen. Für tragende Bauteile, in denen Spannverfahren (Bausätze zur Vorspannung von

Tragwerken) verwendet werden, sind in Deutschland weiterhin Zulassungen erforderlich. Die in DIN EN 1992-1-1 mit NA vorausgesetzten Eigenschaften des Spannstahls sind konform zu den Regelungen der zurzeit gültigen Zulassungen.

Als Spannverfahren werden Bausätze bezeichnet, die neben den Zuggliedern aus Spannstahl wie Drähten, Litzen oder Stäben auch Verankerungen, Kopplungen, Hüllrohre, Spaltzugbewehrung, Korrosionsschutz-systeme usw. umfassen.

Zu (4)P bis (7): Als Relaxation wird der nichtlineare Spannungsabfall in Spannstählen unter großen konstan-ten Dehnungen im Laufe langer Standzeit bezeichnet. In EN 1992-1-1 werden hierfür für Spannstähle drei sogenannte Relaxationsklassen definiert. Die Absätze (4)P bis (7) einschließlich Gleichung (3.28) bis Glei-chung (3.30) sind in Deutschland nicht anzuwenden. Gemäß DIN EN 1992-1-1 mit NA gelten für die Relaxa-tionsklassen stattdessen die Festlegungen der Zulassungen.

Die Spannungsverluste aus den Zulassungen gelten für übliche klimabedingte Bauteiltemperaturen. Zum Relaxationsverlust in wärmebehandelten Fertigteilen siehe Erläuterungen zu 10.3.2.1. Für alle anderen Temperaturen sind die Relaxationsverluste besonders zu bestimmen.

Zu 3.3.4 Duktilitätseigenschaften

Zu (NA.6): Die Duktilität der Spannbetonbauteile wird außer durch die Duktilität des Spannstahls primär durch die Verbundeigenschaften der Spannglieder bestimmt. Die Einteilung der Spannglieder in die Duktili-tätsklassen erfolgt daher nicht nach Duktilitätskennwerten wie beim Betonstahl, sondern nach dem Verbund der Spannglieder.

Zu 3.3.6 Spannungs-Dehnungs-Linie für die Querschnittsbemessung

Zu (1)P: Die charakteristischen Werte $f_{p0,1k}$, f_{pk} und ε_{uk} sind den Zulassungen des Spannstahls (dort entspre-chend $R_{p0,1}$, R_m und A_{gt}) zu entnehmen. Zweckmäßigerweise wird die Vordehnung aus der Vorspannung $\varepsilon_p^{(0)}$ bei der Festlegung der Grenzdehnung des Spannstahls $\varepsilon_{ud} = \varepsilon_p^{(0)} + 0{,}025 \leq 0{,}9\varepsilon_{uk}$ additiv berücksichtigt. Bei dieser Grenzdehnung darf der ansteigende Ast mit dem Bemessungswert der Spannstahlzugfestigkeit mit $f_{pd} = f_{pk} / \gamma_S$ angesetzt werden. Die mögliche Zusatzdehnung des Spannstahls unter Last $\Delta\varepsilon_p$ mit 25 ‰ analog der Grenzdehnung des Betonstahls festzulegen, ist hinsichtlich eines geschlossenen Nachweises für Quer-schnitte mit Beton- und Spannstahl sinnvoll. Die absolute Begrenzung auf 90 % der Gleichmaßdehnung ε_{uk} sichert gegen übergroße Gesamtdehnungen ab.

Die maximale Vordehnung $\varepsilon_p^{(0)}$ ergibt sich aus der Begrenzung der Vorspannkraft unmittelbar nach dem Vorspannen gemäß 5.10.3(2), Gleichung (5.43) bei $0{,}85f_{p0,1k}$ bzw. $0{,}75f_{pk}$. Für Litzen mit $f_{p0,1k} = 1500$ N/mm² ergibt sich damit z. B. die Vordehnung zu $\varepsilon_p^{(0)} = 0{,}85 \cdot 1500 / 195000 = 0{,}0065$ und die Grenzdehnung des Spannstahls zu $\varepsilon_{ud} = 0{,}0065 + 0{,}025 = 0{,}0315$. Dieser Wert liegt deutlich unter der in Versuchen ermittelten Bruchdehnung (siehe [H3-17]).

Die Dehngrenze $\varepsilon_{ud} = \varepsilon_p^{(0)} + 0{,}025 \leq 0{,}9\varepsilon_{uk}$ sollte sowohl für den ansteigenden als auch für den horizontalen Ast der Spannstahl-Arbeitslinie eingehalten werden (vgl. Erläuterungen zu 3.2.7).

Zu (7) Die Bemessung auf Grundlage der tatsächlichen (versuchsgestützten) Spannungs-Dehnungs-Linie ist in Deutschland nicht zulässig, da die hier verwendeten Stähle über eine Zulassung verfügen müssen.

Zu (NA.9): Bild NA.3.10.1 zeigt eine typische Spannungs-Dehnungs-Linie für hochfeste kaltgezogene Spannstähle ohne ausgeprägte Streckgrenze. Die Streckgrenze $f_{p0,1}$ ist als die Spannung, bei der eine blei-bende Dehnung von 0,1 % auftritt, definiert. Für $f_{p0,1}$, f_p und ε_{uk} sind die charakteristischen Werte aus den Zulassungen anzusetzen.

Zu 3.4 Komponenten von Spannsystemen

Zu 3.4.1 Verankerungen und Spanngliedkopplungen

Der Abschnitt 3.4.1 in EN 1992-1-1 befasst sich mit Verankerungen und Spanngliedkopplungen. Er enthält sehr allgemeine Regelungen und Hinweise zu mechanischen Eigenschaften und Ankerkörpern. Diese An-gaben sind aus deutscher Sicht unzureichend. In DIN EN 1992-1-1/NA wird daher der gesamte Ab-schnitt 3.4.1 durch den Hinweis auf die Zulassungen der Spannverfahren ersetzt, die auch die maßgeben-den Festlegungen für die Verankerungen und Spanngliedkopplungen enthalten.

Zu 4 DAUERHAFTIGKEIT UND BETONDECKUNG

Zu 4.1 Allgemeines

Als Dauerhaftigkeit wird allgemein die Anforderung an das Tragwerk oder einzelne Bauteile bezeichnet, die Tragfähigkeit und die angestrebten Gebrauchseigenschaften über den geplanten Nutzungszeitraum sicherzustellen.

Die Dauerhaftigkeit eines Bauteils wird durch dessen Umgebungsbedingungen beeinflusst. Die Auswirkungen auf die Dauerhaftigkeit sind von der Art der Umgebungseinflüsse, vom Widerstand der Baustoffe oder Bauprodukte gegen die jeweiligen Angriffsmechanismen und von der Rissbildung der Bauteile abhängig.

Die Maßnahmen zur Sicherstellung der Dauerhaftigkeit bestehen aus den Komponenten

– betontechnologische Maßnahmen nach DIN EN 206-1 [R18] und DIN 1045-2 [R4],

– Einhaltung konstruktiver Regeln (z. B. Betondeckung, Mindestbewehrung) nach DIN EN 1992-1-1, Abschnitte 4.4 und 9,

– Nachweis der Begrenzung der Rissbreiten (ggf. auch Nachweis des Grenzzustandes der Dekompression) nach DIN EN 1992-1-1, Abschnitt 7.3,

– Nachbehandlung und Schutz nach DIN EN 13670 [R44], Abschnitt 8.5 in Verbindung mit DIN 1045-3:2012-03 [R2].

Die in DIN EN 206-1 [R18] und DIN 1045-2 [R4], Anhang F festgelegten Grenzwerte für die Betonzusammensetzungen sind für eine angenommene Nutzungsdauer von mindestens 50 Jahren bei einem üblichen Instandhaltungsaufwand festgelegt. Die getrennte Regelung von Maßnahmen auf der Seite der Betontechnologie und auf der Seite der Konstruktion kann zu einem ungleichmäßigen Dauerhaftigkeitsniveau über die Expositionsklassen führen. Wenn aufgrund der statischen Erfordernisse eine höhere Festigkeit als nach DIN EN 206-1 [R18] und DIN 1045-2 [R4] erforderlich gewählt wird, nimmt auch die Dauerhaftigkeit zu. Zusätzliche betontechnologische Maßnahmen, die nicht Gegenstand der Regelungen der Normen sind, können die Dauerhaftigkeit zusätzlich verbessern.

Zu 4.2 Umgebungsbedingungen

Zu Tabelle 4.1: Die Umgebungsbedingungen sind in EN 1992-1-1 identisch mit DIN 1045-2 [R4] definiert, Unterschiede sind in den „informativen" Beispielen festzustellen. Entscheidend für die Bauteileinstufung sind vorrangig die Umgebungsbedingungen, denen eine Bauteiloberfläche ausgesetzt ist. In DIN EN 1992-1-1/NA werden die EN 1992-1-1-Beispiele durch die abgestimmten Beispiele nach DIN 1045-2 ersetzt, auch um neuen Auslegungsbedarf zu vermeiden. Eine wesentliche Ergänzung besteht weiterhin in der Forderung nach einer zusätzlichen Maßnahme für direkt befahrene Parkdecks in XD3 in Deutschland. Diese wird über den NA wieder als Fußnote [b] umgesetzt.

In Tabelle 4.1 wird ausdrücklich unterschieden zwischen Einflüssen auf die Bewehrungskorrosion (Klassen XC, XD und XS) und Angriffsmechanismen auf den Beton selbst (Klassen XA, XF und XM sowie Feuchtigkeitsklassen W). Für jedes Bauteil sind alle maßgebenden Expositions- und Feuchtigkeitsklassen zu ermitteln und als Grundlage für die erforderliche Betonzusammensetzung in den Planungsunterlagen anzugeben.

Die Expositionsklassen XM werden in der europäischen Betonnorm DIN EN 206-1 [R18] und daher auch in Tabelle 4.1 nicht behandelt. Sie werden jedoch gesondert in 4.4.1.2 (13) im Zusammenhang mit einer zusätzlichen „Opfer-"Betondeckung definiert.

Die Feuchtigkeitsklassen der Alkali-Richtlinie [R60] sind in die Ausgaben 2008 von DIN 1045-1 [R4] und DIN 1045-2 [R4] übernommen worden. Ergänzt wird im NA für Tabelle 4.1, die Nr. NA.7: Betonkorrosion infolge Alkali-Kieselsäurereaktion. Anhand der zu erwartenden Umgebungsbedingungen ist der Beton vom Tragwerksplaner einer von drei Feuchtigkeitsklassen zuzuordnen. In Abhängigkeit von der gewählten Feuchtigkeitsklasse ist bei der Betonherstellung eine geeignete Gesteinskörnung bzw. ein geeigneter Zement zu verwenden [R60]. Die Feuchtigkeitsklassen sind in den Ausführungsunterlagen anzugeben, sie haben jedoch keine direkten Auswirkungen auf die Bemessung (weitere Erläuterungen in [H4-3]).

Die Festlegung der Feuchtigkeitsklassen erfolgt grundsätzlich anhand der im Einzelfall zu betrachtenden bauteilbezogenen Umgebungsbedingungen. In den Erläuterungen zur Alkali-Richtlinie [R60] wird eine Zuordnung von Feuchtigkeitsklassen zu Expositionsklassen für einige Fälle empfohlen, die in Tabelle H4.1 zusammengefasst wird.

Tabelle H4.1 – Zusammenhang zwischen Feuchtigkeitsklassen und Expositionsklassen – beispielhafte Zuordnung nach [R60]

	1	2	3	4
	Expositions-klasse	Umgebungsbedingungen	Feuchtigkeits-klasse [1] [2] [3]	Bemerkung
1	XC1	trocken, ständig nass	WO WF	massige trockene Bauteile mit b bzw. $h \geq 800$ mm in WF
2	XC3	mäßige Feuchte	WO oder WF	Beurteilung im Einzelfall
3	XC2, XC4, XF1, XF3	nass, selten trocken, wechselnd nass und trocken, mäßige bis hohe Wasser-sättigung, ohne Taumittel	WF	–
4	XF2, XF4, XD2, XD3, XS2, XS3	mäßige bis hohe Wasser-sättigung, mit Taumittel bzw. Salzwasser, nass, selten trocken, wechselnd nass und trocken,	WA	Eintrag von Alkalien von außen (z. B. Chloride)
5	XD1, XS1, XA	mäßige Feuchte	WF [4] oder WA	Beurteilung im Einzelfall

[1] Im Regelungsbereich der ZTV-ING [R54] sind alle Bauteile im Bereich von Bundesfernstraßen in die Feuchtigkeitsklasse WA einzustufen.
[2] Infolge der Bauteilabmessungen kann eine abweichende Einstufung erforderlich werden.
[3] Werden Bauteile ein- oder mehrseitig abgedichtet, ist dies bei der Wahl der Feuchtigkeitsklasse zu beachten.
[4] Dies gilt, wenn die Alkalibelastung von außen gering ist.

Zu Tabelle 4.1, Fußnote [b]:

Bei Parkdecks handelt es sich in der Regel um über mehrere Felder durchlaufende Flächentragwerke. Im Bereich der Auflager ergibt sich infolge Eigenlasten und Verkehrslasten eine Zugbeanspruchung an der Bauteiloberseite. Bei Behinderung der horizontalen Verformungen ist zusätzlich eine Zwangbeanspruchung möglich. Eine Rissbildung an der Bauteiloberseite ist daher im Allgemeinen zu erwarten.

Entsprechend Tabelle 4.1, Fußnote [b] ist bei direkt befahrenen Parkdecks eine Ausführung nur mit zusätzlichen Maßnahmen (z. B. rissüberbrückende Beschichtung) zulässig. Diese Regelung berücksichtigt, dass horizontale Betonbauteile mit Rissbildung und Chloridbeaufschlagung von oben als Bauteile mit den schärfsten Beanspruchungen hinsichtlich Bewehrungskorrosion einzustufen sind. Durchlaufende Bauteile mit Rissen, die tiefer reichen als die obere Bewehrungslage, sind besonders kritisch einzustufen, da im Bereich der Risse eine rasche Depassivierung der Bewehrung auftritt und als Folge einer Makrokorrosionselement-bildung (anodische Bereiche im Rissbereich, kathodische Bereiche außerhalb der Risse) mit extremen Korrosionsgeschwindigkeiten zu rechnen ist. Für die Chloridbeanspruchung ist das Tausalz, das durch Fahrzeuge in Parkdecks eingeschleppt werden kann, hinreichend.

Zur Sicherstellung der Dauerhaftigkeit von direkt befahrenen Parkdecks ist aus den genannten Gründen stets zu beachten, dass Risse und Arbeitsfugen dauerhaft geschlossen bzw. geschützt werden müssen, um Schäden durch eindringendes chloridhaltiges Wasser und damit durch die chloridinduzierte Korrosion der Bewehrung zu vermeiden. Dieses Prinzip ist unabhängig davon anzuwenden, ob z. B. planmäßig breitere Einzelrisse in Kauf genommen werden, die nach Abschluss der Rissbildung wieder geschlossen oder beschichtet werden oder ob durch eine rissbreitenbegrenzende Bewehrung nach DIN 1045-1 [R4] mit mehreren kleineren Rissen gerechnet wird, die dann in der Fläche beschichtet oder abgedichtet werden müssen. Auch die Einstufung der Betonbauteile in die Expositionsklasse XD3 mit den damit verbundenen Mindestanforderungen setzt eine übliche Instandhaltung während der Nutzungsdauer voraus (siehe DIN 1045-2 [R4], Anhang F). Hinweise zum Umfang einer Instandhaltung werden im DBV-Merkblatt [DBV5] gegeben.

Bei Aufbringung eines dauerhaften und flächigen Schutzes unter Einbeziehung einer regelmäßigen und in definierten Abständen vorzunehmenden erweiterten, d. h. über das Übliche hinausgehenden, Wartung auf der Basis eines Wartungsplanes und der Durchführung notwendiger Instandsetzungsmaßnahmen sind Reduzierungen bei der Betondeckung (Dicke und Dichtheit) und Herabstufungen innerhalb der Expositionsklassen XD und XF möglich. Das DBV-Merkblatt [DBV5] enthält für verschiedene Anwendungsfälle detaillierte Angaben zu den Inhalten des Wartungsplanes, den erforderlichen Wartungsintervallen und den Instandsetzungsmaßnahmen sowie zu den Randbedingungen, unter denen eine Herabstufung der Expositionsklassen möglich ist. Das Merkblatt gibt auch Hinweise zur Auswahl geeigneter Oberflächenschutzsysteme und Abdichtungen für die verschiedenen Bauteile.

Zum Schutz von aufgehenden Bauteilen ist eine Beschichtung oder Abdichtung von Stützen und Wandanschlüssen erforderlich (Ausführungsdetails im DBV-Merkblatt [DBV5]).

Die in den Normen DIN EN 1992-1-1/NA und DIN EN 206-1 [R18] deskriptiv festgelegten Anforderungen an die Mindestbetondeckung sowie an die Betonzusammensetzung, hier insbesondere hinsichtlich des maximal zulässigen Wasserzementwertes, des Mindestzementgehaltes und der Mindestbetonfestigkeitsklasse, stellen bei einem unbeschichteten und ungerissenen Beton für die jeweilige Expositionsklasse unter Berücksichtigung einer üblichen Instandhaltung eine Nutzungsdauer von 50 Jahren sicher. Wenn Risse und Arbeitsfugen (möglichst vor dem ersten Chlorideintrag) dauerhaft geschlossen und geschützt sind, ist somit aus Dauerhaftigkeitsgründen kein Gefälle notwendig. Besonderes Augenmerk ist dann auf mögliche Auswirkungen im Spritzwasserbereich zu richten.

Die Formulierung der Fußnote [b] lässt außer der genannten Beschichtung auch andere Maßnahmen zu, deren Gleichwertigkeit hinsichtlich des dauerhaften Schutzes gegen Bewehrungskorrosion im Einzelfall nachzuweisen ist. Als Beispiele können genannt werden: die Vermeidung von Rissen auf der Bauteiloberseite z. B. durch Vorspannung, die Vermeidung von oben liegender Bewehrung durch Ausführung von Einfeldsystemen (sofern keine Trennrisse zu erwarten sind), der Einbau von Bewehrung aus nichtrostendem Stahl (ggf. nur auf der Bauteiloberseite).

Mindestfestigkeitsklassen

Die Anforderungen an die Betonzusammensetzung und die sich daraus ergebenden Mindestbetonfestigkeitsklassen sind national in DIN 1045-2 [R4] geregelt. Die Mindestfestigkeitsklassen nach DIN 1045-2 werden in DIN EN 1992-1-1/NA im normativen Anhang E umgesetzt. Dabei wird davon ausgegangen, dass Dichte und Festigkeit korreliert sind.

Die Regeln zur Mindestbewehrung nach 7.3 und 9.2 erfordern obere Grenzwerte für die zu erwartende Zugfestigkeit des Betons. Die Betonzugfestigkeit ist allerdings kein Konformitätskriterium für den Beton nach DIN 1045-2 [R4]. Die Betonzugfestigkeit ist deshalb in DIN EN 1992-1-1 als ein aus der Betondruckfestigkeit abgeleiteter Wert definiert.

Aus der entsprechend der Zuordnung zu den Expositionsklassen nach DIN 1045-2 erforderlichen Betonzusammensetzung können sich Betondruckfestigkeiten ergeben, die oberhalb der für die Tragfähigkeit der Bauteile erforderlichen Druckfestigkeiten liegen, die aber bei der Festlegung der Mindestbewehrung zu berücksichtigen sind. Es ist daher sinnvoll, in die Bemessung die tatsächlich zu erwartenden Festigkeiten einzuführen.

Die Verwendung von Luftporenbeton sollte nur auf den notwendigen Einsatz unter einer XF-Klassifizierung begrenzt bleiben. Die Festlegung von langsam bzw. sehr langsam erhärtenden Betonen sollte vorrangig bei massigen Bauteilen ihren Anwendungsbereich finden. Für diese Bauteile sind verlängerte Ausschalfristen und Nachbehandlungszeiten erforderlich, ggf. muss die Prüfung der Betonfestigkeit zu einem späteren Zeitpunkt als 28 Tage vereinbart werden.

Der auch als wasserundurchlässiger Beton („WU-Beton" als besondere Betoneigenschaft) bezeichnete Baustoff wird in DIN 1045-2 [R4], 5.5.3 bzw. in der DAfStb-WU-Richtlinie [R63], 6.1, geregelt. Die Begrenzung des Wasserdurchtritts durch WU-Bauteile erfolgt so, dass kein Wasser durch Kapillartransport oder durch Permeation die der Beaufschlagung abgewandte Bauteilseite erreicht. Dies wird durch die Forderung einer bestimmten Betonqualität (Festlegung des Wasserzementwertes w/z) und durch empfohlene Mindestbauteildicken sichergestellt. Ohne die Ausnutzung der Mindestbauteildicken nach Tabelle 1 in [R63] müssen die Anforderungen an einen „Beton mit hohem Wassereindringwiderstand" eingehalten werden ($w/z \leq 0{,}60$). Bei WU-Bauteilen mit den empfohlenen Mindestbauteildicken nach Tabelle 1 in [R63] (zuzüglich 15 % Dickentoleranz) wird zur Begrenzung des Wasserdurchtritts ein reduzierter w/z-Wert $\leq 0{,}55$ gefordert. Diese Anforderungen gehen über die Mindestanforderungen für die Expositionsklassen XC1 bis XC3 in DIN 1045-2 [R4] hinaus. Hingewiesen sei hier auch auf die ggf. erforderliche Begrenzung des Größtkorns der Gesteinskörnung, z. B. $d_g \leq 16$ mm für WU-Wände (nach [555]).

Ein Prinzip bei der Sicherstellung der auf die Nutzungsdauer von mindestens 50 Jahren ausgelegten Dauerhaftigkeit der Stahlbeton- und Spannbetonbauteile besteht darin, dass diese nicht von Bauarten abhängig sein soll, die planmäßig geringere Lebensdauern aufweisen. Wird jedoch durch besondere Maßnahmen die Dichtheit, z. B. einer Abdichtungsschicht, dauerhaft im zuvor angesprochenen Sinne gesichert, können die Anforderungen an die Betonrandzone entsprechend reduziert werden [H4-3].

Kellerfußböden und Bodenplatten, die nicht Bestandteil des Tragsystems sind, werden in DIN EN 1992-1-1 nicht explizit geregelt. Die Maßnahmen zur Dauerhaftigkeit solcher Böden, insbesondere zum Korrosionsschutz ggf. vorhandener Bewehrung, können im Verantwortungsbereich der Planer im Einzelfall z. B. mit Blick auf andere Nutzungsdauern oder Schadensfolgen abweichend festgelegt werden.

Unter dem Beispiel „Einzelgarage" für die Expositionsklasse XD1 der Tabelle 4.1 sind nur tragende Bauteile unter dem PKW-Stellplatz innerhalb eines Einfamilienhauses oder in einer danebenstehenden Einzelgarage zu verstehen. Andere Fälle von Tausalzbelastung auf Bauteilen mit sehr geringer Nutzungsfrequenz durch Fahrzeuge sind im Einzelfall zu beurteilen und in entsprechende Expositionsklassen einzustufen.

Bei Dachdichtungen und Fassadenbekleidungen, wie Putzen oder Mauerwerk, können Undichtigkeiten, die unter Umständen auch an Verwahrungen und Laibungen auftreten und ggf. auch längere Zeit unbemerkt bleiben, in der Regel nicht sicher ausgeschlossen werden. Daher ist es nicht angemessen, dass die abdichtende Wirkung von Dachdichtungen oder Fassadenbekleidungen vollständig in dem Sinne angesetzt wird, dass die der Witterungsseite zugewandten Flächen von Außenwänden und Dachdecken hinter diesen Schichten als Bauteile in dauerhaft trockenen Umgebungsbedingungen im Sinne der Expositionsklasse XC1 mit min C16/20 und 10 mm Mindestbetondeckung ausgeführt werden. Andererseits brauchen diese Betonflächen auch nicht als direkt der Witterung ausgesetzt angenommen werden. Vielmehr soll für die Ausführung dieser Bauteile eine Mindestfestigkeitsklasse C20/25 und 20 mm Mindestbetondeckung angestrebt werden, was durch eine ersatzweise Einstufung in die Expositionsklasse XC3 erreicht wird. In diesen Fällen reicht ein Vorhaltemaß der Betondeckung von Δc_{dev} = 10 mm aus.

Als Ausnahme wird die Einstufung in die Expositionsklasse XC1 hinter vollflächigen Außenwandbekleidungen als Wärmedämmverbundsystem (WDVS) akzeptiert. Das WDVS zeichnet sich durch eine risssichernde Armierung unter der äußeren Putzschicht und seine relativ gute Dichtheit in der vertikalen Fläche aus. Der wechselnde Zugang von Feuchtigkeit und Sauerstoff wird ausreichend behindert.

Analog soll bei Fertigteil-Sandwichtafeln mit Fugenabdichtung die Innenseite der Vorsatzschicht und in der Regel auch die gegenüberliegende Seite der Tragschicht im Bereich einer anliegenden, geschlossenporigen Kerndämmung der Expositionsklasse XC3 zugeordnet werden (DIN EN 1992-1-1, NA.10.9.9 (6)).

Die XD-Einstufung (Chloride) ist bei luftberührten Betonbauteilen in Süßwasser-Hallenbädern mit einer chlordesinfizierenden Wasseraufbereitung in der Regel nicht erforderlich, da die übliche Luftfeuchte 70 % nicht übersteigt und XC3 dafür ausreicht. Im Bereich von Wärmebrücken könnte es jedoch zur Kondensation und erhöhtem Feuchteanfall auf kühleren Bauteiloberflächen kommen. Dort und im immer wieder austrocknenden Bereich von möglichen Spritzwässern (z. B. Fußbereiche von Stützen und Wänden) sollte XC4 gewählt werden. In Solebädern und Meerwasserschwimmhallen mit entsprechenden Salzkonzentrationen sind Betonbauteile, die ständig mit diesen Wässern in Berührung kommen können, in der Regel in XD2 bzw. XS2 einzustufen (bei häufigem Wasserzutritt und Wiederaustrocknen XD3 bzw. XS3). Eine Beurteilung des Angriffsgrades der Solewässer nach DIN 4030 [R11] sollte grundsätzlich erfolgen [H4-4].

Gemäß DIN 1045-2 [R4] sind bei chemischem Angriff der Expositionsklasse XA3 oder stärker sowie bei hoher Fließgeschwindigkeit von Wasser unter Mitwirkung von Chemikalien nach DIN EN 206-1 [R18], Tabelle 2 zusätzlich Schutzmaßnahmen für den Beton – wie Schutzschichten oder dauerhafte Bekleidungen – erforderlich, wenn nicht ein Gutachten eine andere Lösung vorschlägt.

Zu 4.4 Nachweisverfahren

Zu 4.4.1 Betondeckung

Zu 4.4.1.1 Allgemeines

Zur Sicherstellung der Dauerhaftigkeit der Bauteile ist u. a. ein Schutz der Betonstahlbewehrung und der Spannglieder gegen Korrosion erforderlich. Dazu sind einerseits eine ausreichend dicke und ausreichend dichte Betondeckung und andererseits eine wirksame Rissbreitenbegrenzung (siehe 7.3) erforderlich.

Der Angriff auf den Beton selbst wird allgemein durch die Betontechnologie abgedeckt. Er braucht bei der Bemessung nach DIN EN 1992-1-1, außer ggf. bei Verschleißbeanspruchung (siehe 4.4.1.2 (13)), nicht gesondert berücksichtigt werden.

Zu 4.4.1.2 Mindestbetondeckung

Zu (2)P: Die Mindestbetondeckung wird nach Gleichung (4.2) aus dem Maximalwert verschiedener Anforderungen abgeleitet:

$$c_{min} = \max\{c_{min,b};\ c_{min,dur} + \Delta c_{dur,\gamma} - \Delta c_{dur,st} - \Delta c_{dur,add};\ 10\ mm\}; \qquad \text{DIN EN 1992-1-1, (4.2)}$$

$c_{min,b}$ folgt aus dem Verbundkriterium nach 4.4.1.2 (3);

$c_{min,dur}$ folgt aus den Umgebungsbedingungen, siehe Tabellen 4.4DE und 4.5DE;

$\Delta c_{dur,\gamma}$ ist ein additives Sicherheitselement (siehe Tabellen 4.4DE und 4.5DE)

       = +10 mm für XD1 und +5 mm für XD2;

$\Delta c_{dur,st}$ ist die Verringerung der Betondeckung bei nichtrostenden Stählen (in der Regel nach Zulassungen);

$\Delta c_{dur,add}$ ist die Verringerung der Betondeckung aufgrund zusätzlicher Schutzmaßnahmen

       = 0 allgemein

       = 10 mm für Expositionsklassen XD bei dauerhafter, rissüberbrückender Beschichtung [DBV5]

Zur Berücksichtigung von unplanmäßigen Abweichungen ist die Mindestbetondeckung c_{min} zusätzlich um das Vorhaltemaß Δc_{dev} nach 4.4.1.3 zu erhöhen.

Δc_{dev} = 15 mm in der Regel bzw. Δc_{dev} = 10 mm bei XC1 und bei Verbundkriterium.

Im Konzept von EN 1992-1-1 sind sogenannte Anforderungsklassen (Structural classes) S1 bis S6 vorgesehen, die national gewählt werden dürfen. Für Deutschland wird im NA die Anforderungsklasse S3 für eine Nutzungsdauer von 50 Jahren gewählt. Die von S3 abweichenden Anforderungen für chloridbeanspruchte Bauteilflächen XD ($c_{min,dur}$ = 40 mm bzw. 50 mm für alle XD-Klassen) werden durch das additive Sicherheitselement $\Delta c_{dur,\gamma}$ ausgeglichen. Diese Festlegungen sind dann in den nationalen Tabellen 4.4DE und 4.5DE zusammengefasst.

Die Werte $c_{min,dur}$ in den Tabellen 4.4DE und 4.5DE setzen jeweils einen Beton mit definierten betontechnologischen Eigenschaften voraus, der die erforderliche Dichtheit der Betondeckung sicherstellt. Diese Zuordnung ist durch die nach DIN 1045-2 [R4] in Abhängigkeit von den Expositionsklassen für Bewehrungskorrosion zu erfüllenden Anforderungen an die Zusammensetzung der Betone gewährleistet. Besondere betontechnologische Maßnahmen zur Sicherstellung der erforderlichen Dauerhaftigkeit müssen so ausgelegt sein, dass die Werte $c_{min,dur}$ nach den Tabellen 4.4DE und 4.5DE ausreichend sind.

Je nach Umgebungsbedingungen können für verschiedene Oberflächen eines Bauteils unterschiedliche Expositionsklassen und damit unterschiedliche Betondeckungen erforderlich sein.

Nichtrostende Betonstähle können prinzipiell mit angepassten Mindestbetondeckungen eingesetzt werden. Die Zulassungen sind zu beachten. Für nichtrostende Bewehrungsstähle, z. B. aus den Werkstoffen Nr. 1.4362 oder Nr. 1.4571 nach DIN EN 10088-3 [R41], darf danach in der Regel die Betondeckung in allen Expositionsklassen für XC1 angesetzt werden.

In EN 1992-1-1 werden in Tabelle 4.3N weitere Kriterien vorgeschlagen, bei denen durch Wechsel der Anforderungsklasse S die Betondeckungen erhöht oder verringert werden sollen. Die mögliche Verringerung bei plattenförmigen Bauteilen oder bei besonderer Qualitätskontrolle wird im NA nicht umgesetzt, da eine Abminderung der erforderlichen Mindestbetondeckung durch Maßnahmen in der Bauausführung sachlich nicht gerechtfertigt ist und deshalb Einflüsse aus der Qualität der Bauausführung nur beim Vorhaltemaß berücksichtigt werden. Die Erhöhung der Betondeckung für eine Nutzungsdauer von 100 Jahren wird ebenfalls im NA zu DIN 1992-1-1 nicht berücksichtigt. Die abweichenden Betondeckungen für Betonbrücken mit längerer Nutzungsdauer werden in DIN EN 1992-2/NA [R33] spezifiziert. Nur die Möglichkeit, durch Einhalten einer erhöhten Mindestdruckfestigkeitsklasse die Mindestbetondeckung um 5 mm abzumindern, ist im NA in Tabelle 4.3DE geregelt. Die dort angegebenen Mindestdruckfestigkeitsklassen sind um zwei Festigkeitsklassen höher als die Mindestanforderungen nach DIN 1045-2 [R4] (siehe auch Anhang E, Tabelle E.1DE). Zum Erreichen der höheren Druckfestigkeitsklasse ist ein reduzierter Wasserzementwert nötig, woraus eine Erhöhung der Dichtheit folgt, die die Reduzierung der Mindestbetondeckung rechtfertigt.

Bei internen Spanngliedern ohne Verbund ist die Mindestbetondeckung c_{min} in den Verankerungsbereichen und im Bereich der freien Länge des ummantelten Spanngliedes der Zulassung zu entnehmen.

Zu (3): Unabhängig von den Regeln zum Schutz gegen Korrosion ist zur Sicherstellung des Verbundes eine Umhüllung des Betonstahls oder des Spanngliedes mit Beton erforderlich. Die Verbundlängen der Norm gewährleisten im Grenzzustand der Tragfähigkeit die sichere Einleitung der Stahlzugkraft in den Beton und im Grenzzustand der Gebrauchstauglichkeit eine Begrenzung der Rissbreiten in den Verankerungs- und Übergreifungsbereichen auf die zulässigen Werte.

Die Regeln zur Sicherstellung des Verbundes gelten für rechnerisch voll ausgenutzte Betonstahlstäbe oder Spannglieder. Wird Bewehrung, die in der Nähe von Arbeitsfugen liegt, in Bemessungssituationen vor und während des Anbetonierens an die Arbeitsfuge rechnerisch nicht ausgenutzt, d. h. ist eine größere Verbundlänge als nach Abschnitt 8 mindestens erforderlich vorhanden, können die sich aus der Verbundbedingung ergebenden Werte für c_{min} auf die in NCI zu (9) angegebenen Werte abgemindert werden.

Die in EN 1992-1-1 empfohlenen Werte $c_{min,b}$ für Spannglieder im nachträglichen Verbund wurden national übernommen.

Die Mindestbetondeckung $c_{min,b}$ = 2,5ϕ_p gilt für voll ausgenutzte Einzellitzen oder Einzeldrähte im sofortigen Verbund, sofern sich diese gegenseitig nur geringfügig beeinflussen. Dabei sollte ein lichter Mindestabstand $s \geq 2,5\phi_p$ eingehalten werden. Wird der lichte Mindestabstand nach Bild 8.14 mit $s = 2,0\phi_p$ ausgenutzt, sollte die Mindestbetondeckung auf $c_{min,b}$ = 3ϕ_p vergrößert werden [H4-5]. Bei einer Gruppenverankerung kann es erforderlich sein, die Mindestbetondeckung noch weiter zu vergrößern.

Zu (8): In DIN EN 1992-1-1/NA wird unter aufwändigen Randbedingungen für Parkdecks in der Expositionsklasse XD3 mit $\Delta c_{dur,add}$ ausnahmsweise eine Reduktion der Betondeckung um 10 mm bei dauerhafter, rissüberbrückender Beschichtung erlaubt (siehe Erläuterungen zu Tabelle 4.1 Fußnote b)).

Zu (9): Im Bereich von Verbundfugen darf gemäß den Zulassungen die Betondeckung auf 5 mm bei rauer Fuge im Ortbeton verringert werden. Dieser Reduktion liegt die Erwartung zugrunde, dass ein Teil des Zementleims unterhalb der im Ortbeton liegenden Bewehrung in die Rautiefen verläuft und über die 5 mm hinaus einen adäquaten Verbund sicherstellt.

In der Praxis kommt es, insbesondere bei Elementdecken, häufig vor, dass im Ortbeton ergänzte Bewehrung direkt auf die Fertigteilfugenoberfläche aufgelegt wird, obwohl dies weder in DIN 1045-1:2001-07 [R4] noch in den einschlägigen Zulassungen für Elementdecken gestattet war (Bild H4-1 [H4-3]).

Um eine praktikable und regelgerechte Lösung anzubieten, wurden folgende Überlegungen zugrunde gelegt und in der NCI zu (9) umgesetzt:

- Durch den Direktkontakt wird der Verbund der aufgelegten Bewehrungsstäbe im Bereich von ca. 30 % des Stabumfanges gestört (Bild H4-1). Dies kann durch eine entsprechende Vergrößerung der Verankerungs- bzw. Übergreifungslängen, z. B. durch Annahme mäßiger Verbundbedingungen nach 8.4.2, kompensiert werden.

- Korrosion spielt in der später innen liegenden Verbundfuge keine Rolle. Im Bereich der Elementfugen ist jedoch das Nennmaß der Betondeckung für über die Fugen verlegte Bewehrung einzuplanen (Bild H4-1).

- Das teilweise Unterlaufen der Bewehrung durch Zementleim wird durch eine Mindestoberflächenrauigkeit (rau oder verzahnt) ermöglicht.

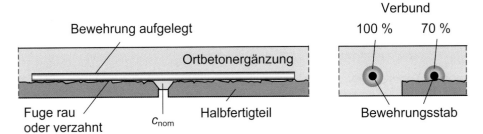

Bild H4-1 – Direkt auf Elementdecke aufgelegte Bewehrung in der Ortbetonergänzung

Wird Bewehrung, die in der Nähe von Verbund- bzw. Arbeitsfugen liegt, in den Bauzuständen vor und während des Anbetonierens an die Fuge rechnerisch voll ausgenutzt, sind die sich aus der Verbundbedingung ergebenden Werte für $c_{min,b}$ im ersten Betonierabschnitt einzuhalten.

Zu (11): Der Absatz gilt nicht für die Verbundfugen, die in Absatz (9) geregelt sind. Die Vergrößerung der Mindestbetondeckung um weitere 5 mm ist bei grober Gesteinskörnung mit Größtkorndurchmessern $d_g > 32$ mm sinnvoll, die mit einem Durchmesseranteil $> c_{min}$ in die betrachtete Betondeckung ragt (analog Tabelle 4.2, Fußnote [1])).

Zu 4.4.1.3 Vorhaltemaß

Zu (1)P: Die Größe der tatsächlich im Bauteil vorhandenen Betondeckung ist von den Maßabweichungen der Bewehrung, den Bauteilabmessungen und der Lage der Bewehrung im Bauteil abhängig. Das Vorhaltemaß Δc_{dev} stellt sicher, dass, ausgehend von dem der Planung und Ausführung zugrunde liegenden Nennmaß der Betondeckung c_{nom}, die Mindestbetondeckung c_{min} mit ausreichender Zuverlässigkeit am fertigen Bauteil eingehalten wird.

Verfahren zur Messung der Betondeckung und deren Auswertung am fertigen Bauteil sind im DBV-Merkblatt „Betondeckung und Bewehrung" [DBV1] enthalten (vgl. auch [H4-1]).

Den Vorhaltemaßen Δc_{dev} liegen unterschiedliche Quantilwerte der Mindestbetondeckung c_{min} zugrunde. In den Fällen, in denen die Verbundbedingung nach 4.4.1.2 (3) oder geringe Anforderungen aus den Umgebungsbedingungen des Bauteils maßgebend werden (XC1), ist $\Delta c_{dev} = 10$ mm ausreichend; liegen besondere Anforderungen aus den Umgebungsbedingungen der Bauteile vor, die über die Expositionsklasse XC1 hinausgehen, ist ein Wert $\Delta c_{dev} = 15$ mm erforderlich ([DBV1], [H4-2], [H4-6]).

In dem in NCI zu (9) angegebenen Fall (Verbundfuge) ist die mögliche Streuung der vorhandenen Betondeckung gering, sodass die Berücksichtigung des Vorhaltemaßes Δc_{dev} nicht erforderlich ist.

Zu (2): Zulässige Abweichungen in der Bauausführung nach oben und unten für die Betondeckung sind in DIN EN 13670 [R44] angegeben. Die zulässige Δc_{minus}-Abweichung (siehe Bild H4-2) entspricht dem gewählten Vorhaltemaß, sodass die Mindestbetondeckung auch in diesem Fall eingehalten wird. Die zahlenmäßige Begrenzung einer Δc_{plus}-Abweichung wird jedoch in den deutschen Anwendungsregeln DIN 1045-3 [R2] zu DIN EN 13670 nicht geregelt.

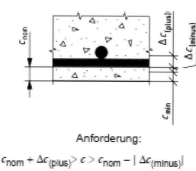

Anforderung:

$$c_{nom} + \Delta c_{(plus)} > c > c_{nom} - |\Delta c_{(minus)}|$$

Bild H4-2 – Zulässige Lage der Betonstahlbewehrung [R44]

Wird die Betondeckung deutlich größer als geplant ausgeführt, ist in jedem Fall zu überprüfen, dass für die statische Nutzhöhe d ($= l_i$) die zulässigen Querschnittsabweichungen $-\Delta l_i$ nach [R44] eingehalten werden. Die Einhaltung von Δc_{plus}-Abweichungen für die Lage der Bewehrung ist sonst ggf. bei Anforderungen an die Begrenzung der Rissbreite bzw. die Begrenzung der Betondeckung zur Vermeidung von Betonabplatzungen im Brandfall gemäß DIN EN 1992-1-2 [R30] relevant [H4-4].

Ergänzende Qualitätsanforderungen an die Weiterverarbeitung von Betonstahl und den Einbau der Bewehrung werden in der DAfStb-Richtlinie „Qualität der Bewehrung" [R61] formuliert, welche jedoch nicht bauaufsichtlich eingeführt wird. Somit ist die Einhaltung der besonderen Qualitätsanforderungen nach dieser Richtlinie ausdrücklich zwischen den Vertragspartnern zu vereinbaren.

Zu (3): In Bezug auf die Qualitätskontrolle bei einer Abminderung des Vorhaltemaßes wird auf die Planung und Verwendung „geeigneter" Abstandhalter und Unterstützungen (siehe DIN EN 13670 [R44], 6.2 (7)), die z. B. nach den einschlägigen DBV-Merkblättern [DBV2] und [DBV3] geprüft und zertifiziert sowie nach dem DBV-Merkblatt „Betondeckung und Bewehrung" [DBV1] verlegt werden, hingewiesen (ausführliche Erläuterungen in [H4-4]).

Eine weitere Reduzierung des Vorhaltemaßes über die in der DIN EN 1992-1-1 mit NA geregelten Möglichkeiten hinaus ist z. B. bei zusätzlichen Aufwendungen denkbar, die die Streuungen in der Bauausführung stärker reduzieren bzw. vor der Betonage beseitigen. Hierbei wird dann von den genormten Anwendungsregeln abgewichen. Eine Möglichkeit des Nachweises, dass man die Anforderungen von DIN EN 1992-1-1 trotzdem mit angemessener Zuverlässigkeit erfüllt, besteht in der Messung der Betondeckung am fertigen Bauteil (z. B. bei Fertigteilen siehe auch NA.10.4). Hinweise zum Vorgehen bei der Messung und der statistischen Auswertung der Messergebnisse sind im DBV-Merkblatt „Betondeckung und Bewehrung" [DBV1] enthalten.

Zu (4): Die 50 mm-Erhöhung bezieht sich auf die erhöhte Wahrscheinlichkeit von Unebenheiten auf dem Baugrund, z. B. durch Begehen oder Befahren. Für seitliche unebene Flächen wie „Erdschalung" ist das Vorhaltemaß mindestens um das Unebenheitsmaß bzw. um 20 mm zu erhöhen. Grundsätzlich sollten Direktbetonagen gegen oder auf Baugrund nur bei untergeordneten Bauteilen vorgesehen werden.

Wenn die Oberfläche einer Sauberkeitsschicht aus Beton der Ebenheit einer geschalten Fläche entspricht, braucht das Vorhaltemaß nicht erhöht zu werden. Ist die Fläche als uneben anzusehen, ist das Vorhaltemaß angemessen zu erhöhen, um die Mindestbetondeckung zu erreichen. Bei weicheren Unterlagen sind mögliche Einsenkungen bei der Wahl der Abstandhalter zu berücksichtigen.

Bei Waschbetonoberflächen oder ähnlich strukturierten Oberflächen ist das Vorhaltemaß um die Strukturtiefe (mindestens +5 mm) zu vergrößern, um die Mindestbetondeckung im Bauteil sicherzustellen.

Zu 5 ERMITTLUNG DER SCHNITTGRÖSSEN

Zu 5.1 Allgemeines

Zu 5.1.1 Grundlagen

Zu (1)P: Ziel der Schnittgrößenermittlung ist eine ausreichend realistische rechnerische Erfassung der Reaktion des Tragwerks und seiner Teile auf die vorhandenen Einwirkungen in Form von Lasten (Eigenlasten, Nutzlasten, Schnee, Wind usw.) bzw. Zwang (z. B. Temperatur, Stützensenkung). Diese Reaktion des Tragwerks auf eine Einwirkung wird dabei als „Auswirkung der Einwirkung" (siehe DIN EN 1990 [R22], 1.5.3.2) bezeichnet. Als Kennzeichnung einer Auswirkung findet sich das Symbol „E" (effect of action) als Index zur Bezeichnung der Einwirkungsseite in allen relevanten Gleichungen von DIN EN 1992-1-1 wieder. Werden für die Nachweisführung die gleichzeitig zu betrachtenden Einwirkungen zu Lastfallkombinationen zusammengefasst, wird die Reaktion des Tragwerks bzw. seiner Teile oder eines zu untersuchenden Querschnitts auch als „Beanspruchung" bezeichnet, die neben den Einwirkungen auch von den geometrischen Größen und den Baustoffeigenschaften abhängt.

Grundlegendes Prinzip jeder Schnittgrößenermittlung – unabhängig vom gewählten Verfahren – ist die Einhaltung des Gleichgewichtszustands des Tragwerks, das dabei als unverformt zugrunde gelegt wird. Lediglich in den Fällen, in denen Stabauslenkungen wesentliche Schnittgrößenerhöhungen verursachen, ist der Gleichgewichtszustand am verformten Tragwerk nachzuweisen (Theorie II. Ordnung). Für übliche Hochbauten gilt dies, wenn die Erhöhung der Schnittgrößen infolge Bauteilverformungen zu einer Verringerung der Tragfähigkeit um mehr als 10 % führt. Gleiches gilt für den Einfluss der durch Quer- und Längskräfte verursachten Verformungen auf die Schnittgrößenermittlung.

Die Einhaltung der Verträglichkeitsbedingungen wird im Zuge der Schnittgrößenermittlung im Allgemeinen nicht explizit nachgewiesen. Bei Nutzung der in DIN EN 1992-1-1 angegebenen Berechnungsverfahren sowie vor allem durch die Beachtung der Bewehrungs- und Konstruktionsregeln kann die Verträglichkeit als eingehalten angesehen werden. Wenn die Verträglichkeit gesonderte Beachtung erfordert, wird in der Norm ausdrücklich darauf hingewiesen (z. B. bei Stabwerken in 5.6.4).

Zu (3): Für den ebenen Spannungszustand wird im Anhang F der EN 1992-1-1 ein vereinfachtes Verfahren zur Bestimmung der Bewehrung lehrbuchartig vorgeschlagen. Dieser Anhang ist in Deutschland nicht anzuwenden.

Zu (4)P: Idealisierung: Die Berücksichtigung von Torsionsmomenten und der Torsionssteifigkeit ist bei der Schnittgrößenermittlung nur notwendig, wenn dies aus Gleichgewichtsbedingungen erforderlich ist. Dabei ist besonders zu beachten, dass beim Übergang in den Zustand II die Torsionssteifigkeit gegenüber der Biegesteifigkeit wesentlich stärker abfällt. Bei statisch unbestimmten Systemen sind ggf. die Schnittgrößen mit voller und reduzierter Torsionssteifigkeit zu ermitteln. Wird die Aufnahme der Torsionsmomente rechnerisch nicht verfolgt, ist dies konstruktiv durch eine ausreichende Bewehrung auszugleichen.

Zu(NA.12): Vor allem bei Bauteilen unter nicht vorwiegend ruhender Einwirkung (Kranbahnen, Decken mit schwerem Maschinenbetrieb u. ä.), aber auch in anderen Fällen (z. B. frühzeitige Volllast) kann die Belastungsgeschichte aufgrund der Steifigkeitsveränderungen bei einzelnen Bauteilen einen wesentlichen Einfluss auf eine nach der Plastizitätstheorie durchgeführte Schnittgrößenermittlung haben. Dies ist im Einzelfall zu beurteilen und zu berücksichtigen.

Zu (NA.13): Für dickere Platten mit statischen Nutzhöhen $d > 500$ mm dürfen übliche Berechnungsverfahren für Schnittgrößen unter Ansatz gleicher Steifigkeiten in beiden Richtungen auch verwendet werden, wenn der Achsabstand der Längsbewehrung zur zugehörigen Querbewehrung je Lage $s \leq 0,1d$ eingehalten wird, da die relativen Steifigkeitsunterschiede bei diesen Nutzhöhen gering bleiben (analog [R4]).

Zu 5.1.2 Besondere Anforderungen an Gründungen

Zu (1)P: Für die Berücksichtigung der Boden-Bauwerk-Interaktion sollen nur die geotechnischen Normen DIN EN 1997-1 [R38], [R39] mit DIN 1054 [R10] bzw. die Normen für den Spezialtiefbau herangezogen werden. Daher ist der informative und lehrbuchartige Anhang G: „Boden-Bauwerk-Interaktion" gemäß NA in Deutschland nicht anzuwenden und wurde im Normenhandbuch nicht abgedruckt.

Zu (3) und (4): Ausführliche Erläuterungen zu Pfahlgruppen und kombinierten Pfahl-Platten-Gründungen werden im Grundbau-Taschenbuch [H5-14], Teil 3, Kapitel 3.2: „Pfahlgründungen" gegeben.

Zu 5.2 Imperfektionen

Zu (1)P: Mit geometrischen Ersatzimperfektionen werden bei Einzeldruckgliedern die Auswirkungen geometrischer und struktureller Imperfektionen berücksichtigt.

Als strukturelle Imperfektionen können in erster Linie Ungleichmäßigkeiten der Baustoffeigenschaften oder nicht berücksichtigte Spannungsumlagerungen infolge Kriechen und Schwinden und Eigenspannungen in Frage kommen. Näheres ist hierzu nicht bekannt. Es ist deshalb im Massivbau angebracht, entweder den Elastizitätsmodul des Betons ebenso wie die Betonfestigkeit für Nachweise im Grenzzustand der Tragfähigkeit durch den Teilsicherheitsbeiwert γ_{CE} zu teilen, wie es in 5.8.3.3 (1) angegeben ist oder allgemein nichtlinear mit der Spannungs-Dehnungs-Linie für den Beton nach 5.7 (NA.9)P unter Ansatz der Mittelwerte der Baustofffestigkeiten und mit dem Teilsicherheitsbeiwert γ_R für den Systemwiderstand nach 5.7 (NA.10) zu rechnen.

Durch die Einhaltung der Anforderungen dieses Abschnitts soll die räumliche Stabilität des Gesamttragwerks bzw. von Teilen davon gewährleistet werden. Mit den in den folgenden Absätzen angegebenen Schiefstellungen gegenüber der Sollachse werden die Auswirkungen unvermeidbarer Ungenauigkeiten bei der Bauausführung (meistens Lotabweichungen planmäßig vertikaler Bauteile), die insgesamt auch als Tragwerksimperfektionen bezeichnet werden, erfasst. Von den Auswirkungen betroffen sind die aussteifenden Bauteile und die Bauteile, die auszusteifende Tragwerksteile mit den aussteifenden Bauteilen verbinden.

Zu (2)P: Diese Imperfektionen dienen als Sicherheitselement und müssen in allen Bemessungssituationen im GZT in ungünstiger Richtung berücksichtigt werden, da sie den Tragwerken strukturbedingt anhaften. Dies gilt auch für außergewöhnliche Bemessungssituationen, wie z. B. den Brandfall (vgl. DIN EN 1992-1-2 [R30], dort in der Lastausmitte nach Theorie I. Ordnung enthalten) oder bei Anprall. Die Ausnahme hierfür nach DIN 1045-1 [R4] wurde daher nicht mehr übernommen.

Zu (5): Die Größe der anzusetzenden zusätzlichen Schiefstellung nach Gleichung (5.1) orientiert sich an ähnlichen Regelungen für Winkeltoleranzen in DIN 18202 [R15] und mit Messergebnissen ausgeführter Bauwerke. Danach nehmen die unvermeidbaren Winkelabweichungen von der Sollachse mit zunehmender Tragwerkshöhe ab. Dies wird mit dem Abminderungsbeiwert α_h berücksichtigt. Für Bauteilhöhen bis $l \leq 4$ m (in der Regel eingeschossige Tragwerke) entspricht mit $\alpha_h = 1{,}0$ die zusätzliche Schiefstellung θ_l dem Grundwert $\theta_0 = 1/200$. Für mehrgeschossige Tragwerke darf die zusätzliche Schiefstellung reduziert werden. Der in EN 1992-1-1 vorgesehene untere Grenzwert für $\alpha_h \geq 2/3$ (entspricht $l = 9$ m) wurde im NA zu null gesetzt, da die weitere Abnahme der Winkelabweichung auch über mehr als 3 Geschosse ($l > 9$ m) erwartet werden kann [H5-9].

Zu (6): Ist das Einzeldruckglied aussteifendes Bauteil in einem Tragwerk nach Bild 5.1 b), ist zu untersuchen, ob sich bei Ansatz der Schiefstellung θ_l des gesamten Tragwerks (aussteifende und auszusteifende Bauteile) gegen die Sollachse eine größere Ausmitte e_i des aussteifenden Einzeldruckgliedes als nach Gleichung (5.2) ergibt. Der ungünstigere Wert ist anzusetzen (siehe DIN 1045-1 [R4], 8.6.4).

Das heißt: Das Tragwerk nach Bild H5-1 kann entweder als gesamtes Tragwerk betrachtet werden oder es wird nur das aussteifende Druckglied mit entsprechender Ersatzlänge l_0 betrachtet.

Im ersten Fall erhält das verschiebliche Einzeldruckglied aus den drei angekoppelten Pendelstützen mit gleichen Längen l, gleichen Vertikallasten F, gleichen Schiefstellungen θ_i und gleichen zusätzlichen Lastausmitten e_2 aus Verformungen nach Theorie II. Ordnung aus der Schiefstellung nach Gleichung (5.1)

$$\theta_l = \frac{1}{200} \cdot \frac{2}{\sqrt{4{,}0}} \cdot \sqrt{0{,}5 \cdot \left(1 + \frac{1}{4}\right)} = 0{,}791 \, / \, 200 = 1 \, / \, 253$$

ein zusätzliches Moment von: $M_i = (1 + 3) \cdot \theta_i \cdot F \cdot l$,

woraus sich zur Bemessung des Einzeldruckgliedes die zusätzliche Lastausmitte:

$e_i = M_i \, / \, F = 4 \cdot \theta_i \cdot l = 4 \cdot 4000 \, / \, 253 = 63$ mm   ergibt.

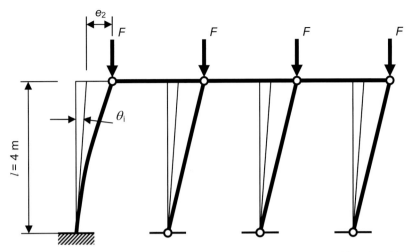

Bild H5-1 – Tragwerk mit einem aussteifenden und drei auszusteifenden Bauteilen

Aus der Verschiebung e_2 entsteht im aussteifenden Einzeldruckglied das Moment:

$M_2 = (1 + 3) \cdot F \cdot e_2 = 4 \cdot F \cdot 0{,}1 \cdot (2\,l)^2 / r = 0{,}1 \cdot F\,(4 \cdot l)^2 / r = 0{,}1 \cdot F\,l_0^2 / r,$

woraus zu erkennen ist, dass die Knicklänge für das aussteifende Einzeldruckglied:

$l_0 = 4 \cdot l = 4 \cdot 4 = 16$ m

ist.

Wird nur das einzelne aussteifende Druckglied als Einzeldruckglied mit der Länge l und der Ersatzlänge l_0 und nicht das Tragwerk als Ganzes betrachtet, dann ergibt sich die Schiefstellung nach Gleichung (5.1) zu:

$\theta_i = \dfrac{1}{200} \cdot \dfrac{2}{\sqrt{4{,}0}} = 1 / 200$

und die zusätzliche ungewollte Lastausmitte nach Gleichung (5.2) zu:

$e_i = (1 / 200) \cdot 16000 / 2 = 40$ mm.

Bei Ansatz der Schiefstellung θ_i des gesamten Tragwerks mit aussteifenden und auszusteifenden Bauteilen ergibt sich hier mit $e_i = 63$ mm der ungünstigere Wert gegenüber der Ausmitte nach Gleichung (5.2) mit $e_i = 40$ mm und ist hier deshalb anzusetzen.

Für m nebeneinander angeordnete und gleichsinnig wirkende vertikale Bauteile darf die zusätzliche Schiefstellung für die Auswirkungen auf das Aussteifungssystem mit Kernen oder Wandscheiben nach Bild 5.1 b) nochmals mit einem Abminderungsbeiwert α_m reduziert werden. Dabei wird davon ausgegangen, dass die Lotabweichungen der einzelnen Bauteile statistisch voneinander unabhängig sind. Da die Längskräfte der Stützen nicht berücksichtigt werden, erfordert die statische Überlagerung, dass die Längskräfte der einzelnen Bauteile nicht über ein bestimmtes Maß hinaus voneinander abweichen. Es dürfen daher nur Bauteile herangezogen werden, deren Bemessungswert der Längskraft größer als 70 % des auf die m lastabtragenden Bauteile bezogenen Mittelwertes aller Bemessungswerte der Längskräfte in den lastabtragenden und in den nicht als lastabtragend zu zählenden Bauteilen ist.

Zu (8): Der Ansatz äquivalenter Horizontalkräfte nach Gleichung (5.4) auf lotrechte Bauteile erlaubt es, die Summe aller Zusatzkräfte H mit der planmäßigen Horizontalbelastung zu vergleichen, was unmittelbar über die Bedeutung der Imperfektionen informiert.

Für die Bemessung der horizontalen Bauteile (im Allgemeinen Decken), die Aussteifungskräfte von den auszusteifenden Bauteilen (z. B. Stützen) zu den aussteifenden Bauteilen (z. B. Kern) abtragen, und die Anschlüsse der horizontalen Bauteile an die auszusteifenden und die aussteifenden Bauteile, gelten die Gleichungen (5.5) und (5.6).

Hier wird davon ausgegangen, dass alle auszusteifenden Bauteile unter- und oberhalb des betrachteten horizontalen Bauteils in dieselbe Richtung schief stehen (Bild 5.1c1). Damit haben diese Stabilisierungskräfte am Gesamtsystem keine Auswirkungen, sondern nur lokal bei dem betrachteten horizontalen Bauteil. Die horizontalen Bauteile unter- und oberhalb des betrachteten Bauteils erhalten in diesem Modell aus Gleichgewichtsgründen entsprechende Gegenkräfte.

Der Einfluss der Schiefstellung von Stützen auf die geschossweisen Auswirkungen auf eine Deckenscheibe wurden Mitte der 1970er Jahre in [H5-28] empirisch untersucht und ausgewertet.

Die Horizontalkraft, die in die Deckenscheibe eingeleitet und am aussteifenden Bauteil verankert wird, ergibt sich nach Bild H5-2 zu $H = 2 \cdot k \cdot P \cdot \varphi_1$. Die zu H führenden Vertikalkräfte $2P$ können korrekter mit $(N_b + N_a)$ ausgedrückt werden. Die gemessenen Schiefstellungen φ_i nach Bild H5-2 haben sich als zufällig streuende Größen eingestellt. Die statistische Auswertung der Messergebnisse mit empirischem Zuschlag führte zu einem Vorschlag, der jedoch erst mit der Normfassung DIN 1045-1 [R4] in Deutschland eingeführt wurde:

$$\varphi_1 = \pm 8\,\text{‰} / \sqrt{2k} \quad \text{bzw.} \quad \alpha_{a2} = \pm 0{,}008 / \sqrt{2k} \qquad\qquad \text{DIN 1045-1 [R4], (7).}$$

Die aufzunehmende Horizontalkraft H_{fd} (siehe Bild H5-3) nach [R4] wird bestimmt zu:

$$H_{fd} = (N_{bc} + N_{ba}) \cdot \alpha_{a2} \qquad\qquad \text{DIN 1045-1 [R4], (6).}$$

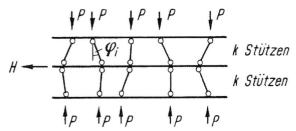

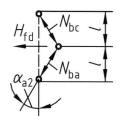

Bild H5-2 – Gemessene Schiefstellungen φ_i (*Stoffregen/König* [5-27])

Bild H5-3 – Schiefstellung α_{a2} für H_{fd} aus DIN 1045-1 [R4]

Im Bild 5.1c1) der EN 1992-1-1 wird die vorgeschlagene Imperfektion

$$\theta_i = \theta_0 \cdot \alpha_h \cdot \alpha_m = (1/200) \cdot \sqrt{0{,}5 \cdot (1 + 1/m)} \qquad\qquad \text{DIN EN 1992-1-1, (5.1)}$$

halbiert (mit m – Anzahl der auszusteifenden Tragwerksteile und $\alpha_h = 1$ für übliche Geschosshöhen ≤ 4 m).

Entsprechend ergibt sich die Stabilisierungskraft nach EN 1992-1-1, Gleichung (5.5)

$$H_i = \theta_i / 2 \cdot (N_b + N_a) = (1/400) \cdot \sqrt{0{,}5 \cdot (1 + 1/m)} \cdot (N_b + N_a) \qquad\qquad \text{EN 1992-1-1, (5.5)}$$

Aus dem Vergleich mit EN 1992-1-1 (Bild H5-4) wird deutlich, dass der im NA zu 5.2 (5) eingeführte Schiefstellungswinkel $\alpha_{a2} = \theta_i = \pm 0{,}008 / \sqrt{2m}$ für Stützen ober- und unterhalb von Deckenscheiben (Anzahl $2m$) nicht zusätzlich halbiert werden darf. Die Horizontalkraft in Bild 5.1c1) ist demnach für die Zwischendecke:

$$H_i = \pm 0{,}008 / \sqrt{2m} \cdot (N_b + N_a) \qquad\qquad \text{korrigierte DIN EN 1992-1-1/NA, (5.5)}$$

Mit den nur unterhalb des Daches vorhandenen m-Stützen ist der Schiefstellungswinkel $\theta_i = \pm 0{,}008 / \sqrt{m}$ für die Dachdecke anzusetzen:

$$H_i = \pm 0{,}008 / \sqrt{m} \cdot N_a \qquad\qquad \text{DIN EN 1992-1-1/NA, (5.6)}$$

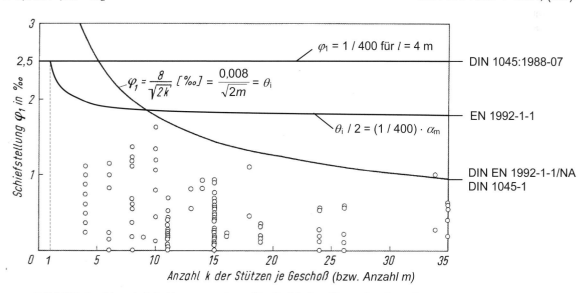

Bild H5-4 – Vergleich Normansätze für Schiefstellung im Geschoss mit Messwerten (aus [H5-28], [H5-9])

Der Vergleich der verschiedenen Schiefstellungswinkel in Bild H5-4 verdeutlicht auch, dass der empirisch ermittelte Wert bei Stützenanzahlen $m \geq 9$ wirtschaftliche und realistische Werte für die Schiefstellung liefert. Für Stützenanzahlen $m < 9$ liegt der Ansatz deutlich auf der sicheren Seite, die Auswirkungen bleiben aber wegen der wenigen Stützen gering. In diesem Fall könnte auch ohne Weiteres der geringere Schiefstellungswert θ_i / 2 aus EN 1992-1-1 verwendet werden [H5-9].

Zu 5.3 Idealisierungen und Vereinfachungen

Zu 5.3.1 Tragwerksmodelle für statische Berechnungen

Zu (3) und (4): Die Definition der Querschnittsgrenze b / h = 1 / 5 zur Unterscheidung zwischen Balken und Platten entspricht wieder den klassischen Regeln der DIN 1045 bis zu Fassung 1988-07 [R6] (in DIN 1045-1 [R4] jedoch b / h = 1 / 4). Beibehaltene Ausnahme: fließender Übergang bei der Festlegung der Mindestquerkraftbewehrung in NCI zu 9.3.2 (2).

Zu 5.3.2 Geometrische Angaben

Zu 5.3.2.1 Mitwirkende Plattenbreite

Die mitwirkende Plattenbreite b_{eff} wird zur vereinfachten Berechnung von Balken mit schubfest angeschlossenen Platten als Stäbe mit Plattenbalkenquerschnitt nach der Elastizitätstheorie definiert. Die von der Geometrie, den Lagerungsbedingungen und der Beanspruchungsart abhängige, in der Regel örtlich veränderliche Plattenbreite ergibt sich aus der Bedingung, dass die Höchstspannungen im Gurt des Ersatzsystems „Plattenbalken" mit denen des realen Systems gleich sind. Im Allgemeinen können die so ermittelten mitwirkenden Plattenbreiten sowohl für die Schnittgrößenermittlung als auch für die Nachweise in den Grenzzuständen verwendet werden. Voraussetzung für alle Nachweise nach DIN EN 1992-1-1 bei einem Plattenbalken ist allerdings, dass die rechnerisch als mitwirkend angesetzte Gurtplatte gemäß 6.2.4 durch Querbewehrung an den Balkensteg angeschlossen wird.

Aufgrund ihrer Definition gelten die mitwirkenden Plattenbreiten für ungerissene Druckgurte im Bereich der Gebrauchsspannungen. Oberhalb des Gebrauchsspannungsbereichs nimmt die mitwirkende Plattenbreite mit zunehmender Gurtbeanspruchung durch Plastifizierungen und Rissbildung deutlich zu. Die angegebenen mitwirkenden Breiten liegen daher für den Grenzzustand der Tragfähigkeit im Allgemeinen auf der sicheren Seite.

Für ungerissene Zuggurte können näherungsweise die Berechnungsansätze für Druckgurte übernommen werden. Bei gerissenen Gurten hingegen sollte die mitwirkende Breite nicht größer angesetzt werden als die Verteilungsbreite der in die Gurtplatte „ausgelagerten" Zugbewehrung [H5-31]. Für die „Auslagerung" der Zugbewehrung in die Gurte gilt NCI zu 9.2.1.2 (2): sie darf höchstens auf einer Breite der halben mitwirkenden Gurtbreite $b_{eff,i}$ nach Gleichung (5.7a) erfolgen.

Bei durchlaufenden Plattenbalken unter überwiegenden Gleichlasten ergibt sich im Bereich der Unterstützungen eine Einschnürung der mitwirkenden Plattenbreite. Da die sich daraus ergebenden Bereiche mit geringerer Steifigkeit aufgrund ihrer kurzen Länge in der Regel nur einen geringen Einfluss auf die Verteilung der Biegeschnittgrößen im Tragwerk haben, ist es bei der Schnittgrößenermittlung im Allgemeinen ausreichend, die mitwirkende Breite konstant über die Feldlänge anzusetzen.

Unter einwirkenden Drucknormalkräften (z. B. aus Vorspannung) erfährt die mitwirkende Plattenbreite über den Unterstützungen von Durchlaufträgern keine Einschnürungen, sodass bei der Schnittgrößenermittlung außerhalb der unmittelbaren Krafteinleitungsbereiche für Normalkräfte im Allgemeinen die gesamte vorhandene Plattenbreite als mitwirkend angesetzt wird. In der Ausbreitungszone konzentriert eingeleiteter Längskräfte darf die mitwirkende Breite auf der Grundlage der Elastizitätstheorie bestimmt werden. Der Lastausbreitungswinkel darf auf der sicheren Seite auch mit einer Neigung von 2/3 angenommen werden (vgl. DIN EN 1992-1-1, Bild 8.18). Die Biegemomente aus Vorspannung sind entsprechend mit dem Hebelarm, der sich unter Ansatz der gesamten Plattenbreite ergibt, zu ermitteln.

Bei den Nachweisen in den GZT und GZG ist es im Allgemeinen ausreichend, die für den Querschnitt des Biegemomenten-Maximums bestimmte mitwirkende Plattenbreite über den gesamten Bereich mit Biegemomenten gleichen Vorzeichens anzusetzen. Die Biegemomente aus Vorspannung sind auf den mitwirkenden Querschnitt anzusetzen, die Normalkräfte auf den Gesamtquerschnitt (außer im Ausbreitungsbereich).

Zu (2): Die mitwirkende Plattenbreite nach Gleichung (5.7) ist für einen beidseitig gelenkig gelagerten Einfeldträger mit $l_0 = l_{eff}$ unter Gleichlast (parabelförmige Momentenverteilung) am Ort des größten Feldmoments abgeleitet. Die Werte können näherungsweise auch für die Bestimmung der mitwirkenden Plattenbreiten an den Orten der maximalen Momente von Durchlaufträgern unter Gleichlast verwendet werden. Dabei ist für l_0 der Abstand der beiderseits des betrachteten Schnitts liegenden Momentennullpunkte einzusetzen. Eine Näherung für die Abstände der Momentennullpunkte gibt Bild 5.2.

Der Ansatz nach EN 1992-1-1, Bild 5.2 für l_0 am Kragarm (insbesondere bei sehr kurzen Kragarmlängen) kann stark von den exakten analytischen Lösungen abweichen. Dies kann die Bauteilsicherheit herabsetzen, wenn beispielsweise die Lasten aus einer Fassade in einen kurzen Kragarm eingeleitet werden und die erforderliche Biegezugbewehrung auf eine zu große mitwirkende Plattenbreite aufgeteilt ist. Deshalb wird in

DIN EN 1992-1-1/NA mit NCI zu 5.3.2.1 (2) für kurze Kragarme die Festlegung mit $l_0 = 1{,}5 l_{\text{eff},3}$ als zusätzliche Anwendungsregel eingeführt (der kleinere Wert ist maßgebend). Der Geltungsbereich von Bild 5.2 wird im NA für das Stützweitenverhältnis benachbarter Felder mit $0{,}8 < l_1 / l_2 < 1{,}25$ stärker eingegrenzt als in EN 1992-1-1 mit $0{,}67 < l_1 / l_2 < 1{,}5$.

Für Einzellasten im Feld können die sich nach Gleichung (5.7) ergebenden mitwirkenden Breiten näherungsweise verwendet werden, wenn für l_0 der Abstand der Momentennullpunkte beiderseits der Einzellast aus dem zugehörigen Momentenverlauf eingesetzt wird. Für andere Fälle (z. B. Einwirkungen aus Stützensenkung, Durchlaufträger mit feldweise stark unterschiedlichen Querschnitten) ist der Abstand der Momentennullpunkte ggf. genauer zu bestimmen.

Zu (3): Die mitwirkenden Plattenbreiten nach Gleichung (5.7) gelten näherungsweise für ungerissene Druckgurte infolge Biegung im Bereich der Gebrauchsspannungen. Oberhalb des Gebrauchsspannungsbereichs nimmt die mitwirkende Plattenbreite mit zunehmender Gurtbeanspruchung durch Plastifizierungen und Rissbildung deutlich zu. Die angegebenen mitwirkenden Breiten liegen daher für den GZT im Allgemeinen auf der sicheren Seite. Für ungerissene Zuggurte können näherungsweise die Werte für Druckgurte übernommen werden. Bei gerissenen Gurten hingegen sollte die mitwirkende Breite nicht größer angesetzt werden als die Verteilungsbreite der in die Gurtplatte ausgelagerten Zugbewehrung. Die Auslagerung der Zugbewehrung in die Gurte sollte nach NCI zu 9.2.1.2 (2) höchstens auf die halben mitwirkenden Plattenbreiten nach Gleichung (5.7a) erfolgen.

Die Werte nach Gleichung (5.7a) gelten näherungsweise auch für einseitige oder unsymmetrische Plattenbalken, wenn die Platten seitlich gehalten oder so breit sind, dass keine nennenswerte seitliche Durchbiegung auftreten kann und damit eine horizontale Nulllinie (parallel zur Plattenmittelfläche) erzwungen wird. Andernfalls ist für solche Plattenbalken in der Regel die Bemessung für zweiachsige (schiefe) Biegung durchzuführen.

Zu 5.3.2.2 Effektive Stützweite von Balken und Platten im Hochbau

Zu (1): Die effektive Stützweite wird in Gleichung (5.8) durch Addition von effektiven Auflagertiefen zur lichten Weite zwischen den Auflagern bestimmt, wobei die effektiven Längen a_i sowohl von der tatsächlichen Lagertiefe t als auch von der Dicke h des aufliegenden Bauteils abhängig sind. Die Anwendungsregel in 5.3.2.2 (1) erlaubt den Ansatz des kleineren Wertes aus dem Anteil an der Auflagertiefe t oder der Bauteildicke h. Das kann z. B. bei Innenauflagern mit dünnen Decken und breiten Auflagern ($h < t$) dazu führen, dass zwei Auflagerlinien für die Ermittlung der effektiven Deckenstützweiten zulässig wären. Diese Stützweiten wären etwas kleiner als die auf die Auflagermitte bezogenen. In der Regel wird es zweckmäßiger sein, auf solche marginalen Einsparmöglichkeiten zu verzichten. Man darf (und sollte) hier auch weiterhin die Auflagermitte für die Stützweiten heranziehen [H5-9].

Bei sehr großer konstruktiver Auflagertiefe t darf eine erforderliche Länge a auch aus der zulässigen Auflagerpressung abgeleitet werden.

Zu (2): Die Stützkräfte aus den Auflagerreaktionen von einachsig gespannten Platten, Rippendecken und Balken (einschließlich Plattenbalken) dürfen auch unter der Annahme ermittelt werden, dass die Bauteile unter Vernachlässigung der Durchlaufwirkung frei drehbar gelagert sind. Die Durchlaufwirkung sollte jedoch stets für das erste Innenauflager sowie solche Innenauflager berücksichtigt werden, bei denen das Stützweitenverhältnis benachbarter Felder mit annähernd gleicher Steifigkeit außerhalb des Bereichs $0{,}5 < l_{\text{eff},1} / l_{\text{eff},2} < 2{,}0$ liegt [R4].

In rahmenartigen Tragwerken des üblichen Hochbaus, bei denen alle horizontalen Kräfte von aussteifenden Scheiben aufgenommen werden, dürfen bei Innenstützen, die mit Balken oder Platten biegefest verbunden sind, die Biegemomente aus Rahmenwirkung vernachlässigt werden, wenn das Stützweitenverhältnis benachbarter Felder mit annähernd gleicher Steifigkeit $0{,}5 < l_{\text{eff},1} / l_{\text{eff},2} < 2{,}0$ beträgt. Randstützen von rahmenartigen Tragwerken sind stets als Rahmenstiele in biegefester Verbindung mit Balken oder Platten zu berechnen. Dies gilt auch für Stahlbetonwände in Verbindung mit Platten (DIN 1045-1 [R4], 7.3.2 (7)). Näherungsweise dürfen die Biegemomente in den Randstützen nach dem in DAfStb-Heft [240], Abschnitt 1.6 angegebenen Verfahren ermittelt werden.

Platten zwischen Stahlträgern oder Stahlbetonfertigteilen dürfen als durchlaufend und frei drehbar gelagert berechnet werden, wenn die Oberkante der Platte mindestens 40 mm über der Trägeroberkante liegt und die Bewehrung zur Deckung der Stützmomente über die Träger durchläuft (analog DIN 1045:1988-07 [R6], 15.4.1.1).

Zu (3): Das Mindestbemessungsmoment $0{,}65 M_E$ am Auflagerrand soll eine Mindesteinspannung der Felder in die biegesteif angeschlossenen Unterstützungen für den Fall sicherstellen, dass sich die rechnerisch angenommene Durchlaufwirkung bei behinderter Verdrehbarkeit des Durchlaufträgers über den Unterstützungen nicht einstellt. Bei einem genaueren Nachweis unter Erfassung der teilweisen Einspannungen in die

Unterstützungen (z. B. Berücksichtigung der Verdrehung des Unterzuges und der Biegung ggf. monolithisch angeschlossener Stützen oder Wände) darf dieser Mindestwert unterschritten werden [400].

Gemäß der NCI ist die Biegebemessung am Auflagerrand bei indirekter Lagerung nur dann zulässig, wenn das stützende Bauteil eine Vergrößerung der statischen Nutzhöhe des gestützten Bauteils mit einer Neigung von mindestens 1:3 zulässt (vgl. Bild H5-5, Erläuterungen siehe auch DAfStb-Heft [400] zu 15.4.1.2).

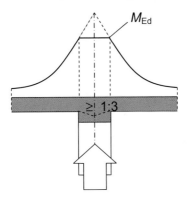

Bild H5-5 – Bemessungsmoment am Rand indirekter Auflager

Zu 5.4 Linear-elastische Berechnung

Zu (1) bis (3): Die linear-elastische Berechnung geht in der Regel von den Querschnittssteifigkeiten im Zustand I (ungerissen) aus, auch wenn weite Tragwerksbereiche gerissen sind und damit wegen der großen Steifigkeitsänderung Schnittgrößenumlagerungen auftreten können. Vor allem bei Schnittgrößen infolge Zwangs, die zu einer erheblichen Rissbildung führen können, entsprechen die so ermittelten Schnittgrößen nicht der Realität. Damit wird das Ergebnis in vielen Fällen unwirtschaftlich. Deshalb lässt die Norm zwei Möglichkeiten zu: Entweder können die Schnittgrößen aus Zwang mit einem abgeminderten Teilsicherheitsbeiwert $\gamma_Q = 1,0$ angesetzt werden (siehe z. B. NCI zu 2.3.1.2 (3) und 2.3.1.3 (4)) oder die Steifigkeiten der gerissenen Querschnitte (Zustand II) werden generell bei der Schnittgrößenermittlung berücksichtigt. Das Verfahren der linear-elastischen Berechnung liegt auch den bekannten Hilfsmitteln zur Schnittgrößenermittlung (z. B. DAfStb-Heft [240]) zugrunde, sodass diese weiterhin verwendet werden können.

Die linear-elastische Berechnung liefert nur solange realistische Ergebnisse, wie die Rechenannahmen (linear-elastisches Baustoffverhalten, ungerissener Zustand bzw. keine nennenswerte Rissbildung, gleich bleibende Verteilung der Querschnittssteifigkeiten über das Tragwerk) zutreffen. Die Ergebnisse liegen in den meisten Fällen auf der sicheren, wenn auch oft auf der unwirtschaftlichen Seite. Bei dieser Berechnung wird angenommen, dass das Tragsystem versagt, wenn in einem Querschnitt die Grenzdehnungen erreicht sind. Dies gilt jedoch nur für statisch bestimmt gelagerte Bauteile, da bei statisch unbestimmten Konstruktionen aufgrund der Umlagerungsmöglichkeiten zum Teil erhebliche Tragreserven bestehen. Da beim linear-elastischen Verfahren Schnittgrößenermittlung und Querschnittsbemessung mit unterschiedlichen Werkstoffgesetzen voneinander unabhängig durchgeführt werden, kann das Bemessungsergebnis (Bewehrungsgrad, Betonfestigkeit und konstruktive Durchbildung) verändert werden, ohne dass die Schnittgrößenverteilung neu ermittelt werden muss.

Zu (NA.4): Mit ausgeprägter Rissbildung treten Schnittgrößenumlagerungen auf, die umso größer werden, je größer der Unterschied der jeweiligen Steifigkeiten in bestimmten Tragwerkbereichen wird (z. B. Stütz- und Feldbereiche von Durchlaufträgern). Da in gerissenen Querschnitten die Steifigkeit hauptsächlich von der Bewehrung bestimmt wird, werden die Schnittgrößen von hochbewehrten, also steifen Querschnittsbereichen „angezogen", wenn in anderen Bereichen ein Steifigkeitsverlust infolge Rissbildung eintritt. Zum Abbau der überhöhten Schnittgrößen ist eine gewisse Verformungsfähigkeit der hoch bewehrten Bereiche erforderlich. Dies kann entsprechend 5.6.3 nachgewiesen werden. Durch die nach 9.2.1.1 vorzusehende Mindestbewehrung wird ein Versagen von Querschnitten bei Erstrissbildung verhindert.

Zu (NA.5): Durch die Begrenzung der Betondruckzone auf die angegebenen Werte sollen eine ausreichende Rotationsfähigkeit hoch beanspruchter Querschnitte gewährleistet und damit ein Querschnittsversagen durch Betondruckbruch ausgeschlossen werden. Werden diese Werte überschritten, muss die Betondruckzone stärker umschnürt werden als nach Tabellen NA.9.1 bzw. NA.9.2 vorgesehen (Mindestdurchmesser 10 mm, Bügelabstände maximal $0,25h$ bzw. 200 mm längs und h bzw. 400 mm quer); zu empfehlen ist jedoch ein vereinfachter Nachweis der Rotationsfähigkeit nach 5.6.3. Dies gilt auch für die Fälle, in denen das angegebene Stützweitenverhältnis überschritten wird.

Zu 5.5 Linear-elastische Berechnung mit begrenzter Umlagerung

Zu (1)P: Durch eine Momentenumlagerung entsteht ein neuer Gleichgewichtszustand, der Auswirkungen auf die Verteilung der anderen Schnittgrößen hat. Dieser Umstand muss beim Nachweis der Querkrafttragfähigkeit und bei der konstruktiven Durchbildung (z. B. Zugkraftdeckung) entsprechend berücksichtigt werden.

Zu (2): Die nach der Elastizitätstheorie mit Querschnittssteifigkeiten im Zustand I ermittelten Momente stark beanspruchter Bereiche statisch unbestimmter Tragwerke dürfen unter Einhaltung von Umlagerungsgrenzen in weniger beanspruchte Bereiche umgelagert werden. Grundgedanke dieser Methode ist eine vereinfachte Erfassung der Steifigkeitsverteilung am Gesamttragwerk. Man erreicht meist eine bessere Ausnutzung der Tragreserven und ermöglicht somit eine günstigere Bewehrungsaufteilung zwischen positivem und negativem Moment, womit eine Bewehrungskonzentration vermieden und damit ein verbessertes Verformungsvermögen des Tragwerks bzw. einzelner Bauteile erzielt werden können.

Da Umlagerungen in der durch die Norm zulässigen Höhe eine entsprechende Steifigkeitsänderung, also eine abgeschlossene (d. h. für die angestrebten Umlagerungen ausreichende) Rissbildung in den betroffenen Tragwerksbereichen voraussetzt, ist die Anwendung dieses Berechnungsverfahrens auf die Nachweise in den Grenzzuständen der Tragfähigkeit beschränkt. Bei Ausnutzung der möglichen Umlagerungsgrenzen entsteht an dieser Stelle ein ausgeprägtes plastisches Gelenk (siehe Bild H5-6).

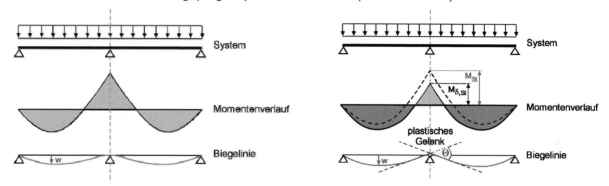

Bild H5-6 – Prinzip der linear-elastischen Schnittgrößenermittlung

| a) ohne Momentenumlagerung | b) mit Momentenumlagerung |

Zu (4): Die angegebenen Grenzen für die Momentenumlagerung resultieren aus den Grenzdehnungen von Beton und Bewehrung und sind somit von der Festigkeit bzw. dem Verformungsvermögen des Betons sowie der Duktilität der Bewehrung abhängig. Die Maximalwerte der möglichen Momentenumlagerungen werden aus den Schnittpunkten der Kurven der möglichen Rotation $\theta_{pl,mögl}$ und den Kurven der erforderlichen Rotation $\theta_{pl,erf}$ für bestimmte Umlagerungsgrade in Abhängigkeit von der bezogenen Druckzonenhöhe x_d / d bestimmt. Bild H5-7 zeigt dieses Vorgehen für Betonstahl B500B, wobei die mögliche plastische Rotation DIN EN 1992-1-1/NA, Bild 5.6DE und die erforderliche plastische Rotation [H5-5] entnommen wurden. Entsprechendes gilt für Betonstahl B500A. Für Beton ab der Festigkeitsklasse C55/67 und Leichtbeton werden bei Verwendung normalduktilen Betonstahls Momentenumlagerungen ausgeschlossen, weil dafür noch keine Erfahrungen vorliegen.

In der Regel werden Stütz- oder Eckmomente in den Feldbereich umgelagert. Nur für diesen Fall gelten die angegebenen Grenzwerte. Grundsätzlich sind aber auch Umlagerungen vom Feld zur Stütze (oder Eckknoten bei Rahmen) zulässig, jedoch ergeben sich in diesen Fällen (ebenso bei Überschreitung des zulässigen Stützweitenverhältnisses) aufgrund der ungünstigeren Form der Momentenlinie wesentlich größere erforderliche Rotationsbereiche, sodass dann die Rotationskapazität nach 5.6.3 generell nachzuweisen ist.

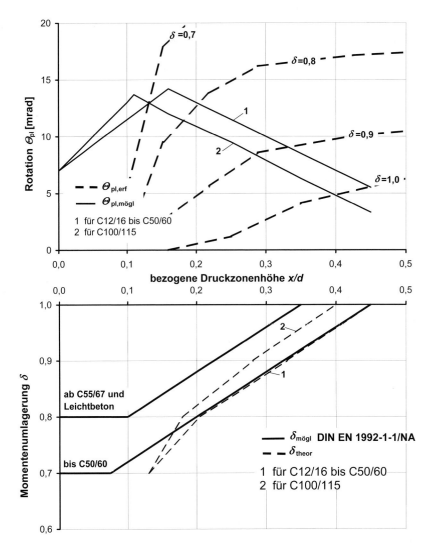

Bild H5-7 – Vergleich zwischen $\theta_{pl,mögl}$ **und** $\theta_{pl,erf}$ **sowie mögliche Momentenumlagerung** δ
in Abhängigkeit von der bezogenen Druckzonenhöhe x_d / d **für Betonstahl B500B**

Zu (5): Die Rotationskapazität von Knoten unverschieblicher Rahmen kann aufgrund ihrer Geometrie und speziellen Bewehrungsanordnung wesentlich geringer sein als die der Stützbereiche durchlaufender Balken und Platten. Deshalb darf eine mögliche Umlagerung in Eckknoten von Riegeln unverschieblicher Rahmen nur bis $\delta \geq 0,9$ und in verschieblichen Rahmen gar nicht erfolgen.

Die Umlagerungsmöglichkeit bezieht sich allein auf das Biegemoment. Sie ist daher im Bereich des Durchstanzens bei Einzelstützen nicht anwendbar. Bei Durchstanzversuchen mit Innenstützen an der RWTH Aachen zeigte sich, dass mit der Reduktion der Anzahl der Lasteinleitungspunkte der Versuchsplatten (und damit ungleichmäßigerer Schubverteilung) die Bruchlasten signifikant abnehmen. Dies ist auf die gegenüber Linienlagerung wesentlich größeren Rotationen innerhalb eines kleinen Bereiches um die Lasteinleitungsflä-che zurückzuführen. Eine Umlagerung der Schnittgrößen in die wesentlich breiteren Feldbereiche kann we-gen der progressiven Rissbildung und des schnell folgenden Versagens des Druckrings (Kegelschale) um die Lasteinleitungsfläche nicht mehr in ausreichendem Maße stattfinden [H5-9].

Zu 5.6 Verfahren nach der Plastizitätstheorie

Zu 5.6.1 Allgemeines

Zu (1)P: Ausführliche Informationen zu den Verfahren nach der Plastizitätstheorie einschließlich der diesen zugrunde liegenden Grenzwertsätze und Anwendungsbeispiele können DAfStb-Heft [425] entnommen wer-den. Hinsichtlich der Einschränkung auf Nachweise in den Grenzzuständen der Tragfähigkeit gelten die Er-läuterungen zu 5.5. Hinzu kommt, dass in vielen Fällen die Möglichkeiten dieses Verfahrens nicht ausge-schöpft werden können, da die Nachweise im Grenzzustand der Gebrauchstauglichkeit (Spannungsbegren-zungen, Rissbreitennachweis) bemessungsentscheidend sind. Ungünstige Verhältnisse liegen dann vor, wenn der Anteil an ständiger Last hoch ist und ein großer Lastkombinationsbeiwert für die veränderliche Last anzusetzen ist (siehe [H5-6]).

Bei Bauteilen aus Leichtbeton sollten Verfahren nach der Plastizitätstheorie nicht angewendet werden, da die Rotationskapazität von Bauteilen aus Leichtbeton nicht ausreichend bekannt, in jedem Fall aber wegen der größeren Sprödigkeit wesentlich geringer als die von Normalbeton ist.

Zu (2)P: Bauteile können als gut verformungsfähig bezeichnet werden, wenn hochduktiler Bewehrungsstahl B500B verwendet wird und ein vorzeitiges Betonversagen ausgeschlossen werden kann. Wenn das Versagen der Betondruckzone maßgebend wird, muss zum Erreichen größerer Verformungen die Druckzone mit ausreichender Bügelbewehrung umschnürt werden. Bei ausreichender Dehnfähigkeit der Zugbewehrung erhöht sich die Rotationskapazität mit enger werdendem Bügelabstand. Detaillierte Angaben hierzu können [H5-3] entnommen werden.

Zu 5.6.2 Balken, Rahmen und Platten

Zu (2): Für zweiachsig gespannte Platten existieren derzeit keine geeigneten bzw. anerkannten Verfahren zur Ermittlung der erforderlichen Rotation. Deshalb darf für derartige Platten auf einen rechnerischen Nachweis nur dann verzichtet werden, wenn die bezogene Druckzonenhöhe bestimmte Werte nicht überschreitet und für das Verhältnis von Stütz- zu Feldmoment festgelegte Grenzen eingehalten werden [H5-29]. Werden diese Grenzen nicht eingehalten, ist die Rotationsfähigkeit nach 5.6.3 nachzuweisen.

Zu (NA.6)P: Normalduktiler Stahl B500A darf bei stabförmigen Bauteilen und Platten bei Berechnung nach der Plastizitätstheorie nicht angewendet werden, da sein Dehnvermögen und damit die Rotationsfähigkeit sehr gering sind. Hochduktiler Stahl B500B muss eine deutlich größere Dehnung bei Höchstlast (ε_{uk}) und ein größeres Verhältnis von Zugfestigkeit zu Streckgrenze (f_t / f_y)$_k$ aufweisen (siehe Tabelle C.1). Darüber hinaus kommt es bei Verwendung von normalduktilem Stahl wegen der kleineren plastischen Stahldehnungen zu einer größeren Mitwirkung des Betons auf Zug. Dies führt zu einer geringeren Verformungsfähigkeit und kleineren Rotationen. Genaue Angaben dazu können z. B. [H5-20] entnommen werden.

Zu 5.6.3 Vereinfachter Nachweis der plastischen Rotation

Zu (1): Bei Verfahren nach der Plastizitätstheorie als Sonderfall nichtlinearer Verfahren wird bei Überschreiten der Fließgrenze des Stahls die Ausbildung eines plastischen Gelenks mit unbegrenzter Verformungsfähigkeit (ideal-elastisch-plastisch oder ideal-starr-plastisch) vorausgesetzt. Deshalb sind diese Verfahren nur für Nachweise im Grenzzustand der Tragfähigkeit anwendbar. Voraussetzung für derartige Verfahren ist, dass der Bereich des plastischen Gelenks auch tatsächlich die notwendige Verformungsfähigkeit besitzt. Dies trifft für Platten und Balken nur bei Verwendung hochduktilen Stahls zu. Gleichzeitig muss ausgeschlossen werden, dass die Querschnitte frühzeitig durch Erreichen der Grenzdehnung des Betons versagen, ohne dass ein Fließen des Stahls eintritt. Hohe Bewehrungsgrade sind deshalb zu vermeiden und die Höhe der Betondruckzone zu begrenzen.

Zu (2): Die angegebenen Grenzwerte für die bezogene Druckzonenhöhe entsprechen denen in NCI zu 5.4 (NA.5). Die Druckzonenhöhe ist mit den Bemessungswerten der Einwirkungen und Baustofffestigkeiten zu ermitteln. Werden die vorgegebenen Werte geringfügig überschritten, kann durch eine enge Verbügelung ein Versagen der Druckzone verhindert werden.

Zu (3): Zur Ermittlung der vorhandenen plastischen Rotation darf vereinfachend eine trilineare Momenten-Krümmungs-Beziehung (z. B. nach Bild H5-8) herangezogen werden. Je nach Bewehrungsführung (Stütz- und Feldbereich) und Momentenvorzeichen muss das System in verschiedene charakteristische Abschnitte unterteilt werden. Danach wird für jeden Abschnitt mit den rechnerischen Mittelwerten der Baustofffestigkeiten die Momenten-Krümmungs-Beziehung unter Berücksichtigung der Mitwirkung des Betons auf Zug erstellt. Anhand des Momentenverlaufs des Systems unter Verwendung der Bemessungswerte der Einwirkungen wird der Krümmungsverlauf über die Bauteillänge ermittelt. Die vorhandene Rotation in den Fließgelenken kann dann durch Integration der Krümmungen über die Bauteillänge (z. B. mittels Integrationstabellen) bestimmt werden. Ein Beispiel für ein entsprechendes Vorgehen zur Ermittlung der vorhandenen plastischen Rotation ist in DAfStb-Heft [425] anhand eines Spannbeton-Zweifeldträgers erläutert.

Für die Baustofffestigkeiten sind die rechnerischen Mittelwerte $f_R \approx 1{,}3f_d$ (in der Grundkombination) nach 5.7 (NA.10) zu verwenden, da die Verformungen (Rotation) im GZT ermittelt werden sollen. Der alternative Ansatz der Bemessungswerte für die Baustoffe liegt dabei auf der sicheren Seite, da sich größere Rotationen ergeben [H5-9].

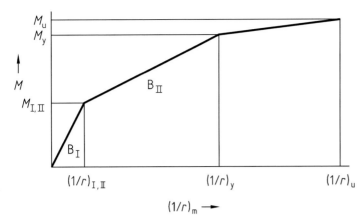

Legende

B_I, B_{II} Biegesteifigkeit im ungerissenen
Zustand I bzw. gerissenen Zustand II
$= dM / d(1/r)$

$M_{I,II}$ Moment beim Übergang von Zustand I
zu Zustand II

M_y Fließmoment

M_u Bruchmoment

$(1/r)_{I,II}$ zu $M_{I,II}$ gehörende Krümmung $= M_{I,II} / B_I$

Bild H5-8 – Vereinfachte Momenten-Krümmungs-Beziehung [R4]

Zu (4): Als plastische Rotation θ_{pl} wird die Differenz aus der Gesamtrotation bei Erreichen der Traglast θ_{ges} und der elastischen Rotation θ_{el} bei Erreichen des plastischen Moments (Erreichen der Fließgrenze des Stahls) des jeweiligen Fließgelenks bezeichnet. Die mögliche plastische Rotation wird maßgeblich durch die Versagensart bestimmt. In Bild 5.6DE der Norm (bzw. genauer in Bild H5-9) ist die zulässige plastische Rotation über den Bemessungswert der bezogenen Druckzonenhöhe aufgetragen. Bei Stahlversagen nimmt die zulässige plastische Rotation mit steigender bezogener Druckzonenhöhe zu (Bereich links vom Maximum in Bild 5.6DE). Ein Grund hierfür ist die Abnahme des mittleren Rissabstandes und damit der Mitwirkung des Betons zwischen den Rissen. Ebenso kommt es hier zu einem Ansteigen der Dehnungen in der Betondruckzone und dadurch zur Erhöhung der maximalen Krümmungen. Bei Betonversagen (Betondruckbruch) nimmt die zulässige plastische Rotation mit steigender bezogener Druckzonenhöhe ab (rechter Bereich in Bild 5.6DE). Hierfür ist die Abnahme der Querschnittskrümmung aufgrund der begrenzten Verformungsfähigkeit des Betons in der Druckzone verantwortlich. Daraus resultiert eine Abnahme der Stahldehnungen in der Zugzone. Die maximal mögliche plastische Rotation erhält man, wenn die Grenzdehnungen beider Baustoffe gleichzeitig erreicht werden. Da bis zur Betonfestigkeitsklasse C50/60 die Grenzdehnung $\varepsilon_{cu1} = 0{,}0035$ beträgt, unterscheiden sich die Linien bis zu dieser Festigkeitsgrenze nicht. Für hochfeste Betone gelten reduzierte Grenzdehnungen ε_{cu1} nach Tabelle 3.1.

Bei einem konstanten Querkraftverlauf gilt $M_{Ed} = V_{Ed} \cdot a$, also $a = M_{Ed} / V_{Ed}$; dies darf vereinfachend generell zur Ermittlung der Schubschlankheit $\lambda = M_{Ed} / (V_{Ed} \cdot d)$ angenommen werden (Gleichung 5.12N).

Die Berechnung der möglichen plastischen Rotation ist nur sehr grob möglich, da die Rotationsfähigkeit eines Bauteils von vielen Faktoren beeinflusst wird. Neben den Baustofffestigkeiten hängt sie stark von der Länge des plastifizierten Bereichs ab, d. h. vom Verlauf der Momentenlinie und dem Versatzmaß. Außerdem wird sie sowohl durch die Rissbildung, also durch das Verbundverhalten in diesem Bereich, als auch durch das Dehnvermögen und die Form der Spannungs-Dehnungs-Linie der Bewehrung beeinflusst. Nach Bild 5.6DE darf die zulässige plastische Rotation vereinfachend mit einem bilinearen Ansatz ermittelt werden. Diesem vereinfachten Bemessungsansatz liegen die nachfolgenden Gleichungen zugrunde, die zur genaueren Ermittlung der zulässigen plastischen Rotation verwendet werden können.

$$\theta_{pl,d} = \beta_n \cdot \beta_s \cdot \frac{\varepsilon_{su}^* - \varepsilon_{sy}}{1 - x_d / d} \cdot \sqrt{\frac{\lambda}{3}} \cdot 10^3 \quad \text{[mrad]} \tag{H.5-1}$$

mit

$$\varepsilon_{su}^* = \min \begin{cases} 0{,}28 \cdot \left(\beta_{cd} \cdot \dfrac{x_d}{d} \right)^{0,2} \cdot \varepsilon_{uk} & \text{(Stahlversagen)} \\[4mm] 1{,}75 \cdot \left(\dfrac{x_d}{d} \right)^{\frac{2}{3}} \cdot \left(1 - \left(\dfrac{x_d}{d} \right)^{-1} \right) \cdot \varepsilon_{cu1} & \text{(Betonversagen)} \end{cases} \tag{H.5-2}$$

β_n $= 22{,}5$;

β_s $= (1 - f_{yk} / f_{tk}) = 0{,}074$ für B500B;

β_{cd} $= (-0{,}0035 / \varepsilon_{cu1})^3$;

ε_{su}^* Stahldehnung beim Bruch unter vereinfachter Berücksichtigung der Mitwirkung des Betons auf Zug zwischen den Rissen;

ε_{uk} $= 0{,}05$ Stahldehnung unter Höchstlast;

ε_{sy} $= 0{,}0025$ Stahldehnung bei Fließbeginn;

ε_{cu1} Betongrenzdehnung unter Höchstlast (nach Tabelle 3.1);

f_{yk} = 500 N/mm²   Streckgrenze des Betonstahls;

f_{tk} ≥ 540 N/mm²   Zugfestigkeit des Betonstahls.

Wertet man Gleichung (H.5-1) für unterschiedliche Werte x_d / d aus, ergeben sich leicht gekrümmte Linien, die ausreichend genau linearisiert werden können. Mit den oben angegebenen Werten erhält man dafür folgende Funktion:

$$\theta_{pl,d} = \min \begin{cases} \left[(0{,}15 - 30 \cdot \varepsilon_{cu1}) \cdot \dfrac{x_d}{d} + 0{,}007\right] \cdot \sqrt{\dfrac{\lambda}{3}} \cdot 10^3 & \text{bei Stahlversagen} \\[3mm] \left[(0{,}0043 + 4{,}2 \cdot \varepsilon_{cu1}) - 0{,}03 \cdot \dfrac{x_d}{d}\right] \cdot \sqrt{\dfrac{\lambda}{3}} \cdot 10^3 & \text{bei Betonversagen} \end{cases}$$

(H.5-3)

Die Gleichun (H.5-3) wurde für ε_{cu1} = 0,0035 (≤ C50/60), ε_{cu1} = 0,0032 (C55/67), ε_{cu1} = 0,0030 (C60/75) und ε_{cu1} = 0,0028 (C70/85 bis C100/115) nach Tabelle 3.1 in Bild H5-9 ausgewertet. Bild 5.6DE wurde in den NA direkt aus DIN 1045-1 [R4] übernommen, wobei dort ε_{cu1} = 0,003 für C100/115 zugrunde lag. Die Abweichungen für die hochfesten Betone sind unwesentlich [H5-9].

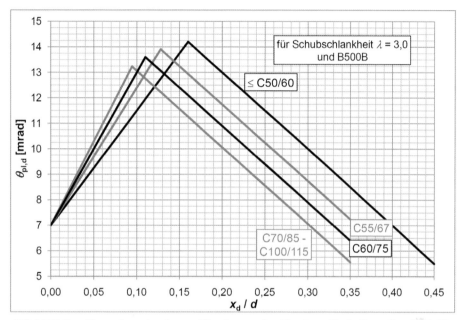

Bild H5-9 – Grundwerte der zulässigen plastischen Rotation $\theta_{pl,d}$ [H5-9].

Zu 5.6.4 Stabwerkmodelle

Zu (1): Stabwerkmodelle dürfen sowohl für die Bemessung in den Grenzzuständen der Tragfähigkeit als auch in den Grenzzuständen der Gebrauchstauglichkeit verwendet werden. Für die Bemessung mit Stabwerkmodellen bildet die Plastizitätstheorie eine Grundlage, wobei nach 5.6.1 (NA.5) bei scheibenartigen Beanspruchungssituationen kein Nachweis des Rotationsvermögens erforderlich ist. Die Modellierung im Grenzzustand der Tragfähigkeit erfolgt nach 5.6.4 (3) unter Einhaltung des Gleichgewichts mit den Einwirkungen und unter Einhaltung der Bemessungswerte für die Festigkeiten der Elemente des Stabwerkmodells. Somit wird der untere oder statische Grenzwertsatz der Plastizitätstheorie verwendet, vgl. u. a. [H5-26], [H5-27].

Verschiedene Ansätze zur Bemessung mit Stabwerkmodellen für Konsolen und Rahmenecken sind in den Erläuterungen zu Anhang J dargestellt. Weitere Ansätze zur Bemessung mit Stabwerkmodellen werden u. a. für Konsolen, Ausklinkungen von Trägerenden oder Rahmenecken z. B. in den DAfStb-Heften [399], [532], [599] sowie in [H5-10], [H5-24] vorgeschlagen.

Zu (2): Die Empfehlung, das Stabwerkmodell an der Spannungsverteilung nach linearer Elastizitätstheorie zu orientieren, ist auch für die Grenzzustände der Tragfähigkeit vorteilhaft. Bei Einhaltung dieser Empfehlung sind nur geringe Umlagerungen der inneren Kräfte von der Gebrauchslast zur Grenzlast der Tragfähigkeit zu erwarten, und somit ist kein Nachweis der Rotationsfähigkeit erforderlich (wie o. a.). Weiterhin kann ein derart gewähltes Modell auch für den Nachweis der Gebrauchstauglichkeit verwendet werden, also z. B. für die Nachweise der Stahlspannungen oder für die Ermittlung der Rissbreiten, wie u. a. in [H5-26] und [H5-27] erläutert.

Zu (NA.6): Viele Stabwerkmodelle bilden kein statisch bestimmtes oder statisch unbestimmtes Fachwerk. Dies ist jedoch auch nicht erforderlich, und es können auch kinematische Modelle gewählt werden, wenn die

Belastung und die Geometrie aufeinander abgestimmt sind, wie das Beispiel im Bild H5-10 a) verdeutlicht. Dies bedeutet selbstverständlich, dass bei einer Änderung der Belastung auch die Geometrie des Modells angepasst werden muss, wie im Bild H5-10 b) dargestellt ist. Ganz allgemein, also auch bei statisch bestimmten oder statisch unbestimmten Stabwerkmodellen, gehören diese jeweils immer zu einer bestimmten Lastkonfiguration.

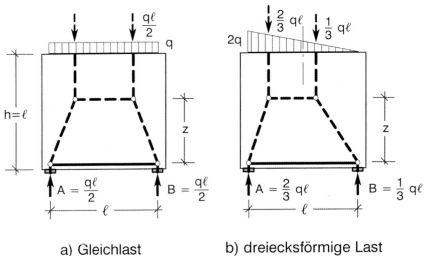

a) Gleichlast b) dreiecksförmige Last

Bild H5-10 – Kinematische Modelle am Beispiel einer Wandscheibe
a) symmetrisches Modell b) Modell für unsymmetrische Belastung

Zu 5.7 Nichtlineare Verfahren

Zu (1): Mit dem nichtlinearen Verfahren wird für die allgemeine Anwendung die Möglichkeit einer durchgängigen Berechnung des Tragwerks (Schnittgrößenermittlung und Bemessung) unter weitgehend wirklichkeitsnaher Berücksichtigung seines Tragverhaltens ermöglicht. Mit den angenommenen Baustoffeigenschaften und Schnittgrößen-Verformungsbeziehungen wird der Widerstand R_d des betrachteten Tragsystems ermittelt. Diese Systemtraglast wird den Bemessungswerten der maßgebenden Einwirkungskombination gegenübergestellt. Eine Bemessung „kritischer Querschnitte" im herkömmlichen Sinne ist nicht mehr erforderlich. Da aber wegen der Nichtlinearität der Schnittgrößen-Verformungsbeziehung das Superpositionsprinzip nicht gilt, muss in der Regel für jede maßgebende Einwirkungskombination ein gesonderter Nachweis geführt werden.

Da für jede Laststufe die tatsächlich vorhandenen Querschnittssteifigkeiten zugrunde gelegt werden, ist in einem Rechengang eine durchgängige Nachweisführung für die Grenzzustände der Gebrauchstauglichkeit und Tragfähigkeit möglich.

Zu (4)P: Voraussetzung für eine nichtlineare Berechnung ist nicht nur die Kenntnis der Baustoffkennwerte und der Querschnittsabmessungen sondern auch die der Bewehrung nach Lage und Größe. Diese Eingangswerte sind somit vor der Rechnung festzulegen. Fehlen dazu entsprechende Erfahrungen, bleibt nur eine überschlägige Vorbemessung nach Elastizitätstheorie oder eine iterative Annäherung über mehrere Rechenschritte an das gewünschte Ergebnis. Diese oft als Nachteil bezeichnete Vorgehensweise wird jedoch durch die größere Freiheit in der Bewehrungsanordnung im Tragwerk ausgeglichen, durch die hochbewehrte Bauteilbereiche vermieden werden können.

Zu (NA.6): In den folgenden NA-Abschnitten wird das nichtlineare Verfahren auf Systemebene nach DIN 1045-1 [R4], 8.5 aufgenommen. Mit den angenommenen Baustoffeigenschaften und Schnittgrößen-Verformungsbeziehungen wird der Gesamtwiderstand R_d des Tragsystems ermittelt. Eine separate Bemessung „kritischer Querschnitte" im GZT ist nicht mehr erforderlich. Da wegen der Nichtlinearität das Superpositionsprinzip nicht gilt, muss für jede maßgebende Einwirkungskombination ein gesonderter Nachweis geführt werden. Da für jede Laststufe die tatsächlich vorhandenen Querschnittssteifigkeiten zugrunde gelegt werden, ist in einem Berechnungsgang eine durchgängige Nachweisführung für die Grenzzustände der Gebrauchstauglichkeit und Tragfähigkeit möglich.

Zu (NA.9)P: Für die Baustoffkennwerte sind bei Anwendung nichtlinearer Verfahren grundsätzlich rechnerische Mittelwerte anzusetzen, um eine realistische Einschätzung der auftretenden Formänderungen sicherzustellen. Die dafür zu verwendenden Spannungs-Dehnungs-Linien für Beton, Betonstahl und Spannstahl sind in den genannten Bildern 3.2, NA.3.8.1 und NA.3.10.1 dargestellt, wobei zur Vereinfachung für die Bewehrung auch jeweils der idealisierte Verlauf verwendet werden darf.

Zu (NA.10): Mit der Festlegung rechnerischer Mittelwerte, die die unterschiedlichen Streuungen der Materialfestigkeiten berücksichtigen, sowie eines einheitlichen Teilsicherheitsbeiwerts γ_R für den Systemwiderstand wird erreicht, dass unabhängig von der Art des Versagens – spröd (Beton) oder duktil (Stahl) – ein einheitlicher Sicherheitsabstand existiert. Die im NA angegebenen Werte wurden anhand umfangreicher Vergleichsrechnungen für Durchlaufträger und Rahmentragwerke festgelegt und definieren ein Sicherheitsniveau, das den Anforderungen von DIN EN 1990 [R22] genügt. Gleichzeitig entsprechen die Rechenergebnisse weitgehend dem bisherigen Erfahrungsbereich. Alternative Festlegungen zum Nachweis eines ausreichenden Sicherheitsabstandes sind möglich, z. B. durch Anwendung von stochastischen nichtlinearen FE-Verfahren, wobei der erforderliche Sicherheitsindex β entsprechend DIN EN 1990 [R22] direkt ermittelt werden kann. Das durch die Berechnung erreichte Sicherheitsniveau muss dem in DIN EN 1990 mit NA definierten entsprechen. Die hier festgelegten rechnerischen Mittelwerte führen im Gebrauchslastbereich zur Unterschätzung der Steifigkeiten und damit im Allgemeinen zu auf der sicheren Seite liegenden Ergebnissen.

Zu (NA.13): Für Betonstahl und Spannstahl gelten grundsätzlich die Arbeitslinien nach Bild NA.3.8.1 bzw. Bild NA.3.10.1 mit einer Dehnung unter Höchstlast nach Tabelle C.1 (Betonstahl) bzw. Zulassung (Spannstahl). Zur Vermeidung zu großer Stahldehnungen sollte in Übereinstimmung mit den anderen Verfahren zur Schnittgrößenermittlung auch ein Grenzwert von 2,5 % für Betonstahl bzw. $\varepsilon_p^{(0)} + 2{,}5\ \% \le 0{,}9\varepsilon_{uk}$ für Spannstahl eingehalten werden. Wenn dieser Wert im Einzelfall überschritten wird, ist dies entsprechend zu begründen.

Nichtlineare Verfahren sind auch für Leichtbeton anwendbar. Hierbei ist jedoch zu beachten, dass der abfallende Ast der Arbeitslinie nach Bild 3.2, der bei Normalbeton mit zunehmender Festigkeit immer kürzer wird, bei Leichtbeton aufgrund seiner größeren Sprödigkeit nicht vorhanden ist ($\varepsilon_{lcu1} = \varepsilon_{lc1}$).

Zu (NA.14) und (NA.15): Die Berücksichtigung der Mitwirkung des Betons auf Zug zwischen den Rissen kann das Rechenergebnis sowohl zur negativen als auch zur positiven Seite verändern, da diese zu einer Erhöhung der Steifigkeit (tension stiffening – Zugversteifung) gegenüber dem „reinen" Zustand II führt. Zum Beispiel bewirkt dieser Effekt bei einem Zweifeldträger eine Reduzierung der Verformung. Bei der Ermittlung der möglichen Schnittgrößenumlagerung führt die Berücksichtigung der Mitwirkung stets zu Ergebnissen mit größerer Sicherheit (kleineres Umlagerungsvermögen). Aus diesem Grund sollte die Mitwirkung des Betons auf Zug immer in die Rechnung eingehen.

Für die Berücksichtigung der Mitwirkung des Betons zwischen den Rissen existieren unterschiedliche Modelle, deren Wahl von der zu lösenden Aufgabe abhängig ist und deshalb nicht in einer Norm vorgegeben werden sollte. So kann die Zugversteifung entweder auf der Betonseite durch Annahme einer mittleren wirksamen Betonzugspannung zwischen den Rissen oder auf der Stahlseite durch die Reduzierung der ermittelten Stahldehnung berücksichtigt werden. In Übereinstimmung mit MC 90 [H5-2] wird im Folgenden die Möglichkeit der Modifizierung der Arbeitslinie des Betonstahls dargestellt, die in den meisten Fällen eine sehr gute Näherung bietet.

Gemäß Bild H5-11 sind vier Bereiche mit linearisierter Spannungs-Dehnungs-Linie zu unterscheiden:

a) ungerissen ($0 < \sigma_s \le \sigma_{sr}$)

$$\varepsilon_{sm} = \varepsilon_{s1} \tag{H.5-4}$$

b) Rissbildung ($\sigma_{sr} < \sigma_s \le 1{,}3\sigma_{sr}$)

$$\varepsilon_{sm} = \varepsilon_{s2} - \frac{\beta_t \cdot (\sigma_s - \sigma_{sr}) + (1{,}3 \cdot \sigma_{sr} - \sigma_s)}{0{,}3 \cdot \sigma_{sr}} \cdot (\varepsilon_{sr2} - \varepsilon_{sr1}) \tag{H.5-5}$$

c) abgeschlossene Rissbildung ($1{,}3\sigma_{sr} < \sigma_s \le f_y$)

$$\varepsilon_{sm} = \varepsilon_{s2} - \beta_t (\varepsilon_{sr2} - \varepsilon_{sr1}) \tag{H.5-6}$$

d) Fließen des Stahls ($f_y < \sigma_s \le f_t$)

$$\varepsilon_{sm} = \varepsilon_{sy} - \beta_t (\varepsilon_{sr2} - \varepsilon_{sr1}) + \delta_d (1 - \sigma_{sr} / f_y) \cdot (\varepsilon_{s2} - \varepsilon_{sy}) \tag{H.5-7}$$

Dabei ist:

ε_{sm}	mittlere Stahldehnung;
ε_{uk}	Stahldehnung unter Höchstlast;
ε_{s1}	Stahldehnung im ungerissenen Zustand;
ε_{s2}	Stahldehnung im gerissenen Zustand im Riss;
ε_{sr1}	Stahldehnung im ungerissenen Zustand unter Rissschnittgrößen bei Erreichen von f_{ctm};
ε_{sr2}	Stahldehnung im Riss unter Rissschnittgrößen;

β_t Beiwert zur Berücksichtigung des Einflusses der Belastungsdauer oder einer wiederholten Belastung auf die mittlere Dehnung
= 0,40 für eine einzelne kurzzeitige Belastung,
= 0,25 für eine andauernde Last oder für häufige Lastwechsel;

σ_s Spannung in der Zugbewehrung, die auf der Grundlage eines gerissenen Querschnitts berechnet wird (Spannung im Riss);

σ_{sr} Spannung in der Zugbewehrung, die auf der Grundlage eines gerissenen Querschnitts für eine Einwirkungskombination berechnet wird, die zur Erstrissbildung führt;

δ_d Beiwert zur Berücksichtigung der Duktilität der Bewehrung
= 0,8 für hochduktilen Stahl B500B,
= 0,6 für normalduktilen Stahl B500A.

Vereinfachend kann die Mitwirkung des Betons auf Zug zwischen den Rissen auch entsprechend Bild H5-12 berücksichtigt werden, indem der Bereich zwischen Erstrissbildung und abgeschlossenem Rissbild „geglättet" wird. Dieses Bild sollte stets bei zu erwartender wiederholter Be- und Entlastung verwendet werden.

Dabei ergeben sich drei unterschiedliche Bereiche wie folgt:

a) ungerissen $(0 < \sigma_s \leq \beta_t \, \sigma_{sr})$

$$\varepsilon_{sm} = \varepsilon_{s1} \tag{H.5-8}$$

b) gerissen $(\beta_t \cdot \sigma_{sr} < \sigma_s \leq f_y)$

$$\varepsilon_{sm} = \varepsilon_{s2} - \beta_t \, (\varepsilon_{sr2} - \varepsilon_{sr1}) \tag{H.5-9}$$

c) Fließen des Stahls $(f_y < \sigma_s \leq f_t)$

$$\varepsilon_{sm} = \varepsilon_{sy} - \beta_t \, (\varepsilon_{sr2} - \varepsilon_{sr1}) + \delta \, (1 - \sigma_{sr} / f_y) \cdot (\varepsilon_{s2} - \varepsilon_{sy}) \tag{H.5-10}$$

Die einzelnen Bezeichnungen entsprechen denen von Bild H5-11.

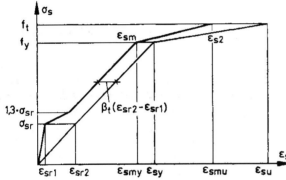

Bild H5-11 – Modifizierte Spannungs-Dehnungs-Linie für Betonstahl zur Berücksichtigung der Mitwirkung des Betons auf Zug zwischen den Rissen

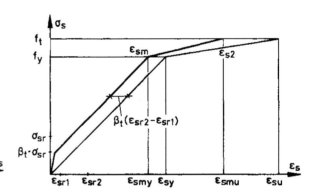

Bild H5-12 – Vereinfachter Ansatz der Zugversteifung

Zu 5.8 Berechnung von Bauteilen unter Normalkraft nach Theorie II. Ordnung

Zu 5.8.2 Allgemeines

Zu (1): Nachweise nach nichtlinearen Verfahren am Gesamttragwerk nach Theorie II. Ordnung zu führen, ist ohne ein entsprechendes Computerprogramm wegen des sehr großen Rechenaufwandes im Allgemeinen nicht vertretbar.

Für nicht ausgesteifte verschiebliche Rahmentragwerke ist ein vereinfachter Nachweis am Gesamttragwerk dem Nachweis der einzelnen Druckglieder vorzuziehen, weil mit ihm auch unmittelbar die vergrößerten Riegelmomente erhalten werden. Die Bemessung erfolgt dann für vergrößerte Bemessungswerte der Horizontalbelastung, d. h. für vergrößerte Bemessungswerte der Beanspruchungen nach Theorie I. Ordnung.

Wenn in einer programmgesteuerten Berechnung das baustoffbedingte nichtlineare Verformungsverhalten nicht unmittelbar miterfasst wird, dann müssen abgeminderte Bemessungswerte der Biegesteifigkeiten $(EI)_d$ berücksichtigt werden, die vereinfacht aus den Anteilen der Biegedruckzone und der Bewehrung ermittelt werden dürfen.

Wenn die geschossweise unterschiedlichen Schiefstellungen im Grenzzustand der Tragfähigkeit entsprechend Bild H5-13 vernachlässigt werden, ist eine vereinfachte Berechnung des verschieblichen Rahmens möglich. Es wird von einer mittleren Schiefstellung α ausgegangen, wie sie sich aus der Kopfverschiebung a und der Rahmenhöhe l ergibt. Infolge der Bemessungswerte der planmäßigen Belastung H_{Ed} und V_{Ed} treten die Schiefstellungen $\alpha_0 = a_0 / l$ nach Theorie I. Ordnung auf. Für die Gesamtschiefstellung $tot\,\alpha$, einschließlich der Schiefstellung zur Berücksichtigung der geometrischen Ersatzimperfektion α_a und der Schiefstellung α_2 infolge der zusätzlichen Verformungen nach Theorie II. Ordnung, gilt $tot\,\alpha = \alpha_0 + \alpha_a + \alpha_2 = \alpha_1 + \alpha_2$.

Die Schiefstellung α_2 entsteht aus den zusätzlichen Horizontal- oder Abtriebskräften ΔH_{Ed}, deren Größe aus V_{Ed} ermittelt werden kann: $\Delta H_{Ed} = tot\,\alpha \cdot V_{Ed}$.

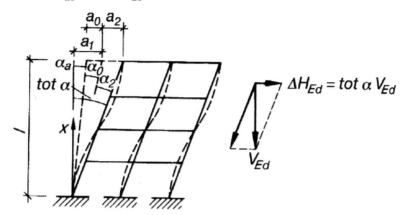

Bild H5-13 – System eines verschieblichen Rahmens

Die aus ΔH_{Ed} entstehende zusätzliche Schiefstellung α_2 kann vereinfacht nach Maßgabe der Momente von ΔH_{Ed} und H_{Ed} um den Ursprung aus der Schiefstellung $\alpha_0(H_{Ed})$ nach Theorie I. Ordnung ermittelt werden. Es ergibt sich:

$$tot\,\alpha = \frac{(\alpha_0 + \alpha_a)}{1 - \alpha_0(H_{Ed}) \cdot \dfrac{\sum(x \cdot V_{Ed})}{\sum(x \cdot H_{Ed})}} \tag{H.5-11}$$

Die vollständige Ableitung dieser Beziehung kann aus [H5-18] ersehen werden.

Die planmäßige Schiefstellung α_0 oder die zu ihrer Bestimmung benötigte Verschiebung a_0 können unmittelbar aus Berechnungen nach Theorie I. Ordnung entnommen werden, die mit den Bemessungswerten der Biegesteifigkeiten $(EI)_d$ aufgestellt wurden. Wenn die Berechnung mit den Biegesteifigkeiten $E_{cm}I_c$ aufgestellt wurde, dann ist a_0 im Verhältnis von $E_{cm}I_c / (EI)_d$ zu vergrößern.

Wenn sich die Veränderung oder die Verteilung der Bemessungswerte der Horizontallasten H_{Ed} und der Vertikallasten V_{Ed} über die Rahmenhöhe l nicht nennenswert voneinander unterscheiden, dann kann darauf verzichtet werden, die Momente der Lasten um den Ursprung zu bilden. Wird weiter darauf verzichtet, die Unterschiede von V_{Ed} und H_{Ed} über die Rahmenhöhe zu berücksichtigen, dann kann auch mit den mittleren Geschosslasten gerechnet werden. Anstelle von $\Sigma(x \cdot V_{Ed}) / \Sigma(x \cdot H_{Ed})$ heißt es dann einfach V_{Ed} / H_{Ed}.

Für die vergrößerten Bemessungswerte der Horizontallasten gilt:

$$H_{Ed,tot} = \left(1 + tot\,\alpha \cdot \frac{V_{Ed}}{H_{Ed}}\right) \cdot H_{Ed} \tag{H.5-12}$$

Der Vergrößerungsbeiwert $(1 + tot\,\alpha \cdot V_{Ed} / H_{Ed})$ für die Bemessungswerte der Horizontallasten H_{Ed} gibt unmittelbar an, wie groß die Auswirkung der Verformungen nach Theorie II. Ordnung in Bezug auf die Beanspruchung nach Theorie I. Ordnung ist. Vergrößerungsbeiwerte bis 1,5 mögen in Einzelfällen noch annehmbar sein. Sind die Vergrößerungsbeiwerte größer als 2, dann empfiehlt es sich, Änderungen des Tragwerks zu erwägen. Es kommt dann z. B. eine Aussteifung des Rahmentragwerks in Frage.

Zu (2): Nachweise nach Theorie II. Ordnung dürfen entweder am Gesamttragwerk oder an Einzeldruckgliedern geführt werden. In beiden Fällen darf das nichtlineare Verfahren nach 5.7 angewendet werden.

Werden die Nachweise nach Theorie II. Ordnung an Einzeldruckgliedern geführt oder die infolge Verformungen nach Theorie II. Ordnung zusätzlich zu berücksichtigenden Beanspruchungen an einzelnen Tragwerksteilen ermittelt, dann dürfen die Beanspruchungen dieser einzelnen Tragwerksteile nach Theorie I. Ordnung mit einem der Verfahren nach 5.4, 5.5 oder 5.6 ermittelt werden. Für den Nachweis von Einzeldruckgliedern eignet sich das Näherungsverfahren mit Nennkrümmung (Modellstützenverfahren) nach 5.8.8.

Zu (6): Nur wenn die Auswirkungen der Verformungen nach Theorie II. Ordnung die Tragfähigkeit stabförmiger Bauteile oder Wände nicht erheblich vermindern, darf auf einen besonderen Nachweis des Grenzzustandes der Tragfähigkeit nach Theorie II. Ordnung verzichtet werden. Es reichen dann Nachweise der maßgebenden Querschnitte für die Beanspruchungen nach Theorie I. Ordnung aus. Als entsprechendes Abgrenzungskriterium wird hierfür eine Abminderung der Tragfähigkeit von 10 % genannt.

Die Abgrenzungskriterien in 5.8.3.1 und 5.8.3.3 grenzen die Fälle voneinander ab, in denen Nachweise nach Theorie I. Ordnung ausreichen bzw. Nachweise nach Theorie II. Ordnung erforderlich sind. In den Fällen, in denen entsprechend der Abgrenzungskriterien ein Nachweis nach Theorie II. Ordnung nicht erforderlich ist, ist ein zusätzlicher Nachweis, dass die Abminderung der Tragfähigkeit weniger als 10 % beträgt, nicht erforderlich.

Zu 5.8.3 Vereinfachte Nachweise für Bauteile unter Normalkraft nach Theorie II. Ordnung

Zu 5.8.3.1 Grenzwert der Schlankheit für Einzeldruckglieder

Zu (1): Die Grenzwerte λ_{lim} wurden aus Vereinfachungsgründen allein auf die Werte nach den Gleichungen (5.13aDE) und (5.13bDE) festgelegt. Die bezogene Drucknormalkraft $n_{bal} = 0{,}41$ (siehe 5.8.8.3) kennzeichnet bei Momenten-Normalkraft-Interaktion die Querschnittstragfähigkeit bei maximal aufnehmbarem Biegemoment. Unterhalb dieser Normalkraft im Zugbruchbereich nimmt die Gefahr des Stabilitätsversagens entsprechend ab [H5-9].

Auf die Aufnahme eines weiteren Grenzwertes der Schlankheit in den NA nach der Anwendungsregel in DIN 1045-1 [R4], 8.6.3 (4) für Einzeldruckglieder in unverschieblich ausgesteiften Tragwerken mit $\lambda_{crit} = 25\,(2 - e_{01} / e_{02})$ wurde verzichtet, da eine dann eventuell erforderliche Untersuchung nach Theorie II. Ordnung heute relativ problemlos computergestützt erfolgen kann.

Zu 5.8.3.2 Schlankheit und Knicklänge von Einzeldruckgliedern

Zu (2): Unter Annahme einer unbegrenzten Gültigkeit der linearen Elastizitätstheorie wird die „Knicklänge" l_0 (besser: Ersatzlänge) des beidseitig frei drehbaren und unverschieblich gestützten Ersatzstabes so bestimmt, dass die *Euler*'sche Knicklast des Ersatzstabes $N_B = EI \cdot \pi^2 / l_0^2$ gleich der Knicklast der Einzelstütze bei Berücksichtigung ihrer elastischen Dreh- und Verschiebungsbehinderungen an den Stabenden ist (Beispiele in Bild 5.7). Die Ergebnisse aus der Lösung der entsprechenden transzendenten Gleichungen (Knickbedingungen) für verschiebliche und unverschiebliche Einzelstützen werden beispielsweise in DAfStb-Heft [220] in Nomogrammen oder in [H5-22], [H5-25] in Diagrammen dargestellt, und deren Anwendung wird dort ebenfalls erläutert.

Die Verwendung dieser so ermittelten Knicklängen ist bei Druckgliedern in mehrgeschossigen Rahmensystemen bereits eine mehr oder weniger grobe Näherung. Im Massivbau kommt hinzu, dass sich die Biegesteifigkeiten der Riegel und Stützen durch die Biegerissbildung in unterschiedlicher Größe vermindern.

Zu (3): Die Ersatzlänge l_0 wird mit Berücksichtigung der Beiwerte k_1 und k_2 für die nachgiebige Einspannung der beiden Stützenenden 1 und 2 infolge der Verbindung mit einspannenden Stäben oder Tragwerksteilen ermittelt.

Beispiele:

1. In gelenkig angeschlossenen Stäben entstehen infolge beliebiger Drehwinkel θ des Stützenknotens keine Momente; für beide Stabenden ergibt sich dann $k = \infty$ und somit

$$l_0 = 0{,}5\,l\,(2 \cdot 2)^{0{,}5} = l_{col} \qquad \text{(Eulerfall 2)}.$$

2. Bei starrer Einspannung ergibt sich für beliebig große Momente M die Knotendrehung $\theta = 0$, woraus mit $k = 0$ folgt

$$l_0 = 0{,}5\,l_{col}\,(1 \cdot 1)^{0{,}5} = 0{,}5\,l_{col} \qquad \text{(Eulerfall 4)}.$$

Für $k_1 = 0$ und $k_2 = \infty$ ergibt sich

$$l_0 = 0{,}5\,l_{col}\,(1 \cdot 2)^{0{,}5} = 0{,}71\,l_{col} \qquad \text{(Eulerfall 3)}.$$

3. Für je zwei an den Stützenenden eines durchgehenden Stützenstranges anschließende einspannende Riegel mit den Biegesteifigkeiten $EI = EI_{col}$ und den Längen $l_{eff} = l_{col}$ und gelenkiger Lagerung des abliegenden Riegelendes ergibt sich für $\theta = 1$

$$M = 3\,EI / l_{eff}, \qquad \varphi / \Sigma M = 1 / (2 \cdot 3\,EI / l_{eff}), \qquad k = 1/3 \text{ und somit}$$

$$l_0 = 0{,}5\,l_{col}\,(1 + 0{,}426) = 0{,}71\,l_{col}.$$

4. Für einen unverschieblichen regelmäßigen Rahmen mit vielen Feldern und Geschossen ist der Fall mit einsinniger Verkrümmung aller Stützen und Riegel mit Wendepunkten der Biegelinien in den Knoten maßgebend. Es ergibt sich für $\theta = 1$

$M = 2\,EI\,/\,l_{\text{eff}}, \quad \varphi\,/\,\Sigma\,M = 1\,/\,(2\cdot 2\,EI\,/\,l_{\text{eff}}), \qquad k = 1/2$ und somit

$l_0 = 0{,}5\,l_{\text{col}}\,(1 + 0{,}526) = 0{,}76\,l_{\text{col}}.$

Zur Berechnung der Ersatzlängen empfiehlt es sich, für die Druckglieder die Steifigkeit des ungerissenen Betonquerschnitts und für die einspannenden Stäbe die Hälfte der Steifigkeit des ungerissenen Betonquerschnitts anzusetzen. Für die Beiwerte k sollten außerdem keine kleineren Werte als 0,1 verwendet werden, um gewisse Nachgiebigkeiten sogenannter starrer Einspannungen zu erfassen. Für Druckglieder in unverschieblichen Rahmen ergibt sich dann $l_0 > 0{,}59 l_{\text{col}}$ und für Druckglieder in verschieblichen Rahmen $l_0 > 1{,}22 l_{\text{col}}$.

Von einer Abminderung der Lastausmitten an den Stützenenden, um zu berücksichtigen, dass die Knicklänge l_0 kleiner als die Stützenlänge l_{col} ist, sollte Abstand genommen werden. Druckglieder in unverschieblichen Rahmen dürfen bei Anwendung des Verfahrens mit Nennkrümmung nach 5.8.8 vereinfachend mit dem nach Gleichung (5.32) berechneten im kritischen Querschnitt wirksamen äquivalenten Moment M_{0e} (d. h. mit einer Lastausmitte e_0) bemessen werden, siehe Bild H5-14. Druckglieder in verschieblichen Rahmen sind bei Anwendung des Modellstützenverfahrens mit der größeren Lastausmitte e_{02} zu bemessen, wenn nicht ein Nachweis am Gesamttragwerk nach Theorie II. Ordnung vorgezogen wird (siehe 5.8.2 (1)).

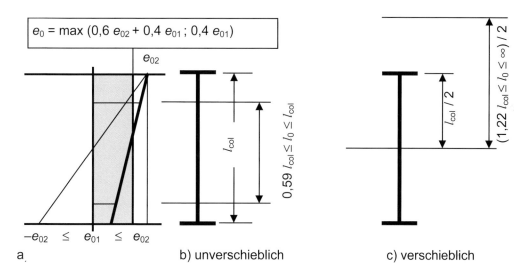

Bild H5-14 – Planmäßige Ausmitten $e_{02} \geq e_{01}$ der Längskraft an den Stabenden, wirksame Lastausmitte e_0 im kritischen Querschnitt der unverschieblichen Stütze und Ersatzlängen l_0 des Einzeldruckgliedes

Zu (7): Die zusätzliche Abminderung von β nach 12.6.5.1 (4) für unbewehrte Wände darf dann jedoch nicht vorgenommen werden, da der Einfluss der Wandeinspannung schon in l_0 nach 5.8.3.2 berücksichtigt wird [H5-9].

Zu 5.8.3.3 Nachweise am Gesamttragwerk nach Theorie II. Ordnung im Hochbau

Zu (1): Als Kriterien für die Festlegung, ob Gesamttragwerke durch lotrechte Wandscheiben oder Kerne ausreichend ausgesteift oder nicht ausgesteift sind, dienen die Gleichungen (5.18) für die Verschiebungen und (NA.5.18.1) für die Verdrehungen.

Die Ableitung und mögliche Anpassung der Grenzwerte wird im informativen Anhang H erläutert. Die Aussteifungskriterien nach DIN EN 1992-1-1 beschreiben den Abstand mit 10 % von der nominalen Grenzlast eines mehrgeschossigen Systems etwas besser als die alten DIN 1045-Werte, die von *Beck* und *König* Ende der 1960er Jahre vorgeschlagen wurden ([H5-1], [H5-15]). In DIN EN 1992-1-1 wird zwischen gerissenen und ungerissenen Aussteifungsbauteilen unterschieden.

Zu (NA.3): Der Widerstand des Gesamttragwerks gegen Verdrehung hängt von der Torsionssteifigkeit und der Wölbsteifigkeit des Aussteifungssystems ab. Im NA wurde die Beziehung für die kritische Torsionsbeanspruchung aus DIN 1045-1 [R4], Gleichung (25), in modifizierter Form und mit Bezug auf das Aussteifungskriterium des Eurocode 2 als Gleichung (NA.5.18.1) wieder aufgenommen.

Zu 5.8.4 Kriechen

Zu (2): Der Gleichgewichtszustand von Tragwerken mit Bauteilen unter Längsdruck und insbesondere der Gleichgewichtszustand dieser Bauteile selbst muss unter Berücksichtigung der Auswirkung von Bauteilverformungen nachgewiesen werden, wenn diese die Tragfähigkeit um mehr als 10 % verringern. Da Kriechen diese Bauteilverformungen maßgeblich mitbestimmen kann, gilt die 10 %-Regel auch für die Kriechverformungen. Der Einfluss des Kriechens auf die Tragfähigkeit von Stahlbetonstützen ist besonders ausgeprägt, wenn die Biegefigur unter quasi-ständigen Einwirkungen zur Knickfigur affin ist. Dies trifft für verschiebliche Systeme und bei Druckgliedern mit einfach gekrümmter Biegefigur zu.

Ein zweckmäßiges Vorgehen für die Fälle, in denen Kriechen im Grenzzustand der Tragfähigkeit nicht zu vernachlässigen ist, wurde mit der praktisch einfach zu handhabenden „effektiven Kriechzahl" φ_{ef} eingeführt (ausführlicher in [H5-7], [H5-11], [H5-30]).

Die Gesamtverformung unter Dauerlast kann damit näherungsweise für die Bemessung im Grenzzustand der Tragfähigkeit durch Verwendung der effektiven Kriechzahl φ_{ef} für einen effektiven E-Modul $E_{c,eff} = E_c / (1 + \varphi_{ef})$, z. B. für eine wirksame Biegesteifigkeit, berechnet werden.

Das Kriechen kann z. B. auch dadurch berücksichtigt werden, dass alle Dehnungswerte des Betons in der Spannungs-Dehnungs-Linie für die Verformungsberechnung mit dem Faktor $(1 + \varphi_{ef})$ multipliziert werden (Bild H5-15).

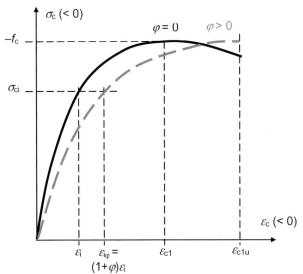

**Bild H5-15 – Vereinfachte Berücksichtigung des Kriechens
in der Spannungs-Dehnungs-Linie (Bild 3.2 erweitert)**

Die effektive Kriechzahl φ_{eff} darf auch bei zweiachsiger Biegung zweckmäßig verwendet werden, wenn in Gleichung (5.19) die resultierenden Momente aus beiden Achsrichtungen y und z nach Gleichung (H.5-13) eingesetzt werden [H5-30]:

$$M_{perm} = \sqrt{M_{perm,y}^2 + M_{perm,z}^2} \quad \text{bzw.} \quad M_{Ed} = \sqrt{M_{Ed,y}^2 + M_{Ed,z}^2} \tag{H.5-13}$$

Zu (4): Die Kriechauswirkungen verlieren mit zunehmender Biegebeanspruchung und abnehmender Schlankheit an Bedeutung. Zur vereinfachenden Vernachlässigung der Kriechauswirkungen wurden in DIN EN 1992-1-1/NA zusätzlich zu den Randbedingungen der EN 1992-1-1 die bewährten Grenzen für die minimale Lastausmitte und die maximale Schlankheit aus DIN 1045-1 [R4] wieder aufgenommen. Daher darf das Kriechen bei Stützen vernachlässigt werden, wenn die Stützen an beiden Enden monolithisch mit lastabtragenden Bauteilen verbunden sind oder wenn bei verschieblichen Tragwerken die Schlankheit des Druckgliedes $\lambda < 50$ und gleichzeitig die bezogene Lastausmitte $e_0 / h > 2$ ist (NCI zu 5.8.4 (4)).

Bei der Anwendung dieses Kriteriums wird davon ausgegangen, dass die Lagerungsbedingungen eine elastische Einspannung gewährleisten, die die Verformungen ausreichend reduziert. Hierfür sollte mindestens eine konstruktive Einbindung der Längsbewehrung in die benachbarten Bauteile vorgesehen werden [H5-9].

Zu 5.8.5 Berechnungsverfahren

Zu (1): In EN 1992-1-1 wurde in 5.8.7 für stabilitätsgefährdete Druckglieder ein weiteres Näherungsverfahren mit Nennsteifigkeiten aufgenommen. Dieses wurde im Rahmen der EC 2 - Pilotprojekte überprüft [H5-8]. Die Anwendung dieses Verfahrens ist einfach zu verstehen und durchgängig. Aufwändig ist die notwendige Wahl und ggf. iterative Anpassung der Stützenbewehrung im Laufe der Berechnung. Als Ergebnis der Testphase wurde dieses Näherungsverfahren neben dem weiteren, bereits bekannten Näherungsverfahren mit Nennkrümmungen (Modellstützenverfahren) als praktisch überflüssig für Deutschland nicht zur Anwendung empfohlen [H5-8]. Der Abschnitt 5.8.7 wurde daher zur Vereinfachung im Normenhandbuch [R50] gestrichen.

Zu 5.8.6 Allgemeines Verfahren

Zu (3): Das alternative Konzept nach *Quast* (vgl. [H5-18], [H5-23]), die Verformungs- und Schnittgrößenermittlung für Druckglieder nach Theorie II. Ordnung mit den durch Teilsicherheitsbeiwerte reduzierten Mittelwerten der Baustofffestigkeiten vorzunehmen und dann die Querschnittstragfähigkeit mit den Bemessungswerten nachzuweisen („doppelte Buchführung", in DIN 1045-1 [R4], 8.6.1 (7)), wird in DIN EN 1992-1-1/NA wieder ergänzt. Ein Nachweis nach diesem Konzept ist besonders in Sonderfällen angebracht, wenn die Tragfähigkeit des Druckgliedes in sehr erheblichem Maße durch die Bauteilsteifigkeit im gerissenen Zustand begrenzt wird (bei zunehmender Schlankheit und abnehmender planmäßiger Lastausmitte). Die Schnittgrößen am verformten System für genauere Nachweise der Kippsicherheit sollten ebenfalls so ermittelt werden.

Ein reduzierter Teilsicherheitsbeiwert γ_{CE} = 1,2 zur Ermittlung des Bemessungswertes für den E-Modul E_{cd} wird im NA nur für die verformungsabhängigen Aussteifungskriterien akzeptiert, bei den Nachweisen im GZT ist E_{cd} mit γ_{CE} = 1,5 vor dem Hintergrund der E-Modul-Streuungen und der Querschnittsabweichungen zu bestimmen.

Der E-Modul des Betonstahls E_s (Mittelwert) braucht wegen der geringen Streuung nicht durch γ_S dividiert zu werden.

Zu 5.8.8 Verfahren mit Nennkrümmung

Zu 5.8.8.1 Allgemeines

Zu (1): Das Verfahren mit Nennkrümmung (Modellstützenverfahren) ergibt nicht nur für Druckglieder mit rechteckigem oder rundem Querschnitt befriedigende Ergebnisse, sondern auch für andere Querschnittsformen mit annähernd symmetrischer Anordnung der Bewehrung ($A_{s1} \approx A_{s2}$). Für Lastausmitten $e_0 < 0,1h$ und Längen $l_0 > 15h$ ergibt das Modellstützenverfahren zunehmend unwirtschaftliche Ergebnisse. Ein vergleichbar einfach anwendbares Näherungsverfahren, welches diese Nachteile vermeidet, ist nicht bekannt. In diesen Fällen empfiehlt sich die Berechnung mit einem Computerprogramm entsprechend den Angaben im NDP zu 5.8.6 (3).

Zu (2): Das Modellstützenverfahren überführt die Nachweise nach Theorie II. Ordnung in eine Querschnittsbemessung an einer Modellstütze. Die zusätzliche Lastausmitte e_2 zur Berücksichtigung der Auswirkungen der Verformungen nach Theorie II. Ordnung ist unabhängig von der Beanspruchung und der noch unbekannten Bewehrung A_s. Sie wird für jede Einwirkung gleich groß angesetzt. Dies erlaubt es, die Gesamtbeanspruchungen für die einzelnen Einwirkungen infolge $e_{tot} = e_0 + e_a + e_2$ getrennt zu berechnen und entsprechend den Kombinationsregeln zu superponieren.

Zu 5.8.8.2 Biegemomente

Zu (2): Nachweise für Druckglieder mit dem äquivalenten Moment M_{0e} nach Gleichung (5.32) können ergeben, dass die Bemessung des Endquerschnitts für das Endmoment M_{02} insgesamt maßgebend bleibt. In Druckgliedern mit veränderlichem Verlauf der planmäßigen Lastausmitte ergibt sich erst dann eine Traglastminderung, wenn die Gesamtausmitte $e_{tot} = e_0 + e_i + e_2 > e_{02}$ wird. Dies hängt von der Schlankheit des Druckgliedes ab und muss nicht schon bei $\lambda > \lambda_{lim}$ nach Gleichung (5.13DE) der Fall sein.

Zu (3): Der Beiwert K_1 soll einen allmählichen Übergang zwischen der Querschnittstragfähigkeit bis λ = 25 und der Stützentragfähigkeit ab λ = 35 schaffen. Ganz lässt sich ein Sprung jedoch nicht vermeiden, weil die Querschnittstragfähigkeit nach Theorie I. Ordnung mit der Mindestausmitte e_0 nach 6.1 (4) und die Stützentragfähigkeit mit Imperfektion nach 5.2 (7) berechnet wird.

Zu 5.8.8.3 Krümmung

Zu (2): In der Regel ist wegen der stark vereinfachten Annahme des Hebelarms mit 0,9d die Bestimmung der Nutzhöhe mit dem Schwerpunkt der Zugbewehrungslagen ausreichend.

Zu (3): Die Drucknormalkräfte n sind hier bezogene, positiv definierte Werte. In verschieblichen Druckgliedern, meistens auskragende Fertigteilstützen, ist die planmäßige Lastausmitte häufig so groß, dass die bezogene Längskraft $n < 0,4$ ist. Nach Gleichung (5.36), oder auch noch bis $n \leq 0,5$, ist der Abminderungsbeiwert dann $K_r = 1$.

Für den Fall K_1 und K_r gleich eins und mit dem Teilsicherheitsbeiwert für Betonstahl $\gamma_S = 1,15$, lässt sich die zusätzliche Lastausmitte nach Theorie II. Ordnung für die Modellstütze zu $e_2 = l_0{}^2 / (2070d)$ ableiten – siehe auch Bild H5-16.

Der in Bild H5-16 angedeutete Verlauf der Verkrümmung $1/r$ gilt für konstante Querschnittshöhe und konstante Bewehrung. Bei feiner Abstufung des Bewehrungsquerschnitts nähert sich der Verlauf der Verkrümmung einer mehr sägeförmigen, rechteckigen Form. Dies kann entsprechend den bekannten Beiwerten für die Arbeitsintegrale durch den Beiwert 1/8 anstele von 1/10 berücksichtigt werden. Bleibt die Querschnittshöhe nicht konstant und werden einzelne Querschnitte so bemessen, dass nur die erforderliche Bewehrung ausgenutzt wird, dann kann den einzelnen Querschnitten i der Modellstütze jeweils die Verkrümmung $1/r_i = \varepsilon_{yd} / (0,45d_i)$ zugeordnet werden. Die zugehörige Verformung kann dann bedarfsweise für einzelne Querschnittsstellen ermittelt werden.

Für Druckglieder mit $n > 0,5$ und $K_r < 1$ ist die Querschnittsbemessung nur iterativ möglich, weil der Beiwert K_r von n_u und damit von der zunächst unbekannten Bewehrung A_s abhängt. Wird die Bewehrung und damit n_u hierbei zunächst überschätzt, liegt K_r auf der sicheren Seite und die Iteration könnte entfallen.

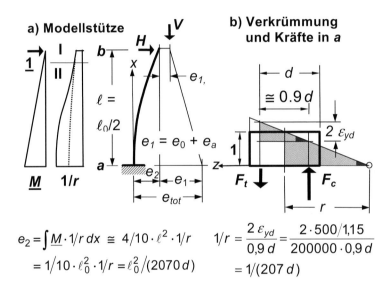

a) Modellstütze

b) Verkrümmung und Kräfte in a

$$e_2 = \int \underline{M} \cdot 1/r \, dx \cong 4/10 \cdot l^2 \cdot 1/r$$
$$= 1/10 \cdot l_0^2 \cdot 1/r = l_0^2 / (2070\,d)$$

$$1/r = \frac{2\,\varepsilon_{yd}}{0,9\,d} = \frac{2 \cdot 500/1,15}{200000 \cdot 0,9\,d}$$
$$= 1/(207\,d)$$

Bild H5-16 – Angaben zum häufigen Sonderfall der Modellstütze
mit $n \leq 0,5$, $K_1 = 1$, $K_r = 1$ und B500 mit $\gamma_S = 1,15$

Zu (4): Die Funktion des Faktors β in Gleichung (5.37) für die effektive Kriechzahl φ_{ef} erscheint zunächst paradox, da dieser Wert mit ansteigender Schlankheit (und damit scheinbar die Kriechauswirkung) abnimmt. Vergleichsrechnungen in [H5-30] haben jedoch gezeigt, dass das näherungsweise Modellstützenverfahren für schlankere Stützen mit ca. $\lambda > 70$ auch bei Ansatz von $K_\varphi = 1$ im Vergleich zu einer „genaueren" Berechnung mit Berücksichtigung des Kriechens auf der sicheren Seite liegt. Das ist u. a. darauf zurückzuführen, dass der Faktor $K_r = 1$ bei einer bezogenen Normalkraft $n < n_{bal} = 0,4$ (bei großen Stützenschlankheiten die Regel) keine Reduktion der Krümmung mit der Folge sehr konservativer Ergebnisse vorsieht.

Zu 5.8.9 Druckglieder mit zweiachsiger Ausmitte

Zu (1): In Fällen, in denen es nicht erlaubt ist, getrennte Nachweise nach (3) zu führen, können zunächst die zusätzlichen Lastausmitten e_i und e_2, letztere nach dem Modellstützenverfahren, für die beiden Hauptrichtungen ermittelt werden. Die Querschnittsbemessung erfolgt anschließend für schiefe Biegung.

Treten die größten Lastausmitten in den beiden Hauptrichtungen in verschiedenen Querschnitten des Druckgliedes auf, dann liegt eine Querschnittsbemessung für schiefe Biegung mit den größten Lastausmitten der beiden Hauptrichtungen zwar auf der sicheren Seite, eine zutreffendere Bemessung des Druckgliedes bleibt aber sicherlich entsprechenden Computerprogrammen vorbehalten. Allein schon die Querschnittsbemessung für schiefe Biegung ist ohne Computerprogramm kaum zu bewerkstelligen, es sei denn, man vereinfacht den Einzelfall so, dass verfügbare Bemessungshilfsmittel genutzt werden können. Einfach zu handhabende Näherungsverfahren, die Computerprogramme entbehrlich machen, sind aufgrund der zahlreichen Parameter und der komplizierten Zusammenhänge auch zukünftig nicht zu erwarten.

Zu (3): Für die Vereinfachung, Näherungsverfahren bei Druckgliedern mit zweiachsiger Ausmitte getrennt für jede Achse einzeln führen zu dürfen, wurde erstmalig in ENV 1992-1-1 [R36] die nun als Gleichung (5.38b) in DIN EN 1992-1-1 enthaltene Beziehung für ausreichend geringe Lastausmitten eingeführt. Dabei brauchte die Ausmitte für die Imperfektion nicht berücksichtigt zu werden. *Quast* hat in [H5-23] erläutert, dass getrennte Nachweise immer dann ausreichen, wenn die Querschnitte nicht aufreißen und die bezogenen Lastausmitten e_0 / h kleiner 0,2 bleiben (Theorie I. Ordnung). Daher bestehen keine Bedenken, die Ausmitten e_y und e_z wie bisher auch nach DIN 1045-1 [R4] mit den Biegemomenten nach Theorie I. Ordnung zu ermitteln. Die aufwändigere Ermittlung der Biegemomente nach Theorie II. Ordnung entsprechend DIN EN 1992-1-1 liegt auf der sicheren Seite und darf in diesen Fällen vernachlässigt werden [H5-9].

Zu (4): Dass das Problem der schiefen Biegung oder des Seitwärtsausweichens schlanker Stahlbeton-Druckglieder nicht mit der Gleichung (5.39) befriedigend gelöst werden kann, wurde erstmals in [361] gezeigt. Die nachfolgenden Untersuchungen ([H5-12], [H5-21] sowie *Olsen* und *Quast* in [332]) haben letztlich ergeben, dass es keine einfachen Formeln für eine befriedigende Lösung gibt. Man behandelt auch dieses Problem besser programmunterstützt.

Für baupraktische Fälle mit nicht zu ungleichen Seitenlängen der Rechteckquerschnitte (z. B. b / $h \le 1{,}5$ [H5-9]) ist dieser vereinfachte Nachweis noch akzeptabel.

Zu 5.9 Seitliches Ausweichen schlanker Träger

Zu (1)P: Das Problem des Kippens schlanker Träger infolge seitlichen Ausweichens des Druckgurtes, verbunden mit einer Drehung um die Längsachse, wird ebenso wie das Stabilitätsverhalten von Druckgliedern am zutreffendsten als verformungsbeeinflusstes Traglastproblem nach Theorie II. Ordnung behandelt. Jedoch ist der numerische Aufwand zur Durchführung der nichtlinearen Berechnung mit Berücksichtigung der beanspruchungsbedingten Steifigkeitsminderung so groß, dass er nicht ohne Computeranwendung bewältigt werden kann. In [H5-31] werden weitergehende Erläuterungen und Hinweise auf einschlägige Veröffentlichungen gegeben. Als kippgefährdet werden die Träger eingestuft, bei denen die Tragfähigkeit bei zweiachsiger Biegung aus Theorie II. Ordnung gegenüber der einachsigen Tragfähigkeit um mehr als 10 % vermindert wird.

Zu (3): Der Grenzwert nach Gleichung (5.40a) wurde auf der Basis von Vergleichsrechnungen an 148 Stahlbeton- und 80 Spannbetonträgern abgeleitet (vgl. *König* und *Pauli* [H5-16], siehe Bild H5-17).

Diese Beziehung liefert danach auch zutreffende Ergebnisse für Querschnittsverhältnisse h / $b \le 5$.

Die gegenüber DIN 1045-1 [R4] zusätzliche Grenze h / $b \le 2{,}5$ entstammt der Vornorm ENV 1992-1-1 [R36] und war nur für die dort vorgeschlagene einfachere Begrenzung $l_0 \le 50b$ erforderlich.

Das den Vergleichsrechnungen zugrundegelegte Computerprogramm wurde im Rahmen eines Forschungsvorhabens für die Nachrechnung von sechs Großversuchen entwickelt und kalibriert [H5-17]. Die Versuchsträger hatten Längen von 18 m und 25,6 m und repräsentieren so den abgedeckten Erfahrungsbereich.

Die Näherungsgleichungen (5.40) sollten daher nur bis zu Trägerspannweiten von $l_0 \le 30$ m angewendet werden, darüber hinaus ist immer ein Kippnachweis angezeigt [H5-9].

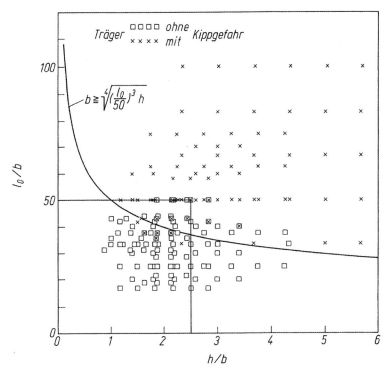

Bild H5-17 – Serienrechnung kippgefährdeter Träger (aus [H5-16])

Zu (4): Das Mindesttorsionsmoment $T_{Ed} = V_{Ed} \cdot l_{eff} / 300$ für die Auflagerkonstruktion ist in der Regel durch die Mindesttorsionsbewehrung im Träger abgedeckt. Die Bügel im Endbereich der Träger und die Endverankerung der Längsbewehrung müssen jedoch so ausgebildet werden, dass die Einleitung dieses Mindesttorsionsmomentes am Trägerende sichergestellt ist. Unter „Mindesttorsionsbewehrung" ist die Mindestquerkraftbewehrung nach 9.2.2 (5) und Tabelle NA.9.1, das Schließen der Bügel nach 9.2.3 (1) und die Anordnung von Längsstäben in jeder Querschnittsecke mit $s \leq 350$ mm zu verstehen. Diese reicht aus, wenn wegen der Erfüllung der Gleichung (5.40) das Kippen durch entsprechende Querbiegesteifigkeit eines breiten Druckgurtes ausgeschlossen und die Eigentorsionssteifigkeit des Trägers unwesentlich ist. In den Fällen, in denen Torsionsmomente berechnet und nachgewiesen werden müssen, ist die hierfür erforderliche Torsionsbewehrung einzulegen. Das Mindesttorsionsmoment zur Sicherstellung einer ausreichenden Gabelrobustheit greift demnach nur, wenn keine genaueren Berechnungen des einwirkenden Torsionsmomentes vorgenommen wurden (z. B. wegen Erfüllung der Gleichung (5.40)).

Zu 5.10 Spannbetontragwerke

Zu 5.10.1 Allgemeines

Zu (1)P: Alle in der Norm aufgeführten Verfahren der Schnittgrößenermittlung können uneingeschränkt für Spannbetontragwerke und -bauteile genutzt werden. Dabei darf der positive Einfluss geneigter Spannglieder auf die Querkrafttragfähigkeit und den Widerstand gegen Durchstanzen voll angesetzt werden. Weitere Informationen können entsprechender Literatur (z. B. [H5-13], [H5-31], beide mit ausführlichem Literaturverzeichnis) entnommen werden.

Die Norm enthält lediglich Regeln zu Vorspannverfahren mittels hochfester Spannstähle. Andere mögliche Verfahren (Spannen gegen Widerlager, durch Überhöhung der Schalung oder Vorbelastung u. a.) haben dagegen nur untergeordnete Bedeutung und bleiben deshalb unberücksichtigt. Die Regelungen der Norm lassen sich sinngemäß aber auch für derartige Verfahren nutzen.

Zu (2): Welche der beiden aufgeführten unterschiedlichen Möglichkeiten zur Berücksichtigung der Wirkung aus Vorspannung gewählt wird, hängt vom zu berechnenden Bauteil bzw. Tragwerk (statisch bestimmt oder statisch unbestimmt), der Spanngliedführung und dem gewählten Verfahren der Schnittgrößenermittlung ab.

Zu (6): Das Versagen ohne Vorankündigung wird in der Regel durch die Anordnung von Robustheitsbewehrung nach 9.2.1 verhindert (Verfahren A).

Das Verfahren C kann z. B. durch Anordnung von kontrollier- und auswechselbaren externen Spanngliedern umgesetzt werden, die sich bei Straßenbrücken innerhalb von begehbaren Hohlkästen als eine Regelbauweise etabliert hat.

Alternativ zur Anordnung von Mindestbewehrung darf bei statisch unbestimmt gelagerten Spannbetonbauteilen die geforderte Robustheit gegenüber dem Ausfall von Spanngliedern, z. B. infolge von Spannungsrisskorrosion, auch rechnerisch nachgewiesen werden. Dabei muss sichergestellt werden, dass ein Ausfall einzelner oder mehrerer Spannglieder an jeder Stelle bis zur einsetzenden Rissbildung so durch Umlagerungen kompensiert werden kann, dass die Restsicherheit an keiner Stelle des Tragwerks kleiner als 1,0 ist (Verfahren E, vgl. auch [469])). Für diesen Nachweis ist von entscheidender Bedeutung, ob der Ort der Rissbildung mit dem Ort des Spanngliedausfalls identisch sein wird. Dies gilt im Wesentlichen für Vorspannung mit Verbund, während bei Vorspannung ohne Verbund wegen des Ausfalls der Spannkraft über die gesamte Spanngliedlänge die Rissbildung (d. h. Versagensankündigung) vorteilhaft am höchstbeanspruchten Querschnitt einsetzen wird. Dementsprechend ist bei Vorspannung ohne Verbund die Versagensankündigung stets am Gesamtsystem zu betrachten [H5-32].

Die in EN 1992-1-1 vorgeschlagenen Verfahren B: „Einbau von Spanngliedern im sofortigen Verbund" und Verfahren D: „Führen überzeugender Nachweise hinsichtlich der Zuverlässigkeit der Spannglieder" stellen aus deutscher Sicht kein ausreichendes Vorankündigungsverhalten sicher. Sie dürfen ggf. nur im Rahmen von Zulassungen oder Zustimmungen im Einzelfall eingesetzt werden.

Zu 5.10.2 Vorspannkraft während des Spannvorgangs

Zu 5.10.2.1 Maximale Vorspannkraft

Zu (1)P: Die maximal zulässigen Vorspannkräfte entsprechen der Spanngliedkraft im Spannbett bei Vorspannung mit sofortigem Verbund bzw. der Pressenkaft bei Vorspannung gegen das bereits erhärtete Bauteil und stellen Mittelwerte dar. Bei Anwendung dieser Werte ist besondere Sorgfalt bei der Tragwerksplanung (Spanngliedanordnung, Spanngliedumlenkung) sowie bei der Bauvorbereitung und Bauausführung (ungewollte Umlenkung) erforderlich. Die Werte für f_{pk} (Zugfestigkeit) und $f_{p0,1k}$ (Festigkeit bei 0,1%-Dehnung) sind den Zulassungen des jeweiligen Spannstahls zu entnehmen.

Zu (2): Ein Überspannen auf $0,95 f_{p0,1k}$ ist bei Spanngliedern im nachträglichen Verbund oder internen, mehrfach umgelenkten Spanngliedern ohne Verbund grundsätzlich nur mit Zustimmung der Bauaufsicht und mit einem entsprechenden Messaufwand zulässig. Bei einem solchen Überspannen müssen der Spanningenieur und ein Vertreter der Bauaufsicht anwesend sein. Im Brückenbau ist ein Überspannen auf diesen Wert grundsätzlich unzulässig.

Zu (NA.3): Die Regelung zu (NA.3) wurde im zuständigen Sachverständigenausschuss „Spannverfahren" des DIBt erarbeitet. In den Zulassungen wird bei Spanngliedern im nachträglichen Verbund für eine Anwendung nach DIN 1045-1 [R4] ebenfalls auf diese Begrenzung der Vorspannkraft verwiesen. Eine entsprechende Regelung enthält auch der DIN-Fachbericht 102 (Betonbrücken) [R53].

Auf die Reduzierung der maximalen Spannkraft darf nur dann verzichtet werden, wenn andere konstruktive Maßnahmen zur Sicherung der planmäßigen Spannkraft vorgesehen werden (z. B. zusätzliche leere Hüllrohre, sofern zulässig, siehe ZTV-ING [R54]); diese sind mit dem Bauherrn und der Bauaufsicht abzustimmen.

Weitergehende Informationen zu Fragen der Spannkrafteintragung können [H5-4] entnommen werden. Gleichung (NA.5.41.1) liefert für gerade Spannglieder mit $\gamma = 0$ die Werte nach Gleichung (5.41) der Norm. Mit zunehmendem Umlenkwinkel ergeben sich steigende Reduzierungen der zulässigen Vorspannkraft gegenüber dem Grundwert.

Zu 5.10.2.2 Begrenzung der Betondruckspannungen

Zu (3) Mit dieser Regelung sind auch geringere Festigkeitsklassen als die in DIN 1045-1 [R4] zulässig, wenn man die in anderen Abschnitten der Norm geforderten Nachweise erbringt. Dabei gibt es eventuell Probleme bei der Begrenzung der Betondruckspannungen ($0,45 f_{ck}$), dem nichtlinearen Kriechen (große Spannkraftverluste) und dem zulässigen Zeitpunkt des Aufbringens der Vorspannung (Unwirtschaftlichkeit bei Zeitpunkten > 7 Tage wegen des Bauablaufs). Deshalb sollten die Mindestbetondruckfestigkeiten bei Spannbetonbauteilen weiter in Anlehnung an DIN 1045-1 gewählt werden.

Zu (5): Die erhöhte zulässige Betondruckspannung zum Zeitpunkt der Spannkraftübertragung $\sigma_c(t) \leq 0,7 f_{ck}(t)$ mit sofortigem Verbund setzt voraus, dass aufgrund von Versuchen oder Erfahrung sichergestellt werden kann, dass sich keine Längsrisse im Spannbetonbauteil bilden. Im NA wird ergänzt, dass der Fertigteilhersteller dies explizit belegen muss, sodass das Risiko der größeren Spannstahlausnutzung mit dem Knowhow des Ausführenden verbunden wird und damit in seinem Verantwortungsbereich liegt. Hierzu ist eine Überprüfung aller Spannbetonbauteile unmittelbar nach der Spannkrafteinleitung auf Längsrisse insbesondere im Bereich der Übertragungslänge erforderlich. Hier werden größere Verbundfestigkeiten unter der Voraussetzung ungerissener Querschnitte in der Bemessung genutzt. Gerissene Spannbetonbauteile sind danach auszusortieren. Da zu diesem Zeitpunkt der Spannkraftübertragung die maximale Vorspannung auf den frühfesten Beton trifft, ist zu erwarten, dass sich im weiteren Verlauf wegen der zeitabhängigen Spannkraftverluste und der Zunahme der Betonzugfestigkeit keine Risse mehr im bis dahin rissfreien Einleitungsbereich bilden [H5-9].

Zu 5.10.3 Vorspannkraft nach dem Spannvorgang

Zu (2): Die angegebenen Mittelwerte der Vorspannkraft gelten für alle Zeitpunkte nach Abschluss der Vorspannarbeiten bzw. dem Umsetzen der Spannkraft vom Spannbett auf den Bauteilbeton (sofortiger Verbund).

Zu 5.10.5 Sofortige Spannkraftverluste bei nachträglichem Verbund

Zu 5.10.5.1 Elastische Verformung des Betons

Zu (2): Durch das praktisch unvermeidliche zeitlich versetzte Spannen einzelner Spannglieder treten elastische Betonstauchungen auf, die zu Spannkraftverlusten der zuerst gespannten Spannglieder führen. Wenn im Endzustand alle Spannglieder gleiche Kräfte aufweisen sollen, müssen die zuerst gespannten daher zunächst höhere Vorspannkräfte aufweisen. Für die mehrsträngige Vorspannung wird für die Abschätzung des elastischen Betonstauchungsverlustes ein Näherungsverfahren mit Gleichung (5.44) angegeben (siehe auch [H5-32]). Der Beiwert $j = 0{,}5$ ist der Grenzwert für unendlich viele Spannglieder und liegt auf der sicheren Seite.

Zu 5.10.5.2 Reibungsverluste

Zu (1): Der Wert θ ergibt sich als geometrische Summe aller über die Spanngliedlänge vorhandenen planmäßigen Winkelabweichungen (horizontal und vertikal).

Zu (4): Die Spannglieder der gegenwärtig in Deutschland für externe Vorspannung zugelassenen Spannverfahren bestehen alle aus parallel liegenden Spannelementen. Die ungewollte Umlenkung darf deshalb hierfür generell zu Null angenommen werden, da eine „Verzopfung" der Spannelemente ausgeschlossen werden kann.

Zu 5.10.5.3 Verankerungsschlupf

Zu (2): Angaben über den nach dem Umsetzen der Pressenkraft auf die Verankerung an den Verankerungs- und Kopplungsstellen auftretenden Schlupf sind den Zulassungen zu entnehmen.

Zu 5.10.6 Zeitabhängige Spannkraftverluste bei sofortigem und nachträglichem Verbund

Zu (2): Die in Gleichung (5.46) angegebene Beziehung ist eine auf der sicheren Seite liegende Vereinfachung und gilt nur für Querschnitte mit Spanngliedern gleicher Höhenlage (oder im gemeinsamen Schwerpunkt zusammengefasst). Zum einen wird der verformungsbehindernde Einfluss des Betonstahls vernachlässigt, zum anderen wird zwischen statisch bestimmtem und statisch unbestimmtem Anteil der Vorspannung nicht getrennt (nur geometrischer Hebelarm z_{cp} erfasst). Damit gilt die Gleichung bei strenger Auslegung nur für den Feldbereich von Einfeldträgern. Dennoch sind die Ergebnisse für den Hochbau ausreichend genau, sofern verformungsbedingte Schnittgrößen nicht bemessungsentscheidend sind (wie z. B. bei Spannbetonbindern großer Stützweite auf stabilitätsgefährdeten Stützen). Wenn genauere Berechnungen durchgeführt werden sollen oder mehrsträngige Vorspannung vorliegt, wird auf [H5-19] verwiesen.

Die Gleichung (5.46) gilt darüber hinaus nur für Fälle, in denen unter der maßgebenden Einwirkungskombination noch Druckspannungen in der Betonfaser in Höhe der Spannbewehrung verbleiben. In Fällen, in denen diese Bedingung nicht erfüllt ist (teilweise Vorspannung) ergeben sich nach Gleichung (5.46) unsinnige Ergebnisse.

Bei der Ermittlung der Betonspannung $\sigma_{c,QP}$ (ohne Anteil aus der Vorspannung) sind die über den betrachteten Zeitraum im Mittel wirksamen Einwirkungen anzusetzen. Für den dafür zu berücksichtigenden quasiständigen Anteil der veränderlichen Einwirkungen $\psi_{2,i} \cdot Q_{k,i}$ ist eine feldweise Anordnung nicht erforderlich, vielmehr sollten alle Felder gleich belastet werden.

Die gegenseitige Beeinflussung der zeitabhängigen Betonverformungen und der Relaxation braucht nicht iterativ untersucht zu werden, sondern darf näherungsweise durch eine Reduktion von $\Delta\sigma_{pr}$ mit dem angenommenen Relaxationsbeiwert $\rho = 0{,}8$ berücksichtigt werden.

Zu 5.10.7 Berücksichtigung der Vorspannung in der Berechnung

Zu (3): Hinsichtlich der Wirkung der Vorspannung ist grundsätzlich zwischen statisch bestimmten und statisch unbestimmten Tragwerken zu unterscheiden. Die in der Regel nicht zentrisch eingetragene Vorspannung führt zu Längs- und Biegeverformungen, die bei statisch bestimmt gelagerten Bauteilen keine Auswirkungen auf den Gleichgewichtszustand haben und somit keine Auflagerreaktionen hervorrufen. Bei statisch unbestimmten Systemen lösen die Bauteilverformungen infolge Vorspannung Auflagerreaktionen aus, die wiederum zu zusätzlichen Schnittgrößen führen. Diese werden als statisch unbestimmter Anteil $M_{p,ind}$ bezeichnet und sind bei der Bemessung anders als der statisch bestimmte Anteil $M_{p,dir}$ (Produkt aus Vorspannkraft und ihrer Exzentrizität) zu berücksichtigen. Ergibt sich in Abhängigkeit vom Rechenverfahren nur die Gesamtwirkung der Vorspannung, können die statisch unbestimmten Anteile durch einfache Subtraktion der statisch bestimmten Anteile in einem zweiten Rechengang ermittelt werden.

Zu (4): Spannglieder im nachträglichen oder ohne Verbund gelten in der Regel als hochduktil. Dies hängt jedoch auch von der Art des verwendeten Spannstahls und seiner Vordehnung ab. Deshalb ist bei vorgespannten Bauteilen bzw. Tragwerken die Rotationskapazität nach 5.6.3 stets nachzuweisen, wenn Verfahren der Schnittgrößenermittlung nach der Plastizitätstheorie angewendet werden. Hiervon können vor allem vorgespannte Platten betroffen sein.

Zu (5): Bei Spanngliedern im Verbund sollte bei der Schnittgrößenermittlung der Spannstahl als in starrem Verbund mit dem Beton liegend angenommen werden. Der Anstieg der Spanngliedkraft infolge Tragwerksverformung vor Herstellung des Verbundes darf vernachlässigt werden (z. B. bei Bauteilen im Bauzustand [R4]).

Zu 5.10.8 Grenzzustand der Tragfähigkeit

Zu (1): Höhere oder niedrigere Werte (je nach Nachweis) für den Bemessungswert der Vorspannkraft sollten dann angenommen werden, wenn dem Spannglied entscheidende Bedeutung für die Tragfähigkeit des Tragwerks oder eines Bauteils zukommt (z. B. Abspannung, Zuganker). Sie müssen in den unter (3) genannten Fällen berücksichtigt werden.

Im Grenzzustand der Tragfähigkeit sind lediglich für den Ermüdungsnachweis mögliche Streuungen der Vorspannkraft zu berücksichtigen.

Zu (2): Bei Spanngliedern ohne Verbund sollte die Schnittgrößenermittlung im Allgemeinen mit der Vorspannung als Einwirkung durchgeführt werden [R4].

Durch äußere Einwirkungen verursachte Bauteildurchbiegungen führen in der Regel wegen der Längenänderung des Spannglieds zwischen den Verankerungsstellen zu einer Erhöhung der Spannstahlspannungen. Geht man bei der Ermittlung dieses Einflusses vom Spannbettzustand aus, ist bei verbundloser Vorspannung nur der Lastanteil zu berücksichtigen, der oberhalb des Spannbettzustandes liegt. Der Begriff „Spannbettzustand" kommt aus dem Bereich der Vorspannung mit sofortigem Verbund und wird allgemein für den Zustand mit spannungsfreiem Betonquerschnitt verwendet.

Der angegebene Wert $\Delta\sigma_{p,ULS}$ = 100 N/mm² wurde für Einfeldträger abgeschätzt. Für Kragarme sollte dementsprechend mit einem Spannungszuwachs von $\Delta\sigma_p$ = 50 N/mm², für Flachdecken mit n Feldern mit $\Delta\sigma_{p,ULS}$ = 350 N/mm² gerechnet werden. Für die genauere Ermittlung des Spannungszuwachses darf bei gleichmäßig verteilter Belastung von einer Mittendurchbiegung des maßgebenden Feldes im Grenzzustand der Tragfähigkeit von l_i / 50 ausgegangen werden (mit $l_i = l$ / K nach 7.4.2). Dabei darf der Verlauf der Durchbiegung parabelförmig oder vereinfachend linear über die Länge l_i angenommen werden. Weitere Felder sind entsprechend der Biegelinie des Tragwerks zu berücksichtigen.

Zu 5.10.9 Grenzzustände der Gebrauchstauglichkeit und der Ermüdung

Die im GZG zu führenden Nachweise umfassen den Nachweis der Spannstahlspannungen, der Rissbreite (bzw. Dekompression) und der Verformung. Während für den Spannungs- und Verformungsnachweis der Mittelwert der Vorspannkräfte zugrunde gelegt werden darf, muss beim Rissbreitennachweis generell die mögliche Streuung der charakteristischen Werte der Vorspannkraft berücksichtigt werden, da die Ergebnisse auf kleine Schwankungen empfindlich reagieren. Der jeweils ungünstigere Wert ist maßgebend für den Nachweis.

Die Beiwerte r_{inf} und r_{sup} decken Unsicherheiten in der Spannkraft aus der Vorhersage von reibungs- und zeitabhängigen Verlusten ab. Da bei Vorspannung mit sofortigem oder ohne Verbund die Spannkraft mit größerer Zuverlässigkeit eingetragen werden kann, weil die Reibung keinen bzw. geringen Einfluss hat, ist in diesen Fällen die Berücksichtigung geringerer Streuungen zulässig. Dies setzt aber eine besonders genaue Kontrolle der Vorspannkraft und weitere Qualitätssicherungsmaßnahmen (z. B. Pressengenauigkeit) voraus.

Da im Bauzustand im Allgemeinen noch keine wesentlichen zeitabhängigen Verluste vorhanden sind und bei geraden Spanngliedern geringere Auswirkungen von Abweichungen bei der Reibung auf die Vorspannkraft zu erwarten sind, dürfen in diesen Fällen günstigere Werte für r_{inf} und r_{sup} verwendet werden. In Bild H5-18 sind entsprechende Werte für r_{inf} und r_{sup} in Abhängigkeit von den planmäßigen Spannkraftverlusten $\Delta P_\mu(x)$ nach Gleichung (5.45) angegeben.

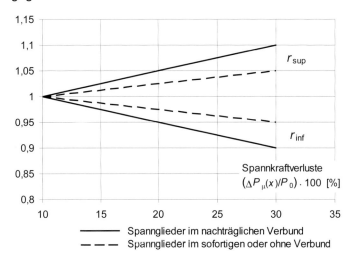

Bild H5-18 – Beiwerte r_{inf} und r_{sup} für Bauzustände in Abhängigkeit von den reibungs- und zeitabhängigen Spannkraftverlusten

Zu 6 NACHWEISE IN DEN GRENZZUSTÄNDEN DER TRAGFÄHIGKEIT

Zu 6.1 Biegung mit oder ohne Normalkraft und Normalkraft allein

Zu (2)P: Bei der Biegebemessung im Stahlbetonbau ist es üblich, mit den Bruttoquerschnittswerten zu rechnen. Dadurch entsteht ein im Normalfall kleiner, vernachlässigbarer Fehler: Der Beton wird im Bereich von Druckbewehrung zur dort vorhandenen Stahlfläche angesetzt. Nur bei hohen Bewehrungsgraden in der (kleinen) Druckzone unter Einsatz von Betonen hoher Festigkeit kann es sinnvoll sein, mit den Nettoquerschnitten des Betons zu rechnen (siehe auch [H6-44]). Werden in diesem Fall übliche Bemessungshilfsmittel, z. B. das allgemeine Bemessungsdiagramm nach Bild H6-1 verwendet, kann dies einfach durch Modifikation der für die Druckbewehrung angesetzten Bemessungs-Stahlspannung erfolgen:

$$A_{s2} = \frac{1}{(\sigma_{s2d} - \sigma_{cd,s2})}\left(\frac{\Delta M_{Eds}}{d - d_2}\right) \tag{H.6-1}$$

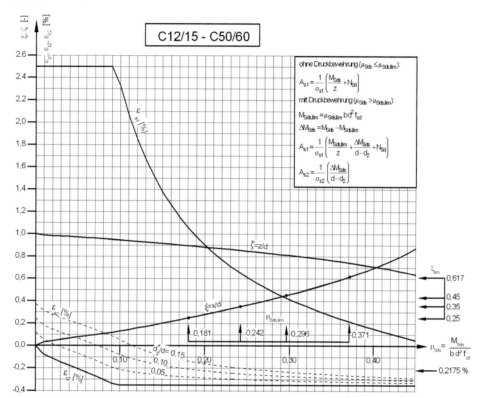

Bild H6-1 – Allgemeines Bemessungsdiagramm für Biegung und Biegung mit Längskraft für Bauteile aus Normalbeton C12/15 bis C50/60 [H6-47]

Zu (3)P: Durch den Ansatz einer erhöhten Druckdehnungsgrenze ε_{c2} = -0,0022 (NCI) wird bei Berücksichtigung von Kriechumlagerungen eine wirtschaftliche Bemessung von Druckgliedern aus Normalbeton ohne eine signifikante Verringerung der Sicherheit ermöglicht.

Bei der Verwendung von nichtlinearen Verfahren sowie einer Bemessung nach 5.7 gelten die Dehngrenzen nach Tabelle 3.1 bzw. Tabelle 11.3.1 für Leichtbeton.

Zu (4): Der Ansatz der Mindestausmitte e_0 = h / 30 $\geq$ 20 mm für Querschnitte mit Längsdruckkraft berücksichtigt eine in der Regel kaum vermeidbare exzentrische Lasteinleitung.

Für vorwiegend auf Biegung beanspruchte Bauteile ist e_0 wegen der Ausmitte infolge Lastbeanspruchung vernachlässigbar und für stabilitätsgefährdete Druckglieder gelten die von der Knicklänge abhängigen Imperfektionen nach 5.2, auch wenn sie kleinere Werte ergeben.

Zu (5): Werden plattenartige Bauteilbereiche bei Biegebeanspruchung des Gesamtquerschnitts als Druckgurte beansprucht, dann müssen sie wie überdrückte Querschnitte behandelt werden. In Plattenmitte kann dann nur die Betondehnung ε_{c2} bzw. ε_{lc2} ausgenutzt werden, und dies kann bei Bauteilen mit dünnen Platten zu einer starken Reduzierung der zulässigen Betondehnung am stärker gedrückten Rand führen (Bild H6-2, durchgezogene Linie). Alternativ kann bei der Bemessung auch nur der Kernquerschnitt (schraffiert) angesetzt werden, dann gelten die normalen Dehngrenzen (Bild H6-2, gestrichelte Linie).

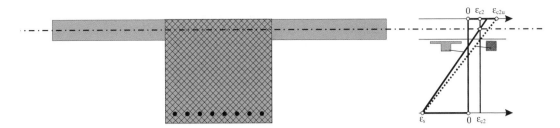

Bild H6-2 – mögliche Dehnungsverteilungen für die Querschnittsbemessung

Zu (6): Die Dehnungsbegrenzung für den Betonstahl sollte allgemein mit $\varepsilon_{du} \leq 25\ \text{‰}$ eingehalten werden (siehe Erläuterungen zu 3.2.7).

Zu 6.2 Querkraft

Zu 6.2.1 Nachweisverfahren

Zu (1): Für den Bauteilwiderstand V_{Rd} werden drei Bemessungswerte der Querkraft definiert, die den verschiedenen Brucharten und Versagensmechanismen entsprechen, verdeutlicht durch die jeweiligen Indizes. In der Regel sind nicht alle drei Nachweise erforderlich. Diese drei Bemessungswerte der Querkraft sind:

- $V_{Rd,c}$ (entspricht $V_{Rd,ct}$ in DIN 1045-1 [R4]) ist der Bemessungswert für Bauteile ohne Querkraftbewehrung. Der Nachweis von $V_{Rd,c}$ wird im Regelfall bei Plattentragwerken, untergeordneten Bauteilen ohne Querkraftbewehrung sowie anderen Balken in Verbindung mit der Mindestquerkraftbewehrung angewendet. Der Index „c" weist darauf hin, dass für diesen Bauteilwiderstand die Betonzugfestigkeit f_{ct} eine entscheidende Rolle spielt.

- $V_{Rd,s}$ (entspricht $V_{Rd,sy}$ in DIN 1045-1 [R4]) ist der Bemessungswert für Bauteile mit Querkraftbewehrung. Der Index „s" weist darauf hin, dass für diesen Bauteilwiderstand das Versagen der Querkraftbewehrung durch Erreichen der Streckgrenze f_y eine maßgebende Rolle spielt. Bei Balken ist immer eine Mindestbewehrung einzulegen, sodass in der Regel der Bemessungswert $V_{Rd,s}$ maßgebend ist und nicht der Nachweis von $V_{Rd,c}$.

- $V_{Rd,max}$ ist der Bemessungswert der maximal aufnehmbaren Querkraft, bei dem in den geneigten Druckstreben im Bauteilsteg die Druckfestigkeit $\sigma_{Rd} = \alpha_{cw} \cdot \nu_1 \cdot f_{cd}$ erreicht wird. Bei Balken ist der Nachweis der maximal aufnehmbaren Querkraft nur bei sehr hoher auf die Stegbreite bezogener Querkraftbeanspruchung (V_{Ed} / b_w) maßgebend. Dies trifft zu, wenn bei Bauteilen ohne Längskräfte ca. $V_{Ed} > 0{,}46 \cdot \alpha_{cw} \cdot \nu_1 \cdot b_w \cdot z \cdot f_{cd}$, und bei Bauteilen mit Längskräften $V_{Ed} > 0{,}40 \cdot \alpha_{cw} \cdot \nu_1 \cdot b_w \cdot z \cdot f_{cd}$ ist, vgl. Bilder H6-15 und H6-16 (nach [H6-28]). In allen Fällen mit geringerer Belastung wird die Begrenzung der Druckstrebenneigung nach Gleichung (6.7aDE) maßgebend.

Bei Platten mit $V_{Ed} \leq V_{Rd,c}$ braucht $V_{Rd,max}$ nicht zusätzlich nachgewiesen zu werden.

Zu (2): Für B-Bereiche von Bauteilen mit veränderlicher Nutzhöhe und geneigten Spanngliedern gehen auf der Widerstandsseite, wie in Gleichung (6.1) angegeben, zusätzliche Querkraftkomponenten in das Gleichgewicht rechtwinklig zur Stabachse ein (siehe Bild 6.2). Somit kann der Steg im Allgemeinen mit einer geringeren Bügelbewehrung versehen werden, wobei jedoch auch eine Erhöhung des erforderlichen Bügelbewehrungsgrades möglich ist.

Für die Bemessung wird dies praktischerweise auf der Lastseite berücksichtigt, indem der Bemessungswert der einwirkenden Querkraft V_{Ed} wie folgt definiert wird:

$$V_{Ed} = V_{Ed0} - V_{ccd} - V_{td} - V_{pd} \qquad\qquad (H.6\text{-}2)$$

Dabei ist:

V_{Ed} Bemessungswert der einwirkenden Querkraft;

V_{Ed0} Grundbemessungswert der auf den Querschnitt einwirkenden Querkraft;

V_{ccd} Bemessungswert der Querkraftkomponente in der Druckzone;

V_{td} Bemessungswert der Querkraftkomponente der Betonstahlzugkraft;

V_{pd} Querkraftkomponente der Spannstahlkraft F_{pd} im Grenzzustand der Tragfähigkeit inklusive zugehörigem M_{Ed} und N_{Ed} (siehe 5.10.8, aber $F_{pd} \leq A_p \cdot f_{p0,1k} / \gamma_s$).

Neuere Untersuchungen [H6-30] an gevouteten und nicht gevouteten Kragarmen aus Stahlbeton deuten darauf hin, dass ein zusätzlicher Betontraganteil V_{ccd} auch bei nicht gevouteten Trägern vorhanden ist.

Beim Ansatz der Querkraftkomponente V_{pd} ist die Zugkraft im Spannglied vorsichtig abzuschätzen, da bei einem Querkraftversagen in der Regel nicht die Streckgrenze erreicht wird. Die Berechnung der Gurtkräfte zum Ansatz der Querkraftkomponenten V_{ccd} und V_{td} kann nach der Fachwerkanalogie erfolgen, vgl. z. B. ΔF_{td} in Bild 9.2.

Alle Einflüsse können gleichzeitig wirken.

Bei Bauteilen mit geknicktem oder gekrümmtem Druckgurt ist die Aufnahme der aus der Richtungsänderung der Druckkraft resultierenden Umlenkkräfte nachzuweisen.

Zu (4) Anmerkung 1: Gemäß dem NCI zu 6.2.1 (4) darf bei ausreichender Querverteilung der Lasten auf eine Mindestquerkraftbewehrung in den Längsrippen von Rippendecken verzichtet werden. Um die geforderte ausreichende Lastumlagerung für Rippendecken in Querrichtung zu quantifizieren, wird im NA auf die Regeln von DIN 1045:1988 [R6] zurückgegriffen. Die damalige (indirekte) Nutzlastbegrenzung von 2,75 kN/m² wird im NA moderat auf $q_k \leq 3,0$ kN/m² (DIN EN 1991-1-1/NA [R25], Kategorien A bis B2: Wohn-, Büro- und Arbeitsflächen) angehoben.

Ansonsten gelten für den Entfall der Mindestquerkraftbewehrung in den Längsrippen von Rippendecken die ursprünglichen Randbedingungen:

– maximaler lichter Rippenabstand 700 mm,

– minimale Plattendicke mindestens 1/10 des lichten Rippenabstandes bzw. ≥ 50 mm,

– Querbewehrung in der Platte mindestens 3 ϕ 6 je m,

– durchlaufende Feldbewehrung in den Rippen mit $\phi \leq 16$ mm.

Im Bereich der Innenstützen durchlaufender Decken (Druckzone unten in den Rippen) und bei Decken, die feuerbeständig sein müssen, sind stets Bügel anzuordnen.

Zu (4) Anmerkung 2: Bauteile von untergeordneter Bedeutung sind solche, bei denen ein eventuelles sprödes Schubversagen wegen fehlender Mindestquerkraftbewehrung keinen Einsturz wesentlicher tragender Bauteile oder den Verlust der Standsicherheit des Tragwerks zur Folge hat. Bei Stürzen muss hierfür in der Regel sichergestellt sein, dass sich oberhalb des Sturzes ein Druckgewölbe ausbilden kann und der Gewölbeschub aufgenommen wird. Die entsprechenden Anforderungen an das Mauerwerk (Vermörtelung der Stoßfugen, Mauerwerksfestigkeitsklasse usw.) sind dann durch den Tragwerksplaner festzulegen.

Die Verwendung von Flachstürzen nach DIN EN 845-2 [R19] ist in Deutschland nicht geregelt. Die Bemessung und die konstruktive Durchbildung der Stürze einschließlich der Druckzone oberhalb der Zuggurte ist nach den Festlegungen der jeweiligen Zulassungen für vorgefertigte Stürze bzw. Flachstürze vorzunehmen.

Zu (8): Für den Vergleich mit den Querkrafttragfähigkeiten $V_{Rd,c}$ und $V_{Rd,s}$ darf die Querkraft bei direkter Auflagerung in der Entfernung d vom Auflagerrand herangezogen werden. Die Begründung hierfür ist, dass ein Endauflagerbereich ein D-Bereich ist, in dem die Last nicht über ein paralleles Druckfeld wie im B-Bereich, sondern direkt über die geneigte resultierende Druckstrebe (fächerförmiges Druckfeld) in das Auflager abgetragen wird (Bild H6-3). Die Festlegung der Entfernung d liegt dabei auf der sicheren Seite.

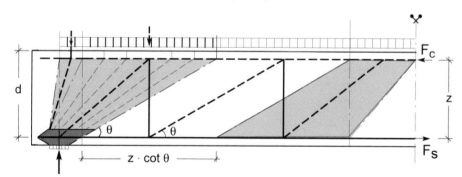

Bild H6-3 – Lasteinleitung im Auflagerbereich bei direkter Auflagerung

Bei dem in 6.2.2 (7) und 6.2.3 (8) geregelten Fall einer auflagernahen Einzellast im Abstand $0,5d \leq a_v \leq 2d$ vom Auflagerrand darf für den Vergleich mit den Querkrafttragfähigkeiten $V_{Rd,c}$ und $V_{Rd,s}$ der Querkraftanteil V_F dieser Last mit dem Beiwert $\beta = a_v / (2 \cdot d)$ abgemindert werden. Auch in diesem Fall liegt ein D-Bereich vor, und nach Bild H6-4 werden nur für einen Lastanteil $F_1 = \beta \cdot F$ Bügel benötigt, wohingegen der Lastanteil $F_2 = (1 - \beta) \cdot F$ der auflagernahen Einzellast $F = V_F$ direkt über eine geneigte Druckstrebe in das Endauflager abgetragen wird.

Die auflagernahen Lastanteile dürfen auch bei Kragplatten bzw. Kragbalken wie bei anderen Platten und Balken abgemindert werden.

Für den Druckstrebennachweis $V_{Rd,max}$ gelten diese Regelungen für auflagernahe Lasten nicht, denn die gesamte Last muss in das Auflager abgetragen werden, und somit wird der Nachweis am Endauflagerknoten für die resultierende Druckstrebe maßgebend.

Beide Regelungen dürfen auch bei einer indirekten Auflagerung oder Lasteinleitung angewendet werden, wenn im engen Kreuzungsbereich der Stege beider Träger eine Aufhängebewehrung für insgesamt die volle Auflagerkraft angeordnet wird. In diesem Fall stellen sich im Trägersteg ebenfalls die im Bild H6-3 bzw. H6-4 dargestellten Modelle für die Lastabtragung ein. Besondere Sorgfalt ist dabei der Verankerung der Längsbewehrung am Endauflager des indirekt gelagerten Trägers zu widmen, weil diese in einem Knoten mit Querzug erfolgt (vgl. 9.2.1.4 (3)).

Wird im Kreuzungsbereich von Bauteilen ein Teil der Aufhängebewehrung gemäß 9.2.5 (2) außerhalb des unmittelbaren Kreuzungsbereichs angeordnet (Bild 9.7), sind die Nachweise am Trägeranschnitt zu führen.

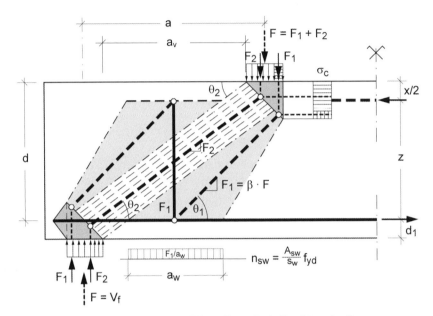

Bild H6-4 – Auflagernahe Einzellast bei direkter Auflagerung

Zu (NA.10): Für die Querkraftnachweise bei zweiachsig gespannten Platten ist es eine zweckmäßige Vereinfachung, die Querkraftnachweise in den Spannrichtungen x und y führen zu dürfen. Diese Anwendungsregel sollte jedoch nur bei Plattentragwerken Anwendung finden, die relativ ausgeprägte orthogonale Spannrichtungen aufweisen und bei denen die Längsbewehrung ebenfalls parallel zu diesen Spannrichtungen verlegt wird.

Zu 6.2.2 Bauteile ohne rechnerisch erforderliche Querkraftbewehrung

Zu (1): Die Ermittlung der Querkrafttragfähigkeit von Bauteilen ohne Querkraftbewehrung erfolgt auf der Grundlage einer empirischen Beziehung mit mechanischem Hintergrund und gilt für gerissene Bauteile. Der Bruch wird durch leicht gekrümmt verlaufende Biegerisse im Bereich maßgebender Querkräfte eingeleitet, von denen einer schließlich in die Druckzone weiterwandert und zum plötzlichen Versagen führt. Der Bruch erfolgt sehr spröde, und die maximale Stahlspannung in der Längsbewehrung kann dabei deutlich unterhalb der Streckgrenze liegen, d. h. die Biegetragfähigkeit des Bauteils wird nicht erreicht.

In die Gleichung (6.2a) gehen folgende Parameter ein:

- die ungerissene Druckzonenhöhe (proportional zu $(100\rho_l)^{1/3}$);

- die Betonzugfestigkeit (proportional zu $f_{ck}^{1/3}$);

- der maßstäbliche Einfluss der Bruchprozesszone (proportional zu k);

- die Wirkung einer Längsspannung, z. B. aus Vorspannung (proportional zu $0{,}12\sigma_{cp}$, mit $\sigma_{cp} > 0$ bei Druck).

Mit den im NDP zu 6.2.2 (1) angegebenen Werten ergibt sich Gleichung (6.2a) analog zu der in DIN 1045-1 [R4] angegebenen Gleichung (70).

Der Vorfaktor ($C_{Rd,c}$ = 0,10 = 0,15 / γ_C mit γ_C = 1,5) wurde empirisch ermittelt, um die Gleichung unter Berücksichtigung des erforderlichen Zuverlässigkeitsindex für einen Bezugszeitraum von 50 Jahren (β = 3,8 nach DIN EN 1990 [R22]) für die ständige und vorübergehende Bemessungssituation zu kalibrieren. Im Bild H6-5 sind die Versuchsergebnisse dargestellt, die zur Festlegung des empirischen Faktors herangezogen wurden. Der mittlere Vorfaktor aus allen in die Auswertung einbezogenen Versuchen liegt bei c_m = 0,2. Aus diesem Mittelwert ergibt sich unter Berücksichtigung der statistischen Verteilungsparameter der Versuchsergebnisse der charakteristische Wert des Vorfaktors c_k = 0,14.

Bei einer anderen Auswahl von Versuchen können die Werte c_k und c_m abweichen (vgl. [H6-13]). Um das durch β = 3,8 gekennzeichnete Sicherheitsniveau zu erreichen, wurde der Bemessungswert auf $C_{Rd,c}$ = 0,10 festgelegt (mit γ_F ≈ 1,4). Dies wurde auch in einer neueren Auswertung mit einer wesentlich umfangreicheren Datenbank bestätigt (vgl. [597]).

Die Verwendung der Gleichung (6.2a) in der außergewöhnlichen Bemessungssituation ist über den Faktor ($C_{Rd,c}$ = 0,15 / γ_C mit γ_C = 1,3) durch Erhöhung des empirischen Traganteils einfach möglich. Der Traganteil aus Druckspannungen σ_{cp} wurde davon auf der sicheren Seite liegend ausgenommen.

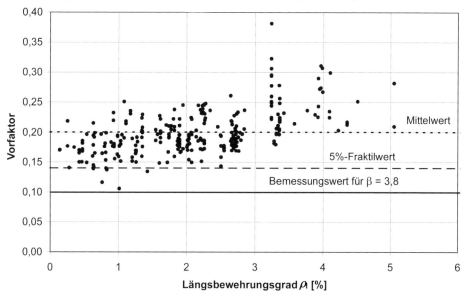

Bild H6-5 – empirische Ermittlung des Vorfaktors für Gleichung (6.2a) mit NDP für Stahlbetonbauteile (N = 0)

Die Zugseite des betrachteten Querschnitts bestimmt immer die Lage des Querkraftfachwerks. Über den Längsbewehrungsgrad ρ_l wird die Höhe der Betondruckzone und eine Dübelwirkung empirisch abgebildet. Der Betonstahl wird dabei nicht ausgenutzt, d. h. das Querkraftversagen tritt bei Stahlspannungen $\sigma_s < f_y$ ein. Daher ist der Einfluss unterschiedlicher Stahlfestigkeiten in der Regel vernachlässigbar.

Beim Ansatz des Längsbewehrungsgrades ρ_l in Gleichung (6.2a) darf die Spannstahlfläche A_p einer Vorspannung mit sofortigem Verbund zur Fläche der Bewehrung in der Zugzone A_{sl} addiert werden, da die für die Bauart zugelassenen Spannstähle (Einzellitzen, Drähte) vergleichbare Verbundfestigkeiten aufweisen wie Betonstähle. Spannbewehrung mit nachträglichem Verbund und ohne Verbund darf nicht angesetzt werden.

Die Begrenzung des Bewehrungsgrades in Gleichung (6.2a) auf Werte $\rho_l \le 0,02$ soll verhindern, dass überbewehrte Bauteile mit sprödem Bruchtragverhalten geplant werden, bei denen die Streckgrenze beim Biegebruch nicht mehr erreicht wird, nur um den Nachweis nach Gleichung (6.2a) zu erfüllen. Diese Grenze benachteiligt allerdings hochfeste Betone, bei denen deutlich höhere Bewehrungsgrade möglich sind, bis sie überbewehrt sind. Die Grenze wurde vorsichtshalber beibehalten, obwohl sie nach den statistischen Auswertungen nicht erforderlich ist [H6-13] und [597]. Problemgerechter ist eine Begrenzung des mechanischen Bewehrungsgrades, z. B. auf ca. $\omega_l = \rho_l \cdot f_{yd} / f_{cd} < 0,40$ und die damit einhergehende Begrenzung der Druckzonenhöhe auf ca. $\xi = x / d < 0,50$.

Die Gleichung (6.2b) zur Bestimmung der Mindestquerkrafttragfähigkeit bei geringen Längsbewehrungsgraden wurde in [H6-29] untersucht. Die Überprüfung dieses Ansatzes anhand von Versuchen ergab, dass er für große statische Nutzhöhen sowie für niedrige Längsbewehrungsgrade nicht ausreichend sicher ist. Daher wurde der in EN 1992-1-1 empfohlene Ansatz für die Mindestquerkrafttragfähigkeit von Bauteilen mit statischen Nutzhöhen bis 600 mm im NA übernommen und für Bauteile mit statischen Nutzhöhen über 800 mm um ca. 30 % reduziert.

71

Das Verhältnis von Mindestquerkrafttragfähigkeit $V_{Rd,c,min}$ und $V_{Rd,c}$ ist für dünne Bauteile ohne Normalkraftbeanspruchung beispielhaft in Bild H6-6 dargestellt. Insbesondere im Bereich geringer Längsbewehrungsgrade liefert der Mindestwert nach Gleichung (6.2b) deutlich höhere Tragfähigkeiten als Gleichung (6.2a), wobei allerdings vielfach die Biegetragfähigkeit maßgebend wird und geringere Werte liefert.

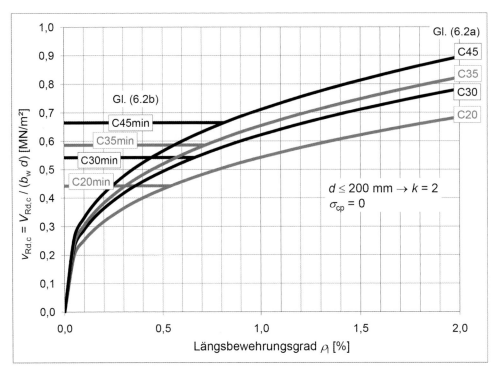

Bild H6-6 – Querkrafttragfähigkeit ohne Querkraftbewehrung nach Gleichungen (6.2a) und (6.2b)

Die Tragfähigkeit von Stahlbetondecken ohne Querkraftbewehrung mit im Querschnitt integrierten Öffnungen (z. B. für TGA-Leitungen) wird durch Einflussparameter wie Hohlraumdurchmesser, statische Nutzhöhe, Betonfestigkeit und Lage der Öffnungen im Querschnitt beeinflusst. Nach dem Vorschlag von *Schnell* und *Thiele* [H6-39] ist sinngemäß in den Gleichungen (6.2) für die Querkrafttragfähigkeit von Bauteilen ohne Querkraftbewehrung der Faktor $C_{Rd,c}$ bzw. der Mindestwert v_{min} mit einem Faktor k_o zur Berücksichtigung von Öffnungen abzumindern (siehe Bild H6-7 und Gleichungen (H.6-3) bis (H.6-6)).

Zugspannungen sind mit $\sigma_{cp} < 0$ zu berücksichtigen, die günstige Wirkung von Druckspannungen $\sigma_{cp} > 0$ sollte jedoch im Bereich von Öffnungen vernachlässigt werden. Beim Biegenachweis ist der Erhalt der erforderlichen Druckzonenhöhe nachzuweisen.

Bei einer Gruppenanordnung von nebeneinander liegenden runden Öffnungen dürfen die Gleichungen für Einzelöffnungen (H.6-3) bis (H.6-5) angewendet werden, wenn gegenseitige Mindestachsabstände a_o eingehalten werden. Bei engeren Abständen sind die Öffnungen zu einer umschließenden rechteckigen Öffnung zusammen zu fassen (Bild H6-7 d)). Der Abstand der Öffnungen zu Einzellasten sollte mindestens der Nutzhöhe d entsprechen.

Bei weiteren Untersuchungen haben *Schnell* und *Thiele* festgestellt [H6-40], dass die Anordnung von Leerrohrgruppen mit kleineren Rohrdurchmessern $d_o / d \leq 0,1$ und Achsabständen $a_o \geq 4d_o$ keine Beeinträchtigung der Querkrafttragfähigkeit ohne Querkraftbewehrung $V_{Rd,c}$ erwarten lässt. Eine Abminderung der Querkrafttragfähigkeit ohne Querkraftbewehrung ist in diesem Fall nicht erforderlich. In den Versuchen wurden Decken mit einer maximalen Höhe h von 400 mm untersucht. Für höhere Bauteile können deshalb die nachfolgenden Gleichungen nicht als experimentell abgesichert betrachtet werden.

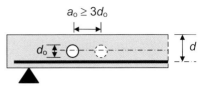

a) runde Öffnung mit 0,2 ≤ d_o / d ≤ 0,35 auf der Zugseite

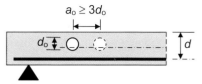

b) runde Öffnung mit 0,2 ≤ d_o / d ≤ 0,35 und mit Achse ≥ $0,2d_o$ von der Schwerelinie in Richtung Druckzone

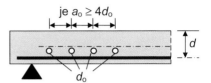

c) kleine runde Öffnungen 0,1 ≤ d_o / d < 0,2

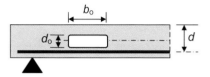

d) rechteckige Öffnung b_o / d_o < 4 (d_o ≤ d / 4)

Bild H6-7 – Querkrafttragfähigkeit ohne Querkraftbewehrung mit Öffnungen

a) runde Öffnung im gezogenen Querschnittsbereich mit 0,2 ≤ d_o / d ≤ 0,35 und Achsabständen a_o ≥ $3d_o$:

$$k_o = 1,0 - d_o / d \qquad \text{(H.6-3)}$$

b) runde Öffnung, deren Achse um ≥ $0,2d_o$ von der Querschnittsschwerelinie in Richtung Druckzone verschoben ist, mit 0,2 ≤ d_o / d ≤ 0,35 und Achsabständen a_o ≥ $3d_o$:

$$k_o = 1,1 - d_o / d \qquad \text{(H.6-4)}$$

c) runde Öffnungen mit 0,1 ≤ d_o / d < 0,2 und Achsabständen a_o ≥ $4d_o$:

$$k_o = 1,2 - 2d_o / d \qquad \text{(H.6-5)}$$

d) rechteckige Einzelöffnung mit b_o / d_o < 4 (d_o ≤ d / 4):

$$k_o = 0,95 - \frac{d_o}{d} - \left(\frac{d_o}{d} - 0,03\right) \cdot \ln\left(\frac{b_o}{d_o}\right) \qquad \text{(H.6-6)}$$

Zu (2): Bei der Ermittlung des Querkraftwiderstandes $V_{Rd,c}$ nach Gleichung (6.2a) ist eine Verringerung der aufnehmbaren Querkraft infolge einer Biegerissbildung im Vergleich zu einem reinen Schubzugversagen berücksichtigt. Durch eine Vorspannung oder äußere Drucknormalkräfte kann ein Querschnitt bereichsweise biegerissfrei bleiben. In diesen Bereichen ohne Biegerisse darf die Querkrafttragfähigkeit alternativ nach Gleichung (6.4) auf der Basis der Hauptzugspannungsgleichung ermittelt werden. Ein Bereich gilt als ungerissen, wenn die Biegezugspannungen im Grenzzustand der Tragfähigkeit kleiner als f_{ctd} sind. Bei Spannbetonbauteilen ist zusätzlich eine Rissbildung infolge der eingeleiteten Vorspannkraft durch eine ausreichende Spaltzugbewehrung zu beschränken. Die Bestimmung der Spaltzugbewehrung kann dabei beispielsweise nach [240] oder mit anderen Stabwerkmodellen erfolgen, die den in 5.6.4 und 6.5 beschriebenen Grundsätzen entsprechen.

Bei der Bestimmung der anrechenbaren Querschnittsbreite b_w in Gleichung (6.4) müssen die Spanngliedhüllrohre je nach Verbundart entsprechend den Gleichungen (6.16) bzw. (6.17) berücksichtigt werden. Der Eingangswert σ_{cp} beschreibt in der Regel die Betondruckspannung im Schwerpunkt und muss dementsprechend positiv eingesetzt werden. DIN EN 1992-1-1 weist explizit darauf hin, dass bei Querschnitten veränderlicher Breite der maßgebende Schnitt, in dem die Hauptzugspannung σ_I die Zugfestigkeit überschreitet, außerhalb der Schwereachse liegen kann (Bild H6-8). Die Gleichung zur Bestimmung von $V_{Rd,c}$ nach Gleichung (6.4) ist somit in verschiedenen Schnitten über die Querschnittshöhe auszuwerten.

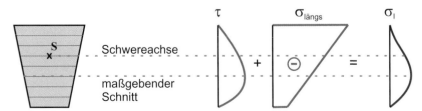

Bild H6-8 – Hauptzugspannungen bei veränderlicher Querschnittsbreite [H6-20]

Die Betonlängsspannung σ_{cp} muss dementsprechend durch die Betonlängsspannung $\sigma_{längs}$ in dem jeweiligen Nachweisschnitt ersetzt werden, die sich aus der Momenten- und Normalkraftbeanspruchung infolge Vorspannung und äußerer Belastung zusammensetzt. Die Querkraftbruchlast ist iterativ zu bestimmen, sodass die aufnehmbare Querkraft $V_{Rd,c}$ der Querkraft entspricht, die dem bei der Bestimmung von $V_{Rd,c}$ berücksichtigten Moment zugeordnet ist. Auf die iterative Ermittlung des Querkraftwiderstands kann im Rahmen des Nachweises der Querkrafttragfähigkeit allerdings in der Regel verzichtet werden, da die Tragfähigkeit für die maßgebende Belastungskombination (V_{Ed}, M_{Ed}, N_{Ed}) nachzuweisen ist. Da die Biegenormalspannungen in Trägerlängsrichtung variieren, muss der Querkraftwiderstand in verschiedenen Querschnitten bestimmt werden.

Zu (3): Vom Nachweis der Querkrafttragfähigkeit ausgenommen sind bei Ansatz der Gleichung (6.4) die Bereiche, deren Abstand zum Auflager kleiner ist als der Abstand des Schnittpunkts einer unter 45° verlaufenden Geraden von der Auflagervorderkante und der elastischen Schwereachse (Bild H6-9a). Für Querschnitte mit konstanter Breite ergibt sich damit ein Abstand von $h/2$ von der Auflagervorderkante (Bild H6-9b). Dies entspricht der vereinfachten Annahme aus DIN 1045-1 [R4].

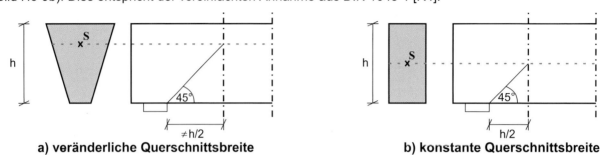

a) veränderliche Querschnittsbreite   b) konstante Querschnittsbreite

Bild H6-9 – Definition der Bereiche zur Bestimmung des Querkraftwiderstands nach Gleichung (6.4)

Zu (6): Die Begrenzung der Druckstrebentragfähigkeit nach Gleichung (6.5) wird in der Regel nur bei sehr großen auflagernahen Einzellasten maßgebend. Mit dem Abminderungsbeiwert $v = 0{,}675$ wird die Druckstrebenauslastung in einem 45°-Fachwerk festgelegt. Für den Abstand der Einzellast a_v ist gemäß Bild 6.4 der lichte Abstand zwischen Auflagerrand und Lasteinleitungsbereich maßgebend. Hierfür ist z. B. die Abmessung eines Lagers oder einer Fußplatte festzulegen. Der Ansatz der Lastachse für a_v liegt auf der sicheren Seite [H6-6].

Zu 6.2.3 Bauteile mit rechnerisch erforderlicher Querkraftbewehrung

Zu (1): Es wird von einem parallelgurtigen Fachwerkmodell (Bild H6-10) ausgegangen. Mit der Geometrie des Modells, d. h. mit dem inneren Hebelarm z und dem Druckstrebenneigungswinkel θ, können alle Kräfte, wie die Bemessungswerte $V_{Rd,s}$ und $V_{Rd,max}$ und der Zugkraftanteil ΔF_{td} in der Längsbewehrung infolge Querkraft nach der bekannten Fachwerkanalogie berechnet werden.

Als wirksame Breite b_w ist der kleinste Wert der Querschnittsbreite zwischen dem Bewehrungsschwerpunkt (Zuggurt) und der Druckresultierenden zu verwenden. Dies entspricht der geringsten Breite senkrecht zum inneren Hebelarm z im Fachwerkmodell.

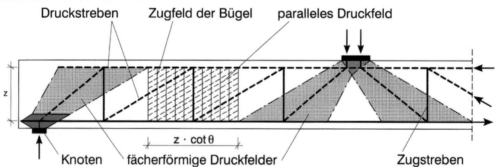

Bild H6-10 – Fachwerkmodell für Bauteile aus Konstruktionsbeton mit Querkraftbewehrung in Form von Bügeln rechtwinklig zur Stabachse

Beim Nachweis der Querkrafttragfähigkeit $V_{Rd,s}$ und $V_{Rd,max}$ darf im Allgemeinen der innere Hebelarm z aus der Biegebemessung oder näherungsweise mit $0{,}9d$ angenommen werden. Bei höheren Beanspruchungen müssen ggf. auch geringere Werte angesetzt werden, wie z. B. im Stützbereich von Plattenbalken.

Das der Querkraftbemessung zugrunde liegende Modell erfordert, dass die Querkraftbewehrung als Zugstab die Betondruckzone im Querkraftfachwerk umschließt, d. h. dass in dem Knoten Bewehrung – Beton die Fachwerkknotenkräfte übertragen werden können (Bild H6-11). Das kann zum Teil über Verbund, über die Betonzugfestigkeit oder direktes Abstützen in die Biegestellen der Querkraftbewehrung mit oder ohne Längsbewehrung in der Druckzone erfolgen. Diese Forderung soll vereinfacht durch die Begrenzung von

$z = d - 2\,c_{v,l} \geq d - c_{v,l} - 30\ \text{mm}$ sichergestellt werden ($c_{v,l} \rightarrow$ Betondeckung einer Längsbewehrung in der Druckzone, Hintergrund in [H6-5]). Die Bedingung gilt unabhängig davon, ob eine Längsbewehrung in der Druckzone vorhanden ist oder nicht, d. h. die schräge Druckstrebe soll mindestens mit 30 mm lichtem Abstand zur Querkraftbewehrung umschlossen werden. Dies kann bei dünnen Platten maßgebend werden.

Bei überzogenem Querschnitt darf für z der Abstand der Zugbewehrungen angesetzt werden, wenn Bügel die Längszugbewehrungen umfassen.

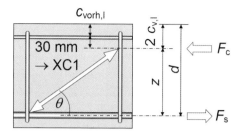

Bild H6-11 – Innerer Hebelarm z im Querkraftfachwerk

Zu (2): Die Berechnung von $\cot\theta$ nach DIN 1045-1 [R4] in Abhängigkeit der Querkraftauslastung wurde für den NA übernommen.

Die Mindestneigung der Druckstreben θ ergibt sich ausgehend von einem Winkel von 40° in Abhängigkeit vom Verhältnis Betonlängsspannung zu Betondruckfestigkeit (σ_{cp} / f_{cd}) und dem Verhältnis des Betontraganteils zur einwirkenden Querkraft ($V_{Rd,cc} / V_{Ed}$).

Diese beanspruchungsabhängig ermittelte Druckstrebenneigung wird begrenzt:

– $\cot\theta \leq 3{,}0$ bzw. $\theta \geq 18{,}5°$: Diese Untergrenze entspricht ungefähr dem Druckstrebenneigungswinkel bei Bauteilen mit Mindestbügelbewehrung. Sie wird immer maßgebend, wenn der Betontraganteil $V_{Rd,cc} \geq V_{Ed}$ ist (negativer Nenner in Gleichung (6.7aDE)).

– $\theta \leq 60°$: Druckstrebenwinkel größer als 45° ($\cot\theta < 1{,}0$) sollten nur in Ausnahmefällen (z. B. bei geneigter Querkraftbewehrung) verwendet werden.

Bei Längszugbelastung sollte $1{,}0 \leq \cot\theta \leq \dfrac{1{,}2 + 1{,}4\,\sigma_{cp}/f_{cd}}{1 - V_{Rd,cc}/V_{Ed}}$ eingehalten werden.

Die Vereinfachungen für $\cot\theta$ nach NDP 6.2.3 (2) dürfen uneingeschränkt verwendet werden, auch wenn sich nach Gleichung (6.7aDE) geringere Werte ergeben.

Mit Gleichung (6.7aDE) wird der geringstmögliche Druckstrebenwinkel θ ermittelt, der zu minimaler Querkraftbewehrung sowie zu maximalem Versatzmaß führt. Der Druckstrebenwinkel darf jedoch zwischen diesem Minimalwert und 45° frei gewählt werden. Wird die Querkraftbewehrung größer gewählt (z. B. aus konstruktiven Gründen oder als zusätzliche Verbundbewehrung), darf dementsprechend auch der zugehörige mögliche steilere Druckstrebenwinkel in den weiteren Nachweisen ausgenutzt werden (z. B. für höhere Maximaltragfähigkeit oder kürzere Verankerungslängen).

Der Querkraftanteil $V_{Rd,cc}$ nach Gleichung (6.7bDE) ist nicht mit dem Bemessungswert der Querkraft $V_{Rd,c}$ für Bauteile ohne Querkraftbewehrung gleichzusetzen. Bei Bauteilen ohne Bügel öffnet sich ein Riss sehr weit und führt zum Bruch ($V_{Rd,c}$), wohingegen sich bei bügelbewehrten Stegen ($V_{Rd,cc}$) viele Risse in vergleichsweise engen Abständen bilden können. Somit stellen sich ein völlig anderer Dehnungs- und Spannungszustand im Steg und andere Verhältnisse für den Betontraganteil ein, die für das Tragverhalten beider Bauteile eine wesentliche Rolle spielen. Der Querkraftanteil $V_{Rd,cc}$ kann als Vertikalkomponente der Reibungskräfte in einem Schrägriss gedeutet werden. Für die Praxis wurde der Wert nach Gleichung (6.7bDE) angegeben, der nur noch von der Betonfestigkeitsklasse (Bild H6-12) und der Längskraft im Bauteil abhängt.

Der Querkraftanteil $V_{Rd,cc}$ nimmt mit zunehmendem Längsdruck ab. Die Ursache ist, dass die Rissneigungen bei Längsdruck flacher werden und somit die Vertikalkomponente der Kräfte im Riss auch abnimmt, wie Bild H6-13 zeigt.

Durch die Vereinheitlichung des Bemessungskonzeptes für Querkraft wurde der Rauigkeitsfaktor c aus Gleichung (6.25) hier eingeführt, um die Querkraftbemessung von Bauteilen mit Fugen senkrecht zur Bauteilachse zu ermöglichen (siehe Erläuterungen zu 6.2.5).

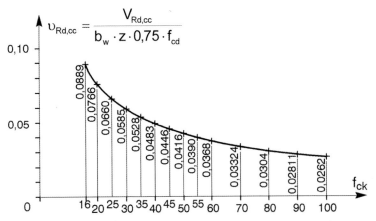

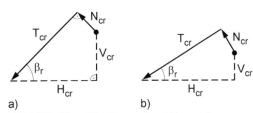

Bild H6-12 – Vom Betonquerschnitt aufgenommener Querkraftanteil mit Querkraftbewehrung in Abhängigkeit von der Betonfestigkeitsklasse (Normalbeton) für $\sigma_{cp} = 0$

Bild H6-13 – Einfluss der Rissneigung auf den Querkraftanteil V_{cr}
a) steile Rissneigung (Stahlbeton $N = 0$)
b) flache Rissneigung (Spannbeton)

Zu (3): Gleichung (6.9) Maximaltragfähigkeit

zu ν_1 Die Notwendigkeit einer Abminderung der Druckstrebentragfähigkeit im Steg mit dem Faktor ν_1 ist durch den Querzug begründet, der durch die im Verbund liegenden Bügel eingetragen wird. Weiterhin wirken die Bewehrungsstäbe als Störungen, und die unregelmäßige Rissoberfläche vermindert den Querschnitt. Um alle diese Einflüsse aufzuklären, führten *Schäfer, Schelling* und *Kuchler* [408] bzw. *Schlaich* und *Schäfer* [H6-38] Versuche durch und ermittelten eine Abminderung auf 85 % bis 80 % der einachsigen Druckfestigkeit. Dieser Wert gilt für den Fall, dass die Druckstreben parallel zu den Rissen verlaufen. Dieses Ergebnis wurde nachfolgend von *Eibl* und *Neuroth* [H6-3] sowie *Kollegger* und *Mehlhorn* [413] bestätigt. Im NA wurde aufgrund von Versuchsauswertungen vorsichtig der etwas geringere Beiwert $\nu_1 = 0{,}75$ (für $f_{ck} < 50$ N/mm²) festgesetzt, wie dies auch von *Roos* [H6-33] vorgeschlagen wurde.

Für hochfeste Betone wird die Druckstrebenfestigkeit aufgrund der zunehmenden Sprödigkeit im NA mit $\nu_2 = (1{,}1 - f_{ck} / 500)$ abgemindert, weil hierfür derzeit noch vergleichsweise geringe Versuchserfahrungen vorliegen.

Die Bemessungsgleichungen können in dimensionsfreien Diagrammen dargestellt werden, vgl. [H6-28]. Das Bild H6-14 für Bauteile ohne Längskräfte zeigt den prinzipiellen Zusammenhang zwischen der erforderlichen Bügelbewehrung (Bild H6-14a) und dem Druckstrebenneigungswinkel θ (Bild H6-14b). Mit zunehmender Beanspruchung υ_{Ed} nimmt die Grenze für die Druckstrebenneigung zu. In den Bildern H6-15 und H6-16 finden sich dann die Bemessungsdiagramme, wobei jeweils im Bild a) das ω_{wd} - υ_{Ed} - Diagramm gezeigt ist. Aus den Bildern b) können jeweils direkt der Wert für $\cot\theta$ und aus den Bildern c) der Winkel θ in Abhängigkeit von der Querkraftbeanspruchung υ_{Ed} abgelesen werden. In den Diagrammen sind sowohl die Grenzen $V_{Rd,s}$ und $V_{Rd,max}$, als auch die erforderliche Mindestbewehrung für Balken berücksichtigt.

zu $\cot\theta$ Für den Nachweis von $V_{Rd,max}$ für die Querkraft am Auflagerrand ist der gewählte Druckstrebenwinkel θ aus der Bemessung der Querkraftbewehrung zu verwenden, auch wenn diese mit einer ggf. reduzierten Querkraft nach 6.2.1 (1) bzw. (2) ermittelt wurde.

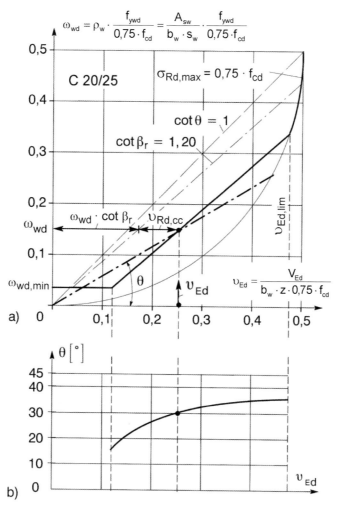

Bild H6-14 – Prinzipielles Bemessungsdiagramm für Bauteile mit Bügeln rechtwinklig zur Stabachse ohne Längskräfte

a) erforderlicher mechanischer Bewehrungsgrad ω_{wd} abhängig von der Querkraft v_{Ed} (dimensionsfrei)

b) Verlauf der Druckstrebenneigung θ bei zunehmender Querkraft v_{Ed}

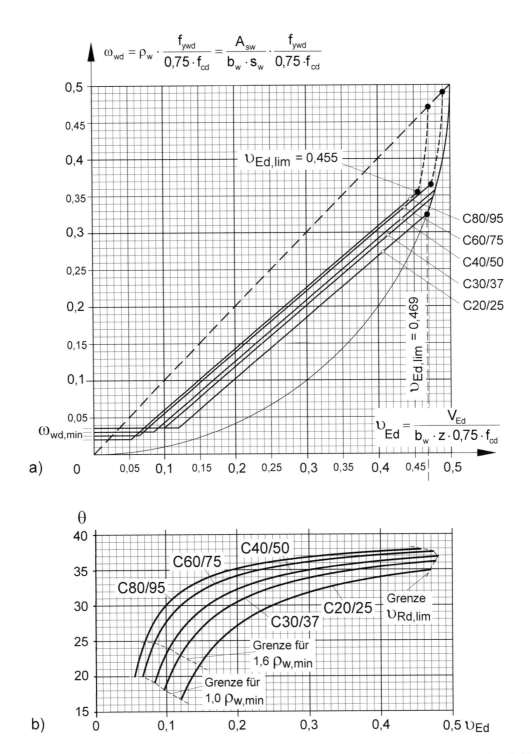

Bild H6-15 – Bemessungsdiagramme für die Querkraftbewehrung mit Bügeln rechtwinklig zur Stabachse von Stahlbetonbauteilen (Bauteile ohne Längskräfte)
a) ω_{wd} - υ_{Ed} - Diagramm,   b) θ - υ_{Ed} - Diagramm

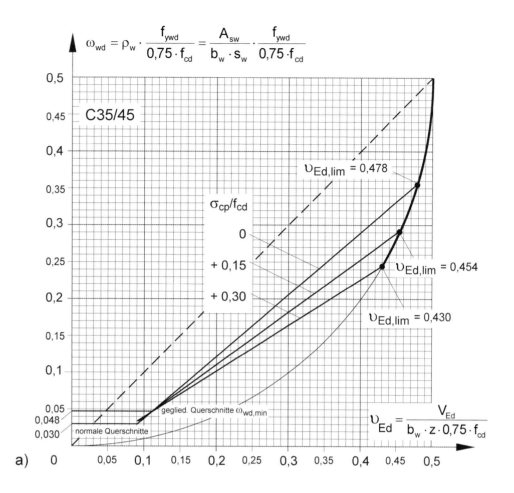

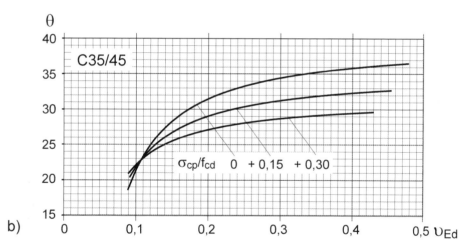

Bild H6-16 – Bemessungsdiagramme für die Querkraftbewehrung mit Bügeln rechtwinklig zur Stabachse von Spannbetonbauteilen und Bauteilen _mit_ Längsdruckkräften aus Beton C35/45
a) ω_{wd} - υ_{Ed} - Diagramm, b) θ - υ_{Ed} - Diagramm

Zu (4): Nach der Fachwerkanalogie ergibt sich nach Gleichung (6.14) für eine geneigte Querkraftbewehrung eine höhere Druckstrebentragfähigkeit als für eine senkrechte Bewehrung. Werden Querkraftbewehrungen mit unterschiedlichen Winkeln α zur Schwerachse verwendet, darf $V_{Rd,max}$ je Bewehrungsneigung anteilig ausgenutzt werden. Nach Aufteilung der einwirkenden Querkraft V_{Ed} auf die beiden Querkraftbewehrungen mit den Winkeln α_1 und α_2 zur Schwerachse gilt für die Maximaltragfähigkeit:

$$(V_{Ed,\alpha_1} / V_{Rd,max,\alpha_1}) + (V_{Ed,\alpha_2} / V_{Rd,max,\alpha_2}) \leq 1,0 \qquad\qquad\qquad (H.6\text{-}7)$$

Zu (5): Der Ansatz des geringsten Wertes von V_{Ed} im Schubfeld bei unten angehängten Lasten setzt voraus, dass diese mit zusätzlicher Bewehrung hochgehängt werden (siehe 6.2.1 (9)). Ohne diese Aufhängebewehrung ist der Bemessung der Querkraftbewehrung der maximale Wert von V_{Ed} im Schubfeld zugrunde zu legen [H6-6].

Zu (6): Die Reduktion der Querschnittsbreite auf $b_{w,nom}$ berücksichtigt u. a. die Querzugspannungen infolge der Umlenkung der Druckstrebe um die Hüllrohre. Mit zunehmendem Steifigkeitsunterschied zwischen Beton- und Spanngliedquerschnitt erhöhen sich die Querzugspannungen. Der E-Modul von Einpressmörtel bei Vorspannung mit nachträglichem Verbund ist deutlich geringer als der E-Modul von normalfestem Beton. Da bei Kunststoffhüllrohren und Spanngliedern ohne Verbund die gesamte Druckstrebenkraft umgelenkt wird, ist die größere Abminderung der rechnerischen Stegbreite nach Gleichung (6.17) erforderlich [H6-6].

Zu 6.2.4 Schubkräfte zwischen Balkensteg und Gurten

Zu (1): Bei Bauteilen mit gegliederten Querschnitten breiten sich die vom Steg auf die Gurte übertragenen Schubkräfte in den Gurtscheiben bis auf die mitwirkende Breite b_{eff} aus, und dies bewirkt Zugkräfte rechtwinklig zur Bauteilachse, die mit einem Fachwerkmodell berechnet werden können (Bild H6-17). Die zugehörige Bewehrung A_{sf} / s_f wird im Allgemeinen je zur Hälfte oben und unten im Gurtflansch eingelegt.

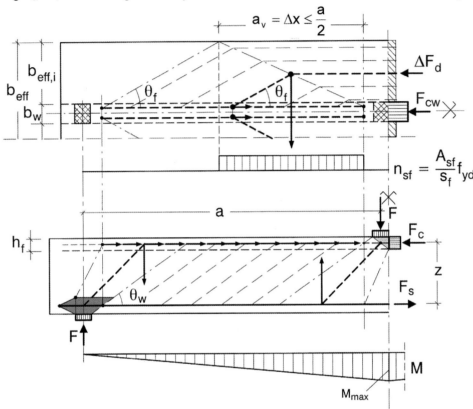

Bild H6-17 – Fachwerkmodell für die Ermittlung der Querbewehrung in einem Druckflansch

Zu (3): Für die Ermittlung der Bemessungsquerkraft V_{Ed} erfolgt eine abschnittsweise Betrachtung des Trägers über die Länge $\Delta x = a_v$. In diesen Abschnitten wird davon ausgegangen, dass die Längsschubkraft näherungsweise konstant und das Biegemoment linear veränderlich ist. Das trifft für Bereiche mit parabelförmigem Moment nicht zu. Deshalb muss dann zur Ermittlung von a_v der Abstand zwischen Parabelmaximum und Momentennullpunkt mindestens halbiert werden, sodass die Schubkraftkurve durch zwei Geradenabschnitte angenähert wird.

Nach Einsetzen der Parameter in die Gleichung (6.7aDE), (6.7bDE), (6.8) und (6.9) ergeben sich die folgenden Gleichungen für orthogonal verlegte Bewehrung in den Gurten:

$$V_{Rd,cc} = c \cdot 0{,}48 \cdot f_{ck}^{1/3} \left(1 - 1{,}2 \frac{\sigma_{cp}}{f_{cd}} \right) \cdot h_f \cdot a_v \qquad \text{(H.6-8)}$$

$$V_{Rd,s} = a_{sw} \cdot f_{yd} \cdot a_v \cdot \cot\theta_f \qquad \text{(H.6-9)}$$

$$V_{Rd,max} = \frac{h_f \cdot a_v \cdot v_1 \cdot f_{cd}}{\cot\theta_f + \tan\theta_f} \qquad \text{(H.6-10)}$$

Falls nicht vereinfachend die im NDP zu 6.2.4 (4) angegebenen Werte für die Druckstrebenneigung θ_f im Flansch angesetzt werden, darf diese nach den vorstehenden Gleichungen ermittelt werden. Damit kann in Druckgurten eine deutliche Abminderung der erforderlichen Bewehrung erreicht werden, da nach Gleichung (6.7aDE) der Einfluss der Längsdruckspannung berücksichtigt wird. Für σ_{cp} darf vereinfachend der mittlere Wert innerhalb der Länge a_v angesetzt werden, also mindestens $\sigma_{cp} = 0{,}5 \cdot \Delta F_d / (b_{eff,1} \cdot h_f)$.

Zu (5): Bei einer zusätzlichen Belastung der Gurte durch Querbiegung ist es im Allgemeinen ausreichend, auf der Gurtober- und -unterseite jeweils die größere sich aus Längsschubkraft oder Querbiegung ergebende Bewehrungsmenge einzulegen. Das heißt, es sind zwei Fälle zu unterscheiden (Beispiel Biegezug an Oberseite):

1. Die Bewehrung aus Querbiegung ist größer als die Hälfte der sich aus Längsschubkraft ergebenden:
   → An der Gurtoberseite ist die Biegebewehrung einzulegen, an der Unterseite die halbe Bewehrung aus Längsschubkraft.

2. Die Bewehrung aus Querbiegung ist kleiner als die Hälfte der sich aus Längsschubkraft ergebenden:
   → An der Gurtober- und -unterseite ist jeweils die halbe Bewehrung aus Längsschubkraft einzulegen.

Diese Regel ergibt sich, da der durch die Querbiegung an der Gurtoberseite entfallende Traganteil durch die Biegedruckzone näherungsweise wieder ausgeglichen wird.

Werden Gurtplatten in gegliederten Balkenquerschnitten durch die Schubkräfte zwischen Gurt und Steg und durch Querbiegung aus über den Steg durchlaufenden Platten kombiniert beansprucht (Bild H6-18), sollte bei durch Querkraft stärker beanspruchten Platten mit Querkraftbewehrung die Interaktion der Querkraftdruckstreben aus beiden Beanspruchungsrichtungen berücksichtigt werden. Hierfür wird im NA die Gleichung (NA.6.22.1) mit einer linearen Interaktionsbeziehung eingeführt.

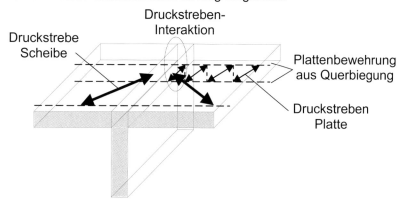

Bild H6-18 – Interaktion der Querkraftdruckstreben Steg-Gurt

Zu (6): Bei Schubspannungen am monolithischen Gurtplattenanschluss, die weniger als 40 % des Bemessungswertes der Betonzugfestigkeit betragen, kann die Gurtanschlusskraft über die Betonzugfestigkeit bzw. die Betondruckzone aus der Querbiegung allein aufgenommen werden. Voraussetzung hierfür ist eine für Querbiegung bewehrte Gurtplatte.

Zu 6.2.5 Schubkraftübertragung in Fugen

Verbundfugen sind Fugen an Betonierabschnittsgrenzen sowohl zwischen Ortbetonbauteilen und bei ortbetonergänzten Halbfertigteilen als auch zwischen vergossenen Fertigteilen, die im Endzustand planmäßig Beanspruchungen zu übertragen haben. Zu unterscheiden sind Schubbeanspruchungen quer (Bild H6-19 a) und längs zur Fuge (Bild H6-19 b).

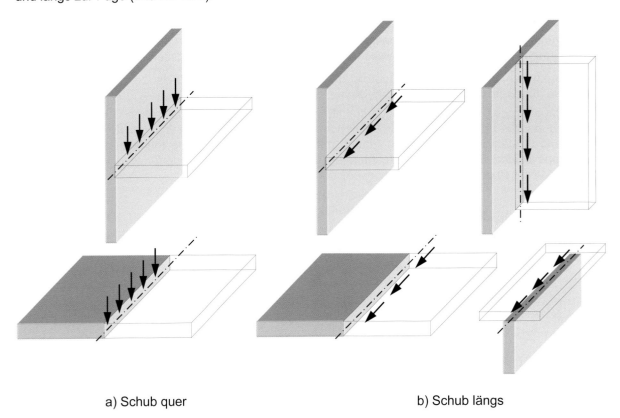

a) Schub quer   b) Schub längs

Bild H6-19 – Beispiele für quer- und längsschubbeanspruchte Verbundfugen

Zu (1): Die zusätzlichen Nachweise der Schubkraftübertragung längs zu Verbundfugen werden in DIN EN 1992-1-1 abweichend von DIN 1045-1 [R4] auf rechnerische Schubspannungen zurückgeführt. Die Schubspannung $v_{Edi} = V_{Ed} / (z \cdot b)$ wird als konstant über die Höhe des inneren Hebelarms z und die Breite b angenommen. In Abhängigkeit des Verhältnisses $\beta = F_{cdj} / F_{cd}$ darf diese abgemindert werden. Hierbei ist $F_{cd} = M_{Ed} / z$ die Gurtlängdruckkraft infolge Biegung und F_{cdj} die anzuschließende Kraft infolge Biegung.

Für den Hebelarm z darf vereinfacht $z = 0{,}9d$ angesetzt werden. Wenn Verbundbewehrung erforderlich ist und diese gleichzeitig als Querkraftbewehrung eingesetzt wird, ist der ggf. kleinere Hebelarm z des Querkraftfachwerks nach NA zu 6.2.3 (1) bei die Ermittlung der einwirkenden Schubspannung zu verwenden.

Befindet sich die Fuge in der Zugzone, ist je nach Lage der Biegezugbewehrung die gesamte Kraft F_{cd} (Fall a)) oder die anteilige Kraft (Fall b)) anzuschließen. Wird wie in Fall c) die Biegezugbewehrung unterhalb der Fuge nicht angerechnet, ist keine Schubkraftübertragung in der Fuge nachzuweisen (siehe Bild H6-20).

Liegt die Fuge in der Druckzone, sollte einfacherweise der Teil der Druckzone angeschlossen werden, der zwischen der Fuge und dem gedrückten Querschnittsrand liegt (Fall d)). Dieser Anteil lässt sich über die Spannungs-Dehnungs-Linie des Betons und den Ergebnissen der Biegebemessung schnell bestimmen. Dabei ist es oft möglich und sinnvoll, den Spannungsblock nach 3.1.7 (3) für die Verteilung der Betondruckspannungen anzusetzen.

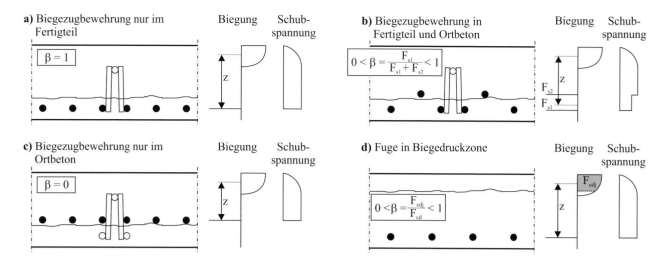

Bild H6-20 – Festlegung des Verhältniswertes β beim Nachweis der Schubkraftübertragung in der Fuge in Abhängigkeit der Lage der Biegezugbewehrung und der Lage der Fuge

Die Nachweise am Gesamtquerschnitt sind in jedem Fall zu führen. Die Fugentragfähigkeit kann die Tragfähigkeit des Gesamtquerschnitts begrenzen. Der Nachweis der Druckstrebentragfähigkeit ist am Gesamtbauteil mit dem für den Gesamtquerschnitt ermittelten Winkel θ zu führen.

Die Gleichung (6.25) zur Berechnung der aufnehmbaren Schubspannung v_{Rdi} basiert auf der „Schubreibungstheorie". Die Fugentragfähigkeit setzt sich aus den drei additiven Anteilen – Adhäsion ($v_{Rdi,ad}$), Reibung ($v_{Rdi,r}$) und Bewehrung ($v_{Rdi,sy}$) – nach Gleichung (H.6-11) zusammen (siehe Bild H6-21). Die maximale Schubtragfähigkeit $v_{Rdi,max} = 0,5 \cdot v \cdot f_{cd}$ wird dabei in Abhängigkeit der Rauheit der Fuge und der minimalen Druckfestigkeit von Neu- bzw. Altbeton begrenzt.

$$v_{Rdi} = v_{Rdi,ad} + v_{Rdi,r} + v_{Rdi,sy} \leq v_{Rdi,max} \qquad \text{(H.6-11)}$$

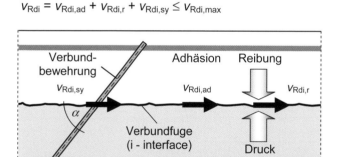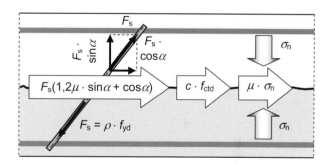

Bild H6-21 – Bemessungsmodell für Verbundfugentragfähigkeit

Hierbei darf die vorhandene Querkraftbewehrung als Verbundbewehrung angerechnet werden. Abweichend zu EN 1992-1-1 wurde im NA für den Schubtraganteil der zur Fuge orthogonalen Bewehrungskomponente der Faktor 1,2 eingefügt, der der Gleichung (85) aus DIN 1045-1 [R4] entnommen wurde. Dies führt ungefähr zu den durch Versuche abgesicherten, wirtschaftlicheren Verbundbewehrungsmengen. Mechanisch könnte der Faktor als ein Anteil aus der Dübelwirkung der Bewehrung im GZT interpretiert werden.

Für die Adhäsion ist die Rauigkeit vor dem Aufbringen der nachträglichen Betonergänzung von Bedeutung, die Rissreibung stellt sich jedoch erst durch eine Verzahnung der nach einem Riss in der Fuge entstandenen Rissufer ein.

Bei sehr glatten Fugen ist $v = 0$ zu wählen. Eine sehr glatte Fuge wäre demnach nicht ausführbar. Für sehr glatte Fugen kann jedoch der Traganteil aus Reibung unter vorhandenen Druckspannungen angerechnet werden. Dieser ist dann auf den Maximalwert für glatte Fugen zu begrenzen:

$$v_{Rdi,r,glatt} \leq 0,5 \cdot v \cdot f_{cd} = 0,5 \cdot 0,2 \cdot f_{cd} = 0,1 f_{cd} \qquad \text{(H.6-12)}$$

Wenn keine besonderen Anforderungen an die Gebrauchstauglichkeit gestellt werden, ist auch der zur Fuge parallele Traganteil einer geneigten Verbundbewehrung im GZT anrechenbar, wobei der Maximalwert nach Gleichung (H.6-12) auch hier einzuhalten ist [H6-6].

Zu (2): Bei der Zuordnung der Oberflächenrauigkeiten zu den unterschiedlichen Definitionen können unterschiedliche Rauigkeitsparameter verwendet werden (vgl. Bilder H6-22 und H6-23). Für die Zuordnung anhand expliziter Werte kann eine Messung der Rauigkeit mit Hilfe von Tabelle H6.1 an einem identisch hergestellten Referenzkörper geschehen.

Die Korrelation zwischen Profilkuppenhöhe R_p und mittlerer Rautiefe R_t ist in Bild H6-24 dargestellt.

Tabelle H6.1 – Rauigkeitsparameter

	1	2	3
	Definition	$R_t^{1)}$ **[mm]**	$R_p^{2)}$ **[mm]**
1	rau	≥ 1,5	≥ 1,1
2	verzahnt	≥ 3,0	≥ 2,2
1) mittlere Rautiefe nach dem Sandflächenverfahren von *Kaufmann* [H6-24], [R55], (Bild H6-22)			
2) maximale Profilkuppenhöhe ohne Einfluss der globalen Rauigkeit [456], (Bild H6-23)			

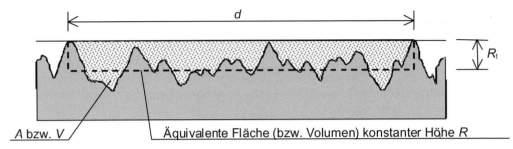

Bild H6-22 – Darstellung der Rautiefe R_t nach *Kaufmann* [H6-24], [R55]

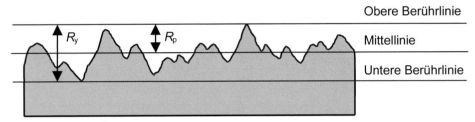

Bild H6-23 – Darstellung der maximalen Profilkuppenhöhe R_p [456]

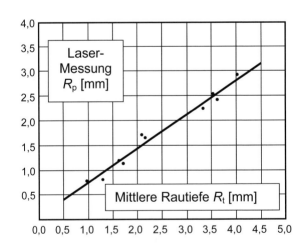

Bild H6-24 – Korrelation zwischen Profilkuppenhöhe R_p nach *Schäfer* [456] und mittlerer Rautiefe R_t nach *Kaufmann* [H6-24]

Nach NCI zu 6.2.5 (2) sind unbehandelte Fugenoberflächen der Kategorie „sehr glatt" zuzuordnen, wenn im ersten Betonierabschnitt Beton der Ausbreitmaßklasse ≥ F5 (fließfähige bzw. sehr fließfähige Konsistenz) verwendet wird. Dabei wird berücksichtigt, dass insbesondere unter der Schwerkraft verlaufende Fugenoberflächen, die nach dem Betonieren nicht weiter behandelt bzw. aufgeraut werden, sehr ungünstige Eigenschaften aufweisen können. Diese ergeben sich aus der fehlenden Makrorauigkeit und durch Sedimentationsvorgänge, die eine Schicht mit geringer Tragfähigkeit bilden (Zementschlempe).

Die Zusammenfassung der Anforderungen an die Fugenbeschaffenheit enthält Tabelle H6.2.

Tabelle H6.2 – Rauigkeitskategorien der Fugenoberflächen

1	2	3
Kategorie	Oberflächenbeschaffenheit	
1 — sehr glatt	- gegen Stahl, Kunststoff oder glatte Holzschalung betoniert, - unbehandelt bei Beton im ersten Betonierabschnitt mit fließfähiger bzw. sehr fließfähiger Konsistenz (Ausbreitmaßklasse $\geq$ F5).	sehr glatt, fließfähiger Beton
2 — glatt	- abgezogen, - im Gleit- bzw. Extruderverfahren hergestellt, - nach dem Verdichten ohne weitere Behandlung.	glatt < 3 mm, oder unbehandelter Beton
3 — rau	- mindestens 3 mm durch Rechen erzeugte Rauigkeit mit ca. 40 mm Zinkenabstand, - mindestens 3 mm Freilegen der Gesteinskörnungen, - andere Methoden, die ein äquivalentes Tragverhalten herbeiführen. $\rightarrow R_t \geq 1,5$ mm bzw. $R_p \geq 1,1$ mm [1].	rau $\geq$ 3 mm rau $\geq$ 3 mm
4 — verzahnt	- Verzahnung mit Geometrie nach Bild 6.9, - mindestens 6 mm Freilegen der Gesteinskörnungen bei Verwendung einer Gesteinskörnung mit $d_g \geq 16$ mm, - andere Methoden, die ein äquivalentes Tragverhalten herbeiführen. $\rightarrow R_t \geq 3,0$ mm bzw. $R_p \geq 2,2$ mm [1].	$\geq$ 10 mm verzahnt $\geq$ 6 mm $d_g \geq 16$ mm

[1] Die Rauigkeitsparameter sollten als Mittelwerte von mindestens drei Messungen nachgewiesen werden.

Die Tragfähigkeiten von gemeinsam beanspruchten Verbundflächen mit verschiedenen Oberflächenrauigkeiten dürfen entsprechend ihren Flächenanteilen addiert werden.

Wesentlich für die Sicherstellung der rechnerisch vorausgesetzten Tragfähigkeit ist die sorgfältige Vorbereitung der Fugenoberflächen. Auf die Regelungen in DIN EN 13670 [R44] bzw. DIN 1045-3 [R2] zur erforderlichen Fugenvorbereitung wird in diesem Zusammenhang besonders hingewiesen. Neben der Oberflächenrauigkeit sind die Sauberkeit und das angemessene Vornässen der Fugen sowie eine ausreichende Verdichtung des Ortbetons entscheidend. Insbesondere bei der Herstellung der Rauigkeit mit Stahlrechen kommt es auf den richtigen Erhärtungszeitpunkt des Betons an: bei zu frühem Rechenaufziehen verläuft der noch nicht erhärtete plastische Beton wieder und bei zu spätem Recheneinsatz wird das Gefüge der gerade erhärtenden Betonrandzone durch Herausreißen der dann losen Gesteinskörnung empfindlich gestört.

Versuchsauswertungen zeigen, dass bei sehr glatten oder glatten Fugenoberflächen eher die Gefahr besteht, dass kleinere Verunreinigungen und Störstellen zu einer Beeinträchtigung des Tragverhaltens führen [H6-46]. Um zu verhindern, dass sich Schubrisse mehr oder weniger ungestört in der Fuge fortsetzen, sollten balkenartige Bauteile stets mit einer rauen oder verzahnten Fuge ausgeführt werden. Die Bemessungsergebnisse für glatte Fugen können auf der unsicheren Seite liegen, falls es zu einem vollflächigen Abscheren der Fugenufer kommt. Bei plattenartigen Bauteilen wird das vollflächige Abscheren unwahrscheinlicher.

Die Anforderungen an die Oberflächenbeschaffenheit aller Arbeitsfugen, ggf. mit weiteren Anforderungen an die Gesteinskörnung und die Konsistenz des Betons, sind zusammenhängend auf den Ausführungsunterlagen, insbesondere den Bewehrungsplänen, anzugeben.

Die beim Bemessungswert der Schubtragfähigkeit der Fuge in Gleichung (6.25) anzusetzenden Beiwerte c, μ und ν nach NA sind für Beton $\leq$ C55/67 in der Tabelle H6.3 zusammengestellt.

Tabelle H6.3 – Beiwerte c, μ und ν nach NA für die definierten Rauigkeitskategorien nach 6.2.5 (2)

	1	2	3	4
	Rauigkeitskategorie	**c**	**μ**	**ν**
1	sehr glatt	$0^{1)}$	0,5	0
2	glatt	$0,20^{2)}$	0,6	0,20
3	rau	$0,40^{2)}$	0,7	0,50
4	verzahnt	0,50	0,9	0,70

$^{1)}$ Höhere Werte müssen durch entsprechende Nachweise begründet sein.
$^{2)}$ Bei Zug rechtwinklig zur Fuge und bei dynamischer oder Ermüdungsbeanspruchung gilt: $c = 0$.

Zu (3): Sind die Konstruktionsregeln nach NCI zu Absatz (3) eingehalten und die Verbundbewehrung beidseitig der Fuge verankert, ist die Verbindung zwischen beiden Betonflächen sichergestellt. Bei der Addition der Traganteile von Gitterträgern und sonstiger Verbundbewehrung sind die ggf. abweichenden Randbedingungen in der Zulassung der Gitterträger zu beachten (z. B. Bemessungskonzept, Fugenrauigkeit).

Nach 6.2.1 (8) darf der Bemessungswert der Querkraft bei direkter Auflagerung im Abstand d vom Auflagerrand angenommen werden. Beim Nachweis der Schubkraftdeckung in Fugen nach Bild 6.10 ist analog ein Einschneiden der Schubkraftdeckungslinie zulässig. Der Bemessungswert v_{Edi} befindet sich im Abstand d_i vom Auflagerrand. Der Abstand d_i ergibt sich durch den Schnittpunkt einer unter 45° verlaufenden Geraden vom Schwerpunkt der Längsbewehrung mit der Verbundfuge (Bild H6-25).

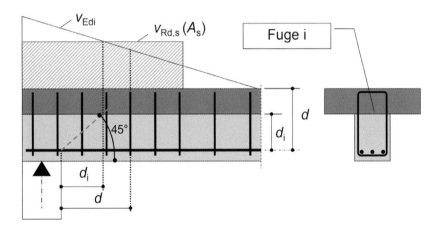

Bild H6-25 – Einschnitt und Auftrag in der Schubkraftdeckungslinie

Wird bei Zwischenauflagern oder Endauflagern von Elementdecken mit stirnseitig anbetonierten Auflagerenden auf einen genauen Nachweis unter Ansatz einer Normalspannung senkrecht zur Fuge verzichtet, kann für den Nachweis der Verbundfuge der für die Bemessung der Querkraftbewehrung maßgebliche Bemessungsschnitt herangezogen und auf die genaue Betrachtung nach Bild H6-25 verzichtet werden.

Im Gegensatz zu Absatz (1) dürften nach (3) auch in Schubrichtung fallende Einzeldiagonalstäbe mit $90° < \alpha \leq 135°$ für die Fugentragfähigkeit berücksichtigt werden. In Deutschland werden diese Bewehrungdruckdiagonalen bisher nicht als Verbundbewehrung angerechnet. Das Schubreibungsmodell, wonach die orthogonale Verbundbewehrungskomponente infolge der mit der Rauigkeit zunehmenden Rissöffnung ansteigt, trifft bei diesen Bewehrungsstäben nicht zu. Eher ist ein ausgeprägter Dübeleffekt zu erwarten, der jedoch erst bei größerer Fugenverschiebung aktiviert werden kann. Bis aussagekräftige Versuche hierzu vorliegen, die den Traganteil der Druckdiagonalen quantifizieren, ist auf den Ansatz dieser in Richtung der Druckdiagonalen (gegen die Schubrichtung) geneigten Verbundbewehrung zu verzichten (siehe Bild H6-26) [H6-6].

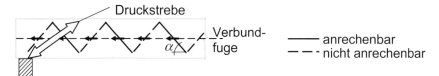

Bild H6-26 – Anrechenbare geneigte Schubbewehrung [H6-6]

Die mit (NCI) aufgenommenen, gegenüber der Querkraftbewehrung großzügigeren Konstruktionsregeln für die Verbundbewehrung, entsprechen im Prinzip denen in Versuchen bewährten aus den Zulassungen für gitterträgerbewehrte Elementdecken.

Querkraftbewehrung darf auch durch zusätzliche Verbundbewehrung ergänzt werden. Der Unterschied besteht in den unterschiedlichen Konstruktionsregeln. Wird Verbundbewehrung gleichzeitig als Querkraftbewehrung angesetzt, gelten alle Konstruktionsregeln nach 9.2.2 uneingeschränkt.

Zu (5): In EN 1992-1-1 wird vorgeschlagen, bei dynamischer oder Ermüdungsbeanspruchung die Rauigkeitsbeiwerte c zu halbieren. Nach dieser Regelung wäre bei nicht vorwiegend ruhender Belastung ein Verbundbauteil auch ohne Normalspannung senkrecht zur Verbundfuge ohne Verbundbewehrung ausführbar. Aus deutscher Sicht fehlen hierzu aussagekräftige Versuchsergebnisse, sodass der Adhäsionstraganteil des Betonverbundes bei Ermüdungsnachweisen nach NA nicht berücksichtigt werden darf ($c = 0$). Die gesamte Schubspannung in der Fuge ist somit bei nicht vorwiegend ruhenden Einwirkungen durch Verbundbewehrung und Reibung aufzunehmen.

Zu (NA.6): Das Bemessungsmodell für Verbundfugen mit Schub quer zur Fuge (vgl. Bild H6-19a) und b)) entspricht dem für die Querkraftbeanspruchung nach 6.2.2 bzw. 6.2.3, wobei die Betontraganteile, die durch die Verbundfuge (analog einem durchgehenden Querschnittsriss) beeinflusst werden, entsprechend bei nicht verzahnter Fugenbeschaffenheit abgemindert werden. Die Bemessung dieser Fugenbeanspruchung wurde trotzdem in 6.2.5 (als NCI) angeordnet, um die Verbundfugenregeln in einem Abschnitt zu konzentrieren. Zu beachten ist die Eingrenzung auf raue und verzahnte Fugen (bisheriger Erfahrungsbereich).

Für den Sonderfall vorgefertigter Rückbiegeanschlüsse, deren Tragverhalten durch die Verwahrkastenvertiefung und zum Teil glatte Rückenoberflächen bestimmt wird, enthält das überarbeitete DBV-Merkblatt „Rückbiegen von Betonstahl und Anforderungen an Verwahrkästen" [DBV4] weitergehende Hinweise und Bemessungsbeispiele.

Zu 6.3 Torsion

Zu 6.3.1 Allgemeines

Zu (2): Die Berücksichtigung von Torsionsmomenten und der Torsionssteifigkeit ist bei der Schnittgrößenermittlung nur notwendig, wenn dies aus Gleichgewichtsbedingungen erforderlich ist. Dabei ist besonders zu beachten, dass beim Übergang in den Zustand II die Torsionssteifigkeit gegenüber der Biegesteifigkeit wesentlich stärker abnimmt. Wird die Aufnahme der Torsionsmomente rechnerisch nicht verfolgt, ist dies konstruktiv durch eine ausreichende Bewehrung auszugleichen.

Zu 6.3.2 Nachweisverfahren

Zu (1): Die Ermittlung des Torsionswiderstands eines Betonbauteils erfolgt anhand eines räumlichen Fachwerkmodells bestehend aus umlaufenden Zug- und Druckstreben.

Es gibt zwei Möglichkeiten für die Bemessung:

– vereinfachtes Verfahren:
  Beim vereinfachten Verfahren wird die Bewehrung für Torsion mit Hilfe eines Fachwerkmodells mit einer Druckstrebenneigung von $\theta = 45°$ ermittelt ($\cot\theta = \tan\theta = 1$). Diese Bewehrung wird dann zu der gesondert ermittelten Querkraftbewehrung addiert. Hierbei wird durch die Überlagerung der Bemessung für $V_{Ed,max}$ und $T_{Ed,max}$ auf die Ermittlung der zugehörigen Querkräfte und Torsionsmomente verzichtet.

– kombinierte Bemessung:
  Bei der kombinierten Bemessung wird die Druckstrebenneigung θ des Fachwerks nach Gleichung (6.7DE) in 6.2.3 (2) für die kombinierte Schubkraft nach Gleichung (NA.6.27.1) infolge Querkraft und Torsion ermittelt. Bei der nachfolgenden Bemessung der Bewehrungen für V_{Ed} und T_{Ed} wird also derselbe Winkel θ angesetzt.

Nach EN 1992-1-1 darf für die effektive Wanddicke eines Bauteils $t_{ef,i} = A / u \geq 2d_1 \leq h_{Wand}$ angesetzt werden. Im NA wird diese Regelung auf eine effektive Wirkungszone der Längsbewehrung für den dünnwandigen Querschnitt $t_{ef,i} = 2d_1$ eingeschränkt.

Schmale Querschnitte, bei denen sich die Wanddicken $t_{ef,i}$ des Ersatzquerschnitts nach Bild 6.11 überschneiden, sind für Torsionsbeanspruchungen im Prinzip ungeeignet und sollten vermieden werden. Überschneiden sich die Wanddicken mit $t_{ef,i}$, ist die Wanddicke hier durch den Abstand zwischen der Achse der Eckstäbe und der Wandmittellinie definiert ($t_{ef} = z_i$) (vgl. Bild H6-27).

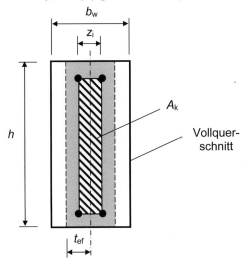

Bild H6-27 – Torsions-Ersatzquerschnitt bei schmalen Vollquerschnitten

Die effektive Wanddicke $t_{ef,i}$ ist in der Regel gleich dem doppelten Abstand $2d_1$ von der Außenfläche bis zur Mittellinie der Längsbewehrung, aber nicht größer als die vorhandene Wanddicke, anzunehmen. Bei Hohlkastenquerschnitten mit Wanddicken $\leq b / 6$ bzw. $\leq h / 6$ und beidseitiger Wandbewehrung darf die gesamte Wanddicke für $t_{ef,i}$ angesetzt werden (Bild H6-28).

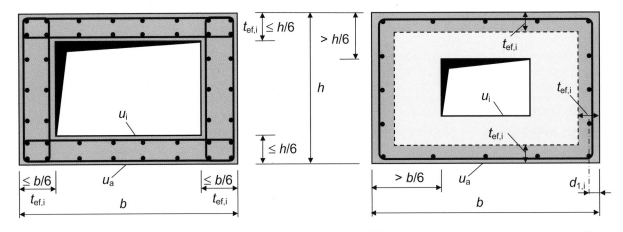

a) schlanker Hohlkastenquerschnitt   b) gedrungener Hohlkastenquerschnitt

Bild H6-28 – Hohlkastenquerschnitte mit innerem Umfang und effektiven Wanddicken

Zu (4): Bei den Interaktionsbeziehungen (Gleichungen (6.29) und (NA.6.29.1)) wird das Biegemoment nicht betrachtet. Die lineare Beziehung für Kastenquerschnitte besagt, dass sich die Druckstrebenbeanspruchungen im stärker beanspruchten Steg infolge der Schubflüsse aus Querkraft und Torsion addieren. Es wäre nun zunächst konsequent, diese Beziehung auch bei Kompaktquerschnitten anzuwenden, für die ja ebenfalls ein Ersatzhohlkasten definiert wird. Mit der günstigeren Gleichung (NA.6.29.1) für Kompaktquerschnitte wird jedoch berücksichtigt, dass der Kern innerhalb des Ersatzhohlkastens noch für die Lastabtragung der Querkraft mitwirkt [H6-4], [H6-47].

Andererseits wirkt sich bei Kompaktquerschnitten ungünstig aus, dass die Druckstrebenfestigkeit für die Ermittlung von $T_{Rd,max}$ auf den Wert $\sigma_{Rd,max} = 0{,}525 \cdot \nu_2 \cdot f_{cd}$ nach Gleichung (6.30) vermindert wird. Bei Kastenquerschnitten mit Bewehrung an den Innen- und Außenseiten der Wände entfällt diese zusätzliche Abminderung, und es gilt $\sigma_{Rd,max} = 0{,}75 \cdot \nu_2 \cdot f_{cd}$.

Die Verhältnisse für gleichgroße Kasten- und Kompaktquerschnitte sind in Bild H6-29 dargestellt.

Zu (5): Die Gleichung (NA.6.31.1) wurde aus der Bedingung abgeleitet, dass die in einem ungerissenen Rechteckquerschnitt mit $b_w / z = 0,8$ angesetzte Schubspannung $\tau_T = T_{Ed} / W_t = T_{Ed} / (b_w{}^2 \cdot z / 4,5)$ kleiner sein muss als der aus der Querkraft ermittelte Wert $\tau_V = V_{Ed} / A = V_{Ed} / (b_w \cdot z)$.

Die zweite Gleichung (NA.6.31.2) entspricht dann der Bedingung, dass bei kombinierter Beanspruchung infolge Torsion und Querkraft ein Versagen infolge Schrägrissbildung, also dem Erreichen von $V_{Rd,c}$, auszuschließen ist.

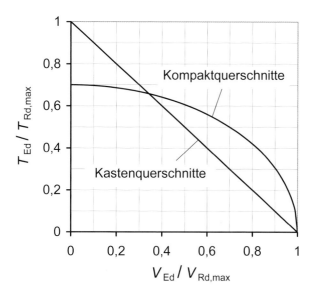

Bild H6-29 – Interaktionsdiagramm für die maximale Tragfähigkeit bei kombinierter Querkraft und Torsion bezogen auf $T_{Rd,max}$ des Kastenquerschnitts

Zu 6.4 Durchstanzen

Zu 6.4.1 Allgemeines

Im Rahmen der Bearbeitung des Nationalen Anhangs wurden die Regelungen aus DIN 1045-1 [R4] zum Durchstanzen bei Flachdecken und Fundamenten überarbeitet und an das Nachweisformat in DIN EN 1992-1-1 angepasst.

Durchstanzen ist ein lokales Versagen der Konstruktionsbetondecke unter konzentriert angreifenden Querkräften. Je nach Beanspruchung und Konstruktion kann sich dieses spröde Bauteilversagen aus Überschreiten der Betonzugfestigkeit, einem Versagen der Betondruckzone, einem lokalen Verbundversagen der Biegezugbewehrung oder infolge eines unzureichenden Verankerungsverhalten der Durchstanzbewehrung entwickeln. Aufgrund dieser komplexen Versagensmechanismen wird der Durchstanznachweis mit einer experimentell ermittelten Vergleichsquerkraft in definierten Nachweisschnitten geführt.

DIN EN 1992-1-1 enthält vereinheitlichte Regelungen für die Querkraftbemessung von Bauteilen ohne rechnerisch erforderliche Querkraftbewehrung (Gleichung (6.2)) und die Durchstanzbemessung ohne Durchstanzbewehrung (Gleichungen (6.47), (6.50) und (6.54)). Hierdurch ist ein kontinuierlicher Übergang zwischen den Nachweisen von linien- und punktförmig gestützten Platten möglich.

Insgesamt geht das Modell von einem Sektortragverhalten aus, sodass die Querkraftbeanspruchung in Grenzfällen (z. B. stark unterschiedliche Stützweiten) sektorweise auf Grundlage von Lasteinzugsflächen zu ermitteln ist [H6-10], [H6-11].

Zu (2)P: Bei der Erstellung von DIN 1045-1 [R4] ergab die Auswertung von Versuchen an Innenstützen, dass sich der gegenüber dem Querkraftwiderstand erhöhte Durchstanzwiderstand nur dann vollständig ausbildet, wenn die Lasteinleitungsfläche klein genug ist, um einen mehraxialen Spannungszustand im Beton zu verursachen. Für große Stützenquerschnitte kann daher der Durchstanzwiderstand nicht über den gesamten Rundschnitt aktiviert werden. Aus diesem Grund wird im NA der Umfang der Lasteinleitungsfläche auf $12d$ begrenzt. Die Erhöhung der Umfangslänge gegenüber DIN 1045-1 erfolgte so, dass auch die Teilrundschnitte bei größeren Lasteinleitungsflächen auf $u_0 / 4 = 3d$ je Ecke ganzzahlige Vielfache der statischen Nutzhöhe annehmen. Außerhalb des kritischen Rundschnitts darf für den Durchstanzwiderstand der Querkraftwiderstand der liniengelagerten Platte angesetzt werden.

Der Grenzwert 12d ist auch bei Stützenkopfverstärkungen zu verwenden. Hierbei sind bei gedrungenen Stützenkopfverstärkungen (l_H < 1,5h_H) der äußere Rand der Stützenkopfverstärkung und bei ausladenden Stützenkopfverstärkungen (l_H > 1,5h_H) sowohl der Verstärkungsrand als auch der Stützenrand als Lasteinleitungsfläche zu betrachten.

Treten Überschneidungen zwischen zwei Rundschnitten auf, so ist der gesamte Rundschnittumfang der kleinsten Umhüllenden unter Berücksichtigung der Umfangsbegrenzung der Lasteinleitungsfläche von 12d im Durchstanznachweis in Ansatz zu bringen.

Durch die Addition des Durchstanzwiderstandes entlang des kritischen Rundschnittes und des Querkraftwiderstands außerhalb des kritischen Rundschnittes (siehe Bild NA.6.12.1) kann die Durchstanztragfähigkeit von Stützen mit großen Lasteinleitungsflächen bestimmt werden. Der Querkraftwiderstand darf nach 6.2.2, Gleichung (6.2), ermittelt werden. Für Rundstützen mit u_0 > 12d darf vereinfachend und auf der sicheren Seite liegend auch ein reduzierter Vorwert $C_{Rd,c}$ = (12d / u_0) · (0,18 / γ_C) ≥ (0,15 / γ_C) verwendet werden. Bei rechteckigen Lasteinleitungsflächen mit großen Seitenverhältnissen a / b sollte die Verteilung der Querkraft entlang des Rundschnittes mit Lasteinzugsflächen überprüft werden.

Zu (3): Die Festlegung eines kritischen Rundschnitts im Abstand 2d ist eine Konvention für ein Rechenmodell. Der empirisch ermittelte Vorwert $C_{Rd,c}$ kann über Versuchsauswertungen auf andere Rundschnitte kalibriert werden. Im kritischen Rundschnitt wird kontrolliert, ob Durchstanzbewehrung erforderlich ist. Im Unterschied zu DIN 1045-1 [R4] wurde in DIN EN 1992-1-1 mit NA der kritische Rundschnitt für Flachdecken zu u_1 im Abstand 2,0d von der Lasteinleitungsfläche festgelegt. Für Fundamente ist der kritische Rundschnitt u im iterativ zu bestimmenden Abstand a_{crit} maßgebend.

Zu (5): Bei Flachdecken dürfen die Lastanteile aus gleichmäßig verteilter Last, die innerhalb des kritischen Rundschnitts wirken, nicht von der Bemessungsquerkraft abgezogen werden, da die Vergleichswerte der Tragfähigkeit im kritischen Rundschnitt auf die Schubspannungen aus der gesamtem Auflagerkraft bezogen sind (Konvention). Wird der Durchstanzbereich zusätzlich durch Einzellasten belastet, sollte die einwirkende Schubspannung realistisch, zum Beispiel mit Lasteinzugsflächen, bestimmt werden.

Zu 6.4.2 Lasteinleitung und Nachweisschnitte

Zu (1): Vorhandene Leitungen im Deckenquerschnitt sollten bei der Nachweisführung berücksichtigt werden. Um mit geringen Temperaturgradienten große Wärmemengen übertragen zu können, ist in Gebäuden des üblichen Hochbaus die Aktivierung großer Bauteilflächen erforderlich. Dazu werden besonders innerhalb von Massivdecken Leitungen verlegt, sodass der Betonquerschnitt temperiert werden kann. Die Lage der Leitung wird systemabhängig in der neutralen Faser oder auf beziehungsweise unter der unteren Bewehrungslage angeordnet. Um die Leistungsfähigkeit des Systems sicherzustellen, ist es erforderlich, möglichst große Flächen zur Temperierung zu aktivieren. Insbesondere im Bereich von Innenstützen von Flachdecken entstehen daher Konfliktpunkte mit der Tragwerksplanung, da dieser Deckenquerschnitt durch die Abtragung großer Momenten- und Querkräfte bei gleichzeitigem Auftreten wesentlicher Rotationsbeanspruchungen hoch ausgenutzt ist.

In Bild H6-30 sind die freigelegten Durchstanzkegel von zwei Durchstanzversuchen im Bereich von Innenstützen mit horizontalen Leitungen im Plattenquerschnitt dargestellt [H6-18]. Das Rissbild in den Sägeschnitten und die freigelegten Bruchflächen belegen für die Durchstanzversuche DL1 und DL2 einen deutlichen Einfluss der Leitungen auf den Durchstanzkegel. Insbesondere bei einer parallel zur Stütze verlegten Leitung kreuzt der maßgebende Versagensriss die Leitung und beeinflusst das sich einstellende Riss- und Bruchbild.

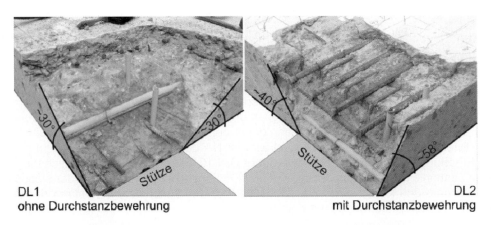

DL1
ohne Durchstanzbewehrung

DL2
mit Durchstanzbewehrung

Bild H6-30 – aufgestemmte Bruchkegel der Durchstanzversuche DL1 und DL2

Um den Einfluss der Leitungen auf die Tragfähigkeit quantifizieren zu können, wird für die Durchstanztragfähigkeit ohne Durchstanzbewehrung zur Berücksichtigung von Leitungen ein Abminderungsbeiwert k eingeführt.

Für Leitungsdurchmesser $\phi_L > 0{,}1d$ ist der Durchstanzwiderstand zu reduzieren. Zur Bestimmung des Abminderungsbeiwertes k wurde ein Vorgehen analog der Schweizer Norm SIA 262 [R49] gewählt, um die unterschiedlichen Einflüsse tangential und radial angeordneter Leitungen auf den Tragwiderstand zu berücksichtigen. Werden Leitungen innerhalb des kritischen Rundschnitts neben der Stütze (tangential) angeordnet, so ist die statische Nutzhöhe zu reduzieren. Bei radialer Anordnung wird der kritische Rundschnitt um die Breite der den Rundschnitt kreuzenden Leitungen verkürzt.

$$\text{red } V_{Rd,c} = k \cdot V_{Rd,c} \tag{H.6-13}$$

$$\text{mit } k = \frac{\text{red } d_m}{d} \cdot \frac{\text{red } u_1}{u_1}$$

$\text{red } d_m = k_L \cdot d_{red} + (1 - k_L)d$ ist die auf den gesamten Rundschnitt bezogene reduzierte statische Nutzhöhe

k_L ist ein Beiwert zur Berücksichtigung der Leitungsausrichtung ($k_L = 0$ bei Anordnung ausschließlich über der Lasteinleitungsfläche, $k_L = 0{,}5$ bei in einer Richtung verlegter Leitung und $k_L = 1{,}0$ bei zweiachsig verlegter Leitung außerhalb der gestützten Fläche (quadratisch oder kreisförmig))

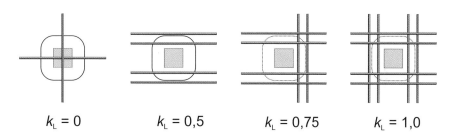

$k_L = 0$ $k_L = 0{,}5$ $k_L = 0{,}75$ $k_L = 1{,}0$

d_{red} ist die reduzierte statische Nutzhöhe

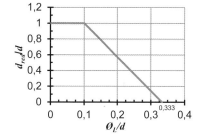

ϕ_L ist der Leitungsdurchmesser, bei Leitungsbündeln ist die maximale Breite einzusetzen

$\text{red } u_1 = u_1 - 1{,}00 \cdot \Delta u$ ist die reduzierte Länge des kritischen Rundschnitts

$\Delta u = n_L \cdot \phi_L$ ist der Abzugswert des kritischen Rundschnitts mit n_L der Anzahl der Kreuzungspunkte von Leitungen mit dem kritischen Rundschnitt.

Die für die Entwicklung des Bemessungsansatzes herangezogene Datenbasis deckt den geplanten Anwendungsbereich nicht vollständig ab, da nur eine geringe Deckendicke $h = 20$ cm sowie ein hoher Längsbewehrungsgrad von etwa $\rho_l = 1{,}25$ % untersucht wurde. Die Auswirkungen einer größeren Deckendicke und einem geringeren Biegebewehrungsgrad auf das Sicherheitsniveau werden als gering eingeschätzt, da das Verhältnis von Rohrleitungsdurchmesser zu statischer Nutzhöhe (ϕ_L/d) in den Versuchen ungünstig gewählt wurde. Bei geringeren Biegebewehrungsgraden nimmt die Betondruckzonenhöhe ab, wodurch die Störung der Betondruckzone durch die Leitung reduziert wird.

Zur Bestimmung der Durchstanztragfähigkeit mit Durchstanzbewehrung und Leitungen im durchstanzbewehrten Bereich kann nur der Versuch DL2 herangezogen werden. Es wird vorgeschlagen, die Durchstanzbewehrung mit dem reduzierten Betontraganteil aus der Berechnung ohne Durchstanzbewehrung nach dem vorangegangenen Abschnitt zu ermitteln. Dadurch wird eine größere Bewehrungsmenge berechnet. Die maximale Durchstanztragfähigkeit sollte ebenfalls mit der reduzierten Tragfähigkeit bestimmt werden.

91

Die Übertragung der Versuchsergebnisse und die Reduzierung der Rundschnittlänge bzw. der statischen Nutzhöhe auf Rand- oder Eckstützen wurden nicht untersucht. Der Faktor k_L ist durch die Stützenabmessungen und Randüberstände beeinflusst, sodass er nicht allgemeingültig angegeben werden kann. In Abhängigkeit der Leitungsausrichtung kann die Rundschnittlänge mit reduzierter statischer Nutzhöhe nach Bild H6-31 bestimmt werden. Beispielhaft wird auch die Anzahl der den kritischen Rundschnitt kreuzenden Leitungen mit angegeben. Die Leitungen sollten nicht über die Stütze geführt werden.

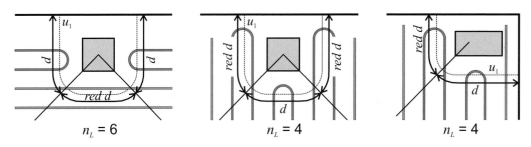

Bild H6-31 – Definition kritischer Rundschnitt mit reduzierter statischer Nutzhöhe bei Rand- und Eckstützen

Nach der Auswertung von ausgeführten Projekten werden die Leitungen üblicherweise innerhalb der oberen und unteren Längsbewehrungslagen mit Abständen ab 15 cm untereinander verlegt. Im Bereich innerhalb des kritischen Rundschnitts oder des äußeren Rundschnitts bei vorhandener Durchstanzbewehrung sollte der lichte Abstand der Leitungen untereinander mindestens folgende Anforderungen erfüllen:

$$s \geq \max \{10 \text{ cm}; 3 \cdot \phi_L; 3 \cdot d_g\} \tag{H.6-14}$$

mit ϕ_L dem Außendurchmesser der Leitung und d_g dem Durchmesser des verwendeten Größtkorn.

Der Einfluss auf die Durchstanztragfähigkeit von Leitungen, die zwischen der Druckbewehrung und der Betondeckung angeordnet werden, wurde nicht untersucht. Bis weitere Ergebnisse vorliegen wird empfohlen, innerhalb des kritischen Rundschnitts oder des äußeren Rundschnitts bei vorhandener Durchstanzbewehrung keine Leitungen innerhalb der Betondeckung anzuordnen.

Zu (2): Bei gedrungenen Fundamenten mit einer geringeren Schubschlankheit $\lambda = a_\lambda / d \leq 2{,}0$ wurde eine steilere Neigung des Versagensrisses als bei schlanken Fundamenten beobachtet. Variiert man die Schubschlankheit eines Fundaments, ändert sich auch der Abstand des maßgebenden Nachweisschnittes. Mit zunehmender Schlankheit ergeben sich größere Werte für den maßgebenden Abstand des Nachweisschnittes von der Lasteinleitungsfläche und die längs des kritischen Rundschnittes aufnehmbare Schubspannung wird aufgrund des mehraxialen Spannungszustands kleiner. Jedoch vergrößert sich mit flacherer Rissneigung die vom kritischen Rundschnitt eingeschlossene Fläche, wodurch der Anteil der Bodenpressungen, der von der einwirkenden Stützenkraft abgezogen werden darf, vergrößert wird. Aus diesem Grund ist die Verwendung eines variablen Abstands a_{crit} des Nachweisschnittes in diesen Fällen notwendig. Innerhalb des iterativ bestimmten Rundschnittes darf die Summe der Bodenpressungen zu 100 % entlastend angesetzt werden.

Für schlanke Fundamente mit $a_\lambda / d > 2{,}0$ und Bodenplatten darf gemäß NA zur Vereinfachung der Berechnungen ein konstanter Rundschnitt im Abstand $1{,}0d$ angenommen werden. Dabei dürfen 50 % der Summe der Bodenpressungen innerhalb des konstanten Rundschnitts entlastend angesetzt werden.

Die Fundamentschlankheit $\lambda = a_\lambda / d$ ist mit dem kürzesten Abstand zwischen der Lasteinleitungsfläche und dem Fundamentrand zu ermitteln. Für Bodenplatten entspricht a_λ dem kleinsten Abstand vom Stützenanschnitt zum Nullpunkt der radialen Plattenbiegemomente. Bei Bodenplatten mit einem regelmäßigen Stützenraster kann a_λ zu $0{,}22L$ (hierbei ist L die Stützweite) abgeschätzt werden. Durch die höheren Konzentrationen der Bodenpressungen unter der Stütze sind bei Bodenplatten kleinere Abstände zur Nulllinie der radialen Plattenbiegemomente wahrscheinlich.

Zu (3): Liegen die Öffnungsränder nicht parallel zu den Rändern der Lasteinleitungsfläche, ist Bild 6.14 sinngemäß anzuwenden (siehe Bild H6-32).

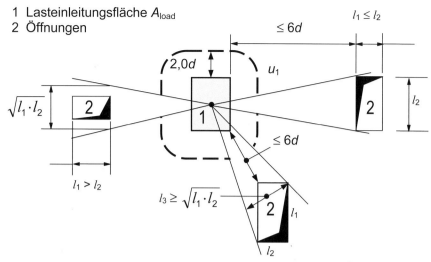

Bild H6-32 – Kritischer Rundschnitt in der Nähe von Öffnungen

Zu (4): Liegt der kritische Rundschnitt bei üblichen Flachdecken bereichsweise außerhalb der Bauteilgeometrie, ist der kritische Rundschnitt analog zu dem bei Rand- und Eckstützen festzulegen. Ergibt sich durch die Verbindung des Rundschnittes mit freien Rändern oder Öffnungen eine kleinere Rundschnittlänge, so ist diese Schnittführung anzuwenden.

Wird im Fall von Flachdecken ohne Durchstanzbewehrung mit Randüberständen $> 3d$ der kritische Rundschnitt von Innenstützen wirksam, darf der Lasterhöhungsbeiwert β von Rand- bzw. Eckstützen nicht auf den Wert von Innenstützen reduziert werden.

Zu (8): Der Durchstanzwiderstand muss generell innerhalb und außerhalb der Stützenkopfverstärkung nachgewiesen werden. Bei kurzen Stützenkopfverstärkungen mit $l_H \leq 1{,}5h_H$ kann davon ausgegangen werden, dass sich der ca. um 30° bis 35° geneigte Durchstanzriss von der Biegezugbewehrung der Platte bis in die Druckzone im Bereich der Stütze fortsetzt. Bei Stützenkopfverstärkungen mit $l_H \geq 2{,}0h_H$ ist der Durchstanznachweis sowohl innerhalb (mit $d_H = d + h_H$) als auch außerhalb der Stützenkopfverstärkung zu führen.

Für Stützenkopfverstärkungen mit $1{,}5h_H \leq l_H \leq 2{,}0h_H$ ist der zusätzliche Nachweis im Abstand $1{,}5 \cdot (d + h_H) = 1{,}5d_H$ erforderlich, damit bei Rissneigungen zwischen 30° und 35° ein Versagen innerhalb der Verstärkung ausgeschlossen werden kann (vgl. Bild H6-33). Die auf den Rundschnitt im Abstand $2{,}0d_H$ kalibrierte Durchstanztragfähigkeit $v_{Rd,c}$ nach Gleichung (6.47) darf für den Nachweis im engeren Rundschnitt bei $1{,}5d_H$ proportional im Verhältnis der Rundschnittumfänge mit dem Faktor $u_{2{,}0dH} / u_{1{,}5dH}$ vergrößert werden.

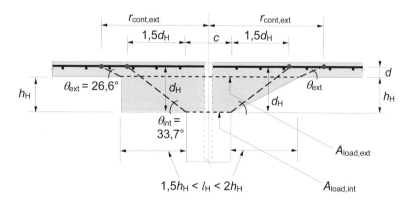

Bild H6-33 – Zusatznachweis bei $1{,}5d_H$ bei Stützenkopfverstärkungen mit $1{,}5h_H \leq l_H < 2{,}0h_H$ [H6-6]

Zu 6.4.3 Nachweisverfahren

Zu (2) (a): Der Nachweis der maximalen Durchstanztragfähigkeit $V_{Rd,max}$ wird in Deutschland nicht als Druckstrebennachweis am Stützenrand geführt, sondern durch einen Nachweis im kritischen Rundschnitt u_1 ersetzt (siehe 6.4.5 (3) und NCI in Absatz (2)).

Zu (3): Die einwirkende Querkraft wird zu einer Bemessungsschubspannung im betrachteten Rundschnitt nach Gleichung (6.38) umgerechnet.

Zur Berücksichtigung ungleichförmiger Querkraftbeanspruchungen im Durchstanzbereich ist stets ein Lasterhöhungsfaktor β in Abhängigkeit des Stützentyps zu berücksichtigen. Mit dem Lasterhöhungsfaktor β wird die Auflagerkraft einer punktförmig gestützten Platte vergrößert, die vereinfacht über die zugehörige gesamte Lasteinzugsfläche A_{LE} bestimmt wurde.

Für die Bestimmung des β-Faktors stehen nach DIN EN 1992-1-1 (mit NA) folgende Ansätze zur Verfügung:

– genauere Verfahren mit der plastischen Schubspannungsverteilung,

– Sektormodelle (bzw. Lasteinzugsflächen),

– konstante Faktoren für ausgesteifte Systeme mit annähernd gleichen Stützweiten.

In allen Fällen (auch für Innenstützen) wird im NA ein Mindestwert von $\beta \geq 1,10$ gefordert, da es eine ideal gleichmäßige Schubspannungsverteilung aufgrund unterschiedlicher Steifigkeiten, Einwirkungen und Systemabmessungen in Stahlbetontragwerken nicht gibt.

Die Beiwerte in Bild 6.21DE wurden für horizontal ausgesteifte Systeme mit punktgestützten Platten unter Gleichlasten mit Stützweitenunterschieden von bis zu 25 % ermittelt. Bei ungleichmäßigeren Stützweitenverhältnissen ist die Querkraftverteilung entweder auf Grundlage von Lasteinleitungssektoren [H6-11] oder in Abhängigkeit von der bezogenen Normalkraftausmitte der Stütze im Bereich des Rahmenknotens nach dem Verfahren der vollplastischen Schubspannungsverteilung zu ermitteln.

Untersuchungen belegen, dass der Lasterhöhungsfaktor nach [525] (Verfahren von Nölting, Näheres siehe [H6-26], [H6-42]) bei Innenstützen zu sicheren, aber unwirtschaftlichen Ergebnissen führt. Für Rand- und Eckstützen ergeben sich teilweise sehr konservative, teilweise aber auch unsichere Ergebnisse. Für eine wirtschaftliche Bemessung wird daher das Verfahren der plastischen Schubspannungsverteilung empfohlen.

Ein Beispiel für die alternative Ermittlung des Lasterhöhungsfaktors β über Lasteinleitungssektoren A_i ist für ein Wandende in Bild H6-34 dargestellt. Für ausgedehnte Auflagerflächen sind dabei die anrechenbaren Wandbereiche gemäß Bild NA.6.12.1 bei der Einteilung in Lasteinleitungssektoren zu beachten. Zur Bestimmung der Lasteinzugsflächen A_{LE} für jede Lasteinleitungsfläche A_{load} sind zunächst die Querkraftnulllinien (Lastscheiden) unter Volllast ingenieurmäßig abzuschätzen oder linear-elastisch zu berechnen. Die Lasteinzugsfläche A_{LE} wird dann in i-Lasteinleitungssektoren A_i unterteilt (Empfehlung: mindestens 3-4 je Quadrant). Der Lastanteil des Sektors wird durch den dazugehörigen Teilumfang u_i dividiert und ergibt die bezogene Sektorquerkraft $v_{Ed,i}$, die dann mit den Widerständen $v_{Rd,ct}$ bzw. $v_{Rd,max}$ verglichen wird. Alternativ darf der Lasterhöhungsfaktor ermittelt werden, indem die maximale Sektorkraft $v_{Ed,i}$ durch den Mittelwert der über den kritischen Rundschnittumfang verteilten Auflagerkraft $v_{Ed,m}$ dividiert wird.

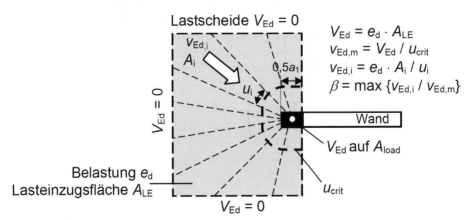

Bild H6-34 – Beispiel für Lasteinleitungssektoren bei Wandenden

Eine genauere Berechnung des Lasterhöhungsfaktors β lässt sich unter der Annahme einer vollplastischen Schubspannungsverteilung im kritischen Rundschnitt (siehe Bild 6.19) durchführen. Die Aufnahme von Schubspannungen infolge V_{Ed} und M_{Ed} kann für einen Decken-Stützen-Knoten entlang des kritischen Rundschnitts entsprechend Bild H6-35 modelliert werden.

Für einen Decken-Stützenknoten mit einachsiger Lastausmitte ergibt sich der Lasterhöhungsfaktor β mit einer vollplastischen Schubspannungsverteilung nach Gleichung (6.39). Hierbei gibt der Beiwert k den Anteil des Momentes an, der zusätzliche Schubspannungen im kritischen Rundschnitt erzeugt. Nimmt die Abmessung der Stütze senkrecht zur Achse des Momentes zu, so steigen die Schubspannungen infolge des Momentes im kritischen Rundschnitt an. Der restliche Anteil $(1 - k)$ wird über Biegung und Torsion in die Stütze eingeleitet. M_{Ed} ist das auf die Schwerelinie des kritischen Rundschnitts bezogene Moment, das von der Decke in die Stütze unter Berücksichtigung der Steifigkeiten eingeleitet wird und V_{Ed} ist die resultierende

Deckenquerkraft. Das Widerstandsmoment W_1 wird entlang des kritischen Rundschnitts u_1 nach Gleichung (6.40) bestimmt.

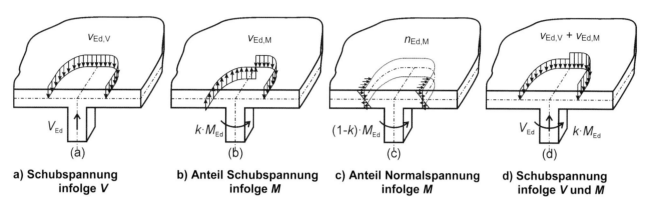

a) Schubspannung infolge V

b) Anteil Schubspannung infolge M

c) Anteil Normalspannung infolge M

d) Schubspannung infolge V und M

Bild H6-35 – Ausmittige Lasteinleitung im Deckenknoten infolge Querkraft und Moment

In DIN EN 1992-1-1/NA wurde die Gleichung (NA.6.39.1) für eine genaue Berechnung bei zweiachsiger Ausmitte ergänzt. Für die Bestimmung von k_y und k_z ist Tabelle 6.1 in DIN EN 1992-1-1 anzuwenden, wobei die Stützenabmessung c_1 jeweils parallel zur betrachteten Lastausmitte anzusetzen ist.

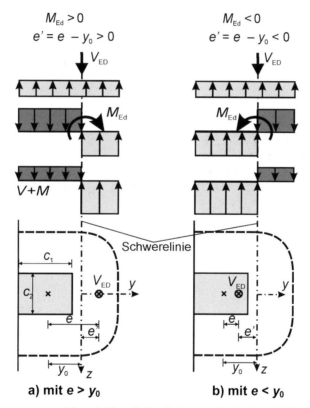

a) mit $e > y_0$

b) mit $e < y_0$

Bild H6-36 – Umrechnung von V und M auf die Schwerelinie des kritischen Rundschnitts u_1

Bei Rand- und Eckstützen befindet sich der Schwerpunkt des kritischen Rundschnitts in der Regel nicht im Schnittpunkt der Stützenachsen. Das von der Decke auf die Stütze übertragene Moment $M_{Ed,col} = V_{Ed} \cdot e$ ist daher auf die Schwerelinie des kritischen Rundschnitts mit $M_{Ed} = V_{Ed} \cdot e'$ (Bild H6-36) zu beziehen und ergibt sich dann zu

$$M_{Ed} = M_{Ed,col} - V_{Ed} \cdot y_0 \text{ (bzw. } z_0\text{).} \tag{H.6-15}$$

Der Abstand y_0 (bzw. z_0) ist die Entfernung zwischen der Schwerelinie des kritischen Rundschnitts und der Stützenachse. Für kleine Werte y_0 (bzw. z_0) ergibt sich die größte Schubspannung an der Innenseite der Stütze (Bild H6-36 a)).

Wenn y_0 (bzw. z_0) so groß wird, dass M_{Ed} das Vorzeichen wechselt, tritt bei Randstützen die größte Schubspannung am freien Rand der Platte auf, d. h. die Ausmitte e' bezogen auf die Schwerelinie des kritischen Rundschnitts wird negativ. In diesem Fall ist bei der Berechnung von β das Widerstandsmoment W_1 mit negativem Vorzeichen einzusetzen, damit sich für β ein Wert größer als 1,0 ergibt.

Für weitere übliche Fälle sind die statischen Momente W_1 in Tabelle H6.4 dargestellt.

Tabelle H6.4 – Statische Momente W_1 der Schwerelinien des kritischen Rundschnitts bei Innen-, Rand- und Eckstützen

	1 Grundriss	2 W_1	3 y_0, z_0
1		**Lastausmitte e_z in z-Richtung:** $W_1 = \dfrac{b^2}{2} + 2 \cdot a \cdot l_u + a \cdot b + \pi \cdot l_u \cdot b + 4 \cdot l_u^2$ **Lastausmitte e_y in y-Richtung:** $W_1 = \dfrac{a^2}{2} + 2 \cdot b \cdot l_u + a \cdot b + \pi \cdot l_u \cdot a + 4 \cdot l_u^2$ **2-achsige Lastausmitte:** $\beta = 1 + 1{,}8 \sqrt{\left(\dfrac{e_y}{b + 2 \cdot l_u}\right)^2 + \left(\dfrac{e_z}{a + 2 \cdot l_u}\right)^2}$	$y_0 = 0$ $z_0 = 0$
2		**Lastausmitte in y-Richtung:** $\rightarrow y_0 \le a/2$ $W_1 = 2 \cdot \left(2 \cdot c \cdot \left(\dfrac{c}{2} + \dfrac{a}{2} + y_0\right) + 2 \cdot \dfrac{a}{2} \cdot \left(\dfrac{a}{4} + y_0\right) + 2 \cdot y_0 \cdot \dfrac{y_0}{2} \right)$ $\rightarrow y_0 > a/2$ $W_1 = 2 \cdot \left(2 \cdot c \cdot \left(\dfrac{c}{2} + \dfrac{a}{2} + y_0\right) + 2 \cdot a \cdot y_0 + 2 \cdot l_u \cdot \alpha \cdot y_{SB} \right)$ $\alpha = \arcsin\left(\dfrac{y_0 - \dfrac{a}{2}}{l_u}\right); \quad y_{SB} = y_0 - \dfrac{a}{2} - \left(\dfrac{l_u \cdot \left(\sin\dfrac{\alpha}{2}\right)^2}{\dfrac{\alpha}{2}}\right)$ **Lastausmitte in z-Richtung:** $W_1 = \dfrac{b^2}{4} + 2 \cdot a \cdot l_u + a \cdot b + \dfrac{\pi}{2} \cdot l_u \cdot b + 2 \cdot l_u^2 + 2 \cdot c \cdot \left(l_u + \dfrac{b}{2}\right)$	$y_0 = \dfrac{a^2 + b \cdot (a + l_u) +}{2 \cdot a + b + \pi \cdot l_u + 2 \cdot c} +$ $+ \dfrac{\pi \cdot l_u \cdot \left(a + \dfrac{2 \cdot l_u}{\pi}\right) - c^2}{2 \cdot a + b + \pi \cdot l_u + 2 \cdot c} - \dfrac{a}{2}$ $z_0 = 0$
3		**Lastausmitte in y-Richtung:** $\rightarrow y_0 \le a/2$ $W_1 = 2 \cdot \left(c \cdot \left(\dfrac{c}{2} + \dfrac{a}{2} + y_0\right) + \dfrac{a}{2} \cdot \left(\dfrac{a}{4} + y_0\right) + y_0 \cdot \dfrac{y_0}{2} \right)$ $\rightarrow y_0 > a/2$ $W_1 = 2 \cdot \left(2 \cdot c \cdot \left(\dfrac{c}{2} + \dfrac{a}{2} + y_0\right) + a \cdot y_0 + l_u \cdot \alpha \cdot y_{SB} \right)$ α und y_{SB} wie in Zeile 2 **Lastausmitte in z-Richtung:** $\rightarrow z_0 \le b/2$ $W_1 = 2 \cdot \left(e \cdot \left(\dfrac{e}{2} + \dfrac{b}{2} + z_0\right) + \dfrac{b}{2} \cdot \left(\dfrac{b}{4} + z_0\right) + z_0 \cdot \dfrac{z_0}{2} \right)$ $\rightarrow z_0 > b/2$ $W_1 = 2 \cdot \left(e \cdot \left(\dfrac{e}{2} + \dfrac{b}{2} + z_0\right) + b \cdot z_0 + l_u \cdot \alpha \cdot z_{SB} \right)$ $\alpha = \arcsin\left(\dfrac{z_0 - \dfrac{b}{2}}{l_u}\right); \quad z_{SB} = z_0 - \dfrac{b}{2} - \left(\dfrac{l_u \cdot \left(\sin\dfrac{\alpha}{2}\right)^2}{\dfrac{\alpha}{2}}\right)$	$y_0 = \dfrac{\dfrac{a^2}{2} + (b + e) \cdot (a + l_u)}{a + b + \dfrac{\pi}{2} \cdot l_u + c + e} +$ $+ \dfrac{\dfrac{\pi}{2} \cdot l_u \cdot \left(a + \dfrac{2 \cdot l_u}{\pi}\right) - \dfrac{c^2}{2}}{a + b + \dfrac{\pi}{2} \cdot l_u + c + e} - \dfrac{a}{2}$ $z_0 = \dfrac{\dfrac{b^2}{2} + (a + c) \cdot (b + l_u)}{b + a + \dfrac{\pi}{2} \cdot l_u + e + c} +$ $+ \dfrac{\dfrac{\pi}{2} \cdot l_u \cdot \left(b + \dfrac{2 \cdot l_u}{\pi}\right) - \dfrac{e^2}{2}}{b + a + \dfrac{\pi}{2} \cdot l_u + e + c} - \dfrac{b}{2}$
4		$W_1 = 4 \cdot \left(l_u + \dfrac{b}{2}\right)^2$ $\beta = 1 + 0{,}6 \cdot \pi \cdot \left(\dfrac{e}{b + 2 \cdot l_u}\right)$	$y_0 = 0$ $z_0 = 0$

Zu (4) und (5): Nach EN 1992-1-1 dürfen die Lasterhöhungsfaktoren β für ausmittig belastete Rand- und Eckstützen vereinfacht über verkürzte Rundschnitte u_1^* ermittelt werden. Dieses Verfahren erreicht insbesondere für Randstützen nicht das erforderliche Sicherheitsniveau und weist sogar eine größere Streuung auf als bei Ansatz von konstanten Lasterhöhungsbeiwerten [H6-14], [H622]. Daher wurde das Verfahren mit verkürztem Rundschnitt in Deutschland weder für Randstützen (4) noch für Eckstützen (5) zugelassen.

Zu (6): Der vereinfachte Ansatz für konstante Lasterhöhungsfaktoren β in ausgesteiften Systemen ohne wesentliche Spannweitenunterschiede wurde unter bestimmten Annahmen pragmatisch abgeleitet und weist naturgemäß ein sehr unterschiedliches Sicherheitsniveau auf.

Für Innenstützen wird in EN 1992-1-1 ein β-Wert von 1,15 vorgeschlagen. Der Wert steigt unter ungünstigeren Verhältnissen rechnerisch noch weiter an. Der Wert 1,05 aus DIN 1045-1 [R4] ließ sich nicht mehr vertreten. Daher wurde für den NA als Kompromiss für Innenstützen $\beta = 1,10$ festgelegt.

Für die Fälle Wandecke und Wandende in Bild 6.21DE wurden gestützt auf sehr fein elementierte nichtlineare FEM-Vergleichsrechnungen Werte ermittelt. Die mit β multiplizierte Querkraft ist dann auf die kritischen Teilrundschnitte nach Bild NA.6.12.1 zu verteilen.

Bei stützennahen Einzellasten wird zur Bestimmung der Belastung entlang des kritischen Rundschnittes die Verwendung von Lasteinzugsflächen empfohlen.

Zu (9): Flachdecken mit Stützweiten von mehr als 7,0 m werden häufig in Spannbeton ausgeführt, um die Durchbiegungsbeschränkungen einzuhalten bzw. um die Deckendicke zu vermindern. Die Vorspannung wird dabei meist so ausgelegt, dass die Durchbiegung infolge Eigengewicht durch die Vorspannung ausgeglichen wird. Der Spanngliedverlauf wird der Momentenlinie angepasst und die Wendepunkte befinden sich dann in einem größeren Abstand von der Stütze (Momentennullpunkt etwa $0,15l – 0,20l$ von der Stütze entfernt). Bei Wahl einer freien Spanngliedlage konzentriert sich die Umlenkung mehr im Bereich der Stütze. Soll die entlastende Wirkung der vertikalen Anteile der geneigten Spannglieder im Bereich der Stütze zu einer möglichst großen Durchstanztragfähigkeit führen, wird das Spannglied mit einem kleinen Radius über der Stütze angeordnet, um eine möglichst große Neigung des Spanngliedes zu erreichen. Die Wendepunkte liegen damit üblicherweise in einem Abstand von $0,5d$ bis $1,5d$ vom Stützenrand.

Bei einer gleichmäßigen Verteilung der Spannglieder über die Plattenbreite erzeugen die nach unten gerichteten Umlenkkräfte im Feldbereich der Stützstreifen hohe Beanspruchungen, die durch zusätzliche Spannglieder aufzunehmen sind (Bild H6-37 (a)). Wirtschaftlicher ist eine Anordnung der Spannglieder konzentriert in den Stützstreifen (b) oder auch noch eine Auslagerung von bis zu 30 % der Spannglieder in die Feldstreifen. In Nordamerika werden die Spannglieder zumeist in einer Richtung konzentriert in den Stützstreifen verlegt und in der anderen Richtung gleichmäßig über die Plattenbreite verteilt (Bild H6-37 (c)). Hierdurch ergibt sich ein überwiegend einachsiger Lastabtrag.

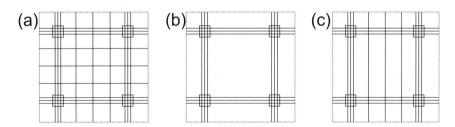

Bild H6-37 – Typische Anordnung von Spanngliedern in Flachdecken

Der Einsatz einer Vorspannung führt zu einer Erhöhung der Durchstanztragfähigkeit. Der günstige Einfluss der Vorspannung wird dabei üblicherweise über den Vertikalanteil der geneigten Spannglieder in Stützennähe, der von der einwirkenden Beanspruchung abgezogen werden darf, und einen traglaststeigernden Anteil auf der Widerstandsseite berücksichtigt.

Nach DIN EN 1992-1-1 zusammen mit dem NA darf bei Flachdecken mit Vorspannung der günstige Einfluss der vertikalen Komponente V_{pd} von geneigten Spanngliedern, die die Querschnittsfläche des betrachteten Rundschnittes (im Allgemeinen der kritische Rundschnitt u_1) schneiden, berücksichtigt werden (Bild H6-38). Es dürfen jedoch nur die Spannglieder berücksichtigt werden, die im Stützstreifen innerhalb einer Breite von $0,5d$ vom Stützenrand angeordnet sind.

Auf der Widerstandsseite darf bei Bestimmung der Durchstanztragfähigkeit ohne Durchstanzbewehrung der günstige Einfluss einer Betondruckspannung berücksichtigt werden. Hierbei ist jedoch zu beachten, dass dieser Traganteil stark durch die geometrischen Randbedingungen des Gesamttragsystems beeinflusst wird, wie zum Beispiel durch Wandscheiben und Kerne, die Normalkraftanteile der Vorspannung abtragen. Zudem ist die Größe des Betontraganteils bei einer Kombination von Vorspannung und Durchstanzbewehrung bisher noch nicht abschließend untersucht. Ungeklärt ist, inwieweit die einzelnen Traganteile aus Vorspannung und Durchstanzbewehrung vollständig addiert werden können. Daher ist der günstige Einfluss einer Beton-normalspannung aus Vorspannung bei Ermittlung der maximalen Tragfähigkeit zu vernachlässigen ($k_1 = 0$). Für Ermittlung der Durchstanzbewehrungsmenge wird vorgeschlagen, maximal 50 % des Traganteils aus der Vorspannung auf den Betontraganteil anzurechnen. Für den Nachweis nach DIN EN 1992-1-1 mit NA bedeutet dies, dass bei der Ermittlung der Durchstanzbewehrungsmenge der Faktor $k_1 = 0,05$ anzusetzen ist.

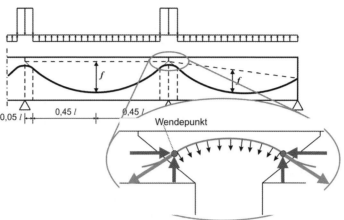

Bild H6-38 – Vertikalanteil eines Spanngliedes als Summe der Umlenkkräfte, die direkt in die Stütze eingeleitet werden

In [H6-9] konnte anhand von Versuchen und numerischen Parameterstudien belegt werden, dass der Trag-lastzuwachs von geneigten Spanngliedern mit zunehmender Entfernung zwischen Stützenrand und Wende-punkt des Spanngliedes abnimmt (Bild H6-39). Bei einem sehr großen Abstand x_{WP} des Wendepunktes vom Stützenrand ist ein größerer Anteil der Vertikalkraft infolge Vorspannung im Bereich des Durchstanzkegels nochmals hochzuhängen, da die nach unten gerichteten Umlenkkräfte nicht mehr direkt in die Stütze einge-leitet werden können. Die Ergebnisse der Parameterstudie zeigen einen annähernd linearen Zusammen-hang zwischen Traglaststeigerung infolge Vorspannung und Abstand des Wendepunktes vom Stützenrand.

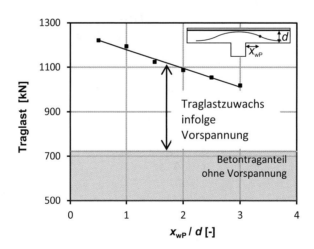

Bild H6-39 – Traglastzuwachs infolge Vorspannung [H6-9]

Insbesondere für die numerischen Modelle mit einem großen Abstand des Wendepunktes vom Stützenrand ist die ermittelte Traglaststeigerung nicht durch eine entlastende Querkraftwirkung infolge der schräggeneig-ten Spanngliedführung im unmittelbaren Stützenbereich erklärbar. In den Modellen mit einem Abstand der Wendepunkte vom Stützenrand von mehr als $0,5d$ verläuft das Spannglied über der Stütze horizontal. Un-terstellt man, dass der Vertikalanteil bei dem Modell mit dem Wendepunkt im Abstand $0,5d$ vom Stützenrand voll traglaststeigernd wirksam ist, so ist der maßgebende Nachweisschnitt zur Ermittlung des Vertikalanteils im Abstand $0,5d$ zu positionieren. Hieraus folgt jedoch zwangsläufig, dass in allen Modellen mit einem gro-ßem Abstand des Wendepunktes (keine Neigung des Spanngliedes im Abstand $0,5d$ vom Stützenrand) kei-ne traglaststeigernde Vertikalkomponente infolge Vorspannung auftritt. Dies steht im Widerspruch zu den Ergebnissen der Simulationen in Bild H6-39. Daher muss in den Simulationen eine zusätzliche Tragwirkung vorhanden sein oder andere Einflussparameter die Traglast bestimmen.

Verschiedene Modelle zum Durchstanzen (z. B. [H6-1] und [H6-25]) führen die Durchstanztragfähigkeit auf eine ertragbare Plattenrotation bzw. eine Grenzstauchung der Betondruckzone zurück. Bei einer exzentrischen Spanngliedführung im Stützenbereich wird die Betondruckzone durch das aufgebrachte Biegemoment aus Vorspannung zunächst entlastet, sodass für diese Modellvorstellung ein zusätzlicher Traganteil aus Vorspannung für die Durchstanztragfähigkeit zur Verfügung steht.

Für die durchgeführten Simulationen wurde daher die Plattenkrümmung infolge Vorspannung am Stützenanschnitt aus den Betondehnungen an der Plattenober- und -unterseite ermittelt. Die Ergebnisse lassen eine klare Abhängigkeit zwischen der aufgebrachten Plattenrotation infolge Vorspannung und der erreichten Traglast erkennen. Um diesen Zusammenhang weitergehender zu untersuchen, wurden zusätzliche Simulationen mit anderen Spanngliedführungen durchgeführt. Die zusätzlichen Simulationen bestätigen den linearen Zusammenhang zwischen aufgebrachter Plattenkrümmung infolge Vorspannung und Traglast.

In einer weiteren Parameterstudie wurde von [H6-9] der Einfluss des seitlichen Abstandes der Spannglieder vom Stützenrand untersucht (Bild H6-40). Der Vergleich der numerischen Traglasten ergibt bei einer Vergrößerung des seitlichen Abstandes vom Stützenrand eine Abminderung der Tragfähigkeit. Diese fällt stärker aus als bei einer Variation des Abstandes der Wendepunkte in Spanngliedrichtung (Bild H6-39). Nach dieser Parameterstudie können die Spannglieder neben der Stütze angeordnet werden, jedoch sollte der Abstand zum Stützenrand möglichst gering sein, da der günstige Einfluss mit zunehmendem Abstand zur Stütze deutlich kleiner wird.

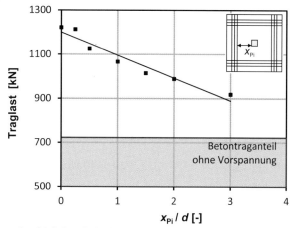

Bild H6-40 – Traglasten in Abhängigkeit des seitlichen Abstandes von der Stütze aus [H6-9]

Die experimentellen und numerischen Untersuchungen zum Einfluss der Vorspannung auf den Durchstanzwiderstand ergaben, dass mit den Vorgaben in DIN EN 1992-1-1 und NA ein ausreichendes Sicherheitsniveau erreicht wird. Insbesondere die numerischen Untersuchungen deuten darauf hin, dass die Traglaststeigerung infolge Vorspannung entscheidend von der aufgebrachten Plattenkrümmung und nicht von einem Vertikalanteil der geneigten Spannglieder abhängt. Allerdings ist die Ermittlung der maßgebenden Plattenkrümmung für beliebige Deckensysteme schwierig und in der Bemessungspraxis zu aufwändig, sodass stattdessen der Vertikalanteil des geneigten Spanngliedes im Abstand 2,0d zur Stütze und die Normalspannung infolge Vorspannung traglaststeigernd in Ansatz gebracht werden kann.

Zu 6.4.4 Durchstanzwiderstand für Platten oder Fundamente ohne Durchstanzbewehrung

Zu (1): Der Bemessungswert des Durchstanzwiderstandes ohne Durchstanzbewehrung berücksichtigt empirisch:

- einen Maßstabseffekt der Plattendicke k,

- die Einschnürung der Betondruckzone und Rissöffnung durch den Längsbewehrungsgrad ρ_l,

- die Betonfestigkeit f_{ck} zur Berücksichtigung der Querkrafttragfähigkeit der Druckzone sowie des Traganteils in Abhängigkeit der Betonzugfestigkeit und

- einen Traganteil infolge von Plattennormalkräften.

Die im Vergleich zu DIN 1045-1 [R4] kleineren Vorwerte $C_{Rd,c} = C_{Rk,c} / \gamma_C = 0,18 / \gamma_C$ (statt 0,21 / γ_C) und $k_1 = 0,10$ (statt 0,12) sind auf den erweiterten kritischen Rundschnitt u_1 bei 2,0d (statt 1,5d) kalibriert und führen wegen der entsprechend vergrößerten Umfangslänge bzw. Schubfläche zu vergleichbaren Tragfähigkeiten $V_{Rd,c}$.

Wenn der Umfang u_0 der Lasteinleitungsflächen A_{load} im Verhältnis zum kritischen Rundschnitt u_1 im Abstand 2d sehr klein wird (schlanke Stützen, dicke Platte), wird die Durchstanztragfähigkeit des Knotens überschätzt.

Dieser Effekt trat bei kleineren Abständen des kritischen Rundschnitts zur Stütze (wie zum Beispiel im Abstand $0{,}5d$ in DIN 1045:1988 [R6]) nicht auf, da das Verhältnis des Stützenumfangs u_0 zum kritischen Rundschnitt größer ist. Der Vergleich von Versuchsergebnissen mit den Bemessungsansätzen nach EN 1992-1-1 und DIN EN 1992-1-1/NA in Abhängigkeit vom Parameter u_0 / d belegt, dass die Minderung für kleine Lasteinleitungsflächen notwendig ist (vgl. Bild H6-41 aus [H6-12]).

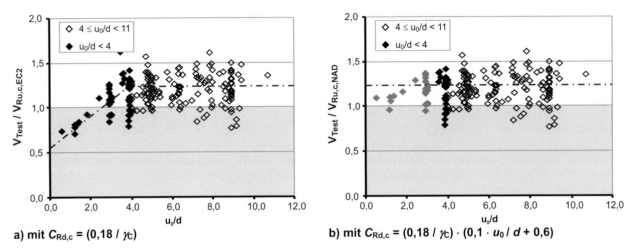

a) mit $C_{Rd,c} = (0{,}18 / \gamma_C)$ b) mit $C_{Rd,c} = (0{,}18 / \gamma_C) \cdot (0{,}1 \cdot u_0 / d + 0{,}6)$

Bild H6-41 – Vergleich von Versuchsbruchlasten V_{Test} mit dem rechnerischen Durchstanzwiderstand $V_{Ru,c}$ ohne Durchstanzbewehrung [H6-12]

Daher wird nach DIN EN 1992-1-1/NA eine zusätzliche Beschränkung der Tragfähigkeit von Flachdecken bei Verhältnissen u_0 / $d < 4$ gefordert. Der Vorfaktor $C_{Rd,c} = (0{,}18 / \gamma_C)$ ist dann wie folgt abzumindern:

$$C_{Rd,c} = (0{,}18 / \gamma_C) \cdot (0{,}1 \cdot u_0 / d + 0{,}6) \geq 0{,}15 / \gamma_C \tag{H.6-16}$$

Kleinere Werte als für die Querkrafttragfähigkeit ohne Querkraftbewehrung nach 6.2.2 (1), Gleichung (6.2) müssen nicht angenommen werden.

Der Längsbewehrungsgrad ρ_l in Gleichung (6.47) ist auf einer mitwirkenden Plattenbreite entsprechend der Stützenabmessung zuzüglich $3d$ je Seite zu ermitteln.

Zur Begrenzung der Bewehrungskonzentrationen im Bereich des Stanzkegels (steigende Gefahr eines Verbundversagens) sowie zur Begrenzung der Sprödigkeit des Durchstanzens wurde der maximale anrechenbare Bewehrungsgrad auf 2 % begrenzt. Da eine Druckbewehrung im Durchstanzbereich nahezu unwirksam ist (Betondruckzonenhöhe liegt bei üblichen Deckenschlankheiten in der Größenordnung der Betondeckung von 30 mm bis 60 mm), sind punktgestützte Platten ohne Druckbewehrung zu konzipieren. Hierdurch ergibt sich die Begrenzung des anrechenbaren Längsbewehrungsgrades in Abhängigkeit von der Betondruckfestigkeit und Stahlstreckgrenze.

Wird die Längsbewehrung gestaffelt, so ist der jeweils geringere Längsbewehrungsgrad innerhalb des Nachweisschnittes zu berücksichtigen. Im Bereich von Rand- und Eckstützen ist eine ausreichende Verankerung, z. B. durch Steckbügel sicherzustellen.

Als Deckennormalspannungen σ_{cp} sind nur zuverlässig vorhandene Druckspannungen, wie z. B. infolge Vorspannung, bis maximal $\sigma_{cp} \leq 2{,}0$ MN/m² zu berücksichtigen. Dabei ist darauf zu achten, dass Vorspannkräfte z. B. durch benachbarte steife Wandscheiben oder Aussteifungskerne angezogen und dem Deckenquerschnitt entzogen werden können und dementsprechend nicht angerechnet werden dürfen. Lastabhängige oder steifigkeitsabhängige Druckkräfte dürfen nur als ständig wirkende Größen berücksichtigt werden. Hierbei ist insbesondere eine wirklichkeitsnahe Verteilung der Normalspannungen im Durchstanzbereich, das zeitabhängige Materialverhalten (Kriechen und Schwinden) und mögliche Steifigkeitsänderungen im Bruch- und Gebrauchszustand infolge einer Rissbildung zu beachten.

Für den Fall, dass in der planmäßigen Biegedruckzone des Durchstanzbereiches Zugnormalspannungen auftreten, liegen keine experimentellen Erfahrungswerte vor. Aus diesem Grund sind punktgestütze Decken mit einer Trennrissgefahr im Durchstanzbereich zu vermeiden. Wird infolge von Zwangbeanspruchungen die Druckzonenhöhe um mehr als 20 % reduziert, so sind genauere Nachweise zu führen. Ersatzweise ist bei der Festlegung der Durchstanzbewehrung der gesamte Betontraganteil zu vernachlässigen und die Querkraftbeanspruchung vollständig durch eine Durchstanzbewehrung aufzunehmen.

In DIN EN 1992-1-1 wurde die Mindestquerkrafttragfähigkeit v_{min} aus 6.2.2 (1) auch für die Durchstanztragfähigkeit ohne Durchstanzbewehrung eingeführt, die bei geringen Längsbewehrungsgraden ρ_l in Verbindung mit höheren Betonfestigkeiten größere Tragfähigkeiten erlaubt.

Zu (2): Bei der Berücksichtigung der günstigen Wirkung des Sohldrucks darf der Bemessungswert verwendet werden.

Im Rahmen eines Forschungsvorhaben wurden Versuche an gedrungenen Fundamenten mit Schubschlankheiten $\lambda = a_\lambda / d$ = 1,25 bis 2,0 durchgeführt ([H6-15], [H6-16], [H6-23]). Dabei wurde die zunehmend steilere Neigung des Versagensrisses bei abnehmender Schlankheit des Versuchskörpers eindeutig bestätigt. Wegen der Interaktion mit dem Abzugswert des Sohldrucks ΔV_{Ed} ist die Verwendung eines konstanten kritischen Nachweisschnitts bei gedrungenen Fundamenten nicht ausreichend sicher. In DIN EN 1992-1-1 und im NA ist deshalb die iterative Ermittlung des ungünstigsten kritischen Rundschnitts im Abstand $a_{crit} \leq 2d$ vorgesehen. Mit der Variation der Schubschlankheit eines Fundaments ändert sich auch der Abstand des maßgebenden Nachweisschnittes von der Lasteinleitungsfläche. Mit abnehmender Schlankheit ergeben sich kleinere Werte für a_{crit}.

Die Bestimmung des maßgebenden Rundschnitts erfolgt in der Regel iterativ. Zwei gegenläufige Phänomene sind dafür verantwortlich. Zum einen nimmt die aufnehmbare Schubspannung zu, je dichter der Rundschnitt an der Lasteinleitungsfläche liegt. Dies wird vereinfacht über den Faktor $2d / a$ nach Gleichung (6.50) berücksichtigt, der den auf den Rundschnitt im Abstand $2d$ kalibrierten Wert $v_{Rd,c}$ vergrößert. Zum anderen nimmt jedoch die Abzugsfläche für den Sohldruck mit kleinerem Rundschnittabstand ab, sodass die einwirkende Querkraft $V_{Ed,red}$ wegen des kleiner werdenden Abzugswertes ΔV_{Ed} größer wird. Der maßgebende Abstand a_{crit} ergibt sich für das ungünstigste Verhältnis von einwirkender zu aufnehmbarer Schubspannung $v_{Ed,red} / v_{Rd,c}$.

Für schlanke Fundamente mit $\lambda = a_\lambda / d > 2,0$ und Bodenplatten darf nach DIN EN 1992-1-1/NA zur Vereinfachung der Berechnung ein konstanter Rundschnitt im Abstand $a_{crit} = 1,0d$ angenommen werden. Dabei dürfen gemäß der A1-Änderung zum NA 50 % der Summe der Bodenpressungen innerhalb des konstanten Rundschnitts entlastend angesetzt werden.

Um das nach DIN EN 1992-1-1 geforderte Sicherheitsniveau für Bodenplatten und Stützenfundamente zu erreichen, musste der empirische Vorfaktor $C_{Rk,c}$ von 0,18 auf 0,15 reduziert werden (Bild H6-42, aus [H6-17]). Eine Abminderung des Vorfaktors aufgrund kleiner u_0 / d-Verhältnisse wie bei Flachdecken ist dann nicht mehr erforderlich.

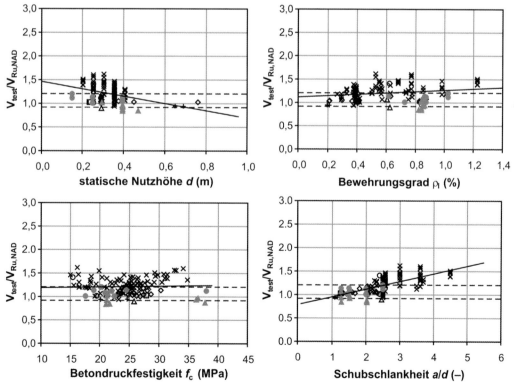

Bild H6-42 – Versuchsnachrechnung von Durchstanzversuchen an Fundamenten ohne Durchstanzbewehrung mit variablem Abstand des Nachweisschnitts für $a_\lambda / d \leq 2,0$ und Vorfaktor $C_{Rk,c}$ = 0,15 (aus [H6-17])

Anhand von Parameterstudien wurden die Regelungen im NA einschließlich der A1-Änderung überprüft. Da experimentelle Untersuchungen zu Bodenplatten nicht vorliegen, wurden die Ergebnisse mit der Durchstanzbemessung von Fundamenten aus DIN 1045-1 [R4] überprüft. Folgende drei Verfahren wurden in Bild H6-43 gegenüber gestellt:

- DIN 1045-1: Rundschnitt im Abstand 1,5d, Ansatz von 50 % der Bodenpressungen innerhalb von 1,5d (Die Regelung aus [525] mit Ansatz eines kritischen Rundschnittes im Abstand 1,0d führt zu annähernd gleichen Ergebnissen und wurde daher nicht weiter berücksichtigt.),

- DIN EN 1992-1-1/NA: genaues Verfahren mit iterativ ermitteltem Rundschnitt im Abstand $a_{crit} \leq 2,0d$, Ansatz von 100 % der Bodenpressungen innerhalb von a_{crit},

- DIN EN 1992-1-1/NA: vereinfachtes Verfahren mit konstantem Rundschnitt im Abstand $a_{crit} = 1,0d$, Ansatz von 50 % der Bodenpressungen innerhalb von a_{crit}.

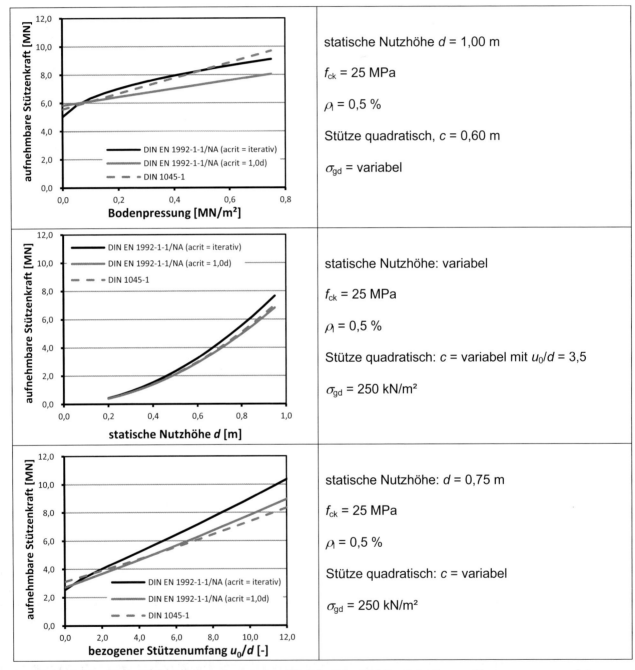

Bild H6-43 – Vergleich der Durchstanztragfähigkeit in Abhängigkeit vom Bemessungsverfahren

Die Ergebnisse der Parameterstudie belegen, dass sich die Tragfähigkeiten der Bemessung nach DIN 1045-1 [R4] und des iterativen und vereinfachten Verfahrens nach DIN EN 1992-1-1/NA in etwa entsprechen. Durch den höheren Aufwand bei der iterativen Berechnung des Abstandes a_{crit} und dem Abzug von 100 % der Bodenpressungen innerhalb des kritischen Rundschnittes werden überwiegend größere Tragfähigkeiten als mit dem vereinfachten Verfahren bestimmt.

Weitere Parameterstudien mit geringen Bodenpressungen ($\sigma_{gd} < 100$ kN/m²) und kleinen statischen Nutz-höhen ($d < 0{,}40$ m) ergeben nach dem vereinfachten Verfahren insbesondere für große u_0 / d-Verhältnisse größere Traglasten als nach dem iterativen Ansatz. Für den baupraktischen Bereich sind die Unterschiede jedoch gering und werden daher als unkritisch angesehen.

Die Bemessung von exzentrisch belasteten Fundamenten lässt sich am besten mit Hilfe von Sektormodellen durchführen. Ein Sektormodell kann in Verbindung mit allen Bemessungsvorschriften verwendet werden, die den Durchstanzwiderstand längs eines Rundschnitts nachweisen (Rundschnittmodelle). Solange keine klaffende Sohlfuge vorhanden ist, (d. h. $e \leq l / 6$), kann von einem umlaufenden mehraxialen Spannungszustand am Stützenanschnitt ausgegangen werden. In diesem Fall darf der volle Durchstanzwiderstand z. B. nach Gleichung (6.50) angesetzt werden.

Bei Fundamenten mit eingespannten (Krag-)Stützen ist jedoch eine klaffende Sohlfuge unter Bemessungs-lasten mit Spreizung der Teilsicherheitsbeiwerte (für günstige und ungünstige Auswirkungen) die Regel. In [H6-31] wird vorgeschlagen, in solchen Fällen nur den Querkraftwiderstand einer liniengelagerten Platte z. B. nach Gleichung (6.2) zu berücksichtigen. Die vorhandenen Beanspruchungen sollten entlang zweier Nach-weisschnitte überprüft werden (siehe Bild H6-44). Schnitt I–I über die gesamte Fundamentbreite ist im Ab-stand von 1,0d vom Stützenanschnitt anzuordnen. Schnitt II–II ist affin zum kritischen Rundschnitt beim Durchstanznachweis auch im Abstand 1,0d vom Stützenanschnitt zu untersuchen. Es sind die folgenden Nachweise zu führen:

Schnitt I–I: $v_{Ed,I-I} = V_{Ed,I-I} / (b \cdot d) \leq v_{Rd}$ (H.6-17)

Schnitt II–II: $v_{Ed,i} = V_{Ed,i} / (u_i \cdot d) \leq v_{Rd}$ (H.6-18)

Dabei ist

$V_{Ed,I-I}$ die einwirkende Querkraft resultierend aus dem Sohldruck außerhalb des Schnittes I–I;

b die Fundamentbreite;

$v_{Ed,I-I}$ die mittlere vorhandene Schubspannung entlang des Schnittes I–I;

$V_{Ed,i}$ die einwirkende Querkraft im Sektor i (resultierend aus dem Sohldruck des betrachteten Sektor i);

u_i der Teilumfang des Rundschnitts;

$v_{Ed,i}$ die einwirkende Schubspannung längs des Teilumfangs des Rundschnitts;

v_{Rd} der Querkraftwiderstand einer liniengelagerten Platte.

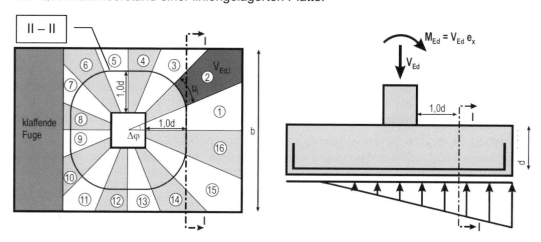

Bild H6-44 – Anwendung des Sektormodells bei einem Fundament mit klaffender Fuge (aus [H6-31])

Zu 6.4.5 Durchstanztragfähigkeit für Platten oder Fundamente mit Durchstanzbewehrung

Zu (1): Wird bei hohen Beanspruchungen eine Durchstanzbewehrung erforderlich, so ist zwischen drei Versagensformen zu unterscheiden (vgl. Bild H6-45):

– Die obere Grenze der Tragfähigkeit $v_{Rd,max}$ wird durch die mehraxialen Druck- und Schubbean-spruchungen des Betons am Stützenanschnitt bestimmt.

– Im Bereich der Durchstanzbewehrung kann ein Versagen dieser Bewehrung auftreten, der zugehörige Bemessungswert wird mit $v_{Rd,cs}$ bezeichnet.

– Die Querkrafttragfähigkeit $v_{Rd,c}$ ist außerhalb des durchstanzbewehrten Bereichs im äußeren Rundschnitt u_{out} nachzuweisen und begrenzt somit den Bereich mit Durchstanzbewehrung.

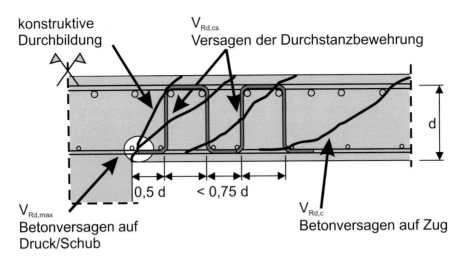

konstruktive Durchbildung

$V_{Rd,cs}$

Versagen der Durchstanzbewehrung

0,5 d < 0,75 d

$V_{Rd,max}$

Betonversagen auf Druck/Schub

$V_{Rd,c}$

Betonversagen auf Zug

d

Bild H6-45 – Versagensformen im Bereich mit Durchstanzbewehrung

Flachdecken

In EN 1992-1-1 wird mit Gleichung (6.52) zunächst der Grundwert der Durchstanzbewehrungsmenge A_{sw} im Rundschnitt u_1 im Abstand 2,0d von der Lasteinleitungsfläche bestimmt. Diese Bewehrungsmenge soll in jeder erforderlichen Bewehrungsreihe angeordnet werden. Die Anzahl der erforderlichen Bewehrungsreihen wird durch die maximalen radialen Reihenabstände s_r und durch den äußeren Rundschnitt u_{out} bestimmt. Multipliziert man die Schubspannungen nach Gleichung (6.52) mit der Schubfläche im Rundschnitt ($u_1 \cdot d$), erhält man z. B. für 90°-Bügel die Durchstanztragfähigkeit als Querkraft:

$$V_{Ed} \leq V_{Rd,cs} = 0{,}75 \cdot V_{Rd,c} + 1{,}5 \cdot (d / s_r) \cdot A_{sw} \cdot f_{ywd,ef} = 0{,}75 \cdot V_{Rd,c} + (A_{sw} / s_r) \cdot f_{ywd,ef} \cdot 1{,}5d \qquad \text{(H.6-19)}$$

Für die Ermittlung der Durchstanzbewehrung darf die günstige Wirkung einer Vorspannung im Betontraganteil $v_{Rd,c}$ in Gleichung (6.52) nur mit $0{,}5 \cdot k_1 \cdot \sigma_{cp}$ berücksichtigt werden, wobei die anrechenbare Betondruckspannung auf maximal $\sigma_{cp} \leq 2{,}0$ MN/m² begrenzt werden sollte.

Um die abnehmende Verankerungsqualität von Bügeln in dünnen Decken zu berücksichtigen, sind bei statischen Nutzhöhen bis $d \leq 740$ mm (für Betonstahl B500) die wirksame Bemessungsspannung der Durchstanzbewehrung auf $f_{ywd,ef} = 250 + 0{,}25d \leq f_{ywd}$ zu reduzieren und der Bügeldurchmesser mit $\phi_w \leq 0{,}05d$ zu beschränken (siehe 9.4.3 (1)).

Die Bemessungsgleichung zur Bestimmung der Durchstanzbewehrung aus aufgebogener Bewehrung weist einen günstigeren Beiwert zur Berücksichtigung der höheren Wirksamkeit auf, da die Schrägstäbe den Durchstanzriss unabhängig von seiner Neigung kreuzen und somit eine Einschnürung der Druckzone verzögern. Aufgrund der besseren Verankerung erreichen Schrägstäbe auch bei dünnen Platten die Streckgrenze, sodass hier $f_{ywd,ef} = f_{yd}$ ausgenutzt werden darf.

In Bild H6-46 werden die Bruchlasten aus Durchstanzversuchen, bei denen ein Versagen der Bügelbewehrung maßgebend war, mit dem Bemessungsansatz nach EN 1992-1-1 verglichen. Die Überprüfung ergab, dass dieser Ansatz die erforderliche Durchstanzbewehrungsmenge in den ersten beiden Rundschnitten deutlich unterschätzt [H6-19] (vgl. Bild H6-46 a). Daher wird in DIN EN 1992-1-1/NA die Durchstanzbewehrungsmenge für die erste Reihe (im Abstand 0,3d bis 0,5d zum Rand der Lasteinleitungsfläche) mit dem Faktor $\kappa_{sw,1} = 2{,}5$ und für die zweite Reihe im Abstand 0,75d zur ersten Reihe mit dem Faktor $\kappa_{sw,1} = 1{,}4$ erhöht (vgl. Bild H6-46 b)). Der gewählte Ansatz mit den Vergrößerungsfaktoren für die beiden ersten Reihen deckt nahezu trendfrei die Bruchlasten sicher ab.

In [H6-19] haben *Hegger* et al. auch das Sicherheitsniveau für Durchstanzbewehrungen mit Schrägstäben untersucht. Dabei wurde der in EN 1992-1-1 vorgeschlagene Vorfaktor $1{,}5 \cdot (d / s_r) = 1{,}5 \cdot 0{,}67$ zur Bestimmung der Durchstanzbewehrungsmenge überprüft. Die Auswertung wurde mit den Begrenzungen des u_0 / d-Verhältnisses und des Längsbewehrungsgrades auf $0{,}5f_{cd} / f_{yd}$ durchgeführt. Die Bestimmung des Betontraganteils $v_{Rd,c}$ im Rundschnitt bei 2,0d führte insbesondere bei großen statischen Nutzhöhen zu deutlich höheren Betontraganteilen als nach DIN 1045-1 [R4]. Dies wird durch die vorhandenen Versuche nur unzureichend erfasst. Daher wurde für den NA auf der sicheren Seite liegend eine Erhöhung der geneigten Durchstanzbewehrungsmenge um 25 % festgelegt, d. h., der Vorfaktor im NA wird dann zu $(1{,}5 \cdot 0{,}67 / 1{,}25) = 1{,}5 \cdot 0{,}53 \approx 0{,}8$ bestimmt.

Um die Rissbreite im Durchstanzriss gering zu halten und den Einfluss des Biegerollendurchmessers zu beschränken, ist der Durchmesser von Schrägstäben auf die statische Nutzhöhe mit $\phi_w \leq 0{,}08d$ abzustimmen (siehe 9.4.3 (1)).

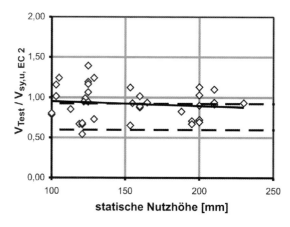
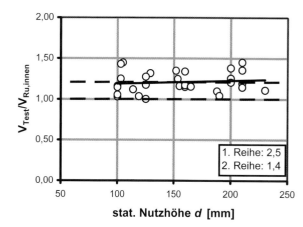

a) nach EN 1992-1-1; A_{sw} konstant je Reihe [H6-14]

b) nach DIN EN 1992-1-1/NA; $A_{sw,1+2}$ vergrößert [H6-19]

Bild H6-46 – Verhältnis der Versuchsbruchlast V_{Test} zur Traglast der Durchstanzbewehrung $V_{sy,u}$ bzw. V_{Ru} in Abhängigkeit der statischen Nutzhöhe

Fundamente

Die Bestimmungsgleichung zur Ermittlung der Durchstanzbewehrungsmenge führt bei Fundamenten teilweise zu so großen Durchstanzbewehrungsmengen, dass diese nicht innerhalb eines Rundschnittes eingebaut werden können. Daher wurde zur Sicherstellung der Tragfähigkeit innerhalb des durchstanzbewehrten Bereichs ein modifizierter Ansatz angegeben.

In Anlehnung an die Zulassungen für Doppelkopfanker ist die gesamte einwirkende Querkraft von den ersten beiden Bewehrungsreihen aufzunehmen. Ein Betontraganteil wird dabei nicht angesetzt. Aufgrund der bei Fundamenten steileren Neigung des Versagensrisses, sollte die erste Reihe im Abstand $0,3d$ und die zweite Reihe mit einem Abstand von nicht mehr als $0,8d$ vom Stützenanschnitt angeordnet werden. Es ergibt sich bei Annahme eines gleichmäßig verteilten Sohldrucks σ_{gd} folgende Gleichung für die Tragfähigkeit innerhalb der durchstanzbewehrten Zone:

$$\beta \cdot V_{Ed,red} = \beta \cdot (V_{Ed} - \Delta V_{Ed}) = \beta \cdot (V_{Ed} - A_{crit} \cdot \sigma_{gd}) \leq V_{Rd,s} = A_{sw,1+2} \cdot f_{ywd,ef} \qquad \text{(H.6-20)}$$

Dabei ist

$A_{sw,1+2}$ die Querschnittsfläche der Durchstanzbewehrung in 2 Reihen bis $0,8d$ vom Stützenanschnitt;

$f_{ywd,ef}$ der Bemessungswert der wirksamen Stahlspannung der Durchstanzbewehrung:

     $f_{ywd,ef} = 250 + 0,25d \leq f_{ywd}$;

A_{crit} die Fläche innerhalb des iterativ bestimmten kritischen Rundschnitts.

Bei schlanken Stützenfundamenten mit $\lambda = a_\lambda / d > 2,0$ oder Bodenplatten dürfen zur Vereinfachung der Rechnung 50 % der Summe der Bodenpressungen innerhalb des konstanten Rundschnitts im Abstand $1,0d$ entlastend angenommen werden. Zur Einhaltung des Durchstanznachweises können auch mehr als zwei Reihen Durchstanzbewehrung notwendig werden. Der in diesen zusätzlichen Reihen erforderliche Bewehrungsquerschnitt darf vereinfacht ermittelt werden, indem 33 % der einwirkenden Querkraft $\beta \cdot V_{Ed,red}$ „hochgehängt" werden. Der Sohldruck innerhalb der jeweiligen weiteren Bewehrungsreihe darf dabei vollständig von der einwirkenden Querkraft abgezogen werden (siehe auch [H6-32]).

Werden Schrägstäbe als Durchstanzbewehrung verwendet, darf aufgrund der höheren Verankerungsqualität bei ausreichend kleinen Stabdurchmessern ($\phi_w \leq 0,08d$) die Stahlspannung bis zur Streckgrenze f_{ywd} ausgenutzt werden. In Anlehnung an DAfStb-Heft [525] darf die effektive Querschnittsfläche des Schrägstabes mit einem Faktor von 1,3 erhöht werden. Bei Anordnung von Schrägstäben mit dem Winkel $45° \leq \alpha \leq 60°$ zur Bauteilachse unter Ansatz eines gleichmäßig verteilten Sohldrucks ergibt sich für die Tragfähigkeit innerhalb des durchstanzbewehrten Bereichs:

$$\beta \cdot V_{Ed,red} = \beta \cdot (V_{Ed} - \Delta V_{Ed}) = \beta \cdot (V_{Ed} - A_{crit} \cdot \sigma_{gd}) \leq V_{Rd,s} = 1,3 \cdot A_{sw,schräg} \cdot f_{ywd} \cdot \sin\alpha \qquad \text{(H.6-21)}$$

Zu (2): Aufgrund des im Vergleich zu Flachdecken steileren Durchstanzkegels, sind die radialen Maximalabstände der Durchstanzbewehrung bei Fundamenten zu verringern [H6-31]. Dabei ist der radiale Abstand der ersten Bewehrungsreihe auf $0,3d$ und der zweiten Bewehrungsreihe auf $0,8d$ vom Rand der Lasteinleitungsfläche zu begrenzen, damit die steileren möglichen Versagensrisse (insbesondere der erste) in jedem Fall erfasst werden.

Sollte bei gedrungenen Fundamenten eine dritte Bewehrungsreihe erforderlich werden, ist ein engerer Bügelabstand $s_r = 0,5d$ zur zweiten Reihe einzuhalten (siehe auch Erläuterungen zu 9.4.3 (4)). Bei schlanken Fundamenten und Bodenplatten sind die radialen Abstände s_r zwischen den weiteren Bewehrungsreihen auf $0,75d$ zu begrenzen, damit entlang flacherer Risse mit einer Neigung von $\cot\theta = 1,5$ mindestens zwei Bügelreihen wirken (vgl. Bild 9.10DE c)).

Geneigte Stäbe haben den Vorteil, dass sie stets voll wirksam verankert sind und den Durchstanzkegel unabhängig von der jeweiligen Rissneigung schneiden. Daher ist bei aufgebogener Bewehrung auch eine rechnerisch erforderliche Bewehrungsreihe ausreichend, die im Bereich zwischen $0,3d$ bis $1,0d$ vom Rand der Lasteinleitungsfläche anzuordnen ist, um sicherzustellen, dass die Schrägstäbe den Versagensriss schneiden [H6-31].

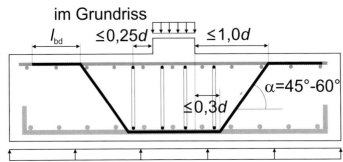

Bild H6-47 – Abstände von Schrägaufbiegungen als Durchstanzbewehrung in Fundamenten

Zu (3): Beim Nachweis der Maximaltragfähigkeit nach EN 1992-1-1 wird der Bemessungsschnitt direkt an der Stütze (Rundschnitt u_0) geführt und der Durchstanzwiderstand $v_{Rd,max}$ in Analogie zur Druckstrebentragfähigkeit von Balken ermittelt. Damit ist die Bemessungsgleichung insbesondere von der Betondruckfestigkeit und dem Stützenumfang abhängig.

Versuchsbeobachtungen lassen jedoch eindeutig erkennen, dass für schlanke Flachdecken nicht das Versagen der schrägen Betondruckstrebe, sondern die Tragfähigkeit der Betondruckzone am Stützenanschnitt maßgebend ist [H6-22]. Die Beanspruchung der Druckzone wird dabei wesentlich von der Plattenrotation und dem Verankerungsschlupf der Durchstanzbewehrung (Schubrissbreite) beeinflusst. Infolge der geringen Druckzonenhöhe am Stützenanschnitt und der unvollständigen Umschnürung durch die Bügelbewehrung in diesem Bereich tritt vor Erreichen der maximalen Druckstrebentragfähigkeit ein Abplatzen der Betondeckung auf. Aus diesem Grund erfolgt die Ermittlung der maximalen Durchstanztragfähigkeit in anderen Normen, z. B. in DIN 1045-1 [R4] oder in der Schweizer SIA 262 [R49], als Vielfaches der Tragfähigkeit ohne Durchstanzbewehrung [H6-6].

Auch der Vergleich mit den bekanntermaßen gegenüber Bügeln höheren Maximaltragfähigkeiten optimierter Durchstanzbewehrungselemente (wie z. B. Doppelkopfanker) zeigt, dass der Ansatz der Druckstrebentragfähigkeit ungeeignet ist (siehe Bild H6-48 b).

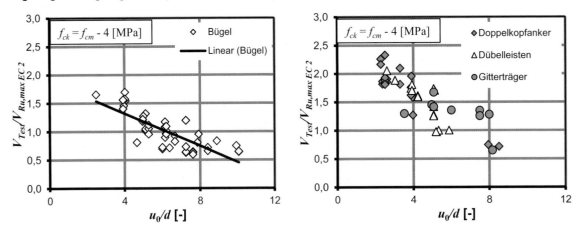

a) Bügel

b) Bewehrungselemente

Bild H6-48 – Vergleich von Versuchsbruchlasten V_{Test} mit dem maximalen Durchstanzwiderstand $V_{Ru,max}$ nach EN 1992-1-1 (aus [H6-22]) ($V_{Rd,max} = 0,4 \cdot 0,6 \cdot (1 - f_{ck} / 250) \cdot f_{cd}$)

Die Ermittlung der Maximaltragfähigkeit bei Flachdecken als ein Vielfaches der Durchstanztragfähigkeit ohne Durchstanzbewehrung in einem kritischen Rundschnitt hat sich in mehreren Normen bewährt. Durch den Nachweis im Abstand 2,0d ist die Stützengeometrie nur noch von untergeordneter Bedeutung, da eventuelle Spannungsspitzen bis zum betrachteten Rundschnitt bereits abgeklungen sind. Die Maximaltragfähigkeit einer mit Bügeln oder Schrägstäben durchstanzbewehrten Flachdecke wurde anhand von Versuchen als 1,4-fache Tragfähigkeit ohne Durchstanzbewehrung $v_{Rd,c}$ festgelegt (vgl. Bild H6-49). Im Bemessungswert $v_{Rd,c}$ werden die wesentlichen Einflussparameter zur Bestimmung der Betondruckzonenhöhe und Festigkeit (d, ρ_l, f_c, k) ausreichend genau berücksichtigt (siehe [H6-41]).

Für eine statistische Auswertung von Rand- und Eckstützen ist keine ausreichend große Datenbasis vorhanden. Der Vorfaktor 1,4 zur Maximaltragfähigkeit von Rand und Eckstützen wird dem von Innenstützen unter der Maßgabe gleichgesetzt, dass die Lasterhöhungsfaktoren β die ungleichmäßigere Schubspannungsverteilung entlang des Bemessungsrundschnitts um die Lasteinleitungsfläche ausreichend berücksichtigen [H6-6].

Eine rechnerisch günstige Betondruckspannung σ_{cp} bei $v_{Rd,c}$, z. B. infolge Vorspannung, darf beim Nachweis der Maximaltragfähigkeit nicht in Ansatz gebracht werden. Diese Einschränkung ist notwendig, da bisher keine Versuche zur Kombination von Vorspannung und Bügelbewehrung auf dem Niveau der Maximaltragfähigkeit vorliegen [H6-6].

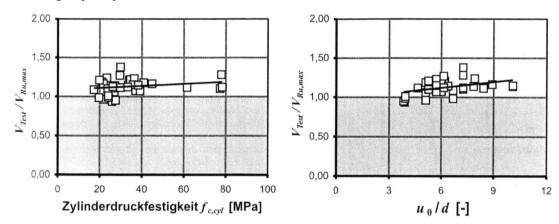

Bild H6-49 – Vergleich von Versuchsbruchlasten V_{Test} mit dem maximalen Durchstanzwiderstand $V_{Ru,max}$ nach DIN EN 1992-1-1/NA (aus [H6-22]) ($V_{Ru,max} = 1,4 \cdot v_{Ru,c} \cdot u_1 \cdot d$)

Für Fundamente ist nach EN 1992-1-1 wie bei Flachdecken die Maximaltragfähigkeit über die Druckstrebentragfähigkeit am Stützenanschnitt (Rundschnitt u_0) nachzuweisen. Da die statistische Auswertung von Durchstanzversuchen an Flachdeckenausschnitten ein nicht ausreichendes Sicherheitsniveau ergab, war eine Überprüfung der Bemessungsgleichung für Fundamente ebenfalls erforderlich.

Für Fundamente und Bodenplatten standen insgesamt zehn Versuche zur Verfügung, von denen acht Versuchskörper mit Bügeln und je ein Versuch mit Schrägstäben und Betonstahlstäben mit aufgeschweißten Ankerköpfen als Durchstanzbewehrung ausgeführt waren (siehe [H6-31]). Damit der Einfluss der Schubschlankheit a_λ / d und die davon abhängige unterschiedliche Neigung des Versagensrisses bei der Ermittlung der Maximaltragfähigkeit erfasst werden, wurde die Tragfähigkeit ohne Durchstanzbewehrung mit dem iterativen Ansatz nicht durchstanzbewehrter Fundamente berechnet.

Aufgrund der geringen Anzahl von Versuchen konnte keine weitergehende Auswertung wie bei den Versuchen an schlanken Platten vorgenommen werden. Solange keine weiteren Versuche vorliegen, wird nach DIN EN 1992-1-1/NA die Maximaltragfähigkeit von Fundamenten in Analogie zu Flachdecken als 1,4-facher Wert der Tragfähigkeit ohne Durchstanzbewehrung nach dem iterativen Ansatz mit $v_{Rd,c}$ nach Gleichung (6.50) und dem Vorfaktor $C_{Rd,c} = 0,15 / \gamma_C$ definiert (siehe [H6-32]).

Zu (4): Die Begrenzung des durchstanzbewehrten Bereiches ist durch einen äußeren Rundschnitt u_{out} gekennzeichnet, in dem mindestens die Querkrafttragfähigkeit einer liniengelagerten Platte ohne Querkraftbewehrung $v_{Rd,c}$ nach Gleichung (6.2) erreicht wird:

$$\beta \cdot V_{Ed} \leq V_{Rd,c,out} = v_{Rd,c} \cdot d \cdot u_{out} \tag{H.6-22}$$

Die letzte Durchstanzbewehrungsreihe darf dabei maximal im Abstand von 1,5d innerhalb des Rundschnitts u_{out} angeordnet werden. Der äußere Rundschnitt sollte in der Regel zur Form des kritischen Rundschnitts affin verlaufen (Bild H6-50 a)). Je gleichmäßiger und sternförmiger die Durchstanzbewehrung angeordnet ist (z. B. Dübelleisten) und je weiter der äußere Rundschnitt von der Lasteinleitungsfläche entfernt ist, desto kreisbogenförmiger kann der äußere Rundschnitt angenommen werden. Die Bodenpressungen innerhalb der äußersten Bewehrungsreihe wirken entlastend und dürfen von der einwirkenden Querkraft abgezogen werden. Auf eine Übergangsfunktion zur Vermeidung eines sprunghaften Übergangs auf den Querkraftwiderstand wie in DIN 1045-1 und einen für den äußeren Rundschnitt bei Rand- und Eckstützen reduzierten Lasterhöhungsfaktor β_{red} wie in [525] wurde verzichtet. Zum einen ist durch die neue Lage des kritischen Rundschnitts im Abstand von 2,0d der Unterschied zwischen der Durchstanztragfähigkeit und der Querkrafttragfähigkeit kleiner geworden, zum anderen ergeben sich mit dem neuen Ansatz für den β-Faktor mit der plastischen Schubspannungsverteilung deutlich kleinere Werte als nach dem in [525] vorgeschlagenen Verfahren.

Die rechtwinklig angeordnete und auf die Gurtstreifen konzentrierte Durchstanzbewehrung mit einem aufgelösten wirksamen äußeren Rundschnitt $u_{out,ef}$ darf nicht verwendet werden, da zu große unbewehrte „Zwickelbereiche" diagonal zu den Spannrichtungen entstehen (vgl. Bild H6-50 b) [H6-6].

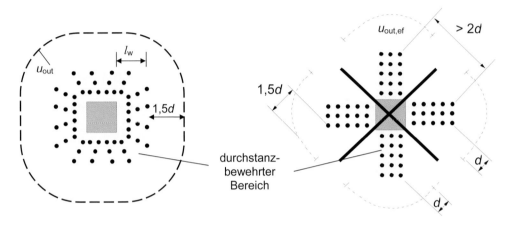

a) geschlossen u_{out}

b) aufgelöst $u_{out,ef}$ (in DE nicht zulässig)

Bild H6-50 – Äußerer Rundschnitt zur Abgrenzung des durchstanzbewehrten Bereichs

Grundsätzlich lassen sich zwei Vorgehensweisen bei der Bemessung gegen Durchstanzen unterscheiden [H6-6]:

a) Der minimale äußere Rundschnittumfang u_{out} nach Gleichung (6.54) (und damit der minimale Abstand a_{out}) wird direkt berechnet. Danach wird die Anzahl der erforderlichen Bewehrungsreihen anhand der maximal zulässigen radialen Reihenabstände bestimmt, wobei sich dann ein in Bezug auf die Bewehrungsmenge in Gleichung (6.52) optimierter minimaler Reihenabstand $s_r < 0,75d$ ergeben kann.

b) Beim zweiten Ansatz wird beginnend mit der ersten Bewehrungsreihe ein konstruktiv zweckmäßiger Reihenabstand $\leq$ max s_r gewählt. Um jede Bewehrungsreihe wird ein äußerer Rundschnitt u_{out} im Abstand 1,5d gelegt und überprüft, ob $\beta \cdot V_{Ed} \leq V_{Rd,c,out}$ eingehalten ist. Hierbei wird jeweils solange eine weitere Bewehrungsreihe angeordnet, bis der Nachweis erfolgreich ist (vgl. Bild H6-50 a).

Bei Bügeln ist jedoch immer eine zweite konstruktiv bewehrte Reihe erforderlich, auch wenn rechnerisch eine ausreicht.

Zu (NA.6): Insbesondere bei dicken Fundamentplatten kann infolge des Abzugswertes aus dem Sohldruck eine ausreichende Durchstanztragfähigkeit mit relativ geringen Längsbewehrungsgraden nachgewiesen werden. Zur Sicherstellung der räumlichen Tragmechanismen ist ein Grundmaß an Biegetragfähigkeit notwendig. Dieser Grundwert wurde nach der Plastizitätstheorie in Form von Mindestbiegemomenten festgelegt. Bei geringen Abständen von Lasteinleitungsflächen ist im Einzelfall zu prüfen, ob die Plastizitätstheorie durch ein Bogen-Zugband-Modell ersetzt werden kann (direkter Lastabtrag), um eine baupraktisch sinnvolle Grundbewehrung zu erhalten.

Für die Verteilungsbreite der Mindestlängsbewehrung bei Fundamenten ist mindestens der kritische Rundschnitt abzudecken. Planmäßig zentrisch belastete Stützen, die mittig auf dem Fundamentgrundriss angeordnet sind, dürfen wie Innenstützen behandelt werden. In allen anderen Fällen ist unter Berücksichtigung der Ausmitten die Stütze als Rand- bzw. Eckstütze in Tabelle NA.6.1.1 einzuordnen. Die β-Werte sind für den Nachweis der Durchstanztragfähigkeit entsprechend zu berücksichtigen.

Die Ermittlung der Mindestmomente bei Fundamenten nach Gleichung (NA.6.54.1) darf mit einer um die günstige Wirkung des Sohldrucks verminderten Querkraft $V_{Ed,red}$ erfolgen. Dabei darf jedoch nur der Sohldruck unmittelbar unter der Lasteinleitungsfläche A_{load} berücksichtigt werden (nicht unter A_{crit}).

Zu 6.5 Stabwerkmodelle

Zu 6.5.1 Allgemeines

Eine Grundlage für die Bemessung mit Stabwerkmodellen ist die Plastizitätstheorie. Bei Scheiben ist dabei kein Nachweis des Rotationsvermögens erforderlich (siehe 5.6.1 (NA.5)). Die Modellierung erfolgt unter Einhaltung des Kräftegleichgewichts mit den Einwirkungen im Grenzzustand der Tragfähigkeit und unter Einhaltung der Bemessungswerte für die Festigkeiten der Elemente des Stabwerkmodells. Somit wird der untere oder statische Grenzwertsatz der Plastizitätstheorie verwendet.

Das Stabwerkmodell sollte an der Spannungsverteilung nach linearer Elastizitätstheorie orientiert werden, sodass nur geringe Umlagerungen der inneren Kräfte von der Gebrauchslast zur Grenzlast der Tragfähigkeit zu erwarten sind. Jedes Stabwerkmodell gehört immer zu einer bestimmten Lastkombination. Wenn die Belastung und die Geometrie aufeinander abgestimmt sind, dürfen auch kinematische Stabwerkmodelle gewählt werden. Ausführliche Erläuterungen hierzu geben *Schlaich* und *Schäfer* in [H6-35], [H6-36] und [H6-37].

Zu 6.5.2 Bemessung der Druckstreben

Zu (1): Die nachfolgend angegebenen Bemessungswerte für die Druckfestigkeit gelten für Normalbeton; die Werte für Leichtbeton sind mit dem Beiwert η_1 zu multiplizieren, vgl. NA.11.6.5 (1).

Der Bemessungswert für die Druckfestigkeit von ungerissenen Druckstreben, z. B. von Gurten oder Biegedruckzonen biegebeanspruchter Bauteile, beträgt nach Gleichung (6.55) $\sigma_{Rd,max} = 1,0 \cdot f_{cd}$.

Dieser Wert bezieht sich auf die Spannungs-Dehnungs-Linien nach Bild 3.3 oder 3.4. Vielfach wird man bei der Bemessung mit Stabwerkmodellen jedoch den Spannungsblock nach Bild 3.5 verwenden. Dabei ist bei der Wahl der Druckstrebenbreite nach NCI zu 6.5.2 (1) auf die Verträglichkeit zu achten, d. h. die Druckzonenhöhe darf nicht größer sein als sie sich bei Annahme einer linearen Dehnungsverteilung ergeben würde.

Zu (2): Für Druckstreben parallel zu Rissen beträgt der Bemessungswert der Festigkeit mit $\nu' = 1,25$ nach NDP zu 6.5.2 (2):

$$\sigma_{Rd,max} = 0,6 \cdot \nu' \cdot f_{cd} = 0,75 \cdot f_{cd}. \hspace{2cm} \text{(6.57aDE) in (6.56)}$$

Dieser Wert gilt auch für die Druckstreben des Fachwerkmodells im B-Bereich nach NDP zu 6.2.3 (3). Allerdings wird bei der Querkraftbemessung nach 6.2.3 dieser Wert nur für sehr hohe Querkraftbeanspruchung ausgenutzt, und dann verlaufen die Risse parallel zu den Druckstreben. Normalerweise wird die Abweichung von der Rissrichtung durch die Begrenzung der Druckstrebenneigung nach den Gleichungen (6.7aDE) und (6.7bDE) kontrolliert. Dieser Nachweis deckt die geringere Tragfähigkeit der über die geneigten Risse im Steg verlaufenden Druckstreben ab.

In D-Bereichen gibt es eine solche Kontrolle nicht, deshalb muss eine Abschätzung über das mögliche Rissbild erfolgen. Dies ist allerdings in vielen Fällen schwierig und wird wohl nur in den Fällen möglich sein, bei denen entsprechende Versuchserfahrungen vorliegen. Im Regelfall wird man deshalb ungünstigerweise unterstellen, dass die Druckstreben Risse kreuzen können und einen geringeren Festigkeitswert ansetzen. Dieser darf mit $\nu' = 1,0$ (Gleichung (6.57bDE)) wie folgt angenommen werden:

$\sigma_{Rd,max} = 0,6 \cdot \nu' \cdot f_{cd} = 0,60 \cdot f_{cd}$ für Druckstäbe, die Risse kreuzen können.

Für Bauteile mit sehr starker Rissbildung, wie z. B. in Zuggurten von Kastenträgern, sind noch niedrigere Werte möglich. Dies war auch in DIN 1045-1 [R4] bei kombinierter Querkraft und Torsion beim Nachweis der Druckstrebenfestigkeit nach Gleichung (93) der Fall. In DIN EN 1992-1-1/NA beträgt dieser Wert nach Gleichung (6.57cDE) $\nu' = 0,875$:

$\sigma_{Rd,max} = 0,6 \cdot \nu' \cdot f_{cd} = 0,525 \cdot f_{cd}$ für Druckstäbe, die breite Risse kreuzen können.

Es wird empfohlen, bei der Bemessung mit Stabwerkmodellen in vergleichbar ungünstig und hoch beanspruchten Bauteilbereichen höchstens nur diesen Wert auszunutzen.

Alle diese Werte sind für Betonfestigkeitsklassen $f_{ck} > 50$ N/mm² abzumindern, indem die Werte mit dem Beiwert $\nu_2 = (1,1 - f_{ck} / 500)$ zu multiplizieren sind. Die resultierenden Werte sind im Bild H6-51 dargestellt. Der Vergleich mit den empfohlenen Werten nach Gleichung (6.56) mit Gleichung (6.57N) aus EN 1992-1-1 zeigt, dass diese sehr viel konservativer sind. Die im NA vorgeschlagenen Werte sind mit den Werten der DIN 1045-1 [R4] identisch. Für weitere Abminderungen wurden keine Gründe gesehen.

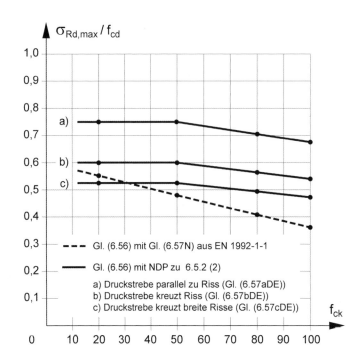

Bild H6-51 – Vergleich der Druckstrebenfestigkeit aus Gleichung (6.56) nach EN 1992-1-1 und DIN EN 1992-1-1/NA

Zu 6.5.3 Bemessung der Zugstreben

Zu (1): Die festgelegten Bemessungswerte für die Stahlspannungen der Zugstäbe setzen duktiles Verhalten voraus. Dies muss durch die Wahl der Modelle sichergestellt werden. Allgemeine Regeln hierfür lassen sich leider nicht angeben und man ist vielfach auf die durch Versuche gewonnene Erfahrung angewiesen. Allerdings ist immer Vorsicht geboten, wenn Tragwerksbereiche unbewehrt bleiben, und somit oft die Betonzugfestigkeit in Anspruch genommen wird. Das bekannteste Beispiel hierfür sind Bauteile ohne Bügel, die spröde versagen und deshalb in ihrer Tragfähigkeit durch Gleichung (6.2a) begrenzt sind. Viele Beispiele mangelnder oder begrenzter Duktilität ergeben sich auch dadurch, dass die Bewehrungsstäbe in Dickenrichtung punktuell, die Druckstreben hingegen kontinuierlich über die Bauteilbreite verteilt sind. Somit treten Querzugspannungen im Beton auf, für die vielfach keine Bewehrung eingelegt werden kann. Eine besonders wichtige Voraussetzung für duktiles Verhalten liegt im Tragverhalten der Knoten, insbesondere der Knoten mit Verankerungen von Bewehrungen, sodass eine sorgfältige konstruktive Durchbildung von besonderer Bedeutung ist.

Zu (2): Zugstäbe verändern ihre Kräfte nur in Knoten und somit können Bewehrungen zwischen Knoten nicht abgestuft werden. Innerhalb von sogenannte „verschmierten Knoten" ist eine Abstufung möglich, da sich diese über größere Bereiche erstrecken und großflächige zweiachsig beanspruchte Spannungsfelder darstellen, wie Bild H6-52 für einen Druckknoten (CCC-Knoten) (a) und einen Zug-Druck-Druck-Knoten (TCC-Knoten) (b) zeigt. Die Verfeinerung des Stabwerkmodells durch Aufteilung in mehrere Kräfte, die schließlich zu Spannungsfeldern führt, zeigt im Bild H6-52 deutlich, wo die Druckkräfte umgelenkt werden und somit die über die Höhe verteilten Bewehrungsstäbe enden könnten.

Die Bewehrung muss bis zum Knotenende geführt werden, also bis mindestens zum Ende der Auflagerplatte eines Endauflagers, und es reicht nicht, diese nur bis zum Schnittpunkt der Kräfte zu führen.

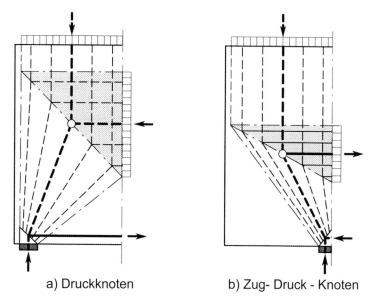

a) Druckknoten   b) Zug- Druck - Knoten

Bild H6-52 – Sogenannte „verschmierte Knoten" in Stabwerkmodellen

Zu (3): Die Querzugkräfte T in flaschenförmigen Spannungsfeldern wurden von *Schlaich* und *Schäfer* (z. B. in [H6-37]) aus einem Stabwerkmodell abgeleitet (Bild H6-53 c). Die effektive Druckfeldbreite b_{ef} bei unbegrenzter Spannungsausbreitung wurde dabei auf Basis von FEM-Berechnungen abgeschätzt.

Im Spannungsfeld mit begrenzter Ausbreitung der Druckspannung nach Bild H6-53 a) ergibt sich mit $y = (b - a) / 4$ und $z = 0{,}5b$:

$$T = \frac{1}{2} \cdot F \cdot \frac{b-a}{4} \cdot \frac{2}{b} = \frac{1}{4} \cdot F \cdot \frac{b-a}{b} \qquad\qquad \text{(H.6-23)}$$
$$\text{(entspricht Gleichung (6.58))}$$

Im Spannungsfeld mit unbegrenzter Ausbreitung der Druckspannung nach Bild H6-53 b) ergibt sich mit $y = (b_{ef} - a) / 4$ und $z = 0{,}5h = 0{,}25H$:

$$T = \frac{1}{2} \cdot F \cdot \frac{b_{ef}-a}{4} \cdot \frac{4}{H} = \frac{1}{2} \cdot F \cdot \frac{0{,}5H+0{,}65a-a}{H} = \frac{1}{2} \cdot F \cdot \left(0{,}5 - \frac{0{,}35a}{H}\right) = \frac{1}{4} \cdot F \cdot \left(1 - \frac{0{,}70a}{H}\right) \qquad \text{(H.6-24)}$$

Mit Gleichung (H.6-24) wird deutlich, dass Gleichung (6.59) in EN 1992-1-1 statt h die Gesamthöhe H beinhalten sollte. Dies entspricht auch der Ableitung von *Schlaich* und *Schäfer* in [H6-37]. In *Schlaich* und *Schäfer* in [H6-35] und [H6-36] wurde H leider mit h vertauscht (Druckfehler). In der A1-Änderung des NA wurde die Gleichung deshalb berichtigt.

Bei großen Belastungsbreiten ergeben sich nach Gleichung (H.6-24) sehr konservative Querzugkräfte. In [H6-35] haben *Schlaich* und *Schäfer* die Modellierung verbessert. Danach wird der Anwendungsbereich der Gleichung (6.58) etwas weiter gefasst. Die Gleichung (H.6-24) wurde für eine seitlich unbegrenzte Ausbreitung des Druckfeldes nach Bild (6.25 b) abgeleitet. Für größere Belastungsbreiten bis $a \leq 0{,}8H$ liefert folgende angepasste Näherungsformel verbesserte Ergebnisse [H6-35]:

$$T = 0{,}25 \cdot F \cdot (1 - 0{,}7 \cdot a / H)^2 \qquad\qquad \text{(H.6-25)}$$

Einen Vergleich der verschiedenen Ansätze enthält Bild H6-54. Dieser verdeutlicht, dass die verbesserte Näherung nach Gleichung (H.6-25) mit der Gleichung (6.59) aus EN 1992-1-1 bis ca. $a \leq 0{,}25H$ ausreichend genau übereinstimmt. Bei größeren Belastungsbreiten $a > 0{,}25H$ sollte Gleichung (H.6-24) angewendet werden [H6-6].

Bei Belastungsbreiten $a > 0{,}8H$ stellt sich praktisch ein paralleles Druckfeld ein, das nur einer geringen konstruktiven Querbewehrung bedarf. Fallbezogene spezifische Stabwerkmodelle ergeben oft geringere Querzugkräfte, insbesondere wenn die Kräfteumlagerung bei Rissbildung berücksichtigt wird. Dadurch werden die Druckspannungsfelder in der Regel schlanker.

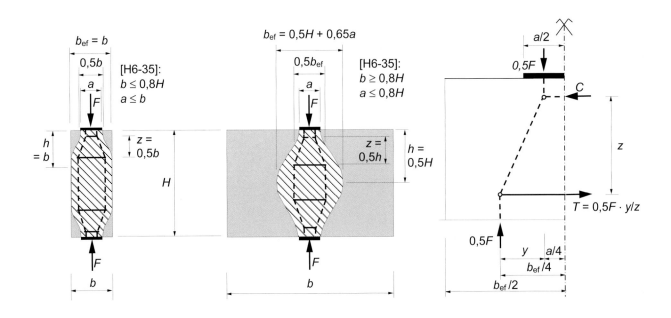

a) begrenzte Ausbreitung   b) unbegrenzte Ausbreitung   c) Stabwerkmodell für *T*

Bild H6-53 – Bestimmung der Querzugkräfte *T* in einem Druckfeld mit verteilter Bewehrung

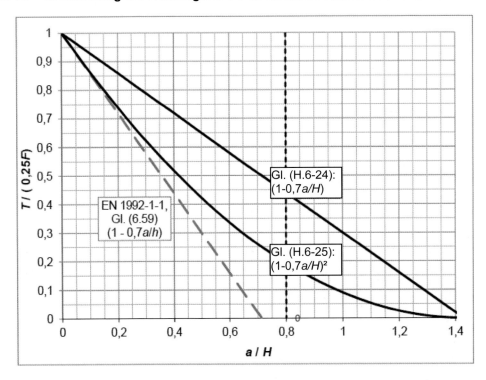

Bild H6-54 – Bestimmung der Querzugkräfte *T* in einem Druckfeld mit unbegrenzter Ausbreitung [H6-6]

Zu 6.5.4 Bemessung der Knoten

Zu (4): Die nachfolgend angegebenen Bemessungswerte für die Druckfestigkeit der Knoten gelten für Normalbeton; die Werte für Leichtbeton sind mit dem Beiwert η_1 zu multiplizieren, vgl. 11.6.5 (2). Für Betonfestigkeitsklassen $f_{ck} > 50$ N/mm² sind die Werte durch den Faktor $\nu_2 = (1,1 - f_{ck} / 500)$ abzumindern.

a) Mit $\nu' = 1,0$ nach NDP zu 6.5.2 (2) und $k_1 = 1,1$ nach NDP zu 6.5.4 (4) beträgt die Druckfestigkeit für Druck-Druck-Knoten:

$$\sigma_{Rd,max} = 1,1 \cdot f_{cd}$$

b) Mit $\nu' = 1,0$ nach NDP zu 6.5.2 (2) und $k_2 = k_3 = 0,75$ nach NDP zu 6.5.4 (4) beträgt die Druckfestigkeit für Druck-Zug-Knoten:

$$\sigma_{Rd,max} = 0,75 \cdot f_{cd}$$

Zu (5) bis (9): Bei genauerem Nachweis dürfen auch höhere Werte angesetzt werden. Günstigere Bedingungen sind gegeben, wenn nicht nur ein ebener Spannungszustand vorliegt und der Knoten in einem Bauteil liegt, das wesentlich breiter als die Knotenbreite oder Ankerplatte ist. In diesen Fällen kann ein Nachweis der Teilflächenbelastung nach 6.7 erfolgen.

Für eine Verankerung mit Schlaufen liegen durch die Umschnürungswirkung ebenfalls günstigere Bedingungen im Knotenbereich vor als bei einer Verankerung mit geraden Stabenden oder Stäben mit Endhaken, sodass auch hier ein höherer Wert von $\sigma_{Rd,max} = 0,85 f_{cd}$ gerechtfertigt ist und angesetzt werden kann.

Die in DIN 1045-1 angegebene Bedingung für die Festigkeit nach 6.5.4 (4) b), dass alle Winkel zwischen Druck- und Zugstreben mindestens 45° betragen sollten, wurde in DIN EN 1992-1-1/NA nicht aufgenommen. Diese Bedingung war als eine einfache Empfehlung zu verstehen, um die Forderung einer guten Modellierung und der Orientierung an den Kräften aus einer linear elastischen Berechnung zu erfüllen. Allerdings wurde schon in [525], angesichts des vorsichtig gewählten Wertes von $\sigma_{Rd,max}$, der Ansatz von $\sigma_{Rd,max} = 0,75 f_{cd}$ auch für geringere Winkel zugelassen. Somit erscheint es gerechtfertigt, dass diese Grenze entfallen ist.

Für eine Platte ohne Querkraftbewehrung und ohne Längskraft kann von einem Fachwerk mit unter 30° geneigten Druckstreben und senkrecht dazu verlaufenden Betonzugstreben ausgegangen werden (vgl. [H6-27]).

Der durch eine Umlenkung eines Bewehrungsstabes entstandene Zug-Druck-Knoten mit zwei Zugstäben (TTC-Knoten) im Bild 6.28 kommt in Rahmenecken oder bei hochgezogenen Auflagern von Balken vor. Der Biegerollendurchmesser sollte dabei möglichst groß gewählt werden. Die umgelenkte Bewehrung sollte gleichmäßig über die Stegbreite verteilt sein. Für die unvermeidlichen Querzugkräfte ist eine Querbewehrung einzulegen.

Für eine einlagige Bewehrung ist der Nachweis der Druckstrebenspannung in einem TCC-Knoten durch Einhalten der Mindestwerte der Biegerollendurchmesser nach Tabelle 8.1DE, Spalten 3 bis 5 erbracht. Bei mehreren Bewehrungslagen gilt dies allerdings nicht. Für solche Knoten nach Bild 6.28 entfällt der günstige Querdruck in einem Knoten nach Bild 6.27, und somit gilt der in 6.5.3 (2) b) angegebene Wert von $\sigma_{Rd,max} = 0,75 f_{cd}$ für den Bemessungswert der Druckstrebenfestigkeit. Im allgemeinen Fall liegt die Druckstrebe nicht genau in der Winkelhalbierenden, wie im Bild H6-55 dargestellt, sodass nicht nur eine Umlenkung der Zugkräfte erfolgt, sondern auch ein Teil der Zugkraft $F_{Etd,2}$ im Bereich der Druckstrebe verankert wird. Der Druckstrebennachweis $\sigma_{Ed} = F_{Ecd} / (b_w \cdot a_c)$ wird für die Breite $a_c = d_{br} \cdot \sin\theta_2$ geführt. Die Anrechnung der vollen Breite b_w des Bauteils oder des Steges setzt natürlich voraus, dass kein Spalten auftreten kann und Querbewehrung vorhanden ist.

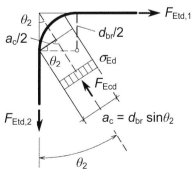

Bild H6-55 – Druckstrebenbreite bei einer Umlenkung unter beliebigem Winkel, wenn die Druckstrebe nicht in der Winkelhalbierenden verläuft

Bei einfachen Modellen werden zunächst Druckstäbe angenommen, die bei einer Verfeinerung des Modells Querzug aufweisen, weil sich die Druckspannungen infolge der konzentriert eingeleiteten Last ausbreiten können (Bild 6.25). Der Druckstab beschreibt zwar das globale Gleichgewicht des betrachteten Bereichs, aber das Bereichsinnere ist ein D-Bereich, für den mit einem verfeinerten Stabwerkmodell die Querzugkraft ermittelt werden kann (vgl. 6.5.3 (3) und Bild 6.25). Wird keine genauere Ermittlung der Größe der Querzug-kraft durchgeführt, z. B. nach [H6-35], Abschnitt 3.5.3.4, dann ist die Annahme $F_{Etd} = 0{,}22F_d$ konservativ, und es kann ggf. die nach 6.7 ermittelte Teilflächenpressung ausgenutzt werden.

Kann keine Bewehrung zur Aufnahme der Querzugkräfte eingelegt werden, dann ist die Pressung unter der Lastplatte auf den Wert $\sigma_{Rd,max} = 0{,}6 \cdot f_{cd}$ zu begrenzen, um ein Auftreten von Spaltrissen zu vermeiden.

Der in Bild 6.27 angegebene Wert für den Bewehrungsüberstand ist als Empfehlung anzusehen. Bei kleineren Überständen ($< 2 \cdot s_0$) darf die von den äußeren Bewehrungslagen eingenommene Höhe als u angesetzt werden (siehe Bild H6-56).

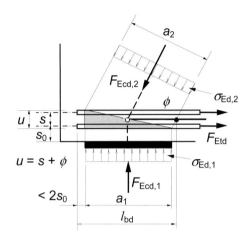

Bild H6-56 – Druck-Zug-Knoten bei geringem Überstand der Bewehrung

Zu 6.7 Teilflächenbelastung

Um die Belastungsfläche A_{c0} herum soll ein ausreichend großer, mindestens der rechnerischen Verteilungs-fläche A_{c1} entsprechender Betonquerschnitt vorhanden sein (Bild H6-57). Eine erhöhte Teilflächenbelastung auf einen theoretisch freigestellten Pyramidenstumpf ohne umgebenden Beton ist nicht zulässig, da sich kein mehraxialer Spannungszustand ausbilden kann. Die ansetzbare rechnerische Verteilungsfläche A_{c1} muss A_{c0} geometrisch ähnlich sein ($b_1 / d_1 = b_2 / d_2$).

Für die Teilflächenbelastung bei einer Lastausbreitung nur in einer Richtung (zweiaxialer Spannungs-zustand, z. B. Einzellast auf Wandscheibe) darf $\sigma_{Rd,max}$ nach 6.5.4 (4) a), Bild 6.26, für einen Druck-Druck-Knoten ausgenutzt werden.

Eine typische Teilflächenbelastung entsteht auch bei der Durchleitung konzentrierter Stützenkräfte durch Deckenplatten. Günstig wirkt dabei die Behinderung der seitlichen Querdehnung im Knoten der Decken-scheibe. *Weiske* [H6-43] hat den Ansatz der mehraxialen Druckfestigkeit in ungestörten Deckenknoten aus Normalbeton untersucht und dabei eine Erhöhung der einaxialen Betondruckfestigkeit mit einem Faktor $\alpha^* = 2{,}5$ bis $3{,}8$ festgestellt. Voraussetzung hierfür ist das Fehlen stützennaher Deckendurchbrüche und eine kreuzweise Mindestlängsbewehrung in den Decken, die bei Flachdecken üblicherweise durch die Biegebe-wehrung gesichert ist. Für die Begrenzung der Stützeneindrückung im Gebrauchslastbereich ist eine ange-messene Vertikalbewehrung im Deckenknoten erforderlich. Unter Berücksichtigung dieser Vertikal-bewehrung wird in [H6-7] eine konservative Bemessungsdruckspannung $\sigma_{Rd,max} \leq 2{,}0 \cdot f_{cd}$ im ungestörten Deckenknoten empfohlen.

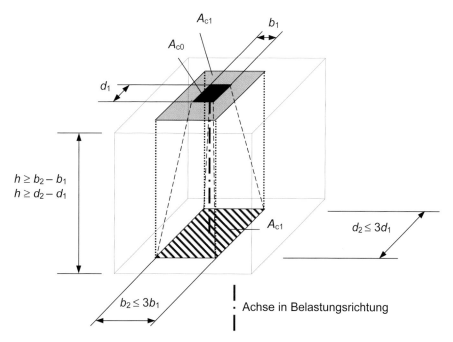

Bild H6-57 – Beispiel für Verhältnis Belastungsfläche A_{c0} zu umgebendem Beton

Zu 6.8 Nachweis gegen Ermüdung

Zu 6.8.1 Allgemeines

Zu (1)P: Die nachfolgenden Regelungen sollen für die gesamte Massivbauweise eine einheitliche Grundlage für die Bemessung von ermüdungsbeanspruchten Bauteilen schaffen.

Der Nachweis gegen Ermüdung (<u>fat</u>igue) kann in drei verschiedenen Nachweisstufen erbracht werden. Da der Rechenaufwand mit den Stufen stark anwächst, empfiehlt es sich stufenweise vorzugehen.

– **Stufe 1: Vereinfachter Nachweis** nach 6.8.6 und 6.8.7 (Voraussetzung: Schwingspielanzahl $N < 10^8$): Für den Stahl wird eine maximale Spannungsschwingbreite und für den Beton werden zulässige Ober- und Unterspannungen nachgewiesen, bei denen ein Versagen infolge Ermüdung ausgeschlossen werden kann.

– **Stufe 2: Nachweis der schädigungsäquivalenten Spannungen** nach 6.8.5: Auf der Grundlage von in Fachnormen angegebenen speziellen Lastmodellen bzw. Lastkollektiven werden schädigungsäquivalente Spannungen der Stahl- und Betonspannungen und zugehörige Lastwechselzahlen ermittelt. Diese schädigungsäquivalenten Spannungen dürfen die Schwingbreite bei der definierten Lastwechselzahl nicht überschreiten.

– **Stufe 3: Expliziter Betriebsfestigkeitsnachweis** nach 6.8.4 (2) auf Grundlage der *Palmgren-Miner*-Regel (nur für Betonstahl und Spannstahl): Dabei werden durch Anwendung eines numerischen Verfahrens (z. B. Rainflow- bzw. Reservoir-Methode) unter Ansatz von Belastungskollektiven die Schädigungsanteile der einzelnen Spannungsamplituden ermittelt und aufsummiert.

Zu (2): Die Anwendungsregel des NA, dass auf Ermüdungsnachweise im üblichen Hochbau verzichtet werden darf, setzt vorwiegend ruhende Einwirkungen voraus, sodass die Baustoffe nur im Kurzzeitfestigkeitsbereich der Wöhlerlinien beansprucht werden. Dieser Bereich ist mit Lastspielzahlen von ca. $N \leq 10^4$ während der planmäßigen Nutzungsdauer von 50 Jahren begrenzt. Eine nur durch Feuerwehrfahrzeuge im Einsatzfall oder durch seltenen LKW-Verkehr (z. B. bei Umzügen) befahrene Hofkellerdecke fällt unter diese Regel. Eine durch regelmäßigen und häufigen LKW-Lieferverkehr oder durch täglich mit Gabelstaplern befahrene Decke wird mit mehr als 10^4 Lastwechseln beansprucht und ist dagegen auf Ermüdung nachzuweisen (kein „üblicher" Hochbau).

Zu 6.8.2 Innere Kräfte und Spannungen beim Nachweis gegen Ermüdung

Zu (1)P: Die Schnittgrößen und Spannungen sind mit der Einwirkungskombination nach NCI zu 6.8.3 (1) unter Ansatz des Teilsicherheitsbeiwertes $\gamma_{F,fat} = 1{,}0$, d. h. unter „Gebrauchslasten", zu ermitteln. Soll jedoch der vereinfachte Nachweis geführt werden, sind die Einwirkungen in den Kombinationen gemäß 6.8.6 (1) bzw. (2) anzusetzen.

Zu (2)P: Die Erhöhung der Betonstahlspannungen ist notwendig, da sie aufgrund des besseren Verbundes zum Beton höher als ein gleichzeitig eingelegter Spannstahl belastet werden. Für das Verhältnis sind die zwei Einflussparameter Rippung und Art des Verbundes (sofortig oder nachträglich) entscheidend. Die tatsächlich stattfindende Entlastung des Spannstahls wird nicht in Rechnung gestellt.

Die Versuche in [H6-2] bestätigten für die Bemessung von Bauteilen aus normalfestem Beton den für Litzen im sofortigen Verbund in der Norm angegebenen Verbundkennwert $\xi = 0{,}6$. Für hochfesten und selbstverdichtenden Beton ist der Wert auf 0,3 für die Langzeitbeanspruchung abzumindern. Daher werden im NA die ξ-Werte der Tabelle 6.2 für alle Spannstahlarten mit Vorspannung im sofortigen Verbund für Betonsorten $\geq$ C70/85 (in Analogie zum nachträglichen Verbund) halbiert. Die Abminderung für Spannglieder im nachträglichen Verbund im hochfesten Beton erfolgte wegen fehlender Langzeiterfahrungen.

Zu (3): Es gilt:

$$\tan\theta_{fat} = \sqrt{\tan\theta} \ \text{ für } \theta \leq 45° \ \text{ bzw. } \tan\theta_{fat} = \tan\theta \ \text{ für } \theta > 45°. \tag{H.6-26}$$

Durch den Ansatz einer steileren Druckstrebenneigung als nach 6.2.3 soll die starke Beanspruchung der Bügel an den kreuzenden Schubrissen infolge der sich einstellenden Kinematik berücksichtigt werden. Dieser Winkel gilt jedoch nur für die Ermittlung der Beanspruchung der Bewehrung. Für den Nachweis der Druckstrebe ist der für die Nachweise unter ruhender Belastung verwendete Winkel θ anzusetzen.

Analytische [H6-8] sowie neuere experimentelle Untersuchungen [H6-21] deuten darauf hin, dass bei Spannbetonträgern mit geringen Querkraftbewehrungsgraden hierdurch die bis zum Bruch ertragbare Lastwechselzahl der Bügelbewehrung unterschätzt wird. Dies ist im Wesentlichen auf die Überschätzung der vorliegenden Spannungsamplitude zurückzuführen.

Zu 6.8.4 Nachweisverfahren für Betonstahl und Spannstahl

Zu (1): Die Werte in den Tabellen 6.3DE und 6.4DE und die Spannungswerte in Bild 6.30 sind als charakteristische Werte der Ermüdungsfestigkeit definiert. Deshalb sind die Spannungen der Wöhlerlinie mit $\gamma_{S,fat}$ abzumindern (siehe Gleichung (6.71)).

Zu Tabelle 6.3DE: Infolge der Änderungen der Produkteigenschaften in der Neuausgabe von DIN 488 [R1] mussten die darauf aufbauenden Kennwerte für die Bemessung von Stahlbetonbauteilen neu festgelegt werden.

In DIN 1045-1:2001-07 [R5] waren die zulässigen Spannungsschwingbreiten auf eine Lastwechselzahl von 10^6 (Betonstahl in Stäben) bzw. 10^7 (Betonstahlmatten) bezogen, während DIN 488 [R1] sich auf 10^6 bezieht. Seit DIN 1045-1:2008-08 [R4] beziehen sich auch die zulässigen Spannungsschwingbreiten $\Delta\sigma_{Rsk}$ in der Bemessungsnorm auf 10^6. Dabei wurden für die Bemessung die Steigungen der Wöhlerlinien k_1 und k_2 aus [R5] beibehalten, obwohl die statistische Auswertung der Versuchsdatenbank [H6-34] im Zeitfestigkeitsbereich einen geringfügig steileren Verlauf zeigte. Dies wurde vor dem pragmatischen Hintergrund entschieden, dass die Betriebslastfaktoren im DIN-Fachbericht 102 [R53] für die Nachweise der Betriebsfestigkeit auf Grundlage der früher festgelegten Steigungen erstellt wurden und eine Änderung der Spannungsexponenten eine Neubestimmung dieser Betriebslastfaktoren erfordern würde. Zudem liegen die bisherigen Werte auf der „sicheren Seite".

Die zulässigen charakteristischen Spannungsschwingbreiten $\Delta\sigma_{Rsk}$ für Stabstahl wurden in Tabelle 6.3DE aus der DIN 488 [R1] übernommen. Mit 175 N/mm² für alle Betonstabstähle bis 28 mm Durchmesser und 145 N/mm² für hochduktile Betonstabstähle über 28 mm Durchmesser sind diese Werte gegenüber DIN 1045-1:2001-07 [R5] reduziert. Um den in [R5] zulässigen Wert für 10^7 Lastwechsel nicht zu überschreiten, wurde für Betonstahlmatten die Spannungsschwingbreite für die Bemessung unter Berücksichtigung der Steigung k_2 auf 85 N/mm² festgelegt (anstelle von 100 N/mm² in DIN 488 bzw. Tabelle C.2DE). Dies war nötig, da für Betonstahlmatten Ergebnisse bei sehr hohen Lastwechselzahlen (z. B. 10^8) nicht in ausreichendem Umfang vorlagen, um durch Verschiebung des abknickenden Astes der Wöhlerlinie nach oben eine höhere Schwingfestigkeit bei 10^7 Lastwechseln gegenüber [R5] zu begründen. Ausführliche Erläuterungen zu den Hintergründen der Änderungen und der Ermüdungsnachweise werden in [H6-45] gegeben.

Abweichende Kennwerte für die Ermüdungsfestigkeit können in den Zulassungen enthalten sein. Kopplungen werden nur noch in Zulassungen geregelt und sind daher nicht in Tabelle 6.3DE enthalten.

Die Ermüdungsfestigkeit wird durch Korrosion des Betonstahls beeinflusst und verringert sich bei flächenhafter Korrosion (z. B. bei Karbonatisierung) nur geringfügig. Treten allerdings lokale Korrosionsnarben infolge chloridinduzierter Lochfraßkorrosion oder Karbonatisierung an Rissufern [439] auf, ist eine deutliche Abnahme der Ermüdungsfestigkeit durch die Querschnittsreduktion sowie durch Spannungskonzentrationen und Anrisse an den Narben festzustellen [H6-48]. Für die Expositionsklassen > XC1 soll daher im „Dauerfestigkeitsbereich" gemäß Tabelle 6.3DE Fußnote c) ein reduzierter Wert $5 \leq k_2 < 9$ angesetzt werden.

Der Reduktionsfaktor ζ_1 berücksichtigt die bei gebogenen Stäben eingeprägte Eigenspannung sowie plastische Verformungen im Bereich Schaft/Rippen, die die Kerbwirkung der Rippen erhöhen [439]. Dementsprechend reduziert auch das Hin- und Zurückbiegen von Betonstahl die Ermüdungsfestigkeit. Nach 8.3 (NA.5)P ist deshalb die Spannungsschwingbreite der Bewehrung auf $\Delta\sigma_s$ = 50 N/mm² begrenzt, sofern ein Biegerollendurchmesser von mindestens 15ϕ eingehalten wird.

Auf den Reduktionsfaktor ζ_1 darf nach NCI zu 6.8.4, Tabelle 6.3DE bei Querkraftbewehrung mit 90°-Bügeln für $\phi \le$ 16 mm mit Bügelhöhen $\ge$ 600 mm verzichtet werden, da bei dem entsprechenden Verhältnis Höhe zu Bügelabstand (max. 300 mm nach Tabelle NA.9.1) immer mindestens zwei Bügel die Schubrisse kreuzen. Dabei wirkt die Schwingbeanspruchung bei dünneren Bügeln hauptsächlich im mittleren Bereich der Höhe außerhalb des Hakenbereichs, da ein wesentlicher Teil der Spannungen über Verbund entlang der Bügelhöhe abgetragen wird.

Zu Tabelle 6.4DE: Es lassen sich zwei Klassen von Spannstählen unterscheiden (siehe Tabelle 6.4DE). Die Werte der Klasse 2 werden in der Regel durch alle zugelassenen Spannstähle erreicht und können ohne Weiteres angesetzt werden. Die höheren Werte der Klasse 1 können angesetzt werden, wenn ein Spannstahl verwendet wird, für den im Zulassungsverfahren diese Werte nachgewiesen wurden. Insoweit ist die Zulassung des verwendeten Spannstahls dahingehend in Bezug zu nehmen und zu überprüfen.

Die Zeile 1 der Tabelle 6.4DE gilt nur für gerade Spannglieder im sofortigen Verbund.

Die Werte in Tabelle 6.4DE gelten nur außerhalb des Verankerungsbereichs. Die Spannungsschwingbreiten $\Delta\sigma_{Rsk}$ für Nachweise der Endverankerung im sofortigen Verbund am Ende der Übertragungslänge sind mit 70 N/mm² für profilierte Drähte und 50 N/mm² für Litzen zu begrenzen (analog DIN 4227 [R14]).

Kopplungen werden nur in Zulassungen geregelt und sind daher nicht in Tabelle 6.4DE enthalten.

Zu 6.8.5 Nachweis gegen Ermüdung über schädigungsäquivalente Schwingbreiten

Zu (2): Die schädigungsäquivalente Spannungsschwingbreite soll ersatzweise bei N^* Lastwechseln mit der Spannungsamplitude $\Delta\sigma_{s,equ}$ am betrachteten Element (z. B. Bewehrungsstab) die äquivalente Schädigung bewirken wie die Betriebslasten in der gesamten vorgesehenen Nutzungsdauer. Da für den unmittelbaren Anwendungsbereich von DIN EN 1992-1-1 derzeit noch keine Betriebslastfaktoren vorliegen, wird zumindest für übliche Hochbauten zu einer pragmatischen Vereinfachung gegriffen. Die schädigungsäquivalente Spannungsschwingbreite der Bewehrung $\Delta\sigma_{s,equ}$ wird der maximalen Schwingbreite max $\Delta\sigma_s$ unter der maßgebenden ermüdungswirksamen Einwirkungskombination gleichgesetzt. Wegen der äußerst aufwändigen Ableitung schädigungsäquivalenter Lastmodelle liegen solche nur für wenige Anwendungsfälle vor; im Einzelnen für Straßen- und Eisenbahnbrücken (siehe DIN EN 1992-2 [R32]) [H6-48].

Es gilt:

$$\Delta\sigma_{Rsk} = \begin{cases} \min\left(\sigma_{zul}; \left(\dfrac{N^*}{N}\right)^{1/k_1} \cdot \Delta\sigma_{Rsk}\left(N^*\right)\right) & \text{für } N < N^* \\[3mm] \left(\dfrac{N^*}{N}\right)^{1/k_2} \cdot \Delta\sigma_{Rsk}\left(N^*\right) & \text{für } N \ge N^* \end{cases} \qquad \text{(H.6-27)}$$

Dabei ist σ_{zul} die im GZG zulässige Betonstahl- bzw. Spannstahlspannung.

Zu 6.8.6 Vereinfachte Nachweise

Die vereinfachten Nachweise dürfen für Bauteile in allen Expositionsklassen verwendet werden.

Für den vereinfachten Nachweis ungeschweißter, zugbeanspruchter Bewehrungsstäbe durch eine Begrenzung der Spannungsschwingbreite auf Quasi-Dauerfestigkeitswerte wurde auf der sicheren Seite liegend für eine Lastwechselzahl von N = 10^8 ein Bemessungswert der zulässigen Schwingbreite von $\Delta\sigma_{s,lim}$ = 70 N/mm² abgeschätzt. Für eine Lastspielzahl von N = 10^8 ergeben sich nach [H6-48] die in Tabelle H6.5 angegebenen Bemessungswerte (mit $\gamma_{S,fat}$ = 1,15) der Ermüdungsfestigkeit für den Nachweis $\Delta\sigma_{s,frequ} \le \Delta\sigma_{s,lim}$.

Tabelle H6.5 – Grenzwerte der Spannungsschwingbreiten für Betonstahl (aus [H6-48])

		1	2	3
		Bewehrungselement		$\Delta\sigma_{s,lim}$ **[N/mm²]**
1	gerader Stab	$\phi \leq 28$ mm		90
2		$\phi > 28$ mm		75 (B500B)
3	gebogener Stab $\phi \leq 28$ mm	$D \geq 15\phi$		65
4		$D \geq 10\phi$		55
5		$D \geq 5\phi$		44
6	Betonstahlmatten, Schweißverbindungen			30

Zu 6.8.7 Nachweis gegen Ermüdung des Betons unter Druck oder Querkraftbeanspruchung

Zu (1): Beim vereinfachten Nachweis für Beton wird eine schädigungsäquivalente Schwingbreite auf eine Lastspielzahl von $N = 10^6$ bezogen. Auf dieser Basis können zulässige Oberspannungen in Abhängigkeit der auftretenden Unterspannung angegeben werden. Beton weist eine deutliche Abhängigkeit der ertragbaren Lastspielzahl von der Mittelspannung auf. Mit wachsender Mittelspannung nimmt bei gleichen Schwingbreiten die Bruchschwingspielzahl ab. Weitere Einflussparameter wie Betonzusammensetzung oder Betonfestigkeitsklasse treten demgegenüber in den Hintergrund [H6-48].

Die Ermüdungsfestigkeit $f_{cd,fat}$ wird bei Beton auf die statische Festigkeit f_{cd} in Gleichung (6.76) bezogen. Zur Berücksichtigung der Nacherhärtung bis zum Zeitpunkt t_0 bei Beginn der zyklischen Belastung gegenüber dem 28-Tage-Wert darf ein Festigkeitszuwachs mit dem Alterungsfaktor $\beta_{cc}(t_0)$ nach 3.1.2, Gleichung (3.2), berücksichtigt werden. Die zunehmende Sprödigkeit bei steigender Betonfestigkeit wird durch den Korrekturterm $(1 - f_{ck} / 250)$ erfasst. Der in EN 1992-1-1 empfohlene Abminderungsbeiwert $k_1 = 0,85$ für $N = 10^6$ Zyklen wird im NA auf $k_1 = 1,0$ gesetzt, da diese Abminderung im NA schon mit dem Dauerstandsbeiwert $\alpha_{cc} = 0,85$ in f_{cd} abgedeckt ist.

Zu (3): Auch im Falle einer erforderlichen Durchstanzbewehrung kann der Nachweis der Druckstrebe analog zu Gleichung (6.77) umgesetzt werden. Die Bemessungswerte der Einwirkung $\sigma_{c,max}$ bzw. $\sigma_{c,min}$ sind dabei durch $v_{Ed,max}$ bzw. $v_{Ed,min}$ zu ersetzen, ebenso wie der Bemessungswert der einaxialen Festigkeit des Betons beim Nachweis gegen Ermüdung $f_{cd,fat}$ durch $v_{Rd,max}$. Bei Ausnutzung des Widerstandes $v_{Rd,max}$ ist die maximale Durchstanztragfähigkeit bei ruhender Beanspruchung und damit die Tragfähigkeit des Druckrings im Anschlussbereich Stütze-Platte erreicht (vgl. z. B. [H6-9]). In Abhängigkeit von der verwendeten Durchstanzbewehrung (z. B. Gitterträger oder Doppelkopfanker) können höhere Tragwiderstände $v_{Rd,max}$ erreicht werden. Insbesondere bei Doppelkopfankern wird durch die wirkungsvolle Begrenzung der inneren Schubrissbreite durch die steife Endverankerung der Köpfe eine geringere Rotation der Platte über der Stütze erreicht, wodurch auch eine Entlastung der Betondruckzone eintritt, die größere Beanspruchungen ermöglicht. Daher ist für $v_{Rd,max}$ die maximale Durchstanztragfähigkeit in Abhängigkeit der gewählten Durchstanzbewehrungsform anzusetzen, dessen Vorfaktor unter- oder oberhalb des aus DIN EN 1992-1-1/NA bekannten Wertes von $v_{Rd,max} / v_{Rd,c,u1} = 1,4$ liegen kann. Zudem ist insbesondere für durchstanzgefährdete Bereiche davon auszugehen, dass die ermüdungswirksame Last meistens deutlich unterhalb der Maximallast liegt, die in der Regel durch Volllast der benachbarten Felder bestimmt ist. Sinngemäß wird Gleichung (6.77) im Falle einer erforderlichen Durchstanzbewehrung wie folgt angewendet:

$$v_{Ed,max} / v_{Rd,max} \leq 0,5 + 0,45\, v_{Ed,min} / v_{Rd,max} \leq 0,9 \text{ bis C50/60 bzw.} \leq 0,8 \text{ ab C55/67} \qquad \text{(H.6-28)}$$

Zu 7 NACHWEISE IN DEN GRENZZUSTÄNDEN DER GEBRAUCHSTAUGLICHKEIT

Zu 7.2 Begrenzung der Spannungen

Die Begrenzung auftretender Spannungen im GZG können für statisch unbestimmt gelagerte Bauteile, bei denen die Schnittgrößenermittlung im GZT unter Ausnutzung plastischer Systemreserven erfolgt bzw. für vorgespannte Bauteile maßgebend werden. Für andere Bauteile wurde daher wieder eine vereinfachende Freistellungsregel im NA in 7.1 (NA.3) aufgenommen. Die Spannungsbegrenzungen umfassen direkte Nachweise der Gebrauchstauglichkeit und implizite Nachweise der Dauerhaftigkeit, die z. B. auf die Begrenzung des Auftretens bzw. der Breite von Rissen abzielen.

Zu (2): Der Grenzwert für die Betondruckspannung $0{,}6f_{ck}$ kennzeichnet den Beginn der Mikrorissbildung in Druckspannungsrichtung. Maßgebend ist die seltene Einwirkungskombination. Diese Längsrisse sind vor allem bei einem Chloridangriff (Expositionsklassen XD und XS) und Frostangriff (Expositionsklassen XF) kritisch, da sie im Gegensatz zu Querrissen zu einer flächigen Korrosion der Bewehrung in der Druckzone bzw. zur erleichterten Frostaufweitung führen können. Durch die Erzeugung eines mehraxialen Druckspannungszustandes, z. B. durch Umschnürung der Druckzone mit Bewehrung, kann der Beginn der Mikrorissbildung auf ein höheres Lastniveau angehoben werden. Empfehlungen für einen zweckmäßigen Bügelbewehrungsgehalt siehe Erläuterungen zu 5.4 (NA.5).

Zu (3): Kriechen wird nur für Bauteile mit hohem Dauerlastanteil maßgebend (z. B. Stützen, bekieste Flachdächer, Speicher- oder Silobauwerke, Schwimm- oder Abwasserbecken). Unabhängig davon kann es auch bei sehr zeitiger Belastung innerhalb der ersten 28 Tage zu einem verstärkten Kriecheinfluss kommen. Die Spannungsgrenze $0{,}45f_{ck}$ bezieht sich dabei nicht auf eine kurzzeitige Belastung z. B. im Bauzustand, da für die Bewertung und Eingrenzung des Kriecheinflusses vor allem die kriecherzeugende Dauerlast entscheidend ist. Eine wesentliche Beeinflussung durch Kriechen liegt vor, wenn sich Schnittgrößen, Verformungen oder andere bemessungsrelevante Größen infolge des Kriechens um mehr als 10 % ändern. Dies kann in der Regel nur durch Berechnung der Kriechverformungen nachgewiesen werden, wenn nicht vereinfachte Regeln angegeben werden (wie z. B. in 5.8.4 (4) oder in 7.1 (NA.3)). Diese Vereinfachungen setzen immer lineares Kriechen voraus. Der Kriechansatz nach Anhang B gilt nur für lineares Kriechen. Wenn nichtlineares Kriechen berücksichtigt werden muss, darf dies nach 3.1.4 (4) durch eine spannungsabhängige Vergrößerung der linearen Kriechzahl erfolgen.

Zu (5): Die Betonstahlspannung darf unter der seltenen Einwirkungskombination die Streckgrenze des Betonstahls nicht überschreiten, da dies zu großen und irreversiblen Verformungen und instabilem Risswachstum mit Rissbreiten > 0,5 mm führen könnte. Unter Lastbeanspruchung wurde deshalb eine Obergrenze von $0{,}8f_{yk}$ festgelegt, wobei unter üblichen Verhältnissen im Hochbau der Einfluss von Schwinden und Kriechen abgedeckt wird. Dieser Grenzwert wird bei statisch erforderlicher Bewehrung durch den Abstand im Sicherheitsniveau zwischen GZT und GZG in der Regel eingehalten. Dies gilt nicht bei einer nichtlinearen Berechnung oder Anwendung der Plastizitätstheorie. Wenn die Spannungen dagegen ausschließlich auf Zwang zurückzuführen sind, ist ein Wert von $1{,}0f_{yk}$ zulässig. Ursache für Zwangspannungen sind aufgezwungene Verformungen aus Temperatur, Schwinden, Setzungen u. ä. Diese Beanspruchungen werden durch die einsetzende Rissbildung und den damit einhergehenden Steifigkeitsabfall des Bauteils abgebaut. Bei kombinierter Beanspruchung aus Last und Zwang ist die Betonstahlspannung auf $0{,}8f_{yk}$ zu begrenzen.

Der Grenzwert $0{,}65f_{pk}$ wurde eingeführt, um Spannungsrisskorrosion zu vermeiden. Eine Differenzierung der zulässigen Spannstahlspannungen in Abhängigkeit vom Spannstahltyp ist mit dem derzeitigen Kenntnisstand nicht möglich. Der Mangel an gesicherten Versuchsergebnissen ist auch der Grund für den relativ restriktiven Grenzwert, der in vielen Fällen bemessungsrelevant wird. Diese Begrenzung ist für externe und interne Spannglieder ohne Verbund nicht erforderlich, sofern deren Auswechselbarkeit sichergestellt ist.

Zu (NA.6): Die Spannungsbegrenzungen unmittelbar nach dem Vorspannen sollen sicherstellen, dass der Spannstahl nicht die Fließgrenze erreicht und damit nichtelastische Dehnungen erfährt (siehe auch 5.10.2.1). Die Werte für f_{pk} (Zugfestigkeit) und $f_{p0,1k}$ (Festigkeit bei 0,1 %-Dehnung) sind den Zulassungen des jeweiligen Spannstahls zu entnehmen.

Zu 7.3 Begrenzung der Rissbreiten

Zu 7.3.1 Allgemeines

Zu (5): Die Anforderungen an die Rissbreitenbegrenzung aus DIN 1045-1 [R4] wurden im NA in Tabelle 7.1DE gleichwertig umgesetzt und korrespondieren mit den deutschen Festlegungen für die Mindestbetondeckungen in 4.4.1 und für die Betonzusammensetzung in DIN 1045-2 [R4]. Die Dauerhaftigkeit von Stahlbetonbauteilen hängt in hohem Maße von einem zuverlässigen Korrosionsschutz der Bewehrung ab. Dicke und Dichtheit der Betondeckung sind von weit größerer Bedeutung für die Dauerhaftigkeit als die Breite der Risse quer zur Bewehrungsrichtung, solange die an der Bauteiloberfläche vorhandene Rissbreite nicht größer als 0,4 mm bis 0,5 mm wird und keine Chloridbeanspruchung vorliegt. Bis zu dieser Grenze gibt es keinen signifikanten Zusammenhang zwischen dem Absolutwert der Rissbreite und dem Grad der Bewehrungskorrosion (vgl. *Schießl* in [H7-15]).

Die Breite eines Risses ist nicht über seine gesamte Tiefe konstant. Die in diesem Abschnitt ermittelten Werte stellen die Breite eines Risses in der Nähe der Bewehrung dar (in der Regel Mittelwert der Rissbreite über die Risstiefe im Wirkungsbereich der Bewehrung). Bei dünnen, biegebeanspruchten Bauteilen und maximaler Ausnutzung des Rotationsvermögens weisen die Risse eine eher keilförmige Gestalt mit größeren Rissbreiten an der Oberfläche auf. Gleiches gilt auch für Risse infolge von Eigenspannungen an der Oberfläche eines Bauwerks, besonders für weniger fein verteilte Einzelrisse.

Die Tabelle 7.1DE dient der Klassifizierung des Zusammenwirkens zwischen Umgebungs- oder Nutzungsbedingungen und dem Bauteil in Bezug auf die geforderte Gebrauchstauglichkeit. Berücksichtigt werden dabei die Aggressivität der Umgebungsbedingungen, charakterisiert durch die Expositionsklassen für Bewehrungskorrosion, und die Empfindlichkeit der Bewehrung gegenüber Korrosion sowie das Gefährdungspotenzial für das gesamte Bauteil. Daher sind die Mindestanforderungen an die Rissbreiten bei gleichen Expositionsklassen für Betonstahlbewehrung geringer als bei Spannstahl im Verbund. Bauteile mit Vorspannung ohne Verbund dürfen aufgrund des Primärkorrosionsschutzes in den Spanngliedern wie Stahlbetonbauteile klassifiziert werden.

Der Bauherr kann erhöhte Anforderungen und damit kleinere Rissbreiten oder den Nachweis der Dekompression unter anderen Bemessungs- und Einwirkungssituationen verlangen, wenn Risse aus optischen Gründen stören (z. B. Sichtbeton in Innenbauteilen) oder höhere Anforderungen an die Dichtheit gestellt werden sollen.

Die Bedingungen hinsichtlich der Dauerhaftigkeit und des Erscheinungsbildes des Bauwerks gelten als erfüllt, wenn in Abhängigkeit von der Expositionsklasse die Rissbreite auf einen maximal zulässigen Rechenwert w_k begrenzt wird.

Insbesondere bei unter quasi-ständiger Einwirkungskombination geführten Nachweisen ist zu beachten, dass unter häufiger und seltener Einwirkungskombination größere Rissbreiten während der Belastungszeit auftreten können. Dies ist z. B. bei der Abstimmung rissüberbrückender Beschichtungssysteme zu berücksichtigen [H7-6].

Für Bauzustände dürfen vom geplanten Endzustand abweichende Anforderungen festgelegt werden. Der Korrosionsschutz gilt als sichergestellt, wenn die Umgebungsbedingungen, die zur Einordnung in vom Endzustand abweichende Expositionsklassen führen, in so geringer Häufigkeit auftreten oder von so kurzer Dauer sind, dass sie keine Korrosionsgefahr für die Bewehrung darstellen. Die Sicherstellung des Korrosionsschutzes muss im Einzelfall nachgewiesen werden. Die Abweichung von den Werten nach Tabelle 7.1DE kann sowohl zeilenweise und damit für den Nachweis der Dekompression und die Rissbreitenbegrenzung gleichermaßen erfolgen oder aber spaltenweise für nur einen Nachweisbereich (z. B. Rissbreite unter quasi-ständiger Last 0,2 mm statt 0,3 mm).

Der Nachweis der Dekompression kann auf zwei Wegen geführt werden:

- Vereinfachter Nachweis mit vollständig überdrücktem Querschnitt (analog DIN 1045-1 [R4] im Zustand I);
- Genauerer Nachweis über Grenzlinie der Dekompression (Zustand II) nach Bild H7-1.

Der vereinfachte Nachweis, wonach der Betonquerschnitt im Zustand I unter der jeweils maßgebenden Einwirkungskombination vollständig unter Druckspannungen steht (keine Zugspannungen), liegt auf der sicheren Seite. Mit einem vollständig überdrückten Querschnitt im Endzustand ist bei einer veränderlichen Lage des Spannglieds sichergestellt, dass der Beton um das Spannglied unabhängig von dessen Lage im Querschnitt unter Druckspannungen steht. Dadurch werden gleichzeitig Spannungsschwankungen in Betonstahl und Spannstahl aus wechselnden Nutz- und Verkehrslasten begrenzt. Bei einer an den Verlauf der Momente aus äußeren Lasten angepassten Spanngliedführung und bei nachgewiesener Kompression an dem dem Spannglied näher gelegenen Querschnittsrand ist der Nachweis gegen Dekompression am gegenüberliegenden Querschnittsrand bei üblichem Verhältnis zwischen Eigen- und Nutzlasten in der Regel eingehalten.

Das wesentliche Ziel des Dekompressionsnachweises ist der besondere Korrosionsschutz der empfindlicheren Spannglieder durch Ausschließen von Rissen im Spanngliedbereich. In vielen Fällen (insbesondere bei geraden Spanngliedern am Querschnittsrand) ist das Überdrücken des vom Spannglied abliegenden Querschnittsrandes zu unwirtschaftlich. Daher darf nach DIN EN 1992-1-1/NA ein genauerer Nachweis über die Dekompressionslinie im Abstand max {100 mm; $h / 10$} vom äußeren Rand des Spannglieds geführt werden (Bild H7-1). Dieser Nachweis erfolgt in der Regel im gerissenen Zustand, wobei auf der Zugseite die Rissbreitenbegrenzung entsprechend der Anforderung aus der Expositionsklasse vorzunehmen ist.

Die Festlegung der in DIN EN 1992-1-1/NA-Grenzwerte erfolgte so, dass weitere Variationen der Einwirkungen sowie der Geometrie und Lagegenauigkeit in der Regel nicht berücksichtigt werden müssen.

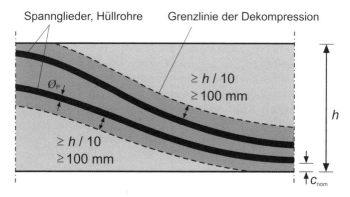

Bild H7-1 – Grenzlinien der Dekompression (Zustand II)

Im Endbereich eines vorgespannten Bauteils darf der Nachweis der Dekompression entfallen. Die Länge des Endbereichs ist bei Vorspannung mit nachträglichem Verbund und Vorspannung ohne Verbund gleich der Länge der Lastausbreitungszone nach 8.10.3 (5) und bei Vorspannung mit sofortigem Verbund gleich der Eintragungslänge l_{disp} nach 8.10.2.2. Die Gebrauchstauglichkeit dieses Bauteilabschnittes kann unter Zuhilfenahme eines geeigneten Verfahrens (z. B. mit einem Stabwerkmodell nach 6.5) durch den Nachweis der Rissbreitenbegrenzung nachgewiesen werden.

Zu (7): Eine Ausnahme bilden vorwiegend horizontale, durch chloridhaltiges Wasser von oben beaufschlagte Bauteilflächen, die auch bei kleinen Rissbreiten erhebliche Korrosionserscheinungen infolge der tief in die Risse eindringenden Chloride zeigen können [H7-15]. Bei befahrenen horizontalen Flächen von Parkdecks, die in die Expositionsklasse XD3 eingestuft werden, ist die Begrenzung der Rissbreite allein kein geeignetes Mittel zur Erzielung einer ausreichenden Dauerhaftigkeit. Hier sind daher zusätzliche Maßnahmen, wie z. B. das Aufbringen einer rissüberbrückenden Beschichtung erforderlich (siehe auch Erläuterungen zu 4.2, Tabelle 4.1). Trennrisse sind hinsichtlich der Korrosionsintensität wesentlich kritischer zu bewerten als Biegerisse. Werden Beschichtungen geplant, sind die maximal zu erwartende Rissbreite nach Aufbringen der Beschichtung und die Leistungsfähigkeit des Oberflächenschutzsystems aufeinander abzustimmen (siehe auch [DBV5], [DBV7]).

Zu (9): Die statistische Aussagewahrscheinlichkeit der Rissbreitenberechnung (Quantilwerte) wird durch die Vereinfachungen des Rechenmodells und durch die unvermeidbaren Streuungen der tatsächlichen Einwirkungen, der Materialeigenschaften (insbesondere Verbund und Betonzugfestigkeit) und der Ausführungsqualität (z. B. Abweichungen bei Querschnittsabmessungen und Bewehrungslage) bestimmt. Eine Abschätzung der Größenordnung der Vorhersagequalität enthält Bild H7-2. Daher lassen sich im Bauwerk auch bei Einhaltung der in DIN EN 1992-1-1 enthaltenen Konstruktions- und Bemessungsregeln einzelne Risse, die etwa um 0,1 mm bis 0,2 mm breiter sind als die Rechenwerte, nicht immer vermeiden [DBV7].

Die Regeln zur Begrenzung der Rissbreiten sollen nicht die explizite Einhaltung bestimmter, am Bauteil nachmessbarer Grenzwerte von Rissbreiten sicherstellen. Vielmehr sollen diese das Auftreten breiter Einzelrisse verhindern. Die schärferen Anforderungen an die Rissbreitenbegrenzung für „agressivere" Expositionsklassen bedeuten dabei nichts anderes, als dass breite Einzelrisse mit einer größeren Wahrscheinlichkeit als bei Innenbauteilen vermieden werden (vgl. *Schießl* in [H7-15]).

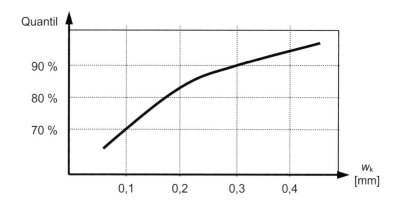

Bild H7-2 – Quantilwerte der Rissbreitenberechnung [DBV7]

Zu 7.3.2 Mindestbewehrung für die Begrenzung der Rissbreite

Zu (1): Mit Ausnahme der Bauteile nach NDP zu 7.3.2 (4) ist immer eine Mindestbewehrung nach 7.3.2 (2) einzulegen, da eine Rissbildung infolge nicht berücksichtigter Zwangeinwirkung oder Eigenspannungen nicht auszuschließen ist, wenn Zwangbeanspruchungen nicht durch konstruktive Maßnahmen im Zusammenhang mit dem Aufbau des Gesamttragsystems weitestgehend ausgeschlossen werden können. Die Rissbildung ist dabei in den Bauteilbereichen am wahrscheinlichsten, in denen sich unberücksichtigte Schnittgrößen mit planmäßigen Schnittgrößen überlagern. Auch wenn diese rechnerisch berücksichtigten Schnittgrößen alleine nicht die Rissschnittgröße erreichen, ist der Rissbreitennachweis für diese Rissschnittgröße als ungünstigster Fall zu führen. Da die Ursache für die zu erwartende Rissbreite in einer Zwangbeanspruchung zu sehen ist, wird für die Erstrissbildung die Ausbildung eines Einzelrisses angesetzt, dessen Breite größer ist als bei Rissen in einem abgeschlossenen Rissbild.

Zu (2): In der Regel ist die auf die Betonzugfestigkeit bezogene Mindestbewehrung einzulegen.

Kommt es trotz der Tatsache, dass die nachgewiesene Zwangschnittgröße geringer als die rechnerische Rissschnittgröße ist, zu einem Riss, tritt dies wahrscheinlich an einer Stelle mit geringerer als der angenommenen Zugfestigkeit ein. Die daraus resultierenden Stahlspannungen sind dann ebenfalls geringer, weshalb der Rissbreitennachweis für diese explizit nachgewiesene Zwangschnittgröße geführt werden darf. Das Vorgehen auf Basis einer vorhandenen Zwangschnittgröße, die kleiner als die Rissschnittgröße ist, setzt eine genaue und umfänglich abgesicherte Ermittlung der Zwangbeanspruchung einschließlich der Eigenspannungen voraus. Aufgrund der baupraktischen Unwägbarkeiten ist dieses Vorgehen jedoch bei Bauteilen mit Spanngliedern im nachträglichen Verbund nicht zulässig.

Bei stark gegliederten Querschnitten wie Hohlkästen und Plattenbalken kann es unter Umständen durch die gegenseitige Dehnungsbehinderung zwischen den einzelnen Teilquerschnitten zu zusätzlichen Zwangspannungen kommen. Der Effekt verstärkt sich durch die Fertigung in verschiedenen Bauabschnitten. Deshalb ist es erforderlich, die Mindestbewehrung für jeden Teilquerschnitt separat zu ermitteln. Sind äußere Einwirkungen für die Rissbildung maßgeblich mit verantwortlich, so werden nur die mitwirkenden Bereiche des Querschnitts betrachtet. Die Zerlegung in Teilquerschnitte erfolgt dann derart, dass an mindestens einem Querschnittsrand die Zugfestigkeit vorhanden ist (siehe auch Bild H7-3), da sonst die Spannungsverteilung in den Teilquerschnitten nicht konform zu den Annahmen für den Rissbreitennachweis ist.

Für das dargestellte Beispiel eines Plattenbalkens über der Stütze ergeben sich folgende Nachweisquerschnitte für den Rissbreitennachweis: der Stegquerschnitt, der überwiegend biegebeansprucht ist und in der Schwereachse eine Betondruckspannung aufweist und der Gurtquerschnitt, der über seine gesamte Höhe durch Zugspannungen beansprucht wird. Die im Allgemeinen vorhandene Biegebewehrung kann für den Rissbreitennachweis herangezogen werden. Die vorhandene Bewehrungsmenge der oberen und unteren Lage ist oft unterschiedlich und sollte entsprechend der vorherrschenden Spannungsverteilung anteilig auf die Zugzone verteilt werden.

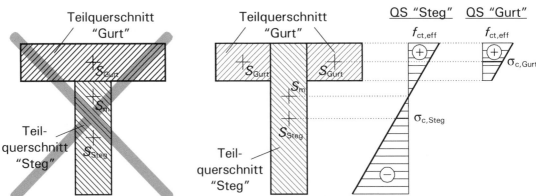

Bild H7-3 – Aufteilung in Teilquerschnitte am Beispiel eines Plattenbalkens über der Stütze

Der sehr kurze Erläuterungstext in EN 1992-1-1 zur wirksamen Betonzugfestigkeit $f_{ct,eff}$ wurde im NA durch den ausführlicheren Text aus DIN 1045-1 [R4] ersetzt.

Oft wird in der Tragwerksplanung angenommen, dass ein risserzeugender „früher Zwang" nur aus dem Abfließen der Hydratationswärme herrührt und die Risse in den ersten 3 bis 5 Tagen nach dem Betonieren entstehen. Das Abfließen der Wärme führt zu einer Verkürzung des bereits erhärteten Betons, der nicht mehr plastisch verformbar ist, aber auch noch keine ausreichende Zugfestigkeit hat. Wird die Verkürzung des Betons durch Reibung, Anschluss an ältere Bauteile o. ä. behindert, ist mit Rissen zu rechnen.

Bei üblichen Betonen darf in diesem Fall die wirksame Betonzugfestigkeit $f_{ct,eff}$ vereinfacht zu 50 % der mittleren Zugfestigkeit f_{ctm} nach 28 Tagen angenommen werden, sofern kein genauerer Nachweis für die wirksame Betonzugfestigkeit geführt wird. Falls diese Annahme getroffen wird, ist dies durch Hinweis des Tragwerksplaners in der Baubeschreibung und auf den Ausführungsplänen mitzuteilen. Auf weitergehende Angaben zur Festlegung des Betons darf dabei verzichtet werden.

Bei Festigkeitsklassen $\geq$ C30/37 ist es jedoch nicht immer zielsicher möglich, die Festigkeitsentwicklung des Betons ausreichend zu verzögern, um die Annahme $0{,}5f_{ctm(28d)}$ für die wirksame Betonzugfestigkeit während des Abfließens der Hydratationswärme einzuhalten. Die Abfrage der Festigkeitsentwicklung im Labor für eine Betonsorte beim Transportbetonhersteller liefert erste Anhaltswerte. Die Dicke der Bauteile, die Jahres- und Tageszeit beim Betonieren, die Nachbehandlung usw. spielen dabei ebenfalls eine entscheidende Rolle. In solchen Fällen kann es erforderlich werden, die effektive Zugfestigkeit auf einen Wert $f_{ct,eff} > 0{,}50f_{ctm}$ zu erhöhen. Bei massigen Bauteilen wird häufig zur Vermeidung einer übermäßigen frühen Rissbildung ein langsam erhärtender Beton gewählt. Für den Nachweis der Festigkeitsklasse empfiehlt es sich dann, einen späteren Zeitpunkt (z. B. 56 Tage) zu vereinbaren (weitere Erläuterungen hierzu im DBV-Merkblatt „Rissbildung" [DBV7], siehe auch Hinweise zu 3.1.2 (4) und zu 7.3.2 (NA.6)). Genauere Hinweise zur anzusetzenden Betonzugfestigkeit liefern Berechnungen zur Entwicklung der Hydratationswärme im Bauteil und der temperaturabhängigen Festigkeitsentwicklung des Betons [H7-14]. Bei Massenbetonen sollte die DAfStb-Richtlinie „Massige Bauteile aus Beton" [R58] berücksichtigt werden.

Wenn die Mindestbauteildicken nach WU-Richtlinie [R63] angesetzt werden, ist auf die besonderen Anforderungen an die Betonzusammensetzung zu achten. Wegen des geforderten w/z-Wertes $\leq$ 0,55 ist in der Regel davon auszugehen, dass eine Betonzugfestigkeit f_{ctm} von 3,0 N/mm² erreicht wird.

Wenn der Zeitpunkt der Rissbildung nicht mit Sicherheit innerhalb der ersten 28 Tage festgelegt werden kann (z. B. Differenzschwinden benachbarter Bauteile, jahreszeitliche Temperaturdifferenzen bei Bauteilen mit verformungsbehindernder Einspannung bzw. Festhaltung) ist „später Zwang" zu berücksichtigen und für die Ermittlung der Mindestbewehrung (Rissschnittgröße) sollte mindestens eine Zugfestigkeit von 3,0 N/mm² für Normalbeton bzw. 2,5 N/mm² für Leichtbeton angenommen werden.

Der k-Beiwert zur Berücksichtigung nichtlinear verteilter Betonzugspannungen und weiterer risskraftreduzierender Einflüssen wurde gegenüber EN 1992-1-1 modifiziert. Als Bezugsquerschnittsgröße wurde die jeweils kleinere Abmessung des betrachteten Teilquerschnitts festgelegt, da die wesentliche eigenspannungsinduzierende ungleichmäßige Temperaturverteilung nach dem Abfließen der Hydratationswärme wesentlich von der Geometrie abhängt. Ein dünner Querschnitt kühlt schneller aus und ein dicker Querschnitt langsamer. Daher wurden mit Blick auf weitere, nicht genauer quantifizierbare Einflüsse die k-Werte auf die in Deutschland bewährten Erfahrungswerte $k = 0{,}8$ für dünne Bauteile und $k = 0{,}5$ für dicke Bauteile reduziert (= 80 % der vorgeschlagenen EN 1992-1-1-Werte). Außerdem wird im NA eine Unterscheidung in inneren und äußeren Zwang vorgenommen, da nur bei innerem Zwang mit Sicherheit von einer nichtlinearen Eigenspannungsverteilung ausgegangen werden kann.

In Gleichung (7.1) wird der Einfluss der Spannungsverteilung innerhalb der Zugzone A_{ct} vor der Erstrissbildung sowie der Änderung des inneren Hebelarmes beim Übergang in den Zustand II mit dem Beiwert k_c berücksichtigt.

Für die Zuggurte von gegliederten Querschnitten, wie Plattenbalken und Hohlkästen, darf die Mindestbewehrung mit 90 % der Zugkeilkraft im ungerissenen Querschnitt nach Gleichung (7.3) ermittelt werden.

Dabei wird die Verbundkraft $0{,}9F_{cr}$ nicht geringer als mit 50 % der zentrischen Risskraft $A_{ct} \cdot f_{ct,eff}$ angesetzt (dreieckförmige Spannungsverteilung). Anderenfalls ist der Gurt nicht voll überzogen.

König und Fehling haben in [H7-9] näherungsweise das Verhältnis der durch die Rissbewehrung aufzunehmenden Verbundkraft zur Zugkeilkraft mit 0,9 bestimmt. Dies wird darauf zurückgeführt, dass der innere Hebelarm im gegliederten Querschnitt nach der Rissbildung etwas ansteigt. Das Verhalten von Hohlkastenquerschnitten ist im Hinblick auf die Rissbildung ungünstiger als das von Plattenbalkenquerschnitten; die Reduktion der Verbundkraft ist daher etwas geringer als auf 0,9. Mit dem Vorspanngrad nimmt die Reduktion der Verbundkraft jedoch deutlich zu.

Zu (3): Es ist möglich, dass die nach diesem Abschnitt anrechenbare Spannstahlmenge so groß ist, dass keine zusätzliche Betonstahlbewehrung als Mindestbewehrung für die Begrenzung der Rissbreite erforderlich ist. In diesem Fall sollte der Nachweis trotzdem mit einem beliebig gewählten Betonstahldurchmesser ϕ_s geführt und eine Mindestbewehrungsmenge $A_s + \xi_1 \cdot A_p$ bestimmt werden. Es wird empfohlen, einen direkt in der Tabelle 7.2DE aufgeführten Durchmesser ≥ 14 mm zu wählen, um den Einfluss der Rundungsfehler in dieser Tabelle zu minimieren. Im weiteren Vorgehen ist

$$\xi_1 \cdot A_p + A_s = \xi_1 \cdot A_p + 0 = k_c \cdot k \cdot f_{ct,eff} \cdot A_{ct} / \sigma_s \qquad \text{(H.7-1)}$$

wobei sowohl ξ_1 nach Gleichung (7.5) als auch σ_s nach Tabelle 7.2DE für den fiktiv gewählten Durchmesser ϕ_s des Betonstahls bestimmt werden. Daraus folgt:

$$\text{erf } A_p = \frac{k_c \cdot k \cdot f_{ct,eff} \cdot A_{ct}}{\sigma_s \cdot \xi_1} \qquad \text{(H.7-2)}$$

Unabhängig davon ist zu überprüfen, ob eine konstruktive Mindestbewehrung nach 9.2.1.1 erforderlich ist.

In Bild 7.1 wird der Wirkungsbereich der Bewehrung $A_{c,eff}$, wie er in Versuchen und Vergleichsrechnungen für übliche Bauteile und Beanspruchungsarten ermittelt wurde, dargestellt. Der Wirkungsbereich der Bewehrung ist aber nicht größer anzusetzen als der Querschnitt eines Ersatzstabes, der sich ergibt, wenn die Betonzugfläche im Zustand I unter der zur Erstrissbildung führenden Einwirkungskombination durch einen Stab mit konstanter Zugspannungsverteilung ersetzt wird. Ist die Bewehrung nur in einem kleinen Bereich der Zugzone konzentriert wie z. B. bei einem Plattenbalken mit der Zugzone in der Platte, so erstreckt sich der Wirkungsbereich der Bewehrung nur auf diesen Bereich. Sind aufgrund der Beanspruchung und der Lastausbreitung auch außerhalb des Bereiches konzentrierter Längsbewehrung Beanspruchungen oberhalb der Risslast wahrscheinlich, so ist ein gesonderter Nachweis dieser Bauteilbereiche erforderlich.

Bei gerissenen Zuggurten von Plattenbalken entspricht die mitwirkende Breite im Wesentlichen der Verteilungsbreite der zum Teil in die Zugplatte ausgelagerten Zugbewehrung. Nach NCI zu 9.2.1.2 (2) soll die Zugbewehrung in der Platte höchstens auf der halben mitwirkenden Plattenbreite angeordnet werden. Unter der mitwirkenden Plattenbreite wird hier der Plattenbereich $b_{eff,i}$ außerhalb des Steges verstanden. Die mögliche Auslagerungsbreite wird damit auf $b_w + \Sigma 0{,}5 b_{eff,i}$ begrenzt. Grundsätzlich hängt die Breite $b_{c,eff}$ der effektiven Zugzone $A_{c,eff}$ für die Begrenzung der Rissbreite von der tatsächlichen Verteilungsbreite der Zugbewehrung ab. Die Ausbreitung der Zugspannungen in Breitenrichtung – nach DAfStb-Heft [400] früher pauschal mit 100 mm je Seite angesetzt – kann konsistent zur Berechnung von $h_{c,ef}$ mit $1{,}5 d_1$ je Seite angenommen werden (Bild H7-4). Damit entspricht $b_{c,eff}$ dem Abstand der äußersten Stäbe der ausgelagerten Zugbewehrung zuzüglich $3 d_1$.

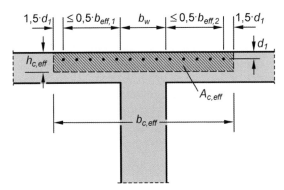

Bild H7-4 – Wirkungsbereich der Bewehrung $A_{c,eff}$ bei gerissenen Zuggurten von Plattenbalken

Zu (NA.5): Aufbauend auf Vorschlägen von *Maurer* et al. in [H7-13] wurde eine modifizierte Ermittlung wirtschaftlicherer Mindestbewehrung zur Begrenzung der Rissbreiten für dicke Bauteile unter zentrischem Zwang im NA mit den Absätzen (NA.5) und (NA.6) aufgenommen.

Kommt es infolge von Zwang zur Bildung eines ersten Risses, wird im Rissquerschnitt die gesamte Zugkraft von der Bewehrung aufgenommen. Über den Verbund wird die Kraft wieder in den Beton übertragen. Bei dünnen Bauteilen liegen die Bewehrungslagen so dicht beieinander, dass am Ende der Verbundeinleitungslänge l_{es} die Betonzugspannungen wieder nahezu gleichmäßig über die Querschnittsdicke verteilt sind. Der Ausbreitungsbereich der Betonzugspannungen, innerhalb dessen die Betonzugfestigkeit in voller Größe und damit die Trennrissspannung wieder erreicht werden, ist durch einen Ausbreitungswinkel von etwa 1:2 gekennzeichnet (Bild H7-5). Bei dicken Bauteilen liegen die Bewehrungslagen dagegen so weit auseinander, dass am Ende der Einleitungslänge l_{es} noch keine gleichmäßige Spannungsverteilung über den Querschnitt vorhanden ist. Mit Hilfe dieses idealisierten mechanischen Modells, dem eine Kraftausbreitung vom Bewehrungsstab in den umgebenden Beton unter einer Steigung von 1:2 zugrunde liegt, kann die Abgrenzung zwischen „dünnen" und „dicken" Bauteilen erfolgen.

Wird im Bereich der Krafteinleitung vom Stahl in den Beton die Risskraft der mitwirkenden Randzone $A_{c,eff}$ überschritten, kommt es zur Bildung von Sekundärrissen, die nicht durch den ganzen Querschnitt, sondern nur durch die Randzone verlaufen. Aufgrund der notwendigen Ausbreitung der Zugspannungen im Beton, stellen sich die Trennrisse nach diesem Modell bei dicken Bauteilen im größeren Abstand als bei dünnen Bauteilen ein (Bild H7-5).

Die Mindestbewehrung zur Begrenzung der Rissbreite bei einer Beanspruchung durch zentrischen Zwang darf nach Gleichung (7.1) ermittelt werden. Dieser Gleichung liegt die Risstheorie für dünne Bauteile zugrunde. Der günstige Einfluss der Sekundärrissbildung bei dicken Bauteilen auf den erforderlichen Querschnitt der Mindestbewehrung wird näherungsweise auf der sicheren Seite liegend durch die Modifikation des Grenzdurchmessers nach Gleichung (7.7DE) abhängig vom Verhältnis der Zugzone h_{cr} zur Wirkungszone der Bewehrung als Funktion von $(h - d)$ berücksichtigt.

Bei dicken Bauteilen ist der Rissmechanismus dadurch gekennzeichnet, dass neben den durchgehenden Primärrissen zusätzlich Sekundärrisse in der Randzone entstehen. Die erforderliche Kraft zur Erzeugung der Sekundärrisse ist kleiner als die Kraft zur Erzeugung des nächsten durchgehenden Trennrisses. Die Bildung von sekundären Rissen führt zu einem Abbau der Zugkraft infolge Zwangs. Dadurch kann die Mindestbewehrung bei dicken Bauteilen unmittelbar bei der Trennrissbildung höher ausgenutzt werden. Die zur Bildung der Sekundärrisse erforderliche Risskraft darf daher im Wirkungsbereich einer Bewehrungslage $A_{c,eff}$ mit der effektiven Dicke $h_{c,ef}$ (Bild 7.1DE d) ermittelt werden (siehe Gleichung (H.7-3)). Wenn sich zur Aufnahme einer Zwangverformung mehrere Trennrisse ausbilden müssen, ist außerdem zu gewährleisten, dass die Bewehrung im Primärriss nicht fließt (siehe Gleichung (H.7-4) mit $k_c = 1,0$).

$$A_{s,min} \cdot \sigma_s = f_{ct,eff} \cdot A_{c,eff} \qquad (H.7\text{-}3)$$

$$A_{s,min} \cdot f_{yk} \geq k \cdot f_{ct,eff} \cdot A_{ct} \qquad (H.7\text{-}4)$$

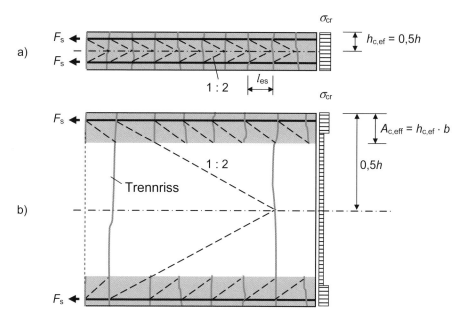

Bild H7-5 – Mechanismus der Rissbildung zwischen zwei Trennrissen:
a) dünne Bauteile, b) dicke Bauteile (nach [H7-13])

Nur bei der modifizierten Ermittlung der Mindestbewehrung für dicke Bauteile unter zentrischem Zwang nach Gleichung (NA.7.5.1) bzw. (H.7-3) und (H.7-4) muss die Vergrößerung von $h_{c,ef}$ nach NCI zu 7.3.2 (3) bzw. Bild 7.1DE d) berücksichtigt werden.

Die Auswirkungen der Gleichung (NA.7.5.1) auf die Mindestbewehrungsmenge zur Begrenzung der Rissbreiten sind im Vergleich zu den Gleichungen (7.1) und (7.7DE) in Bild H7-6 beispielhaft für verschiedene Achsabstände der Bewehrung dargestellt. Bei dünnen Bauteilen führt Gleichung (H.7-3) (bzw. Gleichung (NA.7.5.1)) aufgrund des dort fehlenden k-Wertes zu einer größeren Mindestbewehrung als Gleichung (7.1) in Verbindung mit Gleichung (7.7DE). Es muss jedoch nicht mehr Mindestbewehrung eingelegt werden, als nach den Gleichungen (7.1) und (7.7DE) erforderlich wird. Dies bestimmt auch die Abgrenzung zu „dickeren" Bauteilen.

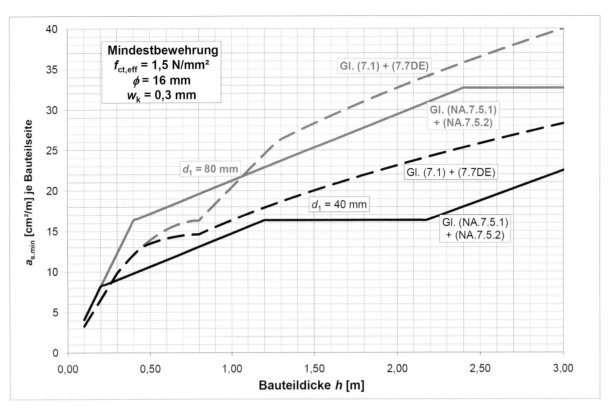

Bild H7-6 – Vergleich Mindestbewehrung zur Begrenzung der Rissbreiten für dicke Bauteile (zentrischer Zwang)

Eine Abminderung für nichtlinear verteilte Eigenspannungen für die Sekundärrissbildung in der Randzone $A_{c,eff}$ mit einem k-Beiwert erfolgt nicht, da die Eigenspannungen durch die Rissbildung ausgehend vom Primärriss in der Zugzone A_{ct} abgebaut werden. Die Betonzugfläche A_{ct} bezieht sich auf eine Bauteilseite (in der Regel $0,5h$). Die Betonstahlspannung σ_s ist dabei auf den Rechenwert der Rissbreite mit den Grenzdurchmesser der Bewehrung ϕ_s^* abzustimmen.

Da für die Abschätzung der Betonstahlspannungen im Primärriss (siehe Gleichung (H.7-4)) keine Erkenntnisse aus Laborversuchen an entsprechend großen Bauteilen unter mit Baustellen vergleichbaren Bedingungen vorliegen, wurde hierzu bei der Festlegung der Ausnutzbarkeit bis zur rechnerischen Streckgrenze f_{yk} auch auf Praxiserfahrungen zurückgegriffen. Danach entstehen bei dicken Bauteilen durch den Abfluss der Hydratationswärme häufig kurz nach dem Ausschalen die ersten Risse. Die Betonaußenflächen kühlen im Tagesgang der Lufttemperaturen, insbesondere in Verbindung mit niedrigen Nachttemperaturen, schneller aus als die Innenzonen. Die daraus resultierenden Eigenspannungen erzeugen Einrisse an der Bauteiloberfläche. Der zu ersten Trennrissen führende Zwang trifft daher in diesem Fall auf einen reduzierten Betonquerschnitt. Dabei stellt die Risswurzel eine scharfe Kerbe mit einer hohen Spannungskonzentration dar. Für eine Trennrissbildung muss die Zwangkraft dann nur so groß sein, um ein Weiterreißen der bereits vorhandenen Einrisse durch den ganzen Querschnitt zu bewirken. Erreichen die Innenzonen die Ausgleichstemperatur, schließen sich die Einrisse an den Bauteiloberflächen wieder.

Zu (NA.6): Günstig in Bezug auf eine reduzierte Rissbildung wirken sich in der Regel langsam erhärtende Betone ($r \leq 0,3$) mit geringer Hydratationswärmeentwicklung aus. Je geringer der Temperaturrückgang beim Abfließen der Hydratationswärme ist, umso geringer ist bei gleicher Bewehrung die Rissöffnung. Bei einer zeitlichen Streckung des Vorgangs durch Verwendung von langsam erhärtenden Betonen wirkt verstärkt der günstige Einfluss einer Relaxation durch das Kriechvermögen des Betons. Zu den elastischen Verformungen des Betons infolge der Zugkraft in der Bewehrung kommen noch die plastischen Verformungen infolge Kriechens hinzu, sodass sich eine kleinere Rissöffnung einstellt. Vor dem Hintergrund dieser geometrischen und materialbedingten Zusammenhänge wird bei Verwendung entsprechender Betone vereinfacht eine pauschale Abminderung der Mindestbewehrung zur Begrenzung der Rissbreiten mit dem Faktor 0,85 ermöglicht. Die Verwendung des Kennwertes r für die Festigkeitsentwicklung des Betons ist insofern praktikabel, als dieser auf dem Betonlieferschein kontrollierbar und für die Festlegung der Nachbehandlungsdauer nach DIN EN 13670 [R44] bzw. DIN 1045-3 ohnehin benötigt wird.

Vor einer leichtfertigen Nutzung dieser pauschalen Bewehrungsabminderung durch den Tragwerksplaner ist jedoch zu warnen. In der Praxis kann die Verwendung langsam erhärtender Betone zu anderen Problemen und Mehrkosten führen (z. B. verlängerte Ausschalfristen und Nachbehandlungszeiten), sodass die mögliche Abminderung nicht ohne Beachtung aller Randbedingungen genutzt werden sollte. In diesem Zusammenhang ist eine frühzeitige enge Abstimmung zwischen Tragwerksplaner, Betontechnologen und Bauausführenden notwendig und dringend zu empfehlen (siehe hierzu [DBV7]).

Im DBV-Merkblatt Rissbildung [DBV7] werden im Zusammenhang mit der Annahme einer reduzierten Betonzugfestigkeit zum Zeitpunkt der Rissbildung Hinweise zu einer etwas differenzierteren Betonfestlegung gegeben. Empfohlen wird beispielsweise, dass der Verwender des Betons als Besteller unter Berücksichtigung der von ihm geplanten Nachbehandlungsmaßnahmen und der Konsequenzen auf die Erhärtungsentwicklung einen Beton wie folgt bestellt:

– bei sommerlichen Temperaturen mit $r \leq 0{,}30$ (langsame Festigkeitsentwicklung);

– bei winterlichen Temperaturen mit $r \leq 0{,}50$ (mittlere Festigkeitsentwicklung).

Dies lässt erwarten, dass auch die Betontemperatur und die Zugfestigkeit während der Hydratationsphase ausreichend begrenzt werden.

Zu 7.3.3 Begrenzung der Rissbreite ohne direkte Berechnung

Zu (1): Bei dünnen biegebeanspruchten Bauteilen können durch die Verzahnung der Rissufer auch nach der Rissbildung noch begrenzt Anteile der Zugspannung durch den Beton übertragen werden, solange die Rissbreite 0,15 mm nicht überschreitet, was wiederum die Stahlzugkraft verringert. In Kombination mit den in der Regel verwendeten dünnen Stabdurchmessern der Mattenbewehrung und deren besseren Verbundeigenschaften werden die Forderungen für die Mindestbewehrung zur Rissbreitenbegrenzung automatisch eingehalten, wenn die Mindestbewehrung nach 9.2.1.1 eingelegt wird. Von einer Biegebeanspruchung ohne wesentlichen zentrischen Zug kann ausgegangen werden, wenn unter der maßgebenden Einwirkungskombination die im Zustand I berechnete Zugzone nicht größer als 2/3 der Querschnittshöhe ist. Absatz (1) trifft nur auf Bauteile der Expositionsklasse XC1 zu, da unter diesen Umweltbedingungen auch bei eventuell vereinzelt auftretenden größeren Rissbreiten die Dauerhaftigkeit des Bauteils nicht gefährdet ist. Sollten strengere Anforderungen an das Erscheinungsbild des Bauteils gestellt werden, ist auch für die Platten explizit ein Nachweis der Rissbreite zu führen.

Zu (2): Im Gegensatz zur Ermittlung der Mindestbewehrung wird bei der Begrenzung der Rissbreite allgemein ein abgeschlossenes Rissbild als wahrscheinlich vorausgesetzt, wobei die Einzelrissbildung weiterhin als ungünstigster Grenzfall in die Betrachtung einbezogen wird. Die Stahlspannung infolge der äußeren Belastung ist in der Regel geringer als unter einer Zwangbeanspruchung, die zum Einzelriss führt.

Die Rissbildung infolge von Zwang kann zu einem oder mehreren einzelnen, relativ breiten Rissen führen, wenn es nicht gelingt, die Risse durch zusätzliche Bewehrung im Sinne einer abgeschlossenen Rissbildung feiner zu verteilen. Einzelrissbreiten können analog zu 7.3.2 nur über die Einhaltung eines Grenzdurchmessers begrenzt werden, indem der tatsächliche Stabdurchmesser ϕ kleiner gleich dem rechnerischen Grenzdurchmesser ϕ_s^* gewählt wird. Bei einer äußeren Belastung, die zu einer Überschreitung der Rissschnittgröße führt und die auch nach dem ersten Riss wirksam bleibt, werden im Allgemeinen mehrere Risse bis hin zum abgeschlossenen Rissbild entstehen, wobei jeder neue Riss innerhalb der Einleitungslänge die Breite des zuvor entstandenen Risses verringert. Dies gilt unter der Voraussetzung, dass der Stahl bei der Erstrissbildung nicht schon seine Streckgrenze erreicht hat, was mit der Einhaltung der vorgeschriebenen Mindestbewehrung nach 9.2.1.1 (1) und 7.3.2 gesichert wird. Der Nachweis der Rissbreite bei abgeschlossenem Rissbild darf bei Last- und Zwangbeanspruchung immer über den Grenzdurchmesser geführt werden.

Bei einlagiger Bewehrung in Flächentragwerken darf der Nachweis bei überwiegender Lastbeanspruchung alternativ auch über den Stababstand nach Tabelle 7.3N erfolgen. Bei mehrlagiger Bewehrung in der Zugzone sollte der Nachweis aufgrund bestehender Unsicherheiten hinsichtlich der Stahlspannungen ab der zweiten Bewehrungslage immer über die Einhaltung der Grenzdurchmesser geführt werden.

Der Zusammenhang zwischen Grenzdurchmesser, Stahlspannung und Rissbreite lässt sich aus den Gleichungen (7.8), (7.9) und (7.11) für die direkte Rissbreitenberechnung auf der sicheren Seite liegend herleiten, indem die Grenzwerte für die Erstrissbildung mit $f_{ct,eff} = 2{,}9$ N/mm² und $E_s = 200.000$ N/mm² eingesetzt werden (siehe Tabelle 7.2DE):

$$w_k = \frac{\sigma_s \cdot \phi_s^*}{3{,}6 \cdot f_{ct,eff}} \cdot \frac{0{,}6 \cdot \sigma_s}{E_s} = \frac{\sigma_s^2 \cdot \phi_s^*}{3{,}48 \cdot 10^6} \tag{H.7-5}$$

$$\sigma_s = \sqrt{w_k \cdot \frac{3{,}48 \cdot 10^6}{\phi_s^*}} \tag{H.7-6}$$

Beim gemeinsamen Ansatz von Betonstahl und Spannstahl zur Rissbreitenbegrenzung muss der weichere Verbund des Spannstahls berücksichtigt werden. Dadurch ist zum einen der Spannungszuwachs im Spannstahl bei der Rissbildung geringer als im Betonstahl. Zum anderen hat der Spannstahl einen geringeren Einfluss auf den Rissabstand, sodass der Spannstahl weniger effektiv für die Begrenzung der Rissbreite ist.

Berücksichtigt wird dies über das Verhältnis ξ_1 der Verbundsteifigkeit von Spannstahl und Betonstahl unter Berücksichtigung der unterschiedlichen Durchmesser nach Gleichung (7.5) bei der Ermittlung des effektiven Bewehrungsgrades in Gleichung (7.10). Zunächst wird die Spannung im Betonstahl bzw. die Spannungsänderung im Spannstahl σ_{s2} beim Übergang in den Zustand II unter der Annahme eines starren Verbundes ermittelt. Über die Gegenüberstellung des effektiven Bewehrungsgrades $\rho_{p,eff}$ unter Berücksichtigung der unterschiedlichen Verbundfestigkeiten und des geometrischen Bewehrungsgrades ρ_{tot} wird die Spannung im Betonstahl σ_s ermittelt, für die der Rissbreitennachweis geführt wird. Der Einfluss des Verbundkriechens, der mit der Annahme einer Verbundfestigkeit bei $t = t_\infty$ von 70 % der bei $t = t_0$ vorliegenden mittleren Verbundfestigkeit abgeschätzt wird, wird durch die Gleichung (7.9) mit dem Faktor $k_t = 0,4$ pauschal berücksichtigt. Die Spannungsänderung im Spannstahl darf in der Regel vernachlässigt werden.

Die Modifikation des Grenzdurchmessers für die Rissschnittgröße darf (bei $f_{ct,eff} > 2,9$ N/mm²) bzw. muss (bei $f_{ct,eff} < 2,9$ N/mm²) nach den Gleichungen (7.6DE) und (7.7DE) erfolgen. Die Modifikation unter Lastbeanspruchung mit Biegung wird im NA mit Gleichung (7.7.1DE) ergänzt.

Gleichung (7.6DE) bezieht sich auf eine einseitige Bewehrung und deckt somit den Fall Erreichen des Rissmomentes ab (eine Lage unter Zug, Biegezugzone mit h_{cr} bis zur Nulllinie des Querschnitts im Zustand I). Für den Fall des Erreichens der Rissnormalkraft stehen beide Bewehrungslagen unter Zugspannungen, daher wird jeweils die anteilige Zugzone in der Regel mit $h_{cr} / 2$ auf jeweils eine Bewehrungslage mit dem Abstand $(h - d) = d_1$ bezogen.

Zu (3): Um breite Sammelrisse außerhalb der Wirkungszone der statisch erforderlichen Bewehrung in Stegen hoher Träger hauptsächlich unter Lastbeanspruchung zu vermeiden, sollte eine konstruktive Mindestbewehrung vorgesehen werden, die eine Rissverteilung sicherstellt. Dies gilt auch für andere abliegende Querschnittsbereiche, wie z. B. in breiten Gurten profilierter Querschnitte. Wegen der bereits vorhandenen Rissbildung in den angrenzenden Bereichen kann die Risschnittgröße für solche Querschnittsteile abgemindert werden (z. B. über die wirksame Betonzugfestigkeit, vgl. *Schießl* in [H7-15]).

In DIN EN 1992-1-1 wird der Abminderungsbeiwert k für risskraftreduzierende Einflüsse daher pauschal auf $k = 0,5$ abgemindert. Für die effektive Betonzugfestigkeit in Gleichung (7.1) ist dabei wegen der Abstimmung auf die Lastbeanspruchung bei Stegen in der Regel $f_{ct,eff} = f_{ctm} \geq 3,0$ N/mm² anzusetzen. Der untere Grenzwert der Mindestbewehrung wird rechnerisch zunächst mit $\sigma_s = f_{yk}$ ermittelt:

$$A_{s,min} \cdot \sigma_s = 0,5 \cdot f_{ct,eff} \cdot A_{ct} \tag{H.7-7}$$

Sind die Anforderungen an das Erscheinungsbild oder infolge von Expositionsklassen höher, wird empfohlen ggf. die Mindestbewehrung auf $\sigma_s = 0,8 f_{yk}$ auszulegen. Für die konstruktive Durchbildung ist es immer am wirkungsvollsten, die erforderliche Rissbewehrung mit den Stabdurchmessern oder Stababständen in Anlehnung an die Tabellen 7.2DE und 7.3N zu wählen [H7-6].

Zu (NA.8): Bei Mattenbewehrung darf ausgenutzt werden, dass dünnere Stäbe bessere Verbundeigenschaften aufweisen, als sie für die Verbundfestigkeit bei der Rissbreitenberechnung angenommen werden. Dies wird vor allem durch die größere bezogene Rippenfläche und die angeschweißten Querstäbe begründet. Eine Durchmesserbegrenzung für Längsstäbe auf $\phi_{max} = 12$ mm ist daher für diese Regel sinnvoll. Außerdem haben Versuchswerte und langjährige Erfahrungen gezeigt, dass die eher konservative Annahme eines Vergleichsdurchmessers, wie sie bei Stabbündeln notwendig ist, für Doppelstäbe in Mattenbewehrungen nicht erforderlich ist. Im Übrigen gilt, dass die angeschweißten Querstäbe keinen größeren Abstand als $s_{max,slabs} = 250$ mm aufweisen (vgl. 9.3.1.1 (3)).

Zu (NA.9): Bei der Festlegung der Mindestquerkraftbewehrung in 9.2.2 (5) wurde zugrunde gelegt, dass die Schubrisslast aufgenommen werden kann, ohne dass die Querkraftbewehrung ihre Streckgrenze erreicht, und eine maximale Schrägrissbreite von 0,3 mm eingehalten wird. Bei dieser Rissbreite wird von einem ausreichenden Korrosionsschutz für die Querkraftbewehrung ausgegangen und der explizite Nachweis der Schubrissbreite darf entfallen. Allerdings wird bei der Ermittlung der Mindestquerkraftbewehrung die Erhöhung der Verbundfestigkeit durch die Querdruckbeanspruchung in Ansatz gebracht. Liegt diese nicht vor, z. B. bei Bauteilen mit sehr hohen und schlanken Stegen, können trotz eingelegter Mindestbewehrung größere Rissbreiten auftreten.

Zu 7.3.4 Berechnung der Rissbreite

Die direkte Berechnung der Rissbreite zeigt am deutlichsten die Zusammenführung der beiden Risszustände Einzelriss und abgeschlossenes Rissbild, indem der rechnerisch maximale Rissabstand für den Einzelriss als Obergrenze und ein Mindestwert für die Differenz zwischen mittlerer Betondehnung und mittlerer Stahldehnung angegeben wird. Die theoretischen Hintergründe zur Herleitung der im NA verwendeten Formeln können in [H7-1] nachgelesen werden.

Zu (2): Bei der Ermittlung der Dehnungsdifferenz $(\varepsilon_{sm} - \varepsilon_{cm})$ nach Gleichung (7.9) ist ein Faktor k_t zur Berücksichtigung des Verbundkriechens im Term für die Mitwirkung des Betons zwischen den Rissen vorgesehen ($k_t = 0,6$ bei kurzzeitiger Lasteinwirkung bzw. $k_t = 0,4$ bei langfristiger Lasteinwirkung mit Verbundkriechen unter Ansatz von ca. 70 % der Verbundfestigkeit). Wenn die durch die freigesetzte Rissschnittgröße im Betonstahl eingetragene Stahlspannung über längere Zeit unverändert ansteht, vergrößert sich die Rissbreite, da der Verbund mit der Zeit infolge Kriechens weicher wird. Bei Spannungen aus innerem Zwang kann gleichzeitig eine Reduktion durch Zwangabbau infolge weiterer Risse oder Zugkriechen stattfinden. Auf die Berücksichtigung dieses günstigen Kurzzeiteffektes mit $k_t = 0,6$ sollte jedoch auf der sicheren Seite liegend verzichtet werden, da der Zwangabbau infolge Zugkriechens deutlich langsamer als der Abfall der Verbundsteifigkeit infolge des Verbundkriechens erfolgt [DBV7]. Im NA wird daher als Regelfall $k_t = 0,4$ festgelegt. Für Rissbreitennachweise unter wirklich kurzzeitiger Rissspannung, wie z. B. bei einer seltenen Einwirkungskombination, kann die Berücksichtigung des Kurzzeiteffektes unter kritischer Würdigung der Randbedingungen sinnvoll sein [H7-6].

Der effektive Bewehrungsgrad $\rho_{p,eff}$ darf abweichend von Bild 7.1DE d) vereinfacht auf einen mit $h_{ef} = 2,5(h - d)$ ermittelten Wirkungsbereich der Bewehrung bezogen werden.

Der Mindestwert für $f_{ct,eff} = 3,0$ N/mm² gemäß NCI zu 7.3.2 (2) (bzw. 2,5 N/mm² gemäß 11.7 (NA.2) für Leichtbeton) ist nur für die Ermittlung der Mindestbewehrung (Rissschnittgröße auf der Einwirkungsseite) nach 7.3.2 anzuwenden. Für die Rissbreitenberechnung nach 7.3.3 und 7.3.4 ist dagegen die zum Zeitpunkt der Rissbildung zu erwartende, ggf. niedrigere Betonzugfestigkeit einzusetzen, da diese hier günstig wirkt (Mitwirkung des Betons zwischen den Rissen auf der Widerstandsseite).

Bei gleichzeitigem Auftreten von Last und Zwang ist eine Überlagerung der beiden Belastungsarten erst dann erforderlich, wenn die Zwangdehnung größer als 0,8 ‰ ist. Für gewöhnliche Zwangbeanspruchungen infolge Schwinden und Temperaturunterschieden aus abfließender Hydratationswärme oder Witterungseinflüssen ist keine Überlagerung von Zwang- und Lastschnittgrößen erforderlich. Für den Fall, dass eine Überlagerung von Last und Zwang erforderlich ist, sollte die tatsächliche Steifigkeit im Zustand II berücksichtigt werden. Anhaltspunkte zur Abschätzung der vorhandenen Steifigkeit im Gebrauchszustand werden im DAfStb-Heft [240] gegeben.

Zu (3): Zur Bestimmung des maximalen Rissabstandes $s_{r,max}$ in EN 1992-1-1 wird ein additiver Ansatz nach Gleichung (H.7-8) benutzt:

$$s_{r,max} = \beta \cdot s_{rm} \approx \beta \cdot (2 \cdot c + k_1 \cdot k_2 \cdot 2 \cdot l_t) \approx k_3 \cdot c + k_1 \cdot k_2 \cdot k_4 \cdot \phi / \rho_{p,eff} \qquad \text{(H.7-8)}$$

Eine Abhängigkeit des Rissabstandes von der Betondeckung c wird demnach in der Bestimmungsgleichung (7.11) von EN 1992-1-1 als additiver Term $k_3 \cdot c$ berücksichtigt. Dies entspricht der stark vereinfachten Annahme, dass beidseits der Rissufer im Mittel eine verbundfreie Länge jeweils gleich der Betondeckung vorhanden ist.

Der zweite Term $k_1 \cdot k_2 \cdot k_4 \cdot \phi / \rho_{p,eff}$ in Gleichung (7.11) von EN 1992-1-1 entspricht der doppelten Einleitungslänge unter Berücksichtigung der unterschiedlichen Verbundqualität glatter oder gerippter Bewehrung (k_1) und der Dehnungs- bzw. Zugspannungsverteilung (k_2). Die Einleitungslänge ist die erforderliche Länge, um die Stahlzugkraft im Riss über Verbund vollständig in den Betonquerschnitt einzuleiten. Der Faktor k_4 hängt vom Verhältnis der Verbundspannung τ_s zur mittleren Betonzugfestigkeit f_{ctm} ab. Für die Bestimmung des maximalen Rissabstandes aus den Mittelwerten wurde ein statistisch ermittelter Streufaktor zwischen rechnerischer (charakteristischer) zu mittlerer Rissbreite $\beta = 1,7$ zugrunde gelegt.

Da aus Versuchen bekannt ist, dass der mittlere Rissabstand zwischen der einfachen und zweifachen Einleitungslänge liegt, wurde die Gleichung für die Berechnung des maximalen Rissabstandes im NA modifiziert:

- Die Addition einer verbundfreien Länge mit der zweifachen Betondeckung ist eine stark vereinfachte Abschätzung der Verbundstörung in Rissnähe und führt bei zunehmender Betondeckung zu unrealistisch großen Werten.

- Der Verbundbeiwert $k_1 = 1,6$ für glatte Bewehrungstähle kann entfallen, da im NA Betonrippenstahl B500 geregelt wird. Die „weicheren" Verbundeigenschaften des Spannstahls werden über das Verhältnis ξ_1 der Verbundsteifigkeit von Spannstahl und Betonstahl mit Wichtung der unterschiedlichen Durchmesser im effektiven Bewehrungsgrad $\rho_{p,eff}$ in Gleichung (7.10) berücksichtigt.

- Der Beiwert k_2 zur Berücksichtigung unterschiedlicher Dehnungsverteilung bei auf Biegung und Zug beanspruchten Querschnitten ist nicht modellgerecht, da die wirksame Betonzugzone $A_{c,eff} = 2,5 \cdot (h - d)$ in beiden Fällen als Zugstab mit konstanter Dehnungsverteilung betrachtet wird [466].

Daher wird im NA zu 7.3.4 (3) der Vorfaktor k_3 (= 3,4) auf 0 gesetzt, sodass der Anteil der freien Verbundlänge entfällt. Mit dem Produkt $k_1 \cdot k_2 = 1$ werden beide Beiwerte aus dem Term für die doppelte Eintragungslänge herausgekürzt. Der Vorfaktor k_4 wird mit (1 / 3,6) angenommen, was einer „charakteristischen" Verbundspannung $\tau_{sk} = 1,8f_{ctm}$ für Rippenstähle entspricht.

Mit diesen NA-Festlegungen wird die Gleichung (7.11) identisch mit DIN 1045-1 [R4], Gleichung (137):

$$s_{r,max} = 0 \cdot c + 1,0 \cdot \frac{1}{3,6} \cdot \frac{\phi}{\rho_{p,eff}} = \frac{\phi}{3,6 \cdot \rho_{p,eff}} \leq \frac{\sigma_s \cdot \phi}{3,6 \cdot f_{ct,eff}} \qquad (H.7\text{-}9)$$

Die obere Begrenzung in Gleichung (H.7-9) bedeutet, dass der Rissabstand zwischen zwei Einzelrissen nicht größer angesetzt werden muss als die doppelte Eintragungslänge, bei der die Risszugkraft als Stahlzugkraft $A_s \cdot \sigma_s$ vollständig über Verbund eingeleitet wird. Die rechnerische Rissbreitenberechnung nach DIN EN 1992-1-1/NA entspricht demnach bis auf das etwas kleinere Verhältnis der E-Moduln $\alpha_e = E_s / E_{cm}$ dem in DIN 1045-1 [H7-6].

Zu (5): In unbewehrten Bauteilen und bei Bauteilen mit Bewehrung, die keinen nennenswerten Einfluss auf die Rissgröße und -verteilung hat, hängt der Rissabstand und damit die Rissbreite im Wesentlichen von der Lastausbreitung im Bauteil ab. So zeigen Erfahrungen und Vergleichsrechnungen, dass ein Riss die Zwangspannungen in einem Bereich, der etwa seiner Länge entspricht, soweit entlastet, dass kein weiterer Riss entstehen kann. Wird die Zwangbeanspruchung durch den Riss nicht vollständig abgebaut, so entsteht bei Annahme einer konstanten Zugfestigkeit zwangsläufig ein weiterer Riss, wenn der Abstand zwischen zwei Rissen größer als die doppelte Risstiefe ist. Der theoretisch maximal mögliche Rissabstand kann somit der doppelten Risstiefe gleichgesetzt werden. Im Folgenden wird kurz die Vorgehensweise am Beispiel einer Wand erläutert, deren Verformungen infolge abfließender Hydratationswärme durch ein früher hergestelltes Fundament behindert wird, siehe Bild H7-7. Ab etwa einem Verhältnis von Länge zu Höhe der Wand von 2 steht der gesamte Querschnitt unter Zugbeanspruchung, ab einem Verhältnis von 8 kann von einer gleichmäßig über die Wandhöhe verteilten Zugspannung ausgegangen werden (DAfStb-Heft [489], [H7-4]). Damit laufen die Risse bis zur Oberkante der Wand durch und die Risstiefe ist gleich der Wandhöhe. Der maximal mögliche Rissabstand beträgt demnach $s_{r,max} = 2 \cdot h_{Wand}$. Die Rissbreite ergibt sich dann aus der Betondehnung infolge der Beanspruchung, in diesem Beispiel die Temperaturdehnung, multipliziert mit dem Rissabstand.

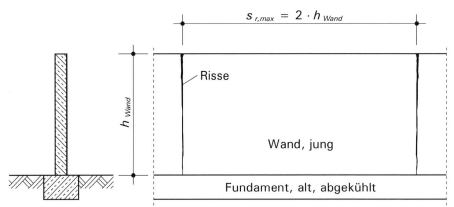

Bild H7-7 – Rissabstand in einer unbewehrten Wand unter zentrischer Zwangbeanspruchung infolge abfließender Hydratationswärme

Zu 7.4 Begrenzung der Verformungen

Zu 7.4.1 Allgemeines

Zu (1)P: Die Verformungen eines Bauteils oder eines Tragwerkes müssen zur Sicherstellung der Gebrauchstauglichkeit begrenzt werden. Diese Begrenzung ist zur Gewährleistung des Erscheinungsbildes (z. B. optisch störender Deckendurchhang), der Dauerhaftigkeit oder der Funktionsfähigkeit (z. B. Wasseransammlung auf Dachdecken) und auch zur Vermeidung von Schäden in anschließenden Bauteilen (z. B. Risse in getragenen Wänden, Schäden an Maschinen, Schäden an Fassaden, Schwingungen usw.) erforderlich.

Die wahrscheinlich auftretende Durchbiegung von überwiegend auf Biegung beanspruchten Stahlbeton- und Spannbetonbauteilen hängt von einer Vielzahl verschiedener Einflussparameter ab, die sowohl die anfängliche als auch die zeitliche Entwicklung der Durchbiegung beeinflussen. Neben den vorhandenen geometrischen Bedingungen (Querschnittsabmessungen, Einspanngrad an den Auflagern, ein- oder zweiachsige Lastabtragung, Lage der Bewehrung usw.) wird die Durchbiegung auch von den Materialeigenschaften (Betonqualität mit Elastizitätsmodul und Zugfestigkeit, Stahlsorte, Größe des Betonkriechens und Schwindens) und von der Belastung (Größe und zeitlicher Verlauf der wirklichen Belastung, Belastungsbeginn) sowie den Umgebungsbedingungen beeinflusst. Da die aufgeführten Parameter zum Teil zeitabhängig sind und darüber hinaus auch nicht nur von Bauteil zu Bauteil, sondern auch im Bauteil selbst streuen, wird deutlich, dass die wahrscheinlich auftretende Durchbiegung nicht exakt berechnet, sondern nur näherungsweise ermittelt werden kann.

Zu (2) bis (5): Grenzwerte von zulässigen, im Hinblick auf Schäden unbedenklichen Durchbiegungen, die auf die Art des Tragwerks, etwaige Trennwände oder Befestigungen sowie auf die Funktion des Tragwerks abgestimmt sind, können nicht einheitlich angegeben werden. In der Literatur finden sich sehr unterschiedliche Grenzwerte der zulässigen Verformung von Stahlbetonbauteilen. Die angegebenen Grenzwerte reichen von $l/100$ bis $l/1000$. In DIN EN 1992-1-1 werden für übliche Bauwerke des Hochbaus (Wohnbauten, Bürobauten, öffentliche Bauten und Fabriken) die in ISO 4356 [R48] angegebenen Grenzwerte zulässiger Durchbiegungen verwendet: Der Bauteildurchhang, der die vertikale Bauteilverformung bezogen auf die Verbindungslinie der Unterstützungspunkte bezeichnet, sollte unter der quasi-ständigen Einwirkungskombination dauerhaft auf $l/250$ begrenzt werden, um das Erscheinungsbild und die Gebrauchstauglichkeit des Bauteils nicht zu beeinträchtigen. Als Richtwert zur Vermeidung von Schäden an angrenzenden Bauteilen wie leichten Trennwänden sollte nach dem Einbau dieser Bauteile die Durchbiegung einschließlich zeitabhängiger Verformungen auf $l/500$ begrenzt werden. In DIN EN 1992-1-1 wird jedoch auch darauf hingewiesen, dass im Einzelfall eventuell andere Grenzwerte festgelegt werden können oder müssen.

Der empfohlene Grenzwert für den Durchhang von $1/250$ der Stützweite bezieht sich auf die Verformung unter der quasi-ständigen Einwirkungskombination. Sollte die Eigenlast leichter Trennwände nach DIN EN 1991-1-1/NA [R25], NCI zu 6.3.1.2 (8), über einen pauschalen Zuschlag zur veränderlichen Nutzlast Q_k berücksichtigt worden sein, ist von der Abminderung dieses Zuschlages über den quasi-ständigen Anteil der Nutzlast Q_k abzuraten. Alternativ ist eine genauere Lastannahme der Trennwandeigenlast zu empfehlen.

Andere, z. B. horizontale Verformungsbegrenzungen, sind nach ähnlichen Gesichtspunkten mit dem Bauherrn und den beteiligten Fachplanern festzulegen. Auch hier sind die verschieblichen Tragwerke besonders sorgfältig zu behandeln. Für Hallensysteme, die durch eingespannte Stützen ausgesteift sind, ist der Wind oft die maßgebende Leiteinwirkung. Die quasi-ständige Einwirkungskombination ist hier für eine Verformungsberechnung ungeeignet. In der Regel wird die Windlast der DIN EN 1991-1-4 [R26], [R27] in der häufigen Kombination angesetzt werden. Der festzulegende Grenzwert ist außerdem auf die Folgen der Verformung des Primärtragwerks auf andere Bauteile abzustimmen. Dazu zählen z. B. gegenseitige Verschiebungen von Fassadenplatten und Torgewänden, Auflagerbreiten von Fertigteilen, horizontale und vertikale Schienenlage auf Kranbahnen usw. Weitere Hinweise zur Verformungsbegrenzung werden auch in [H7-6] und [H7-7] gegeben.

Zu 7.4.2 Nachweis der Begrenzung der Verformungen ohne direkte Berechnung

Zu (1)P: Ein vereinfachter Nachweis zur Begrenzung der Verformungen ohne direkte Berechnung darf für Stahlbetonbauteile über die Einhaltung von Biegeschlankheiten geführt werden. Im Regelfall ist dieser Nachweis ausreichend. Für Spannbetonbauteile sind die Biegeschlankheitskriterien jedoch nicht mehr anwendbar. Für diese Bauteile können die Verformungsbegrenzungen nur über direkte Berechnungsverfahren nachgewiesen werden.

Die Biegeschlankheitsgrenzen in DIN EN 1992-1-1 unterscheiden sich deutlich von den aus DIN 1045-1 [R4] bekannten. Die Ursachen für die trotzdem mit den alten DIN 1045-1-Werten oft erreichte Schadensfreiheit liegen in nicht berücksichtigten Überfestigkeiten des Materials, konstruktiv vorhandener Druckbewehrung, Einspannungen, räumlicher Lastabtragung, geringer tatsächlicher Belastung oder mit Ausbauelementen sichergestellter Gebrauchstauglichkeit. Andererseits sind durchaus Durchbiegungsmängel trotz formal eingehaltener Biegeschlankheitsbegrenzung in der Praxis aufgetreten. Diese sind hauptsächlich auf sehr weit gespannte Bauteile bei hohen Eigen- oder Nutzlasten, auf überdurchschnittliche Kriech- und Schwindverformungen, auf einen stark streuenden Elastizitätsmodul des Betons oder auf nicht berücksichtigte Einzellasten zurückzuführen. Mit der erhöhten Ausnutzbarkeit der Baustoffe nimmt die Wahrscheinlichkeit einer ausreichenden Verformungsbegrenzung über die alte Biegeschlankheitsbegrenzung tendenziell ab [H7-6].

Die zulässigen Biegeschlankheiten in DIN EN 1992-1-1 berücksichtigen den Einfluss der Belastung über den erforderlichen Längsbewehrungsgrad ρ bzw. ρ' und die Festigkeit sowie den Elastizitätsmodul des Betons über f_{ck}. Dem Nachweis der Verformungsbegrenzung ohne direkte Berechnung liegen dabei die Richtwerte der Elastizitätsmoduln für Betonsorten mit quarzithaltigen Gesteinskörnungen aus Tabelle 3.1 in DIN EN 1992-1-1 zugrunde. Hiervon abweichende Elastizitätsmoduln (siehe auch 3.1.3 (2)) sind demzufolge bei Anwendung der Biegeschlankheitsformeln nicht berücksichtigt.

Die Biegeschlankheitsgrenzen werden mit den Gleichungen (7.16.a) für gering und mäßig bewehrte und mit (7.16.b) für hochbewehrte Bauteile (ggf. mit Druckbewehrung) ermittelt. Die Unterscheidung erfolgt mit einem von der Betonfestigkeit abhängigen Referenzbewehrungsgrad ρ_0. Die Längsbewehrungsgrade für Decken im üblichen Hochbau liegen in der Regel unter 0,40 %, sodass für viele übliche Fälle nur Gleichung (7.16.a) ausgewertet werden muss. Die grafische Auswertung der Gleichungen (7.16) mit den Randbedingungen aus DIN EN 1992-1-1/NA enthalten die Bilder H7-8 und H7-9 [H7-6].

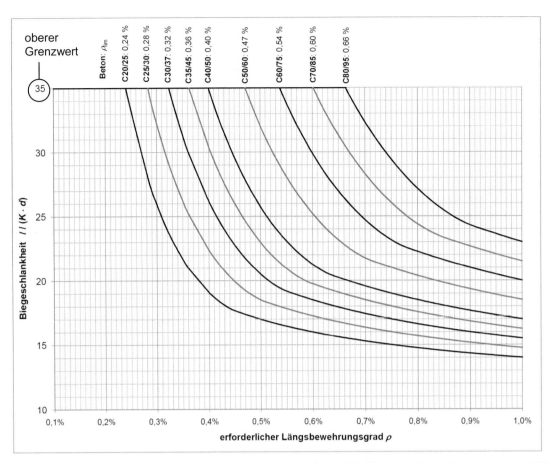

Bild H7-8 – Grenzwerte der Biegeschlankheiten bis erf $\rho \leq 1{,}0$ % (ohne Druckbewehrung) [H7-6]

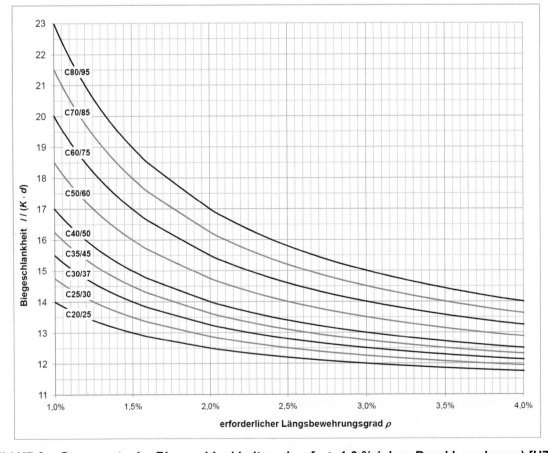

Bild H7-9 – Grenzwerte der Biegeschlankheiten ab erf $\rho \geq 1{,}0$ % (ohne Druckbewehrung) [H7-6]

132

Die zulässigen Biegeschlankheiten werden demnach kleiner (d. h. konservativer), wenn der erforderliche Längsbewehrungsgrad ρ und damit die Belastung größer wird. Sie werden größer, wenn die Betonfestigkeit und damit die Biegesteifigkeit ansteigen.

Bei geringer bewehrten Bauteilen können die Biegeschlankheitsgrenzen nach DIN EN 1992-1-1 auch sehr hohe Werte annehmen. Um konstruktiv unsinnige und unterdimensionierte Bauteildicken auszuschließen, werden im NA zu 7.4.2 (2) die Biegeschlankheitsgrenzen aus DIN 1045-1 [R4] als obere Grenzwerte wieder aufgenommen. Die Biegeschlankheiten nach Gleichung (7.16) sollten danach auf $l\,/\,d \leq K \cdot 35$ und bei Bauteilen, die verformungsempfindliche Ausbauelemente beeinträchtigen können, auf $l\,/\,d \leq K^2 \cdot 150\,/\,l$ (entspricht $l\,/\,(K \cdot d) \leq K \cdot 150\,/\,l$) begrenzt werden.

In Bild H7-8 sind die Grenzbewehrungsgrade ρ_{lim}, bei denen die maximal zugelassene Biegeschlankheit $l\,/\,(K \cdot d) = 35$ überschritten wird, eingetragen. Für Deckenquerschnitte mit $\rho_{erf} > \rho_{lim}$ sind nunmehr strengere Biegeschlankheitsgrenzen als nach DIN 1045-1 [R4] einzuhalten. Vergleichsrechnungen innerhalb der EC 2 - Pilotprojekte lassen erwarten, dass ca. 30 % der Deckendicken und ca. 10 % der Balkenquerschnitte aus einer Bemessung nach DIN 1045-1 bei Anwendung der Biegeschlankheiten nach DIN EN 1992-1-1 vergrößert werden müssten [H7-5].

Die mögliche Erhöhung des vorhandenen Zugbewehrungsgrades gegenüber dem erforderlichen darf mit einem Erhöhungsfaktor (310 N/mm² / σ_s) = ($A_{s,prov}$ / $A_{s,req}$) nach Gleichung (7.17) für die zulässigen Biegeschlankheiten vorgenommen werden. Der Spannungswert $\sigma_s = 310$ N/mm² für den Gebrauchszustand setzt voraus, dass die erforderliche Bewehrung mit dem Bemessungswert 435 N/mm² unter 1,4-fachen charakteristischen Einwirkungen berechnet wurde (435 / 1,4 = 310 N/mm²). Wird die Betonstahlspannung (Dehnung) reduziert, ergeben sich geringere Durchbiegungen. Insoweit besteht eine Erschwernis bei der Anwendung von DIN EN 1992-1-1 darin, dass ggf. Nutzhöhe und erforderliche Bewehrung iterativ aufeinander abgestimmt werden müssen.

Darüber hinaus ist zu beachten, dass die Biegeschlankheitsformeln (7.16.a) und (7.16.b) aus einer Parameterstudie an Einfeldträgern (Platten und Balken mit Rechteckquerschnitten) abgeleitet wurden, in der ausschließlich Verhältnisse von vorhandener zu erforderlicher Bewehrung im GZT von $A_{s,prov}$ / $A_{s,req} \leq 1,10$ Berücksichtigung gefunden haben [H7-3]. Dies entspricht der üblichen Aufrundung bei der Bewehrungskonstruktion. Die in [H7-3] durchgeführten Berechnungen zeigen, dass die Durchbiegung nur in etwa um den halben Prozentsatz der zusätzlichen Feldbewehrung abnimmt. Ein Verhältnis von $A_{s,prov}$ / $A_{s,req} = 1,10$ führte durchschnittlich zu einer Verringerung der Durchbiegung um 4,4 %. In der Regel ist damit eine Begrenzung des Erhöhungsfaktors auf den Maximalwert von 1,10 im Rahmen des indirekten Verformungsnachweises zu empfehlen.

Im Vergleich dazu können positive Auswirkungen eines erhöhten Druckbewehrungsgrades (u. a. reduzierte Kriech- und Schwindverformungen) ausschließlich im Zuge von direkten Verformungsberechnungen berücksichtigt werden.

Zwei Strategien bei der Verformungsbegrenzung mit Hilfe der Biegeschlankheitsgrenzen sind möglich [H7-6]:

1. Im Rahmen einer Vorbemessung oder bei fehlenden Erfahrungswerten zur erforderlichen statischen Nutzhöhe muss ein erforderlicher Längsbewehrungsgrad geschätzt werden (z. B. $\rho \leq \rho_{lim}$ bei Deckenplatten oder ein auf der sicheren Seite liegender deutlich größerer Wert). Danach erfolgt die Biegebemessung im GZT mit der gewählten Nutzhöhe. Ist der dort erforderliche Längsbewehrungsgrad erf ρ kleiner als der vorab geschätzte, ist der Nachweis ohne Weiteres erfüllt. Ist erf ρ größer als der vorab geschätzte Wert, muss der Biegeschlankheitswert reduziert werden (in Richtung erf ρ) und die Nachweise sind mit der vergrößerten Nutzhöhe zu wiederholen.

2. Mit einem bekannten Querschnitt wird die Bemessung für Biegung im GZT vorgenommen und mit dem erforderlichen Längsbewehrungsgrad erf ρ die zulässige Biegeschlankheit ermittelt. Ist die vorhandene Biegeschlankheit mit der gewählten statischen Nutzhöhe kleiner als die maximal zulässige, ist der Verformungsnachweis erfüllt.

Bei gegliederten Querschnitten (z. B. schlanken Plattenbalken), bei denen das Verhältnis von mitwirkender Gurtbreite zu Stegbreite den Wert 3 übersteigt, sind die für Rechteckquerschnitte hergeleiteten Werte von $l\,/\,d$ nach den Gleichungen (7.16) mit 0,8 zu multiplizieren. Alternativ kann ein gegliederter Querschnitt auf einen Ersatzrechteckquerschnitt mit äquivalenter Biegesteifigkeit umgerechnet werden, der dann dem erforderlichen Längsbewehrungsgrad zugrunde zu legen ist.

Bei Bauteilen, deren übermäßige Durchbiegung benachbarte Ausbauteile beschädigen könnten, sind in der Regel die Biegeschlankheitswerte l/d nach den Gleichungen (7.16) mit einem Faktor α_l weiter zu reduzieren:

- Balken und Platten mit $l_{eff} > 7$ m: $\alpha_l = (7,0 / l_{eff})$, $\qquad\qquad\qquad\qquad\qquad$ (H.7-10)
- Flachdecken mit $l_{eff} > 8,5$ m: $\quad \alpha_l = (8,5 / l_{eff})$. $\qquad\qquad\qquad\qquad\qquad$ (H.7-11)

Darüber hinaus wurden alternative Biegeschlankheitskriterien für linienförmig gelagerte ein- und zweiachsig gespannte Stahlbetonplatten und Stahlbetonbalken entwickelt, die auch viele wesentliche Einflussparameter (Zugfestigkeit des Betons, Belastungshöhe usw.) berücksichtigen (*Krüger/Mertzsch* [H7-10], [H7-11], *Zilch/Donaubauer* [H7-2], [H7-17]). Diese können ebenfalls im von ihren Autoren beschriebenen Anwendungsbereich für eine näherungsweise Verformungsbegrenzung als geeignet gelten.

Zu 7.4.3 Nachweis der Begrenzung der Verformungen mit direkter Berechnung

Zu (2)P: Bei verformungsempfindlichen Bauteilen mit hohen Anforderungen an die Verformungsbegrenzung oder unter Einzel- und Streckenlasten sollte statt einer Begrenzung der Biegeschlankheit eine rechnerische Grenzwertbetrachtung der Verformungen durchgeführt werden.

In der Literatur finden sich verschiedenste Ansätze zur Berechnung der Durchbiegung von ein- und zweiachsig gespannten sowie punktförmig gestützten Stahlbetonplatten. Für einachsig gespannte Bauteile werden z. B. in den DAfStb-Heften [240] und [425], *Krüger/Mertzsch* [H7-10], [H7-11], *Litzner* [H7-12], *Zilch/Donaubauer* [H7-2], [H7-17] und *Zilch/Reitmayer* [H7-19] Berechnungsverfahren für die Abschätzung der wahrscheinlich auftretenden Durchbiegung vorgeschlagen. Für zweiachsig gespannte Stahlbetonplatten kann die Verformung mit Hilfe der Plattentheorie und dem Berechnungsvorschlag von *Zilch/Donaubauer* [H7-2], [H7-17] ermittelt werden. Die Durchbiegung bei punktförmig gestützten Stahlbetonplatten kann entsprechend den Berechnungsansätzen von *Hotzler/Kordina* [H7-8] abgeschätzt werden.

Bereits die Einführung einer realistischen, über die Bauteillänge konstant angenommenen Biegesteifigkeit im Zustand II führt unter Ansatz einer quasi-ständigen Einwirkungskombination und einer zu erwartenden Druckzone z. B. nach DAfStb-Heft [240] unter Berücksichtigung des Kriechens zu einer guten Abschätzung der möglichen Durchbiegung. Für weitere Ausführungen siehe auch [H7-18].

Die auftretende Verformung von überwiegend auf Biegung beanspruchten Stahlbeton- und Spannbetonbauteilen wird hauptsächlich von folgenden Parametern bestimmt, die teilweise stark streuen können:

- Querschnittsabmessungen und vorhandene Steifigkeit (Zustand I oder II),
- Betoneigenschaften mit Elastizitätsmodul, Zugfestigkeit, Kriechen und Schwinden,
- Einspanngrad an den Auflagern, Fundamentverdrehungen,
- ein- oder zweiachsige Lastabtragung,
- Bewehrungsgrad, -abstufung, -lage,
- Größe und zeitlicher Verlauf der realen Belastung.

Daher kann die auftretende Durchbiegung nicht exakt berechnet, sondern nur näherungsweise abgeschätzt werden [H7-6].

Darüber hinaus spielt die Belastungsgeschichte neben dem unmittelbaren Einfluss auf das Kriechen dahingehend eine Rolle, welche Bauteilbereiche gerissen oder ungerissen sind. Diese Untersuchung sollte unter der seltenen Einwirkungskombination mit dem Mittelwert der Betonzugfestigkeit f_{ctm} vorgenommen werden. Die festgestellte Steifigkeitsverteilung ist Eingangswert für die nachfolgende Verformungsberechnung, denn die einmal gerissenen Querschnitte haben auch dann eine geringere Steifigkeit, wenn sie bei der eigentlichen Verformungsberechnung unter der quasi-ständigen Einwirkungskombination rechnerisch das Rissmoment nicht wieder erreichen. In den meisten Fällen wird ein Bauteilbereich im Zustand II zu berücksichtigen sein. Dies sollte im Ergebnisausdruck der verwendeten Programme kontrolliert werden.

Zu (3): Werden an Bauteile, die aufgrund einer deutlichen Steifigkeitsabnahme beim Übergang in den Zustand II hinsichtlich ihrer Verformungen empfindlich auf die Rissbildung reagieren, erhöhte Anforderungen an die Einhaltung von Grenzverformungen gestellt, sollten die Verformungen mit oberen und unteren Bemessungswerten für die Zugfestigkeit ermittelt werden.

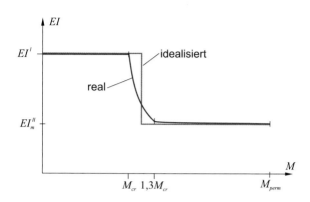

Bild H7-10 – Abschnittsweise Idealisierung der Biegesteifigkeit nach _Zilch/Donaubauer_ [H7-2], [H7-17]

Das exakte Verfahren zur Berechnung der Durchbiegung besteht darin, die Krümmung an einer Vielzahl von Schnitten z. B. nach Gleichung (7.18) entlang des Bauteils zu bestimmen und anschließend durch zweifache Integration der Krümmung über die Bauteillänge unter Festlegung geeigneter Rand- und Übergangsbedingungen die Biegelinie herzuleiten. In der Regel ist die rechnerische Berücksichtigung des exakten Krümmungsverlaufs entlang der Bauteilachse und die Ermittlung der vollständigen Biegelinie nicht erforderlich. In vielen Fällen reicht es aus, die Biegesteifigkeit des Bauteils bereichsweise als konstant anzunehmen. Zu unterscheiden sind dabei Bauteilbereiche im ungerissenen Zustand I von gerissenen Bauteilabschnitten mit der wirksamen Biegesteifigkeit EI_m^{II}. Nach Festlegung des gerissenen Bauteilbereichs (siehe zu 7.4.3 (2)P und Bild H7-10) sowie Zuordnung der Steifigkeiten EI^I und EI_m^{II} zu den entsprechenden Bauteilabschnitten kann die gesuchte Einzelverformung des Bauteils unter Anwendung des Prinzips der virtuellen Kräfte bestimmt werden (Bild H7-11).

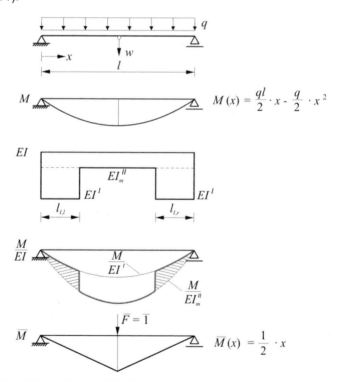

Bild H7-11 – Vereinfachte Verformungsberechnung mit abschnittsweise konstanten Biegesteifigkeiten

Mit dem Ziel die hierfür erforderliche Integration des Produkts aus „realer" Krümmung M / EI und virtueller Momentenbeanspruchung $\overline{M}$ zu vereinfachen, wurden die bereits bekannten Integraltafeln, die entsprechender Fachliteratur wie z. B. [H7-16], [H7-20] oder [H7-21] entnommen werden können, in [H7-19] erweitert. Hierbei wird zunächst die Verformung aus der Annahme einer konstanten Biegesteifigkeit nach Zustand II über die gesamte Bauteillänge berechnet und dann die sich durch die steiferen im Zustand I verbleibenden Abschnitte ergebenden Verminderungen abgezogen:

$$w = w_m^{II} - \Delta w = w_m^{II} - \Delta w_l - \Delta w_r \qquad\qquad \text{(H.7-12)}$$

Hierin sind Δw_l und Δw_r die im Ansatz für w_m^{II} zu groß ermittelten Verformungsanteile für die links und rechts des gerissenen Bereichs liegenden Abschnitte ohne Risse. Die zugehörigen Hilfsmittel sind in [H7-19] gegeben. Darüber hinaus können Formeln zur direkten Berechnung der Durchbiegung $w_{Feldmitte}$ von Einfeldträgern bzw. $w_{Kragende}$ von Kragträgern für einige typische Belastungen (Gleichstreckenlast, Einzellast usw.) Bild H7-12 entnommen werden.

Bei Betrachtung von statisch unbestimmten Systemen wird empfohlen, auf Stabwerkprogramme zurückzugreifen, wobei das Bauteil auch hierbei wieder in verschiedene Stababschnitte mit den zugehörigen Biegesteifigkeiten EI^I und EI_m^{II} unterteilt werden kann. Im Vergleich zu einer Berechnung mit konstanter Biegesteifigkeit können dabei gleichzeitig die im Grenzzustand der Gebrauchstauglichkeit auftretenden Schnittkraftumlagerungen berücksichtigt werden, falls dies erwünscht ist.

Ein oberer Grenzwert für den Verteilungsbeiwert ζ sollte erforderlichenfalls abgeschätzt werden, indem der gerissene Bereich mit einem größeren Biegemoment $M > M_{perm}$ aus einer vorangegangenen häufigen oder seltenen Einwirkungskombination angesetzt wird. Das ist insbesondere zweckmäßig, wenn sich M_{perm} vom Rissmoment M_{cr} wenig unterscheidet oder dieses sogar nicht erreicht.

Durchbiegung für abschnittsweise konstante Biegesteifigkeiten

EI^I EI_m^{II} EI^I $l_{l,l}$ $l_{l,r}$ l

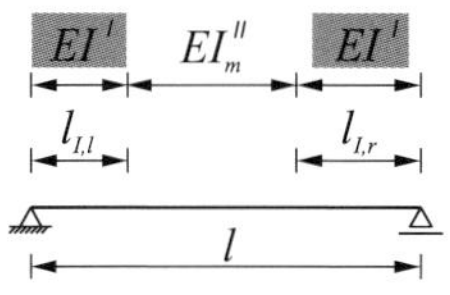

Durchbiegung $w_{Feldmitte}$

1	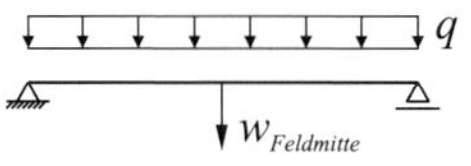 q $l_l = l_{l,l} = l_{l,r}$ $w_{Feldmitte}$	$\dfrac{q l^4}{76,8\, EI_m^{II}} - \dfrac{q l_l^3}{24}\left(4\,l - 3\,l_l\right)\left(\dfrac{1}{EI_m^{II}} - \dfrac{1}{EI^I}\right)$
2	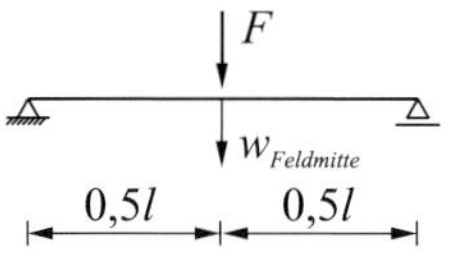 F $l_l = l_{l,l} = l_{l,r}$ $w_{Feldmitte}$ $0,5l$ $0,5l$	$\dfrac{F l^3}{48\, EI_m^{II}} - \dfrac{F l_l^3}{6}\left(\dfrac{1}{EI_m^{II}} - \dfrac{1}{EI^I}\right)$
3	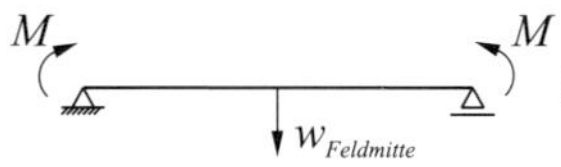 M M $l_l = l_{l,l} = l_{l,r}$ $w_{Feldmitte}$	$\dfrac{M l^2}{8\, EI_m^{II}} - \dfrac{M l_l^2}{2}\left(\dfrac{1}{EI_m^{II}} - \dfrac{1}{EI^I}\right)$

EI^I EI_m^{II} l_l l

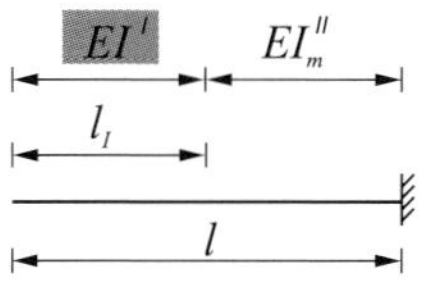

Durchbiegung $w_{Kragende}$

1	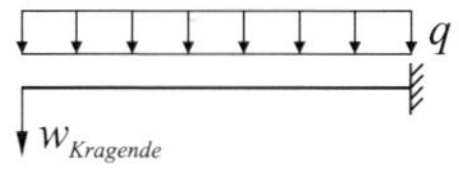 q $w_{Kragende}$	$\dfrac{q l^4}{8\, EI_m^{II}} - \dfrac{q l_l^4}{8}\left(\dfrac{1}{EI_m^{II}} - \dfrac{1}{EI^I}\right)$
2	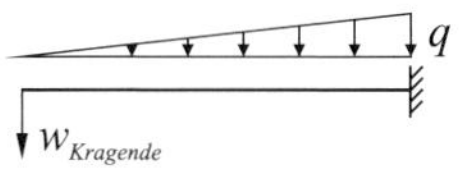 q $w_{Kragende}$	$\dfrac{q l^4}{30\, EI_m^{II}} - \dfrac{q l_l^5}{30\, l}\left(\dfrac{1}{EI_m^{II}} - \dfrac{1}{EI^I}\right)$
3	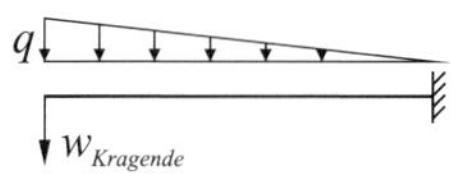 q $w_{Kragende}$	$\dfrac{11\, q l^4}{120\, EI_m^{II}} - \dfrac{q l_l^4}{120\, l}\left(15\,l - 4\,l_l\right)\left(\dfrac{1}{EI_m^{II}} - \dfrac{1}{EI^I}\right)$
4	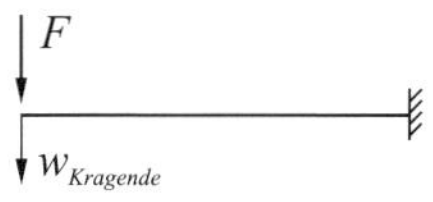 F $w_{Kragende}$	$\dfrac{F l^3}{3\, EI_m^{II}} - \dfrac{F l_l^3}{3}\left(\dfrac{1}{EI_m^{II}} - \dfrac{1}{EI^I}\right)$
5	 M $w_{Kragende}$	$- \dfrac{M l^2}{2\, EI_m^{II}} + \dfrac{M l_l^2}{2}\left(\dfrac{1}{EI_m^{II}} - \dfrac{1}{EI^I}\right)$

Bild H7-12 – Durchbiegung für abschnittsweise konstante Biegesteifigkeiten nach *Zilch/Reitmayer* [H7-19]

Zu 8 ALLGEMEINE BEWEHRUNGSREGELN

Zu 8.1 Allgemeines

Zu (1)P: Die im Abschnitt 8 aufgeführten Bewehrungsregeln gelten unter Berücksichtigung der Festlegungen des NA sowohl bei vorwiegend ruhenden als auch bei nicht vorwiegend ruhenden Einwirkungen.

Zu 8.2 Stababstände von Betonstählen

Zu (2): Die genannten Stababstände stellen Mindestwerte dar. Um in der Praxis ausreichende Betonierbarkeit sicherzustellen, sollten die Mindestwerte in der Regel nur in begrenzten Bereichen (z. B. Stoßbereiche, Stützenfüße) vorgesehen werden. Für mehr Informationen siehe DAfStb-Heft [599], DAfStb-Richtlinie „Qualität der Bewehrung" [R61] sowie DBV-Merkblatt „Betonierbarkeit von Bauteilen" [DBV10].

Zu 8.3 Biegen von Betonstählen

Zu (2): Werden Stäbe mehrerer Bewehrungslagen an einer Stelle abgebogen, z. B. an Rahmenecken, sollte der Biegerollendurchmesser der inneren Bewehrungslagen gegenüber den Tabellenwerten um 50 % vergrößert oder zusätzliche Querbewehrung angeordnet werden, um die ungünstige Wirkung aus der Überlagerung der Spaltzugkräfte abzumindern [300].

Zu (3): Die Vergrößerung des Biegerollendurchmessers D_{min} nach Gleichung (8.1) bezieht sich in EN 1992-1-1 auf die kleinsten Mindestwerte 4ϕ bzw. 7ϕ. Mit der Einführung der größeren Mindestbiegerollendurchmesser in Tabelle 8.1DE im NA ist die erforderliche Vergrößerung für übliche Fälle aufgebogener Stäbe abgedeckt.

Weitergehende Regeln zur konstruktiven Ausbildung von Abbiegungen in Rahmenknoten und Rahmenecken finden sich in DAfStb-Heft [599].

Zu (NA.5): Die Begrenzung der maximalen Querkraft im Rückbiegebereich auf $0,30V_{Rd,max}$ bei Bauteilen mit Querkraftbewehrung senkrecht zur Bauteilachse und $0,20V_{Rd,max}$ bei Bauteilen mit Querkraftbewehrung in einem Winkel $\alpha < 90°$ zur Bauteilachse entspricht ungefähr der maximalen Auslastung im früheren Erfahrungsbereich von DIN 1045:1988-07 [R6]. Zur Vermeidung von Unstetigkeiten in den Funktionswerten darf zwischen $0,30V_{Rd,max}$ für $\alpha = 90°$ und $0,20V_{Rd,max}$ für $\alpha = 45°$ linear interpoliert werden.

Zu 8.4 Verankerung der Längsbewehrung

Zu 8.4.1 Allgemeines

Zu (2): Die in Deutschland übliche, vom Ende der Biegeform gemessene Verankerungslänge wird in DIN EN 1992-1-1 als Ersatzverankerungslänge $l_{b,eq}$ bezeichnet (vgl. Bilder 8.1b) bis e)) und als „vereinfachte Alternative" in 8.4.4 (2) geregelt. Dies sollte weiterhin für die Praxis der Standardfall der Verankerung sein.

Für eng gebogene Bewehrungselemente, wie Haken, Winkelhaken oder Schlaufen, ist die Regelung nach Bild 8.1 a) und 8.4.3 (3) nicht zielführend, um bei den geringen Biegerollendurchmessern $D_{min} < 10\phi$ die volle Zugkraft im Bereich der Stablänge nach der Krümmung zu verankern. Daher wurde im NA die Einschränkung aufgenommen, dass nur aufgebogene Stäbe mit großen Biegerollendurchmessern über die Biegung hinweg verankert werden dürfen. Es wird empfohlen, hierbei eine gerade Mindestvorlänge von $0,5l_{bd}$ nicht zu unterschreiten.

Zu (3): Bei druckbeanspruchten Stäben wirken sich Abbiegungen am Stabende ungünstig aus, da sie ein Abplatzen der Betondeckung begünstigen. Bei wechselweise druck- und zugbeanspruchter Bewehrung sollte also möglichst mit geraden Stäben oder zentrischen Ankerkörpern verankert werden [H8-4].

Zu (5): Ankerkörper sind durch Zulassung zu regeln, sobald mindestens eine der folgenden Bedingungen gegeben ist:

- Die Ankerkraft ist größer als die über die Ankerfläche aufnehmbare Teilflächenlast F_{Rdu} nach 6.7.

- Die Verbindung zwischen Bewehrungsstahl und Ankerkörper ist rechnerisch nicht nachweisbar, z. B. bei Einschrauben des Bewehrungsstabes in den Ankerkörper.

- Der Ankerkörper wird nicht vorwiegend ruhend beansprucht.

Zu 8.4.2 Bemessungswert der Verbundfestigkeit

Zu (2): Der Bemessungswert der Verbundfestigkeit f_{bd} nach Gleichung (8.2) wurde in Ausziehversuchen ermittelt und als Vielfaches der Betonzugfestigkeit ($f_{ctk;0,05}$ / 1,5) kalibriert. Der Verhältnisbeiwert ist abhängig von der Oberflächenstruktur der Betonstähle und wurde im Model Code 90 [H8-3] mit η = 2,25 für gerippte Betonstähle festgelegt (dort auch η = 1,4 für profilierte und η = 1,0 für glatte Betonstähle). Die Begrenzung der Betonzugfestigkeit für hochfeste Betone auf den Wert für C60/75 im guten Verbundbereich wurde vorgenommen, um das sprödere Verhalten hochfester Betone und das damit verbundene geringere Spannungsumlagerungsvermögen zu erfassen. Dafür wird auf einen erhöhten Teilsicherheitsbeiwert γ_C > 1,5 für hochfesten Beton aus DIN 1045-1 [R4] hier verzichtet. Im mäßigen Verbundbereich darf diese Begrenzung entfallen, da der Verbund definitionsgemäß weicher ist [H8-4].

Für die Bewehrung über der Unterkante des Frischbetons wurde das Maß von 250 mm im NA auf 300 mm erhöht (siehe Bild 8.2 b) und c)), weil für dieses Maß auch die Verbundbedingungen für die obere Bewehrung (siehe Bild 8.2 d)) wie bisher als gut anzusehen sind. Die NCI wurde eingeführt, weil bei liegend gefertigten stabförmigen Bauteilen (z. B. Stützen) mit äußeren Querschnittsabmessungen $h \leq 500$ mm bei Anwendung von Außenrüttlern eine besonders gute Verdichtung erzielt wird.

Für Stäbe in Bauteilen, die im Gleitbauverfahren hergestellt werden (siehe auch DBV-Merkblatt [DBV9]), gelten grundsätzlich mäßige Verbundbedingungen. Die in DIN 1045:1988-07 [R6], 18.4 (4) zulässige Erhöhung der Verbundspannung für innerhalb der horizontalen Bewehrung angeordnete lotrechte Stäbe ist nicht mehr zulässig, da die Verbundspannungen im mäßigen Verbundbereich nach DIN EN 1992-1 nur auf 70 % (statt auf 50 % nach DIN 1045:1988 [R6]) der im guten Verbundbereich abgemindert werden.

Zu 8.4.3 Grundwert der Verankerungslänge

Zu (2): Der erforderliche Grundwert der Verankerungslänge $l_{b,rqd}$ wird in DIN EN 1992-1-1 direkt unter Berücksichtigung der tatsächlichen Ausnutzung des Betonstahls mit σ_{sd} ermittelt. Für die Bemessungspraxis wird empfohlen, den Wert besser zunächst für die Vollauslastung mit $\sigma_{sd} \geq f_{yd}$ zu berechnen

$$l_{b,rqd} = (\phi / 4) \cdot (f_{yd} / f_{bd}) \qquad\qquad\qquad (H.8-1)$$

und erst bei der Auslegung der Verankerungslänge bzw. der Übergreifungslänge im jeweils betrachteten Querschnitt die Abminderung über $A_{s,erf}$ / $A_{s,vorh}$ vorzunehmen. Außerdem ist für die Mindestmaße der Verankerungs- und Übergreifungslänge ein prozentualer Anteil von $0,3l_{b,rqd}$ bzw. $0,6l_{b,rqd}$ gefordert. Diese Mindestwerte sollen greifen, wenn $A_{s,erf}$ / $A_{s,vorh}$ < 0,3 bzw. < 0,6 betragen. Deshalb ist für die Mindestlängen auch der Grundwert $l_{b,rqd}$ für die Vollauslastung des Bewehrungsstabes zugrunde zu legen (so wie auch im MC 90 [H8-3] vorgesehen) [H8-4].

Auch bei der Querschnittsbemessung darf der ansteigende Ast der Spannungs-Dehnungs-Linie des Betonstahls nach Überschreiten der Streckgrenze berücksichtigt werden (siehe Bild 3.8). Da in diesen Fällen der Betonstahl eine höhere Last als die Streckgrenzenlast aufnehmen muss, ist der Grundwert der Verankerungslänge entsprechend zu erhöhen, indem in Gleichung (8.3) der Wert $\sigma_{sd} = \sigma_{su}$ / γ_s einzusetzen ist. Dabei ist σ_{su} die Stahlspannung im Grenzzustand der Tragfähigkeit bei Annahme einer idealisierten Spannungs-Dehnungs-Linie nach Bild 3.8 bzw. Bild NA.3.8.1.

Weiterhin ist die höhere Beanspruchung des Betonstahls bei der Ermittlung der Zugkraftdeckungslinie zu berücksichtigen (Bild H8-1), wodurch die Endpunkte E nach außen verschoben werden. In Bild H8-1 ist die Zugkraftdeckungslinie unter der vereinfachten Annahme des konstanten Kraftverlaufs innerhalb der Verankerungslänge dargestellt. Wird ein linearer Kraftverlauf gemäß 9.2.1.3 (3) Bild 9.2 angenommen, ist analog zu verfahren. In beiden Fällen ergibt sich eine Verlängerung der gestaffelten Stäbe. Dadurch werden eine Überbeanspruchung der durchgehenden Bewehrung sowie ein Versagen des Verbundes vermieden [484].

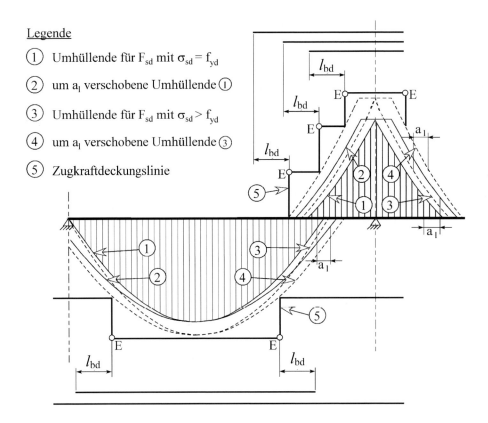

Legende

(1) Umhüllende für F_{sd} mit $\sigma_{sd} = f_{yd}$

(2) um a_l verschobene Umhüllende (1)

(3) Umhüllende für F_{sd} mit $\sigma_{sd} > f_{yd}$

(4) um a_l verschobene Umhüllende (3)

(5) Zugkraftdeckungslinie

Bild H8-1 – Verlauf der Zugkraftlinie im Grenzzustand der Tragfähigkeit bei Annahme einer idealisierten Spannungs-Dehnungs-Linie nach Bild 3.8 bzw. Bild NA.3.8.1 und $\sigma_{sd} > f_{yd} = f_{yk} / \gamma_S$

Bei der Ermittlung der Schnittkräfte nach der Elastizitätstheorie mit nachträglicher Umlagerung sowie nach der Plastizitätstheorie sollte wegen der möglichen Überfestigkeit von Betonstählen wie vorher erläutert verfahren werden, wobei für σ_{su} näherungsweise $\sigma_{su} = 1{,}1 f_{yk}$ angesetzt werden darf.

Zu (3): Das Anrechnen der Verankerungslänge über die Biegung hinweg entlang der Mittellinie ist für Haken, Winkelhaken und Schlaufen nicht zulässig, siehe Erläuterungen zu 8.4.1 (2).

Zu 8.4.4 Bemessungswert der Verankerungslänge

Zu (1): Die verschiedenen Einflüsse auf die Verankerungslänge werden über die Beiwerte α_1 bis α_5 in DIN EN 1992-1-1, Tabelle 8.2 berücksichtigt. Auf der sicheren Seite liegend dürfen diese Abminderungsbeiwerte α_i auch vereinfacht mit ihrem oberen Grenzwert 1,0 (α_5 ggf. 1,5 bei Zug) angesetzt werden.

Haken, Winkelhaken und Schlaufen sind in der Lage, die Betonstahlzugkraft auf einer gegenüber geraden Stäben verkürzten Länge zu verankern, wenn die an der Krümmung auftretenden Spaltzugkräfte aufgenommen werden. Dies wird über den Beiwert $\alpha_1 = 0{,}7$ berücksichtigt, soweit die seitliche Betondeckung sowie der halbe benachbarte Stababstand den Wert 3ϕ nicht unterschreiten (alternativ: Aufnahme der Spaltzugkräfte durch z. B. Querdruck oder engere Verbügelung).

Da der Versagensfall „Herausziehen" bei Schlaufen praktisch unmöglich ist, wird für diese Verankerungsart bei ausreichend großem Biegerollendurchmesser von $D \geq 15\phi$ der nochmals reduzierte Beiwert $\alpha_1 = 0{,}5$ im NA wieder zugelassen. Die für den Ansatz $\alpha_1 < 1{,}0$ geforderte Betondeckung $\geq 3\phi$ wurde aus Versuchen für Rippenstäbe mit $D = 4\phi$ und eine Betonwürfelfestigkeit von 25 N/mm² ($\approx$ C20/25) in den 1970er Jahren abgeleitet [300]. Als „enge" Verbügelung wurde in DIN 1045:1978 [R7] ein Bügelabstand von maximal 50 mm angesehen [300]. In allen anderen Fällen ist auch für diese abgebogenen Verankerungsarten $\alpha_1 = 1{,}0$ zu setzen, d. h. die Zugkraft muss allein über die gerade Vorlänge zuzüglich halbem Biegerollendurchmesser eingetragen werden.

In EN 1992-1-1 wird ein Beiwert α_2 zur Berücksichtigung größerer Betondeckungen bzw. Stababstände definiert. Die dadurch mögliche Reduktion der Verankerungslängen auf bis zu 70 % über den Beiwert α_2 ist nicht in jedem Fall gerechtfertigt, sodass der Wert α_2 in der Regel mit 1,0 nach NA anzusetzen ist. Dies hat jedoch keine praktischen Auswirkungen, da für Verankerungen mit Haken, Winkelhaken und Schlaufen nur die Ersatzverankerungslänge $l_{b,eq}$ (ohne α_2) verwendet werden soll (vgl. NA zu 8.4.1 (2)).

140

Die Querzugspannungen im Verankerungsbereich sind durch Querbewehrung aufzunehmen, soweit nicht konstruktive Maßnahmen (große Betondeckung, große Stababstände, reduzierter Ausnutzungsgrad, Querpressung) das Aufspalten des Betons verhindern. Die gleichmäßig verteilte Mindestquerbewehrung im Verankerungsbereich $A_{st,min}$ sollte für 25 % der Zugkraft des dicksten zu verankernden Stabes ausgelegt werden [300]. In der Regel reichen die konstruktiv erforderlichen Bügel für Balken und Stützen bzw. die Querbewehrungen für Platten und Wände nach Abschnitt 9 hierfür aus. Sie reichen nicht ohne Weiteres aus, wenn Bewehrungen relativ konzentriert verankert werden, z. B. durch Ankerkörper, Haken oder Winkelhaken. Außerdem sind bei Verankerungen von Bewehrungsstäben in Beton ab der Festigkeitsklasse C70/85 engere Bügelabstände erforderlich, wobei die Summe der Querschnittsfläche der orthogonalen Schenkel 50 % des Querschnitts der verankerten Bewehrung betragen sollte. Dadurch wird eine ausreichende Duktilität von Verankerungen sichergestellt. Weiterhin sollte die Querbewehrung im Verankerungsbereich von Stäben mit $\phi \geq 16$ mm in Platten und Wänden außen liegen, um die Längsrissbreiten in der Betondeckung zu begrenzen [300].

Mit dem Beiwert α_3 darf die günstige Wirkung einer nicht angeschweißten Querbewehrung in der Betondeckung des Verankerungsbereiches berücksichtigt werden, wenn sie die Mindestquerbewehrung übersteigt. Das setzt voraus, dass die Plattenquerbewehrung oder die Bügel bei Balken bis über die Auflagerlinie hinaus im Verankerungsbereich verlegt werden. Der Wirksamkeitsfaktor K für die Querbewehrung wird in Bild 8.4 definiert.

Die zusätzliche Verankerungswirkung angeschweißter einzelner Querstäbe wird wie bisher mit einer zulässigen Reduktion der Verankerungslänge auf 70 % für Zug- und Druckstäbe über den Beiwert α_4 ausgenutzt. Angerechnet werden nur die Querstäbe, die in der Verankerungslänge angeordnet sind (also z. B. hinter der Auflagervorderkante) und mit einer tragenden Schweißverbindung nach DIN EN ISO 17660-1 [R47] verbunden werden.

Die nach DIN 1045-1 [R4] mögliche weitere Abminderung auf 50 % für zwei angeschweißte Querstäbe wurde mit NCI zu 8.4.4 (2) zur Ersatzverankerungslänge ergänzt. Die konstruktiven Einschränkungen auf maximale Stabdurchmesser von 16 mm bzw. Doppelstäbe mit 12 mm wurden in DIN 1045:1978 [R7] für die damals „neue" Verankerungsmethode eingeführt, weil Versuche mit dickeren Stäben nicht vorlagen und bei diesen ein Abscheren des Betons zwischen den Querstäben wegen der größeren Zugkräfte nicht ausgeschlossen werden konnte [300].

Die Berücksichtigung des Querdrucks p rechtwinklig zur möglichen Spaltfläche mit einem Beiwert $\alpha_5 < 1,0$ entspricht im Prinzip der rechnerischen Erhöhung der ausnutzbaren Verbundspannung. Die vergleichbar günstige Wirkung einer Auflagerpressung bei direkter Lagerung führt zur Behinderung der Querdehnung und unterbindet in der Regel die Rissbildung im Auflagerbereich. Daher darf für Verankerungen über direkter Auflagerung $\alpha_5 = 2/3$ gesetzt werden (entspricht der 1,5-fachen Verbundfestigkeit). Diese Abminderung ist bei einer Querpressung in der Größenordnung $p \approx 5$ N/mm² berechtigt, die bei Balken in der Regel auch vorliegt. Bei Platten ist die Querpressung oft geringer, jedoch wird sich ein Riss wegen der geringen Beanspruchung nicht an der Auflagervorderkante, sondern in einem Abstand davon bilden, wodurch die vorhandene Verankerungslänge vergrößert und die Kraft am Auflager gegenüber dem Rechenwert vermindert wird. Die Berechtigung der vereinfachten, auch im NA beibehaltenen Regel für direkte Auflager wurde in zahlreichen Großversuchen an Balken und Platten bestätigt und hat sich in der Praxis bewährt [400].

Der Querzug bei einachsig gespannten Platten aus Querdehnung wird konstruktiv durch die 20 %-Querbewehrung nach 9.3.1.1 (2) abgedeckt und ist so gering, dass ein Ansatz von $\alpha_5 = 1,5$ bei Übergreifungsstößen im Feld nicht notwendig ist. Bei Stößen in Platten mit planmäßigem zentrischen Zug quer zum Übergreifungsstoß oder bei zweiachsig gespannten Platten ist diese Abminderung jedoch erforderlich, wenn nicht die Rissbreitenbegrenzung 0,2 mm im Grenzzustand der Gebrauchstauglichkeit im Stoßbereich nachgewiesen werden kann [H8-9].

Die Verbundfestigkeit nimmt bei der Versagensart „Herausziehen" von Rippenstäben um ca. 1/3 ab, wenn sie in einem Längsriss parallel zur Stabachse verankert sind. Dabei ist es unerheblich, ob der Längsriss durch Spaltwirkung oder durch eine äußere Zugbeanspruchung (z. B. Biegemoment in Querrichtung bei zweiachsig gespannten Platten) hervorgerufen wird bzw. ob der Längsriss in der Bewehrungsebene (z. B. Spaltriss) oder senkrecht zur Bewehrungsebene (Riss aus Querbiegemoment) auftritt.

Versuche mit Betonstahlmatten mit angeschweißten Querstäben liegen für diesen Fall nicht vor, daher gibt es dafür keine Sonderregelung.

In EN 1992-1-1 wird die Mindestverankerungslänge $l_{b,min}$ für Zugverankerungen u. a. auf $0,3l_{b,rqd}$ bzw. für Druckverankerungen auf $0,6l_{b,rqd}$ und auf ≥ 100 mm festgelegt. Diese Mindestverankerungslängen sollen demnach vom Ausnutzungsgrad abhängen, jedoch nicht von der Verankerungsart. Da es mechanisch nicht sinnvoll erschien, bei gleicher Stabausnutzung für gerade Stäbe und solche mit Haken, Winkelhaken, Schlaufen oder angeschweißten Querstäben gleiche prozentuale Mindestlängen vorzusehen, wurde im NA festgelegt, die Mindestverankerungslänge grundsätzlich auf den Grundwert des vollausgelasteten Stabes zu beziehen (analog MC 90 [H8-3] und DIN 1045) und dafür die erhöhte Verankerungseffizienz verschiedener Verankerungsarten mit α_1 und α_4 bei Zugstäben zu berücksichtigen.

Der Mindestwert 10ϕ soll hauptsächlich mögliche Verlegeungenauigkeiten berücksichtigen [300]. Er wird auch zur Absicherung ausreichender Verankerung bei dünneren Stabdurchmessern angesehen. Der Mindestwert von 100 mm in EN 1992-1-1, der nur bei Durchmessern < 10 mm greifen würde, braucht daher nach NA nicht beachtet zu werden. Die Möglichkeit, auch den Mindestwert 10ϕ bei direkter Auflagerung auf $6,7\phi$ zu reduzieren, wurde in DIN EN 1992-1-1/NA mit NCI zu 8.4.4 (1), Gleichung (8.6), und NCI zu 9.2.1.4 (3) zur Verankerung an Endauflagern ergänzt.

Zu (2): Als vereinfachter Regelfall sollte die Ersatzverankerungslänge $l_{b,eq}$ genutzt werden. In DIN EN 1992-1-1/NA wurden die Verankerungsvarianten mit Abbiegungen und angeschweißten Querstäben ergänzt. Es ergeben sich die Verankerungslängen z. B. nach Bild H8-2 für den in der ständigen und vorübergehenden Bemessungssituation voll ausgenutzten Stab. Auch hier ist bei reduzierter Stabausnutzung bei $A_{s,erf} / A_{s,vorh} < 1,0$ selbstverständlich die Mindestverankerungslänge $l_{b,min}$ einzuhalten.

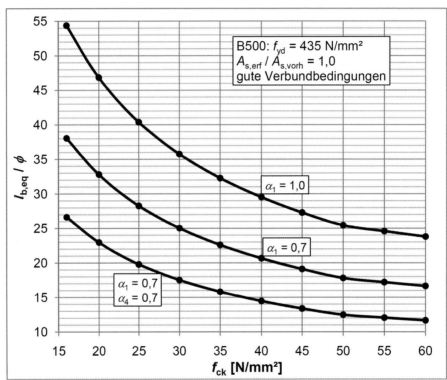

Bild H8-2 – Auf ϕ bezogene Ersatzverankerungslänge $l_{b,eq}$ für voll ausgelastete Zugstäbe in Abhängigkeit von der Betonfestigkeitsklasse [H8-4]

Zu 8.5 Verankerung von Bügeln und Querkraftbewehrung

Zu (1): Querkraftbewehrungen in Platten dürfen auch als ein- oder zweischnittige Bügel nach Bild 8.5DE a) mit Haken verankert werden. Es wird dabei davon ausgegangen, dass die Querkraftbewehrung die Zuggurtbewehrung umschließt, und dass eine Querbewehrung vorhanden ist, die die Querzugkräfte aus der Spreizung der Druckstrebe aufnehmen kann (Bild H8-3).

Einschnittige Bügel mit 90°-Haken und 135°-Haken nach Bild H8-3 gelten als Schubzulagen. Besteht die Querkraftbewehrung allein aus Schubzulagen, ist der Bemessungswert der Querkraft auf $1/3 V_{Rd,max}$ begrenzt (DIN EN 1992-1-1, 9.3.2. (3)). Hutförmige Bügel nach Bild H9-7, die in der Zugzone die Biegezugbewehrung umschließen und in der Druckzone mit 90°-Haken verankert sind, dürfen als Bügelbewehrung für Querkraft und Durchstanzen in Platten angerechnet werden. Die 90°-Haken stellen auch eine ausreichende Verankerung bei einer Feuerwiderstandsdauer $\geq$ R90 sicher.

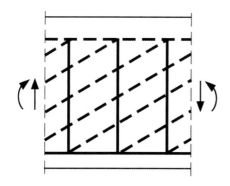 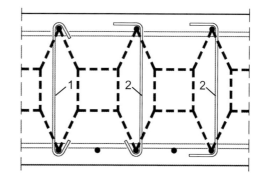

a) Längsschnitt mit Fachwerkmodell   **b) Querschnitt mit Stabwerkmodell**
(1 - Bügel, 2 - Zulage)

Bild H8-3 – Einschnittige Bügel als Querkraftbewehrung in Platten

Eine Verankerung der Bügelschenkel mit Stabdurchmesser ϕ_w in der Druck- oder Zugzone mit angeschweißten Querstäben nach Bild 8.5DE c) und d) ist nur zulässig, wenn die seitliche Betondeckung der Bügel im Verankerungsbereich mit $c_{nom} \geq 3\,\phi_w$ und ≥ 50 mm festgelegt wird, sodass eine ausreichende Sicherheit gegen Abplatzen der Betondeckung gegeben ist. Bei geringeren Betondeckungen ist die ausreichende Sicherheit durch Versuche nachzuweisen [300].

Zu (2): Mit Bild 8.5DE e) bis i) wurden die üblichen Bügelformen mit ihren Verankerungsarten und Übergreifungsstößen der Bügelschenkel zur Klarstellung im NA ergänzt. Die Wirksamkeit der dargestellten Übergreifungsstöße mit l_0 wird hauptsächlich durch die 90°-Abbiegungen sichergestellt. Die Anrechnung von $\alpha_1 = 0,7$ bei einer Schenkelübergreifung nach Bild 8.5DE g) ist nur zulässig, wenn an den Schenkelenden zusätzliche Haken oder Winkelhaken ähnlich wie in Bild 8.5DE h) angeordnet werden. Die Kombination aller Verankerungselemente nach Bild 8.5DE a) bis d) mit einem Kappenbügel nach Bild 8.5DE f) ist möglich. In der Zugzone ist der Kappenbügel auch mit Übergreifungsstoß anzuschließen [H8-4].

Zu (NA.3)P: Die Verankerung der Bügel mit in das Querschnittsinnere gerichteten Haken nach Bild 8.5 a) ist uneingeschränkt für Druckzonen und eingeschränkt für Zugzonen von Balken und Stützen geeignet. Dies gilt insbesondere für Bauteile mit erhöhten Anforderungen an die Feuerwiderstandsdauer ($\geq$ R 90), da die Hakenform auch noch eine Restverankerung sicherstellt, wenn sich die Betondeckung im Brandverlauf löst. Sollten Verankerungsarten ohne Haken für die Bügel in durchlaufenden Balken mit Rechteckquerschnitt gewählt werden, muss die Bügelform im Stütz- und Feldbereich entsprechend der Verankerung in Druck- und Zugzone nach Bild 8.5DE e) bis h) unterschiedlich gewählt werden [H8-4].

Zu (NA.4): Werden bei Plattenbalken die Bügel mittels durchgehender Stäbe nach Bild 8.5DE i) geschlossen, wird die Verbindung zwischen Bügeln und Querbewehrung durch die Zugfestigkeit des Betons gewährleistet. Die schiefen Stegdruckstreben stützen sich auf den Bügelecken, jedoch auch auf der im Bereich des Steges liegenden Längsbewehrung ab. Dabei kann es bei hoher Querkraftbelastung zum Absprengen des Betons (z. B. im Bereich von Innenstützen durchlaufender Plattenbalken) kommen. Zur Vermeidung dieser Bruchart wird der Bemessungswert der Querkraft V_{Ed} auf 2/3 der maximalen Querkrafttragfähigkeit $V_{Rd,max}$ nach 6.2.3 begrenzt. Es darf der für die Bemessung dieser Bügel maßgebende, ggf. nach 6.2.1 (8) bzw. 6.2.3 (8) reduzierte, Querkraftwert V_{Ed} verwendet werden.

Offene senkrechte Bügel in Plattenbalken bei $V_{Ed} \leq 2/3\,V_{Rd,max}$ nach Bild 8.5DE i) dürfen auch mittels tragender angeschweißter Querstäbe nach Bild 8.5 d) verankert werden, wobei der Abstand des angeschweißten Stabes mindestens 5 mm und maximal 15 mm vom Bügelende betragen muss. Der angeschweißte Querstab muss etwa in Höhe der Längsbewehrung liegen (Bild H8-4).

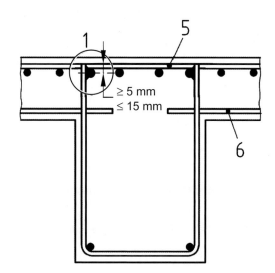

Legende
1 Verankerungselement
  nach Bild 8.5 d)
5 obere Querbewehrung
6 untere Plattenbewehrung

Bild H8-4 – Verankerung von senkrechten Bügeln in Plattenbalken mit angeschweißtem Querstab

Zu 8.6 Verankerung mittels angeschweißter Stäbe

In EN 1992-1-1 wird eine zusätzliche Verankerungsart durch angeschweißte Querstäbe mit $\phi_t \leq 32$ mm im Sinne von Ankerkörpern eingeführt (siehe Bild 8.6). Eine aufnehmbare Verankerungskraft F_{btd} nach Gleichung (8.8) bzw. (8.9) wäre danach unter bestimmten konstruktiven Randbedingungen bis zum Bemessungswert der aufnehmbaren Scherkraft der Schweißstelle F_{wd} zulässig. Da im Anwendungsbereich der empfohlenen vereinfachten Nachweise für eine solche Verankerung ausreichende Versuchsdaten und Erfahrungen fehlen, wurde der Wert für F_{btd} im NA grundsätzlich zu null gesetzt.

Zu 8.7 Stöße und mechanische Verbindungen

Zu 8.7.2 Stöße

Zu (3): Die Definition eng oder weit auseinander liegender Stöße wird in DIN EN 1992-1-1 anhand des lichten Abstandes *a* benachbarter Stäbe vorgenommen. Die Kraftüberleitung bei Übergreifungsstößen erfolgt über den Beton zwischen den gestoßenen Stäben. Die gegenseitige Beeinflussung der benachbarten Stöße kann durch einen Versatz in Bauteillängsrichtung und durch einen ausreichenden Abstand in Querrichtung ausgeschlossen bzw. reduziert werden.

Der für die Vernachlässigung der gegenseitigen Beeinflussung ausreichende Längsversatz der Stoßmitten wurde mit der 1,3-fachen Übergreifungslänge in Versuchen festgestellt ([H8-7], [300]). Das abwechselnde Versetzen der Stöße nur um die 0,5-fache Übergreifungslänge führt bei Balken zu keiner Traglaststeigerung gegenüber Vollstößen, da der Einfluss der seitlichen Betondeckung auf das Versagen der Randstöße in der Regel dominiert. Bei Stößen ohne Randeinfluss (z. B. in Flächentragwerken) ist jedoch eine Traglaststeigerung bei einem $0,5l_0$-Versatz möglich, da die gegenseitige Beeinflussung der höher beanspruchten Stoßenden reduziert wird. Diese Effekte reichen aber nicht aus, um kürzere Übergreifungslängen zuzulassen, solche Stöße werden als besondere Vollstöße betrachtet, für deren etwas günstigeres Stoßtragverhalten Vergünstigungen bei der Querbewehrung gestattet werden (siehe 8.7.4.1 (3), [300]).

Zu (4): Der Regelfall für einen Stoß der Zugstäbe in einer Lage nach DIN EN 1992-1-1 sind ausreichend längsversetzte Stöße. In diesem Falle können die versetzten Stöße beliebig in einem Plattengrundriss verteilt werden. Lässt sich sicherstellen, dass Stöße in gering beanspruchten Bauteilbereichen angeordnet werden können (z. B. in der Nähe der Momentennullpunkte), sind auch wie bisher 100 %-Vollstöße ohne Längsversatz in einem Querschnitt möglich.

Da bei einem Vollstoß mehrlagiger Bewehrungen der Beton im Stoßbereich höher und über einen größeren Bereich beansprucht wird als beim Stoß einer Bewehrungslage, dürfen nur maximal 50 % des gesamten mehrlagigen Bewehrungsquerschnitts in einem Querschnitt gestoßen werden. Es fehlen für Stöße mehrlagiger Bewehrungen ausreichende Versuchserfahrungen, um weitergehende Regeln einzuführen [300].

Zu (NA.5): Um Kontaktstöße von Druckstäben ohne Zulassung zu ermöglichen, wurden diese Regeln aus DIN 1045:1988-07 [R6] entnommen.

Zu 8.7.3 Übergreifungslänge

Zu (1): Ähnlich wie bei der Verankerungslänge werden die verschiedenen Effekte auf die Übergreifungslänge über die Beiwerte α_1 bis α_6 berücksichtigt. Die Ermittlung der Übergreifungslänge geht vom Grundwert der Verankerungslänge $l_{b,rqd}$ aus. Die Erläuterungen zur Verankerungslänge nach 8.4.4 gelten hier gleichermaßen. Der Grundwert $l_{b,rqd}$ sollte zunächst für den im GZT mit f_{yd} voll ausgelasteten Stab ermittelt werden. Die ggf. reduzierte erforderliche Übergreifungslänge darf dann auch direkt unter Berücksichtigung des Ausnutzungsgrades $A_{s,erf} / A_{s,vorh}$ bestimmt werden. Für $A_{s,vorh}$ darf immer die gewählte Bewehrungsmenge berücksichtigt werden. Dies gilt unabhängig davon, aus welchem Nachweis die Bewehrung erforderlich wird.

Bei Übergreifungsstößen mit verschiedenen Stabdurchmessern ist die Übergreifungslänge für jeden Durchmesser und zugehöriger Auslastung zu ermitteln und die jeweils größere Übergreifungslänge zu wählen.

Zusätzlich ist die Übergreifungslänge für die im GZG (z. B. Rissbreitenbegrenzung) ausgenutzte Betonstahlspannung σ_s nachzuweisen. Bei diesem Nachweis ist der Ausnutzungsgrad auf die Betonstahlspannung σ_s im GZG zu beziehen. Dieser Nachweis kann maßgebend werden, wenn die im GZT erforderliche Bewehrung sehr gering oder z. B. erf $A_s = 0$ ist. Der größere Wert für die Übergreifungslänge ist maßgebend.

Bei der Ermittlung der Übergreifungslänge darf der Einfluss von angeschweißten Querstäben (Beiwert α_4 nach Tabelle 8.2) wie bisher nicht berücksichtigt werden. Durch angeschweißte Querstäbe wird das Verschiebungsverhalten von Bewehrungsstäben, nicht jedoch die Spaltgefahr, verringert. Dies wird bei Verankerungen berücksichtigt. Übergreifungsstöße versagen in der Regel durch Absprengen der Betondeckung. Bei dieser Bruchart wird die Tragfähigkeit durch angeschweißte Querstäbe nicht erhöht, weil der Widerstand gegen Absprengen der Betondeckung unter sonst gleichen Bedingungen von der Übergreifungslänge abhängt.

Der Übergreifungsbeiwert α_6 wurde in EN 1992-1-1 unabhängig von der Stoßart (Druck- oder Zug), von Stabdurchmessern und von Stoßabständen mit $\alpha_6 = (\rho_1 / 25)^{0,5} \leq 1,5$ bzw. $\geq 1,0$ vorgeschlagen. Dabei ist ρ_1 der Prozentsatz der innerhalb von $0,65l_0$ gestoßenen Bewehrung nach Bild 8.8.

Diese Werte mussten im NA komplett durch die Tabelle 8.3DE (mit den Werten von Tabelle 27 aus DIN 1045-1 [R4]) ersetzt werden, weil die EN 1992-1-1-Beiwerte α_6 insbesondere bei Zugstößen mit dickeren Stäben und einem Stoßanteil $\geq 50\,\%$ nach Bild 8.8 sowie engen Stoßabständen keine ausreichende Sicherheit liefern. Andererseits führen die EN 1992-1-1-Werte mit $\alpha_6 > 1,0$ für Druckstöße zu deutlich auf der sicheren Seite liegenden, jedoch unwirtschaftlichen Übergreifungslängen. Für die Bestimmung des Stoßanteils in einem Querschnitt in Tabelle 8.3DE sind alle Stöße anzurechnen, die nicht längsversetzt sind. Es gilt Bild 8.7, wonach Übergreifungsstöße als ausreichend längsversetzt gelten, wenn der Längsabstand der Stoßmitten mindestens der 1,3-fachen Übergreifungslänge l_0 nach Gleichung (8.10) entspricht [H8-4].

Wegen der geringeren gegenseitigen Beeinflussung dürfen die Zugstoßbeiwerte α_6 nach Tabelle 8.3DE bei weiten seitlichen Abständen nicht längsversetzter Stöße ca. 30 % gegenüber denen bei engen Stoßabständen reduziert werden. Im Gegensatz zu den auf Achsabstände bezogenen Festlegungen in DIN 1045 wird dabei in DIN EN 1992-1-1 auf die planmäßigen lichten Stababstände a bzw. auf die Betondeckung c_1 parallel zur Stoßebene Bezug genommen. Dabei darf davon ausgegangen werden, dass sich die zu stoßenden Stäbe direkt berühren. Verlegeabweichungen bis zu einem lichten Stababstand zwischen den gestoßenen Stäben von 4ϕ bzw. 50 mm sind ohne Änderungen der Übergreifungslänge abgedeckt [H8-4].

Die Forderung eines lichten Mindestrandabstandes c_1 nach Bild 8.3 zum nächstgelegenen Bauteilrand bezieht sich auf die Richtung, in der das Absprengen der Betondeckung durch die Spreizkräfte der nebeneinander liegenden gestoßenen Stäbe gefördert wird (Beispiel siehe Bild H8-5).

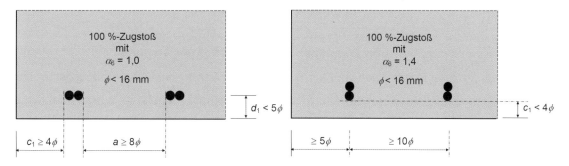

Bild H8-5 – Beispiele für die Ermittlung von α_6
abhängig von Rand- und Achsabstand der gestoßenen Stäbe

Beim Stoß einer konstruktiven Querbewehrung in einachsig gespannten Platten nach 9.3.1.1 (2) liegen in der Regel günstige Randbedingungen vor. Bei der höheren bezogenen Betondeckung $c_d / \phi > 1$ kann bei gerade gestoßenen Stäben - auch dann, wenn sie in der Höhenlage versetzt sind (z. B. in Elementdecken) - die Abminderung der Übergreifungslänge infolge erhöhter Betondeckung $\alpha_2 = 1 - 0,15(c_d - \phi)/\phi > 0,7$ angesetzt werden. Dabei ist jedoch $\alpha_2 \cdot \alpha_6 \geq 1,0$ einzuhalten. Die maßgebende Betondeckung c_d ergibt sich nach Bild 8.3.

Die Mindestmaße $l_{0,min} \geq 15\phi$ bzw. 200 mm stellen eine Mindesttragfähigkeit des Stoßes sicher und berücksichtigen die bei üblicher Sorgfalt möglichen Verlegeungenauigkeiten [300]. Die Festlegung der Mindestübergreifungslänge auf 30 % des Grundwertes erfolgte analog zum Mindestwert der Verankerungslänge. Für den Mindestwert $0,3 \cdot \alpha_1 \cdot \alpha_6 \cdot l_{b,rqd}$ darf nach NA wieder die Wirksamkeit von Aufbiegungen mit α_1 zusätzlich berücksichtigt werden, dafür ist der Grundwert $l_{b,rqd}$ auf den mit f_{yd} voll ausgelasteten Stab zu beziehen [H8-4].

Zu 8.7.4 Querbewehrung im Bereich der Übergreifungsstöße

Übergreifungsstöße, bei denen die gestoßenen Stäbe in Bezug auf das Bauteilinnere übereinanderliegen, waren nach DIN 1045:1988-07 [R6] unabhängig vom Stabdurchmesser durch Bügel zu umfassen, deren Querschnitt für die Kraft aller gestoßenen Stäbe zu bemessen ist. Diese Regelung wurde schon in DIN 1045-1 [R4] nicht mehr aufgenommen, weil nach neueren Versuchsergebnissen kein wesentlicher Unterschied im Tragverhalten von Übergreifungsstößen vorhanden ist, bei denen die zu stoßenden Bewehrungsstäbe in Bezug auf das Bauteilinnere neben- oder übereinanderliegen.

Zu 8.7.4.1 Querbewehrung für Zugstäbe

Zu (2): Bei dünnen Stäben $\phi < 20$ mm oder wenn der Anteil gestoßener Stäbe in einem Querschnitt höchstens 25 % beträgt, darf die nach Abschnitt 9 vorhandene Querbewehrung ohne weiteren Nachweis als ausreichend angesehen werden, weil die Spaltkräfte immer noch relativ gering sind. Diese konstruktiven Grenzwerte nach DIN EN 1992-1-1 sind großzügiger als die seit der DIN 1045:1978 [R7] in Deutschland festgelegten mit $\phi < 16$ mm oder dem maximalen Stoßanteil von 20 % für normalfesten Beton. Die Entschärfung der Grenzwerte in DIN EN 1992-1-1 gegenüber 1978 erscheint gerechtfertigt, wenn die konstruktive Querbewehrung aus Abschnitt 9 in der Betondeckung des Stoßbereiches außenliegend angeordnet wird. Soll die konstruktive Querbewehrung jedoch in Platten und Wänden innenliegend angeordnet werden, sind die geringeren „bewährten" Grenzwerte $\phi < 16$ mm bis $\leq$ C55/67 bzw. $\phi < 12$ mm ab $\geq$ C60/75 oder der maximale Stoßanteil ohne Versatz von 20 % in einem Querschnitt einzuhalten [H8-4].

Zu (3): Für Stöße mit einem lichten Abstand der gestoßenen Stäbe größer als 4ϕ muss die geforderte Querbewehrung für jeden gestoßenen Stab vorhanden sein, weil sich ein Fachwerk mit einer Druckstrebenneigung von ca. 45° zwischen den gestoßenen Stäben ausbildet (vgl. Bild H8-6).

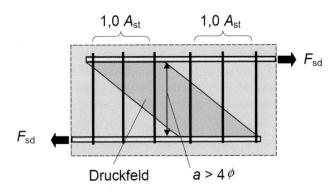

**Bild H8-6 – Querbewehrung für Übergreifungsstoß
von Zugstäben mit großem lichten Abstand**

Zu (3) Mit NCI werden zwei Regelungen zur Querbewehrung im Bereich von Übergreifungsstößen ergänzt:

– In flächenartigen Bauteilen muss die Querbewehrung ebenfalls bügelartig ausgebildet werden, falls $a \leq 5\phi$ (DIN 1045-1 [R4]: $s \leq 7d_s$) ist; sie darf jedoch auch gerade sein, wenn die Übergreifungslänge l_0 um 30 % erhöht wird.

– Sofern der Abstand der Stoßmitten benachbarter Stöße mit geraden Stabenden in Längsrichtung etwa $0,5l_0$ beträgt, ist kein bügelartiges Umfassen der Längsbewehrung notwendig.

Bei Übergreifungsstößen von Rippenstäben wird die Betondeckung im Stoßbereich wegen der Spreizung der kraftübertragenden Druckdiagonalen im Beton auf Zug beansprucht, weshalb das Stoßversagen durch Abplatzen der Betondeckung eingeleitet wird. Bei zusätzlicher Beanspruchung durch Brandeinwirkung steigt die Abplatzgefahr deutlich an. In diesem Zusammenhang wurden die o. g. Bewehrungsregeln für Bauteile nach altem Regelwerk DIN 1045:1988-07 [R6] und DIN 4102-4:1994-03 [R12] für hoch ausgenutzte Übergreifungsstöße empfohlen. Erläuterungen von *Eligehausen* hierzu sind im DAfStb-Heft [400] zu 18.6.3, enthalten.

Da die bügelartige Ausbildung der Querbewehrung in der Praxis möglichst vermieden wird und in Platten die gestoßene Bewehrung oft einen geringeren Achsabstand als 10ϕ aufweist, wurden die „bewährten" Regeln wieder in die Norm übernommen.

Eine bügelartige Querbewehrung ist mit der Verankerungslänge l_{bd} bzw. $l_{b,eq}$ nach 8.4.4 oder nach den Regeln für die Verankerung von Bügeln nach 8.5 im Bauteilinneren zu verankern. Der Abstand der Bügelschenkel in Querrichtung sollte nicht größer als h und 600 mm bis $\leq$ C50/60 bzw. 400 mm ab $\geq$ C55/67 gewählt werden (analog Querkraftbügel nach Tabelle NA.9.2).

Sind Übergreifungsstöße höher ausgelasteter Stäbe ($\sigma_{sd} > 0{,}5f_{yd}$) mit mehr als 50 % Stoßanteil nicht zu vermeiden, sollten

– in stabförmigen Bauteilen alle Stöße in Bügelecken angeordnet bzw.

– in flächenartigen Bauteilen bei engem lichten Stoßabstand $a \leq 5\phi$ (bzw. Achsabstand $s \leq 7\phi$) ebenfalls alle Stöße in Bügelecken angeordnet oder die Übergreifungslänge um 30 % vergrößert werden.

Auf diese zusätzlichen Maßnahmen darf bei stabförmigen und flächenartigen Bauteilen verzichtet werden, wenn die Übergreifungsstöße in Längsrichtung etwa um $0{,}5l_0$ gegeneinander versetzt werden.

Darüber hinaus sollten bei Übergreifungsstößen mit hoch ausgenutzter Bewehrung ($\sigma_{sd} > 0{,}5f_{yd}$) die Achsabstände a im Stoßbereich bei einer Feuerwiderstandsklasse R 30 und R 60 mindestens den Werten für R 90 nach DIN EN 1992-1-2 [R30] und $a \geq 2\phi$ entsprechen. Diese Erhöhung der Betondeckung ist erforderlich, weil bei Übergreifungsstößen die hohe Beanspruchung an den Stoßenden in der frühen Beflammungsphase bis 30 min ein vorzeitiges Abplatzen initiieren kann, sodass die Betondeckung die ihr zugedachte Funktion der Verzögerung der Bauteilerwärmung, insbesondere der Bewehrung, nicht lange genug erfüllen kann (*Eligehausen* in [400]).

Zu (NA.5): Bei Übergreifungsstößen in Beton ab der Festigkeitsklasse C70/85 kann eine ausreichende Sicherheit und insbesondere ein ausreichend duktiles Verformungsverhalten nur in Verbindung mit Bügeln gewährleistet werden. Dies zeigt Bild H8-7, in dem die Verhältniswerte der in Versuchen gemessenen Mittendurchbiegung zur Mittendurchbiegung bei Erreichen der Streckgrenze sowie das Verhältnis der Stahlspannung bei Versagen des Stoßes zur Streckgrenze in Abhängigkeit von der Übergreifungslänge und dem Querbewehrungsgrad aufgetragen sind. Bei Übergreifungsstößen ohne Querbewehrung steigen Tragkraft und Duktilität von Stößen nur wenig mit zunehmender Übergreifungslänge an (Bild H8-7 a)), weil wegen der hohen Tragfähigkeit und Steifigkeit der Betonkonsolen zwischen den Rippen die Zugkraft hauptsächlich an den Stoßenden übertragen wird. Demgegenüber nehmen die Tragkraft von Stößen und vor allem die Duktilität mit zunehmender Menge der Querbewehrung deutlich zu (Bild H8-7 b)), weil die Bügel eine Umlagerung der Kraftübertragung in den mittleren Teil der Übergreifungslänge ermöglichen.

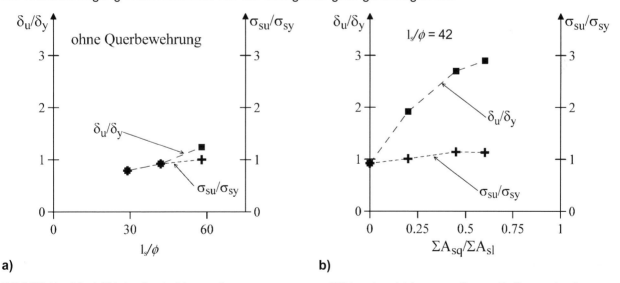

a)   b)

Bild H8-7 – Verhältnis der in Versuchen gemessenen Mittendurchbiegung δ_u von Balken mit einem Vollstoß der Zugbewehrung zur Mittendurchbiegung δ_y bei Erreichen der Streckgrenze sowie Stahlspannung bei Versagen des Stoßes bezogen auf die Streckgrenze in Abhängigkeit von
a) der auf ϕ bezogenen Übergreifungslänge von Übergreifungsstößen ohne Querbewehrung und
b) dem Verhältnis der Querschnittsfläche aller lotrechten Bügelschenkel im Stoßbereich zur Querschnittsfläche der gestoßenen Stäbe (Versuche mit Rippenstäben ϕ = 35 mm, f_c ~ 100 N/mm² [H8-1])

Daher wird im NA gefordert, dass für Beton ab der Festigkeitsklasse C70/85 Übergreifungsstöße durch Bügel zu umschließen sind, wobei die Summe der Querschnittsfläche der orthogonalen Schenkel im Stoßbereich gleich der Querschnittsfläche der gestoßenen Längsbewehrung sein muss (Bild H8-8). Diese Querschnittsfläche reicht aus, um 100 % der Abtriebskräfte, die ein Abplatzen der Betondeckung herbeiführen würden, aufzunehmen.

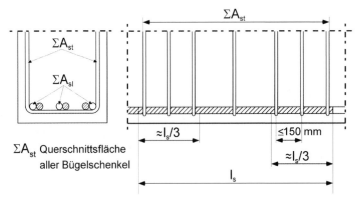

Bild H8-8 – Beispiel für die Anordnung von Bügeln im Stoßbereich von zugbeanspruchten Stäben in Beton der Festigkeitsklassen ≥ C70/85 ($\sum A_{st} = \sum A_{sl}$)

Zu 8.7.4.2 Querbewehrung für Druckstäbe

Zu (1): Da an den Stabenden ein Teil der Druckkraft durch Spitzendruck übertragen wird, ist eine Vergrößerung der Verankerungslänge bei Übergreifung nicht erforderlich (α_6 = 1,0). Abzüge für abgebogene Stabenden sind nicht zulässig. Die Sprengwirkung des Spitzendrucks erfordert jedoch eine zusätzliche Querbewehrung, die über die Stoßenden hinaus eingelegt werden muss (mindestens 1 Stab) [H8-4].

Zu 8.7.5 Stöße von Betonstahlmatten aus Rippenstahl

Zu 8.7.5.1 Stöße der Hauptbewehrung

Zu (3): Versuche haben gezeigt, dass der günstige Einfluss der Querstäbe durch Verteilung der Verankerungskräfte auf eine größere Betonbreite bei gerippter Bewehrung mit engen Längsstababständen gering ist [300]. Ein-Ebenen-Stöße von geschweißten Betonstahlmatten sollen daher wie Stöße von Stabstählen (ohne Anrechnung der angeschweißten Querstäbe) bemessen werden. Sie können durch wechselseitige Verschränkung der Matten (Bild 8.10 a) oder mit Matten mit langen Überstandsstäben ohne Querbewehrung realisiert werden.

Die angeschweißten Querstäbe dürfen als erforderliche Querbewehrung im Übergreifungsstoßbereich nach 8.7.4 angerechnet werden.

Zu (4) und (5): Zwei-Ebenen-Stöße werden durch Übereinanderstapeln der Matten mit zwischenliegenden Querstäben ausführungstechnisch einfach verlegt. Werden dabei keine bügelartigen Umfassungen vorgesehen, versagen die Stöße ähnlich wie bei Stäben mit engem Stababstand durch großflächiges Abplatzen der Betondeckung ([300]).

Gemäß NCI zu (4) dürfen bei relativ geringen Zugkräften, d. h. bei Mattenquerschnitten ≤ 6 cm²/m, Vollstöße mit gerader Querbewehrung ausgeführt werden. Das Rissverhalten ist wegen der meist dünneren Stabdurchmesser günstig.

Die Forderung, Stöße in Bereichen mit $\sigma_{sd} \leq 0{,}8f_{yd}$ anzuordnen, soll sicherstellen, dass die Risse an den Stoßenden wegen der größeren Dehnung der innenliegenden Matte und des Schlupfes der gestoßenen Stäbe nicht wesentlich breiter als außerhalb des Übergreifungsstoßes werden bzw. tolerierbare Grenzwerte nicht überschreiten. Bei Matten mit $a_s > 6$ cm²/m und $\sigma_{sd} > 0{,}8f_{yd}$ ist deshalb ein erforderlicher Nachweis der Rissbreitenbegrenzung im GZG mit einer um 25 % erhöhten rechnerischen Betonstahlspannung zu führen. Eine bügelartige Umfassung der Tragbewehrung ist dann auch nicht erforderlich [300].

Zu (6): Stöße in der inneren Lage weisen gegenüber Stößen in der äußeren Lage ein wesentlich günstigeres Tragverhalten auf. Die außen liegende Bewehrung hält die Rissbreiten an den Stoßenden klein, sodass ein Abplatzen der Betondeckung erst bei höheren Beanspruchungen auftritt. Daher dürfen nur Matten mit $a_s \leq 12$ cm²/m ohne Längsversatz in zwei Ebenen gestoßen werden. Vollstöße von Matten mit größerem Bewehrungsquerschnitt sind nur in der inneren Lage zulässig, wobei der gestoßene Anteil nicht mehr als 60 % des erforderlichen Bewehrungsquerschnitts betragen darf. Auf eine Erhöhung der Stahlspannung für die Rissbreitenbegrenzung darf dann in der inneren Lage verzichtet werden [300].

Bei der Ermittlung der Übergreifungslänge für Zwei-Ebenen-Stöße nach Gleichung (NA.8.11.1) werden mit α_7 die aus der Exzentrizität herrührenden zusätzlichen Abtriebskräfte und die fehlende Umfassungsbewehrung berücksichtigt.

Zu 8.8 Zusätzliche Regeln bei großen Stabdurchmessern

Zu (1): In der aktuellen Bauproduktnorm DIN 488 [R1] für Betonstähle wurden die Nenndurchmesser 32 mm und 40 mm für Stabstähle aufgenommen. Insbesondere die früher in abZ geregelten Bemessungs- und Konstruktionsvorschriften mussten daher bewertet und in den DIN EN 1992-1-1/NA aufgenommen werden (zusätzliche Normabsätze (NA.9)P bis (NA.22) für den ϕ40-Stab). Stabdurchmesser $\phi > 40$ mm bleiben weiterhin Zulassungsgegenstand.

Der Einsatzbereich für den ϕ40 mm war in den Zulassungen aufgrund der vorliegenden Versuchsergebnisse und Erfahrungen auf maximal C60/75 begrenzt. Im Rahmen des Einspruchsverfahrens zum NA bestanden keine Bedenken, diese Grenze auf maximal C80/95 zu erweitern.

Zu (3): Bei großen Stabdurchmessern ist die Verbundfestigkeit f_{bd} nach Gleichung (8.2) mit $\eta_2 = (132 - \phi) / 100 \leq 1,0$ abzumindern, weil der Widerstand gegen Spalten des Betons mit zunehmendem Stabdurchmesser abnimmt (Maßstabseffekt).

Zu (NA.20)P: Bei der Bestimmung der Bügelbewehrung A_w ist für A_{sl} die Querschnittsfläche der durch die Bügel umschlossenen Längsbewehrung anzusetzen.

Zu 8.10 Spannglieder

Zu 8.10.2 Verankerung von Spanngliedern im sofortigen Verbund

Zu 8.10.2.2 Übertragung der Vorspannung

Zu (1): In den Zulassungen für glatten Spannstahl ist eine Verbundverankerung nicht erfasst und somit unzulässig.

Die ursprünglich in Tabelle 7 in DIN 1045-1 [R4] enthaltenen Werte für die Verbundspannung f_{bp} wurden mittels Versuchen an Probekörpern aus Normalbeton abgeleitet und gelten nur für vorwiegend ruhende Einwirkungen. Diese Werte umfassen profilierte Drähte bis zu einem Durchmesser von 8 mm und nicht verdichtete Litzen bis 100 mm² Querschnittsfläche. Sollen Litzen oder profilierte Drähte, siehe Bild H8-9 und Tabelle H8.1, mit anderen Abmessungen für sofortigen Verbund verwendet werden bzw. in Leichtbeton zur Anwendung kommen, sind dafür Zulassungen oder eine Zustimmung im Einzelfall erforderlich.

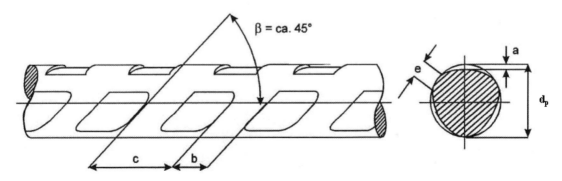

Eine Profilreihe ist gegenläufig. $\Sigma e \leq 0,2 \, \pi \, d_p$

Bild H8-9 – Normal-Profilierung
(entspricht im Wesentlichen "indent type" T4 aus draftEN10138-2:2011(E))

Tabelle H8.1 – Abmessungen, Gewicht und Toleranzen für kaltgezogener Spannstahldraht St 1470/1670 bzw. St 1570/1770 rund, normal-profiliert (s. Bild H8-9)

1	2	3	4	5	6	7
Festigkeits-klassen	Nenn-durchmesser d_p	Nenn-querschnitt A_p[1]	$\approx$ Nenn-gewicht [2]	Profil- tiefe a	breite b	abstand c
MPa	mm	mm²	g/m	mm	mm	mm
St 1470/1670 (für d_p=5,5 bis 8,0) bzw. St 1570/1770 (für d_p=4,0 bis 7,0)	4,0	12,6	98	0,12 ± 0,05	2,0 ± 0,5	5,5 ± 0,5
	4,5	15,9	124	0,12 ± 0,05	2,0 ± 0,5	5,5 ± 0,5
	5,0	19,6	153	0,12 ± 0,05	2,0 ± 0,5	5,5 ± 0,5
	5,5	23,8	186	0,12 ± 0,05	2,0 ± 0,5	5,5 ± 0,5
	6,0	28,3	221	0,15 ± 0,05	3.0 ± 0,5	8.0 ± 0,5
	6,5	33,2	260	0,15 ± 0,05	3.0 ± 0,5	8.0 ± 0,5
	7,0	38.5	301	0,15 ± 0,05	3.0 ± 0,5	8.0 ± 0,5
	7,5	44.2	345	0,15 ± 0,05	3.0 ± 0,5	8.0 ± 0,5
	8.0	50,3	393	0,15 ± 0,05	3.0 ± 0,5	8.0 ± 0,5

[1] Querschnittstoleranzen -2 / +2 %
[2] Rohdichte = 7,81 g/cm³

Die Verbundspannungen f_{bp} aus DIN 1045-1 [R4] waren die Grundlage für die Festlegungen der Verbund-kennwerte in DIN EN 1992-1-1/NA.

Bei Spanngliedern im sofortigen Verbund ist grundsätzlich zwischen dem Verbundverhalten in der Übertra-gungslänge und in der Verankerungslänge zu unterscheiden. Während in der Übertragungslänge neben dem Haftverbund und den schlupfabhängigen Verbundspannungen der *Hoyer*-Effekt einen maßgebenden Anteil zur Verbundfestigkeit beiträgt, sind es außerhalb der Übertragungslänge im Bereich der Veranke-rungslänge allein die beiden erstgenannten Verbundanteile. Daher werden in den Gleichungen (8.15) und (8.20) unterschiedliche Beiwerte verwendet.

In EN 1992-1-1 wird die Verbundspannung f_{bpt} in der Übertragungslänge in Gleichung (8.15) als Funktion der Betonzugfestigkeit abgeleitet. Abweichend von EN 1992-1-1 und MC 90 [H8-3], wird für den Beiwert η_{p1} in DIN EN 1992-1-1/NA nicht zwischen Litzen und profilierten Drähten unterschieden, da einerseits der Einfluss des *Hoyer*-Effekts dominiert und andererseits die Verbundfestigkeit profilierter Drähte entscheidend von der Profilierung abhängt. Die Datenbasis enthält nur Versuchsserien mit Versuchskörpern aus Normalbeton, die mit in Deutschland derzeit verwendeten Spannstahldraht-Profilen (also mit Zulassung siehe Bild H8-9 und Tabelle H8.1) hergestellt wurden.

Für gerippte Drähte gibt es in DIN EN 1992-1-1 keine Angaben, da diese zurzeit nicht angewendet werden. Sollen für profilierte Drähte höhere Verbundspannungen angesetzt werden, sind sie den Zulassungen zu entnehmen.

Um die Versuchswerte nach DIN 1045-1 [R4], Tabelle 7, zu reproduzieren, wurde im NA für Litzen und für profilierte Drähte abweichend zu EN 1992-1-1 ein mittlerer identischer Beiwert η_{p1} = 2,85 festgelegt. Der Wert η_{p1} gilt dabei für profilierte Drähte mit Zulassung nach Bild H8-9 und Tabelle H8.1.

Zusätzlich ist die Mindestbetondeckung für Litzen und profilierte Drähte mit $c_{min,b}$ = 2,5ϕ_p einzuhalten, um eine Längsrissbildung zu verhindern. Dabei sollte ein lichter Mindestabstand $s \geq 2{,}5\phi_p$ eingehalten werden. Wird der lichte Mindestabstand nach Bild 8.14 mit $s = 2{,}0\phi_p$ ausgenutzt, sollte die Mindestbetondeckung auf $c_{min,b}$ = 3ϕ_p vergrößert werden [H8-6]. Versuche an Normalbeton haben gezeigt, dass eine unzulässige Sprengrissbildung mit den empfohlenen Mindestbetondeckungen insbesondere bei mehreren Spannstählen in einer Lage und geringer bzw. fehlender Querbewehrung nicht völlig ausgeschlossen ist [H8-8]. Mit Rück-sicht auf das Vorhaltemaß der Betondeckung werden jedoch die empfohlenen Mindestabmessungen als ausreichend angesehen, um unter günstigen Bedingungen die zulässige Vorspannkraft nach

DIN EN 1992-1-1 rissfrei einzuleiten [H8-6]. Daher sollte das Vorhaltemaß Δc_{dev} nicht unter 10 mm reduziert werden.

Weicht die eingeleitete Vorspannkraft gegenüber den nach DIN EN 1992-1-1, 5.10.2 bzw. 5.10.3 zulässigen Werten weit nach unten ab, sind ggf. kleinere Mindestabmessungen ausreichend [H8-6].

Zu (2): Die Verbundverankerung von vorgespannten Spannstählen mit sofortigem Verbund wird entscheidend durch die Spannstahloberfläche (Litze, profilierter Draht), die Betondeckung, den Abstand der Spannglieder untereinander, den *Hoyer*-Effekt und die Rissbildung beeinflusst. Grundsätzlich wird das Verbundverhalten bei Spannstählen mit sofortigem Verbund wie bei Betonstahl durch die Anteile Haftverbund, Scherverbund und Reibungsverbund gekennzeichnet (Bild H8-10). Sobald Verschiebungen zwischen Stahl und Beton auftreten und der Haftverbund überwunden ist, wird der Scherverbund aktiviert, der durch Verzahnung von Stahl und Beton entsteht. Diese Verzahnung wird z. B. durch Profilierung bei profilierten Drähten und durch Oberflächenrauigkeiten bei Litzen erzeugt. Erst mit größeren Relativverschiebungen wird der Reibungsverbund wirksam. Das Verbundverhalten von Litzen und profilierten Drähten ist im Gegensatz zum Betonstahl, dessen Verbundverhalten in erster Linie durch den Scherverbund bestimmt wird, überwiegend durch den Haft- und den Reibungsverbund gegeben.

Im Rahmen einer Norm kann nur eine vereinfachte, auf der sicheren Seite liegende Lösung vorgegeben werden, die durch Versuchsergebnisse bestätigt wurde. In der aus MC 90 [H8-3] sinngemäß übernommenen Gleichung (8.16) werden eine konstante Verbundspannung angenommen und als weitere Parameter die Art der Krafteintragung sowie die Spannstahlspannung berücksichtigt. Die Angaben der Übertragungslänge, der Verankerungslängen und der Geometriewerte für den Spannstahl sind für Leichtbeton der jeweiligen Zulassung zu entnehmen.

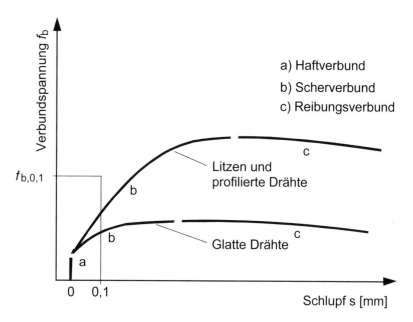

Bild H8-10 – Qualitative Darstellung der Verbundspannungs-Verschiebungsbeziehungen von Spannstählen

Zu (4): Die Eintragungslänge l_{disp} nach Gleichung (8.19) ist für Rechteckquerschnitte mit Spanngliedern nahe der Unterseite des Querschnitts geeignet [R4].

Vorspannung mit sofortigem Verbund findet praktisch nur für Fertigteile Verwendung, deren Querschnitte sich in der Regel auf Rechtecke zurückführen lassen. In anderen Fällen (z. B. vorgespannte Maste) sind gleichwertige Ansätze zu wählen.

Zu (5): Statt einer linearen Zunahme der Vorspannkraft innerhalb der Übertragungslänge darf auch ein anderer Verlauf angenommen werden, sofern nachgewiesen werden kann, dass die entsprechenden Nachweise auf der sicheren Seite liegen. Bei Annahme eines parabolischen Verlaufs sollte die ermittelte Übertragungslänge um 25 % vergrößert werden.

Zu 8.10.2.3 Verankerung der Spannglieder in den Grenzzuständen der Tragfähigkeit

Zu (1): Das Verbundverhalten in der Übertragungslänge wird insbesondere durch den sogenannten *Hoyer*-Effekt geprägt, der bei der Spannkrafteinleitung durch das Verkürzen des Spannstahls entsteht und Querpressungen auf der Stahloberfläche erzeugt (Bild H8-11).

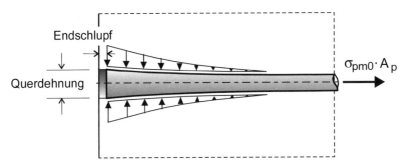

Endschlupf

Querdehnung

$\sigma_{pm0} \cdot A_p$

Bild H8-11 – Schematische Darstellung des *Hoyer*-Effektes

Zu (2) und (3): Die Verbundspannung f_{bpt} nach Gleichung (8.15) setzt die Wirkung des *Hoyer*-Effektes voraus, d. h. sie wirkt nur innerhalb der Übertragungslänge und erfordert ungerissenen Beton (keine Längs- und keine Biegerisse). Die Werte η_{p2} gelten für profilierte Drähte mit Zulassung nach Bild H8-9 und Tabelle H8.1.

Bei Rissbildung im Verankerungsbereich geht auch bei vorhandener Umschnürungsbewehrung der *Hoyer*-Effekt verloren. Da außerhalb der Übertragungslänge keine nennenswerten Querdehnungen der Litze entstehen und damit kein *Hoyer*-Effekt auftritt, müssen die Bemessungswerte der Verbundspannungen f_{bpd} nach Gleichung (8.20) über den Beiwert η_{p2} gegenüber der Verbundspannung f_{bpt} nach Gleichung (8.15) deutlich abgemindert werden.

Die Verbundqualität von Litzen wird in EN 1992-1-1 wie im MC 90 [H8-3] mit ca. 85 % der von profilierten Drähten bewertet (η_{p2} = 1,2 / 1,4). Da die Verbundfestigkeit von profilierten Drähten in hohem Maße von der Profilierung bestimmt wird, die je nach Hersteller unterschiedlich sein kann, wurde im NA keine Unterscheidung zwischen Litzen und profilierten Drähten vorgenommen. Daher darf nach NA auch für 7-drähtige, nicht verdichtete Litzen mit einer Querschnittsfläche $A_p \leq 100$ mm² der Beiwert η_{p2} = 1,4 wie für profilierte Drähte mit $\phi_p \leq 8$ mm verwendet werden. Damit werden dann weitgehend die Verbundspannungen nach DIN 1045-1 [R4] für profilierte Drähte und Litzen erreicht [H8-4].

Zu (4) und (5): Für die Berücksichtigung von Biegerissen innerhalb der Übertragungslänge l_{pt} wurde die Gleichung (NA.8.21.1) in Anlehnung an Gleichung (57) aus DIN 1045-1 [R4] für die Verankerungslänge l_{bpd} im NA eingeführt. Das Bild 8.17 in EN 1992-1-1 wurde angepaßt und durch Bild 17 b) aus DIN 1045-1 ergänzt (neues Bild 8.17DE).

Da die Verbundspannungen innerhalb der Übertragungslänge vereinfachend als konstant angenommen werden, wurde darauf verzichtet, zwischen teilweisem Verlust des *Hoyer*-Effektes bei Biegerissbildung und vollständigem Verlust bei Längsrissbildung zu unterscheiden.

Beim Nachweis der Verankerung am Auflager im Grenzzustand der Tragfähigkeit sind daher zwei Fälle zu unterscheiden [H8-5], [H8-8]:

a) keine Rissbildung in der Übertragungslänge l_{pt}
(entspricht dem Nachweis in Zone a nach DIN 4227-1 [R14])

b) Rissbildung innerhalb der Übertragungslänge l_{pt}
(entspricht dem Nachweis in Zone b nach DIN 4227-1 [R14])

Zur Überprüfung, ob innerhalb der Übertragungslänge eine Rissbildung zu erwarten ist, wird vereinfachend wie in DIN 4227 [R14] folgende Regelung getroffen:

Die Übertragungslänge l_{pt} gilt als ungerissen, wenn die Biegezugspannungen aus äußerer Last im Grenzzustand der Tragfähigkeit unter Berücksichtigung der maßgebenden 1,0-fachen Vorspannkraft kleiner als die Betonzugfestigkeit $f_{ctk;0,05}$ ist. Zusätzlich ist die Mindestbetondeckung $c_{min,b}$ = 2,5ϕ_p nach NDP zu 4.4.1.2 (3) einzuhalten, um eine Längsrissbildung zu verhindern.

– Fall a: Keine Rissbildung in der Übertragungslänge

In Bild H8-12 ist die Endverankerung ohne Rissbildung in der Übertragungslänge l_{pt} dargestellt. Kennzeichnend für diesen Fall ist, dass in der Zugkraftdeckungslinie die über Verbund eingeleitete Vorspannkraft $P_{m,t}$ schneller anwächst als die Zugkraft der M_{Ed} / z-Linie. Da im Bereich der Endverankerung keine Biegerisse zu erwarten sind, braucht die Verankerungslänge ab der Auflagervorderkante nach 9.2.1.4 nicht nachgewiesen werden. Biegerisse können erst außerhalb der Übertragungslänge auftreten, wenn die aus der Biegebeanspruchung resultierenden Betonzugspannungen die Wirkung der vollständig eingeleiteten Vorspannkraft aufheben und die Betonzugfestigkeit $f_{ctk;0,05}$ überschritten wird. Ab dem gerissenen Querschnitt ist die M_{Ed} / z-Linie um das Versatzmaß horizontal zu verschieben, um die vergrößerten Zuggurtkräfte $F_{Ed}(x)$ nach der Fachwerkanalogie zu berücksichtigen. Die Kurve für die von der Spannbewehrung aufnehmbare Kraft F_{pd} verläuft oberhalb der Vorspannkraft P_{mt} flacher, da außerhalb der Übertragungslänge der *Hoyer*-Effekt nicht mehr vorhanden ist. Mit Gleichung (8.21) der Norm wird die Verankerungslänge l_{bpd} bestimmt, die zur Verankerung der Spannstahlkraft $A_p \cdot f_{p0,1k} / \gamma_S$ notwendig ist. Die Maximalkraft der Spannbewehrung wird mit dem Wert $A_p \cdot \sigma_p \le A_p \cdot f_{pk} / \gamma_S$ definiert, d. h. es kann die Nachverfestigung des Spannstahls oberhalb der 0,1 %-Dehngrenze in Ansatz gebracht werden, wenn entsprechende Spannstahldehnungen rechnerisch erreicht werden.

– **Fall b: Rissbildung in der Übertragungslänge**

Insbesondere bei geringerer Vorspannung ist eine Rissbildung innerhalb der Übertragungslänge zu erwarten, da die Zugkraft aus der M_{Ed} / z-Linie schneller anwächst als die eingeleitete Vorspannkraft (Bild H8-13). Die abzudeckende Zugkraft $F_{Ed}(x)$ wird durch die um das Versatzmaß verschobene M_{Ed} / z-Linie nach der Fachwerkanalogie vergrößert. Zur Deckung der Zugkraftlinie ist dann eine zusätzliche Betonstahlbewehrung mit der Zugkraft F_{sd} anzuordnen, wenn nicht die Auflagertiefe und die Vorspannung vergrößert werden. Da bei einer Rissbildung in der Übertragungslänge die Verankerung am Auflager beeinflusst wird, ist immer die Verankerungslänge ab der Auflagervorderkante nach 9.2.1.4 nachzuweisen.

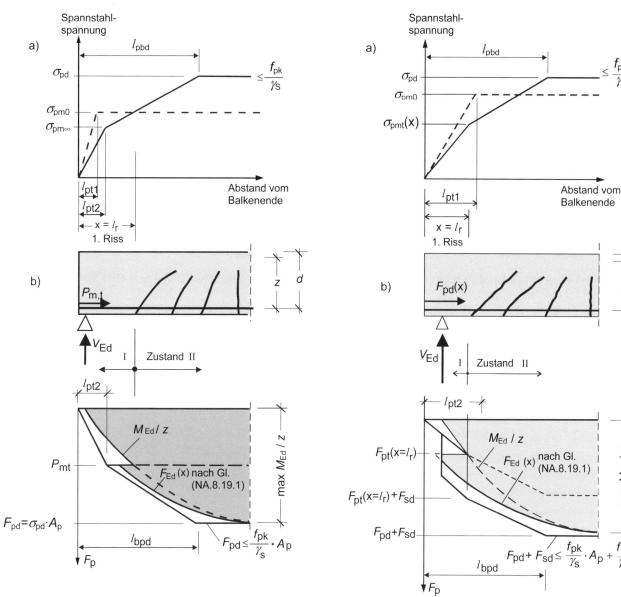

Bild H8-12 – keine Rissbildung in der Übertragungslänge
a) Spannstahlspannung
b) Zugkraftdeckung

Bild H8-13 – Rissbildung in der Übertragungslänge
a) Spannstahlspannung
b) Zugkraftdeckung

Zu (NA.7)P: Die Festlegungen zur zyklischen Beanspruchung im Lasteinleitungsbereich berücksichtigen neuere Forschungsergebnisse. *Bülte* stellte in [H8-2] u. a. in Versuchen fest, dass eine zyklische Beanspruchung keinen messbaren Einfluss auf die Verbundverankerung von Spannstahllitzen hat, solange die Verbundspannungen aus Betriebsbeanspruchungen den Grundwert der Verbundfestigkeit infolge Adhäsion und Grundreibung (ca. 80 % der statischen Verbundfestigkeit) nicht überschreiten. Die Betondeckung sollte im Verankerungsbereich bei zyklischer Beanspruchung gegenüber dem Mindestwert $c_{min,b} = 2{,}5\phi_p$ nach NDP zu 4.4.1.2 (3) auf $3{,}5\phi_p$ erhöht werden. Die Werte für die Verankerungs- bzw. Übertragungslänge eines Spannglieds mit sofortigem Verbund und zyklischer Beanspruchung sind stets aus Zulassungen zu entnehmen.

Zu 8.10.3 Verankerungsbereiche bei Spanngliedern im nachträglichen oder ohne Verbund

Zu (5): Die in den Bildern 8.18 und H8-14 angesetzte Kraftausbreitung unter einem Winkel von $\beta = 33{,}7°$ ergibt einen oberen Grenzwert für die Länge der Kraftausbreitungszone, an deren Ende rechnerisch die Spannungs-Dehnungs-Verhältnisse eines Balkens herrschen. Bild H8-14 gilt dabei für eine Scheibe mit einer Einleitung von jeweils auf der Breite b_w einwirkenden Einzelkräften am Scheibenrand (z. B. näherungsweise für eine vorgespannte Gurtscheibe mit Plattenverankerung der Spannglieder).

Bild 8.18 gilt für die Kraftausbreitung in Steg und Gurt eines Plattenbalkens. Für die Bemessung des Kraftausbreitungsbereichs und des Gurtanschlusses sind geeignete Stab- oder Fachwerkmodelle zu verwenden; siehe dazu 6.2.4 und 6.5. In Abhängigkeit vom jeweiligen Modell können sich daraus auch kürzere Längen der Ausbreitungsbereiche ergeben.

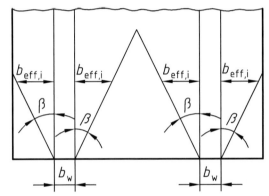

Bild H8-14 – Ausbreitungswinkel konzentriert eingeleiteter Längskräfte (Bild 5 aus DIN 1045-1 [R4])

Zu 8.10.4 Verankerungen und Spanngliedkopplungen für Spannglieder

Zu (5): Die Anordnung von Spanngliedkopplungen in einem Querschnitt wird in DIN EN 1992-1-1 konservativ auf in der Regel 50 % begrenzt (in DIN 1045-1 [R4] maximal 70 % bei nicht vorwiegend ruhenden Einwirkungen).

Zu 9 KONSTRUKTIONSREGELN

Zu 9.2 Balken

Zu 9.2.1 Längsbewehrung

Zu 9.2.1.1 Mindestbewehrung und Höchstbewehrung

Zu (1): Das Sicherheitskonzept für die Nachweise in den Grenzzuständen der Tragfähigkeit setzt eine Vorankündigung durch Bauteilverformungen und Rissbildung während einer Laststeigerung bis zum Bruch voraus. Das Prinzip erfordert die Aufnahme der bei Erstrissbildung durch den Ausfall der Betonzugspannungen frei werdenden Schnittgrößen durch Betonstahl allein, durch Beton- und Spannstahl oder bei unbewehrten Bauteilen durch die Sicherstellung von Umlagerungsmöglichkeiten der Druckkräfte im Querschnitt.

Bei gering bewehrten Bauteilen besteht die Gefahr eines unangekündigten Versagens, wenn das Rissmoment des Betonquerschnitts über dem durch die Bewehrung aufnehmbaren Moment liegt. In jedem Bauteilquerschnitt muss deshalb die Biegebewehrung mindestens so groß sein, dass sie das Rissmoment M_{cr} des Querschnitts unter Ausnutzung der Streckgrenze f_{yk} aufnehmen kann (Robustheitsbewehrung):

$$M_{As,min} = M_{cr} = \left(f_{ctm} - \frac{N}{A_c} \right) \cdot W_c \tag{H.9-1}$$

Die Bemessungsgleichung für die Mindestbewehrung ist dann:

$$A_{s1,min} = \left(\frac{M_{s1,cr}}{z} + N \right) \cdot \frac{1}{f_{yk}} = \frac{M_{cr} + N \cdot (z - z_{s1})}{z \cdot f_{yk}} = \frac{f_{ctm} \cdot W_c + N \cdot (z - z_{s1} - W_c/A_c)}{z \cdot f_{yk}} \tag{H.9-2}$$

mit $M_{s1,cr} = M_{cr} - N \cdot z_{s1}$ und z_{s1} – Abstand der Mindestbewehrung von der Schwereachse.

In den Gleichungen (H.9-1) und (H.9-2) ist eine Druckkraft negativ und eine Zugkraft positiv einzusetzen. Zu beachten ist, dass die Vorzeichen für Druck- und Zugspannungen in DIN EN 1992-1-1 abweichend hiervon definiert sind. Vorspannkräfte dürfen nicht berücksichtigt werden.

Gemäß NDP zu 9.2.1.1 (1) darf aber, wenn zur Abdeckung der Mindestbewehrung $A_{s,min}$ eine zusätzliche Betonstahlbewehrung erforderlich ist, 1/3 der Querschnittsfläche der im Verbund liegenden Spannglieder angerechnet werden. Dabei darf nur der Spannstahl angerechnet werden, der nicht mehr als $0,2h$ oder 250 mm (der kleinere Wert ist maßgebend) von dieser zusätzlichen Betonstahlbewehrung (Zugseite) entfernt liegt.

Wird das spröde Versagen auf andere Weise verhindert, sind auch alternative konstruktive Maßnahmen oder Tragmodelle anwendbar, die ein Bauteilversagen (Einsturz) ohne Vorankündigung (z. B. durch Risse oder Durchbiegungen usw.) ausschließen. Ein Beispiel hierfür ist die Ausnutzung der Umlagerungsmöglichkeiten des Sohl- oder Erddrucks elastisch gebetteter Gründungsbauteile.

Bei Bauteilen mit Vorspannung besteht im gering beanspruchten (ungerissenen) Bereich die Gefahr, dass es bei einem unbemerkten Spanngliedausfall zu einem schlagartigen Versagen des gesamten Querschnitts kommt. Hier muss sichergestellt werden, dass auch bei einem teilweisen Ausfall der Spannglieder das Versagen durch eine Rissbildung angekündigt wird. Dies kann alternativ zur Robustheitsbewehrung auch durch den Nachweis nach Verfahren E in 5.10.1. (6) sichergestellt werden.

Die im Feld erforderliche untere Mindestlängsbewehrung ist über die gesamte Feldlänge durchzuführen und im Auflagerbereich zu verankern. Ist z. B. bei hochgezogenen Auflagern eine Durchführung der Mindestbewehrung auf das Auflager nicht möglich, so ist eine dem erforderlichen Mindestbewehrungsgrad entsprechende Bewehrung auch im Bereich des hochgezogenen Auflagers anzuordnen.

Bei dickeren Fundamenten kommt es oft vor, dass die Tragfähigkeit mit relativ geringen Biegelängsbewehrungsgraden nachzuweisen ist. Das Rissmoment nimmt aber mit der Bauteildicke überproportional zu, sodass mit dem Vorgehen nach NDP zu 9.2.1.1 (1) eine überdimensionierte Mindestbewehrung berechnet wird. Erste Überlegungen zur alternativen Einhaltung des Duktilitätskriteriums wurden daher in [H9-3] wie folgt angestellt:

Bei bewehrten Fundamenten und Bodenplatten ist zunächst festzustellen, dass diese gebettet gelagerten Bauteile im Gegensatz zu frei tragenden Biegebauteilen im Allgemeinen ein duktileres Tragverhalten aufweisen. Dies ist darauf zurückzuführen, dass die Verteilung des Sohldrucks auf die Veränderung der Bauteilsteifigkeiten und insbesondere auf stärkere Setzungen durch Konzentration reagiert. Bei Entstehung von breiten Einzelrissen bzw. plastischen Gelenken führen die damit einhergehenden Verformungen zu entsprechenden Baugrundreaktionen, die das spröde Versagen verhindern und neue Gleichgewichtszustände ausbilden können. Dabei kommt es darauf an, nachzuweisen, dass ein deutlicher Abbau der Querschnittstragfähigkeit durch klaffende Risse über Umlagerungen des Sohldrucks so kompensiert wird, dass ein Gleichgewichtszustand mit 1,0-facher Sicherheit abgedeckt ist. Die dabei zu erwartenden großen Setzungen müssen mit dem Tragwerk so kompatibel sein, dass der unmittelbare Einsturz auch benachbarter Bauteile nicht zu erwarten ist. Unter diesen Umständen ist bei Fundamenten eine ausreichende Duktilität auch ohne Robustheitsbewehrung gegeben. In anderen Fällen, z. B. bei verschieblichen Systemen oder großen Lastausmitten auf Einzelfundamenten, ist zu erwarten, dass die Biegebewehrung aus der Tragfähigkeitsbemessung ohnehin die Werte der Mindestbewehrung überschreitet.

Diese Zusammenhänge wurden wegen ihrer allgemeinen Gültigkeit in DIN 1045-1 [R4] und auch in DIN EN 1992-1-1/NA übernommen. Danach darf bei Gründungsbauteilen und bei durch Erddruck belasteten Wänden aus Stahlbeton auf die Mindestbewehrung nach 9.2.1.1 (1) verzichtet werden, wenn das duktile Bauteilverhalten durch Umlagerung des Sohldrucks bzw. des Erddrucks sichergestellt werden kann.

Zu (4): Da bei Vorspannung ohne Verbund die Spannkraft im Versagensfall über die gesamte Spanngliedlänge ausfällt, soll die Mindestbewehrung für das 1,15-fache Rissmoment ausgelegt werden, was der Aufnahme des Rissmoments mit dem Bemessungswert der Streckgrenze $f_{yd} = f_{yk} / 1,15$ entspricht.

Zu 9.2.1.2 Weitere Konstruktionsregeln

Zu (2): Bei Gurtplatten in der Zugzone führt eine Konzentration der Zuggurtbewehrung im Stegbereich zu breiten Rissen in der Platte. Werden jedoch 40 % bis 60 % der Zuggurtbewehrung in die Platte ausgelagert, ergibt sich ein günstigeres Rissbild und Tragverhalten. Gleichzeitig vergrößert sich der innere Hebelarm und es ergeben sich ausreichende Betonierlücken [H9-10]. Eine weitergehende Auslagerung wirkt sich ungünstig auf die Rissverteilung und Gleichmäßigkeit der Bewehrungsbeanspruchung aus. Daher wurde im NA als Anwendungsregel aufgenommen, abweichend von der EN 1992-1-1 die Zuggurtbewehrung nur auf die halbe rechnerische mitwirkende Plattenbreite auszulagern.

Zu 9.2.1.3 Zugkraftdeckung

Zu (1): Die Zugkraftdeckung muss auch bei einer erforderlichen Bemessung für den Brandfall sichergestellt sein. Die außergewöhnliche Einwirkungskombination im Brandfall führt zu deutlich geringeren Schnittgrößen als bei der Kaltbemessung (maximal 70 %). Ausgehend von der Lage der Momentennullpunkte aus der Kaltbemessung von Durchlaufsystemen werden diese unter Brandbeanspruchung weiter in die Felder verlagert, da sich Feldmomente wegen der heißer und damit „weicher" werdenden Feldbewehrung zu den kälteren Stützquerschnitten umlagern. Dies ist bei einer genaueren „Heißbemessung" mit Näherungsverfahren bzw. mit allgemeinen Verfahren zu berücksichtigen.

Werden z. B. nach DIN EN 1992-1-2 [R30], 5.7.3, Durchlaufplatten mit dem Tabellenverfahren nachgewiesen, wird in DIN EN 1992-1-2/NA [R31] zur Sicherstellung der Rotationsfähigkeit über den Auflagern gefordert, die Stützbewehrung gegenüber der erforderlichen Länge aus der Zugkraftdeckung der „Kaltbemessung" beidseitig um 0,15l weiter ins Feld zu führen (mit l – Stützweite des angrenzenden größeren Feldes).

Zu (2): Der Einfluss der Querkraft auf die Biegebewehrung darf vereinfacht über das Versatzmaß a_l berücksichtigt werden. Das Versatzmaß für Platten ohne Querkraftbewehrung wurde für DIN 1045:1978 [R7] von 1,5d auf 1,0d aufgrund damaliger Versuche reduziert [300].

Der innere Hebelarm z in Gleichung (9.2) für das Versatzmaß bei Bauteilen mit Querkraftbewehrung im GZT kann aus der Biegebemessung übernommen werden; er darf näherungsweise zu $z \approx 0,9d$ angesetzt werden, sofern nicht durch erhebliche Normalkräfte z. B. aus Vorspannung kleinere Werte maßgebend sind [H9-15]. Deutlich wird die Abhängigkeit des Versatzmaßes und damit der Verankerungslänge von der gewählten Druckstrebenneigung mit dem Winkel θ. Bei kurzen Auflagertiefen kann die Verankerungslänge damit auch für die Querkraftbewehrung bemessungsentscheidend werden, weil der Druckstrebenwinkel steiler gewählt werden muss [H9-2].

Zu (3): Im Unterschied zur Regelung in DIN 1045-1 [R4] darf nach DIN EN 1992-1-1 ein linearer Kraftverlauf entlang der Verankerungslänge bei der Abdeckung der Zugkraftlinie durch gestaffelte Bewehrung berücksichtigt werden (vgl. Bild H9-1). Am Stabende beginnend steigt die in einem Bewehrungsstab aufnehmbare Kraft durch die Verbundwirkung allmählich linear an, bis nach der Verankerungslänge l_{bd} der Bemessungswert F_{sd} erreicht ist. Dies durfte in DIN 1045-1 nicht berücksichtigt werden. Im Vergleich zur Anrechnung eines stetigen Anstiegs der Zugkraftdeckungslinie in DIN EN 1992-1-1 ergaben sich damit größere erforderliche Stablängen. Eine Begründung für die Vernachlässigung des Anstiegs war die mögliche Abweichung der tatsächlichen von der rechnerischen Zugkraftlinie. Außerdem können Verlegeungenauigkeiten auftreten, die zur Verkürzung der vorhandenen Verankerungslängen führen (vgl. [300]).

Wenn die Zugkraftlinie allerdings unter Ansatz der Betonstahlzugkraft in der Verankerungslänge abgedeckt wird, kommt der genauen Ermittlung ihres Verlaufs unter Berücksichtigung aller maßgebenden Lastfälle große Bedeutung zu. Aufgrund der Unterstützung durch moderne Software ist der zusätzliche Bemessungsaufwand nicht mehr nennenswert, gleichwohl sollte mit Ingenieurverstand eine ausreichend robuste konstruktive Staffelung mit angemessenen Verankerungslängen gewählt werden.

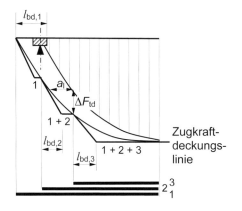 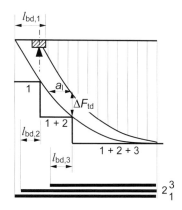

a) mit Ansatz der Tragfähigkeit der Bewehrung in der Verankerungslänge l_{bd}

b) ohne Ansatz der Tragfähigkeit der Bewehrung in der Verankerungslänge l_{bd}

Bild H9-1 – Zugkraftdeckungslinie und Verankerungslängen bei biegebeanspruchten Bauteilen [H9-2]

Zu (4): Aufgebogene Querkraftbewehrung, die im Bereich von Zugspannungen endet, muss an die Zugbewehrung mit Übergreifungsstoß angeschlossen werden. Hierfür ist vereinfacht die 1,3-fache Verankerungslänge mit $1,3 l_{bd}$ ausreichend. Bei im Bereich von Betondruckspannungen endenden Querkraftaufbiegungen kann die Verankerung ab der Nulllinie als gesichert gelten. Da zusätzlich eine günstige Wirkung der Stabkrümmung gegeben ist, reicht eine verkürzte Verankerungslänge aus [300]. Diese wird in DIN EN 1992-1-1 mit $0,7 l_{bd}$ festgelegt.

Zu 9.2.1.4 Verankerung der unteren Bewehrung an Endauflagern

Zu (2): Die für die zu verankernde Zugkraft in Gleichung (9.3) im NA ergänzte Begrenzung auf $\geq 0,5 V_{Ed}$ entspricht der Zugkraft bei einem maximal ansetzbaren Druckstrebenwinkel von $\theta = 45°$.

Die am Endauflager zu verankernde Zuggurtkraft F_{Ed} infolge einer auflagernahen Einzellast F im Sinne von 6.2.2 (6) bzw. 6.2.3 (8) wird vereinfacht mit der gesamten Querkraft V_{Ed} im Auflager ermittelt. Genauere Nachweise mittels Stabwerkmodellen dürfen geführt werden.

Zu (3): Das Mindestmaß der Verankerungslänge $2/3 \cdot 10\phi = 6,7\phi$ am direkten Auflager soll unvermeidliche Herstellungsungenauigkeiten abdecken und gewährleisten, dass ein bestimmter Teil der Zugkraft der über die Auflager geführten Stäbe verankert wird. Abweichungen können beim Ablängen oder Verlegen der Bewehrung sowie bei der Stützweite auftreten. Bei dieser Festlegung wurde davon ausgegangen, dass die Herstellungsungenauigkeiten proportional zum Stabdurchmesser ansteigen (größerer Stabdurchmesser → größere Stützweite und Stablängen, vgl. DAfStb-Heft [400] zu 18.7.4).

Dieser Mindestwert wurde im NA mit NCI zu 8.4.4 (1) und 9.2.1.4 (3) übernommen.

Zu 9.2.1.5 Verankerung der unteren Bewehrung an Zwischenauflagern

Zu (2): An Zwischenauflagern von durchlaufenden Platten und Balken, an Endauflagern mit anschließendem Kragarm, an eingespannten Auflagern und an Rahmenecken wurde als Verankerungslänge in DIN 1045:1978 [R7] unabhängig von der Art der Endverankerung und der Lagerungsart das Maß 6ϕ gefordert [300]. Dieser Wert wurde im NA als NCI wieder aufgenommen.

Bei Betonstahlmatten sollte mindestens 50 mm hinter der Auflagervorderkante des Zwischenauflagers noch ein Querstab liegen, wenn die Mattenstäbe nicht als gerade Stabenden behandelt werden.

Zu (3): Auch für DIN 1045:1972 [R8] wurde schon empfohlen, an Zwischenauflagern zur Aufnahme unplanmäßiger Beanspruchungen (z. B. Brandeinwirkung, Stützensenkung, Katastrophenfall) einen Teil der Feldbewehrung durchzuführen bzw. kraftschlüssig zu stoßen (insbesondere über Mauerwerkswänden). Sinnvollerweise sollte das mit der mindestens über das Auflager zu führenden Feldbewehrung geschehen [300]. In DIN EN 1992-1-1 wird hierzu auf eine vertragliche Vereinbarung verwiesen, um die Kosten für die erhöhte Zuverlässigkeit eindeutig und rechtssicher zuzuordnen.

Zu 9.2.2 Querkraftbewehrung

Bei der Verteilung der Querkraftbewehrung entlang der Längsachse darf bei oben eingetragenen Gleichlasten weiterhin auf die Regelung aus DIN 1045-1 [R4] zurückgegriffen werden, siehe Bild H9-2. Dies liegt gegenüber 6.2.3 (5) auf der sicheren Seite und führt zu einer engeren Abtreppung. Bei unten angehängter Last darf nicht eingeschnitten werden, es sei denn, die Aufhängebewehrung wird zusätzlich addiert.

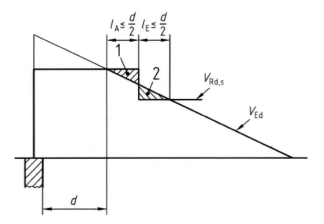

Legende

1 - Auftragsfläche A_A

2 - Einschnittsfläche A_E

Es gilt: $A_E \leq A_A$

Bild H9-2 – Zulässiges Einschneiden der Querkraftdeckungslinie bei Tragwerken des üblichen Hochbaus (analog [R4], Bild 68)

Zu (2): Bild 9.5 wurde im NA durch die seit DIN 1045:1978 [R7] bekannten Beispiele für Querkraftzulagen aus Bügelkörben und Bügelleitern ergänzt.

Zu (3): Um den Einbau der Längsbewehrung und des Betons zu erleichtern, werden bei hohen Stegen Steckbügel verwendet, die durch Übergreifungsstoß mit den anderen Bügelschenkeln zu einem geschlossenen Bügel zusammengesetzt werden dürfen. Die Tragwirkung des Bügels wird dabei wegen der Querzugkräfte im Stoßbereich ungünstig beeinflusst. Deshalb ist diese Bügelform für Torsionsbügel nicht empfehlenswert. Liegt der Übergreifungsstoß nicht in der Biegedruckzone, muss mit einer Übergreifung im Bereich von zum Stoß parallelen Biegerissen gerechnet werden und der Beiwert α_5 in Gleichung (8.10) ist auf 1,5 zu erhöhen (entspricht einer Abminderung der Verbundspannung um 1/3) [H9-2].

Zu (4): Aus konstruktiven Gründen sollte die Mindestquerkraftbewehrung bei Balken zu 100 % aus Bügeln bestehen.

Zu (5): Ähnlich wie bei der Robustheitsbewehrung soll die Mindestquerkraftbewehrung in Balken und Plattenbalken ein Schubversagen ohne Ankündigung verhindern. Der Querkraftbewehrungsgrad ergibt sich aus der Forderung, dass die Schubrisslast des Betonquerschnitts mit einfacher Sicherheit von der Querkraftbewehrung aufgenommen werden muss. Hierbei wird unterschieden, ob Biege- oder Schubrisse zuerst auftreten. Der zweite Fall betrifft in der Regel nur vorgespannte Querschnitte mit schmalem Steg, z. B. Hohlkästen oder Doppel-T-Querschnitte. In diesen Fällen wird eine erheblich höhere Schubrisslast erreicht, was sich im Vorfaktor 0,256 statt 0,16 bei der Berechnung des Mindestbewehrungsgrades der Querkraftbewehrung nach den NDP-Gleichungen (9.5bDE) und (9.5aDE) niederschlägt.

Für weitere Erläuterungen zu diesem Abschnitt siehe [H9-5], [H9-6], [H9-7], [H9-8], [H9-9].

Zu (6) und (8): In DIN EN 1992-1-1/NA wurden wieder beanspruchungsabhängige Maximalabstände $s_{l,max}$ der Bügelschenkel in Längsrichtung (Tabelle NA.9.1) und in Querrichtung (Tabelle NA.9.2) aufgenommen.

Die Querabstände der Bügelschenkel $s_{t,max}$ wurden im NA mit der Bauteilabmessung h in Tabelle NA.9.2 großzügiger festgelegt.

In DIN 1045:1978 [R7] wurde die konstruktive Regelung für niedrige ($h < 200$ mm), gering querkraftbeanspruchte Balken ohne rechnerisch erforderliche Querkraftbewehrung eingeführt, wonach ein maximaler Bügelabstand von $s_{l,max} = 150$ mm „die praktischen Verhältnisse als auch die notwendigen Sicherheitsanforderungen" berücksichtigt [300]. Dies ist beispielsweise eine für Fensterstürze mit größeren Spannweiten relevante Regelung, die im Sinne der Praxis wieder im NA integriert wurde (Fußnote [b] in Tabelle NA.9.1).

Zu 9.2.3 Torsionsbewehrung

Zu (1): Torsionsbügel müssen den umlaufenden Schubfluss durch Kurzschließen der Zugkraft aufnehmen. Daher ist das Schließen offener Bügel z. B. mit Plattenquerbewehrung nach Bild 8.5DE i) für Torsionsbügel nicht zulässig.

Sie dürfen alternativ auch mit Haken nach Bild 8.5DE e) geschlossen werden, wenn die Hakenlänge nach der Biegung von 5 auf 10ϕ vergrößert wird, um das Herausziehen zu verhindern [H9-10]. Bei engem Bügelabstand (≤ 200 mm) sind die Haken längs des Bauteils wechselseitig zu versetzen (Bild H9-3).

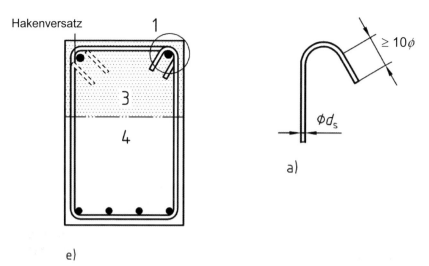

a)

e)

Bild H9-3 – Torsionsbügel mit Haken (Bild 8.5DE a) und e) angepasst)

zu 9.2.5 Indirekte Auflager

Zu (1) und (2): Die Auflagerkraft des unterstützten Nebenträgers muss vollständig durch Aufhängebewehrung in die Druckzone des stützenden Hauptträgers eingehängt werden.

Die überwiegend parallel verlaufenden, in den Hauptträger einmündenden Druckstreben erlauben eine über die Höhe verteilte Einleitung der Auflagerkraft und damit gleichzeitig eine Auslagerung eines Teils der Aufhängebewehrung in die unmittelbar angrenzenden Bereiche von Haupt- und Nebenträger, wie in Bild 9.7 dargestellt. Gemäß [H9-11] sollten dabei mindestens 70 % der Aufhängebewehrung im unterstützenden Hauptträger angeordnet werden. Um die aus der Umlenkung der Druckstreben resultierende horizontale Zugkraft aufzunehmen, muss die über die Höhe verteilte, horizontale Bewehrung der Gesamtquerschnittsfläche der ausgelagerten Bügel entsprechen (Druckstrebenwinkel 45°) und ausreichend verankert werden.

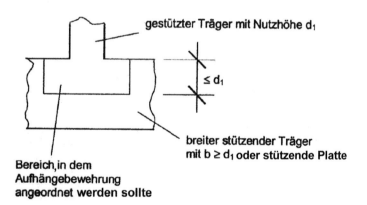

Bild H9-4 – Aufhängebewehrung bei sehr breiten stützenden Trägern oder bei stützenden Platten

Bei sehr breiten stützenden Trägern oder bei stützenden Platten sollte der Bereich zur Anordnung der Aufhängebewehrung gemäß Bild H9-4 begrenzt werden.

Reineck schlägt in [H9-13] vor, die vollständige Aufhängebewehrung im unmittelbaren Durchdringungsbereich beider Träger zu konzentrieren. Nähere Erläuterungen und ein Stabwerkmodell für diese Möglichkeit der Bewehrungsanordnung finden sich in [H9-13].

Zu 9.3 Vollplatten

Zu 9.3.1 Biegebewehrung

Zu 9.3.1.1 Allgemeines

Zu (1) Gemäß der NCI braucht die Mindestbewehrung nach 9.2.1.1 (1) bei zweiachsig gespannten Platten nur in der Hauptspannrichtung angeordnet werden, da durch ein mögliches Resttragsystem der unangekündigte Absturz verhindert werden soll. Hierfür reicht bei Überschreiten der Rissmomente in beiden Spannrichtungen das Tragsystem der einachsig gespannten Decke in Hauptspannrichtung mit der Mindestbewehrung aus.

Zu (3): Die Begrenzung des maximalen Stababstandes in Platten führt indirekt auch zu einer Begrenzung der Stabdurchmesser und damit zu einer günstigeren Rissverteilung (vgl. DIN EN 1992-1-1, Bild 7.2). Die im NA daher eingeführten „bewährten" Werte für $s_{max,slabs}$ entstammen der DIN 1045:1988-07 [R6]. Sie sind gegenüber den in EN 1992-1-1 vorgeschlagenen Werten zum Teil deutlich konservativer.

Zu (4): Wenn das Versatzmaß bei querkraftbewehrten Platten nach Gleichung (9.2) bei sehr flach geneigten Druckstreben (bei ca. $\cot\theta > 2{,}5$) größer als d wird, ist das größere Versatzmaß $a_l = 0{,}5z \cdot (\cot\theta - \cot\alpha) > d$ für die Zugkraftdeckung und die Verankerung zu verwenden [H9-2].

Zu 9.3.2 Querkraftbewehrung

Zu (1): Die Mindestdicken nach NCI sind auf das Verfahren nach 6.2.3 und 6.4.5 abgestimmt und gelten bei Anordnung von aufgebogener Bewehrung oder Bügeln aus Betonstahl. Die Querkraftbewehrung schließt die Durchstanzbewehrung mit ein.

Zu (2): Die Mindestquerkraftbewehrung darf zwischen Balken und Platten im Bereich $4 \le b / h \le 5$ interpoliert werden ($\rho_{w,min}$ nach Gleichung (9.5DE)). Dabei wird bei Platten zwischen Bereichen mit rechnerisch erforderlicher und nicht erforderlicher Querkraftbewehrung unterschieden (Bild H9-5).

Die Reduktion der Mindestquerkraftbewehrung für Platten gegenüber Balken ist auf das duktilere Bauteilverhalten von Flächentragwerken zurückzuführen. Diese weisen in der Regel Umlagerungsmöglichkeiten auf, die lokale Fehlstellen besser ausgleichen können als Balkenquerschnitte. Die reduzierten Mindestquerkraftbewehrungsgrade dürfen auch für punktgestützte Platten verwendet werden, da innerhalb der Rundschnitte umgelagert werden kann.

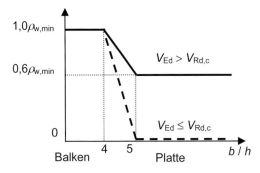

Bild H9-5 – Mindestquerkraftbewehrung

Zu (3): Für Platten mit $V_{Ed} > 1/3 V_{Rd,max}$ müssen mindestens 50 % der aufzunehmenden Querkraft durch Bügel abgedeckt werden.

Bei plattenartigen Bauteilen mit $h \ge 500$ mm dürfen die Querkraftzulagen wie Unterstützungen ausgebildet werden, wobei diese auf der Zugseite mindestens in eine Bewehrungslage einbinden sollen und in der Druckzone an der Bewehrungslage mit einem horizontalen Schenkel enden können. D. h., bei oben liegender Druckzone darf die Längsbewehrung auf den Unterstützungsböcken gestapelt und bei unten liegender Druckzone dürfen die Unterstützungsböcke auf die Längsbewehrung gestellt werden. Die Zulagen werden dann an den Abbiegestellen oder ggf. an angeschweißten Querstäben verankert. Wenn diese nicht den Schwerpunkt der Längsbewehrungslagen oder der Biegedruckzone erreichen, ist der Hebelarm z im Querkraftfachwerk soweit zu reduzieren, dass die Druckstreben durch die Zulagen umschlossen werden (z. B. nach NCI zu 6.2.3 (1)). Die Längszugbewehrung muss zwar nicht durch Zulagen umfasst werden, eine Bewehrungslage sollte aber mit den Unterstützungsschenkeln erreicht werden (vgl. Bild H9-6). Bei mehrlagiger Längsbewehrung wird in der Regel nur ein geringer Anteil (z. B. eine Lage) für das Querkraftfachwerk benötigt. Mit dem reduzierten Hebelarm z müssen die Querkrafttragfähigkeiten $V_{Rd,c}$ und $V_{Rd,max}$ eingehalten werden.

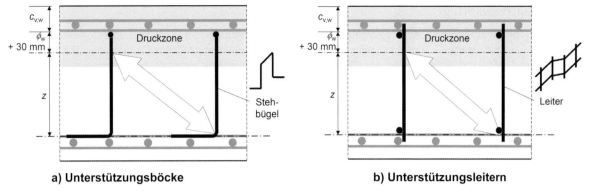

a) Unterstützungsböcke   b) Unterstützungsleitern

Bild H9-6 – Unterstützungen als Querkraftzulagen

Zu (4) und (5): Wie für Balkenquerschnitte wurden in DIN EN 1992-1-1/NA beanspruchungsabhängige Maximalabstände s_{max} der Bügelschenkel in Längsrichtung aufgenommen. Auch die Querabstände der Bügelschenkel wurden im NA mit der Bauteilabmessung h (statt $1,5d$) strenger festgelegt.

Zu 9.4 Flachdecken

Zu 9.4.1 Flachdecken im Bereich von Innenstützen

Zu (2): Wird keine Rissbreitenbegrenzung nach 7.3.3 bzw. 7.3.4 oder keine genauere Durchbiegungsberechnung nach 7.4.3 durchgeführt, soll die konstruktive Anforderung, mindestens 50 % der gesamten erforderlichen Stützbewehrung in einem Gurtstreifen über der Stütze zu konzentrieren, ein Tragverhalten im Sinne eines Trägerrostes sicherstellen, das auch eine angemessene Gebrauchstauglichkeit unterstützt. Die erforderliche Gesamtbewehrung A_t ist die für die Breite b ermittelte Stützbewehrung [H9-2].

Zu (3): Von der Bewehrung zur Deckung der Feldmomente sind an der Plattenunterseite je Tragrichtung 50 % mindestens bis zu den Auflagerachsen gerade durchzuführen.

Die gesamte Zugbewehrung, die die Lasteinleitungsfläche A_{load} erreicht und dort verankert wird oder durchläuft, darf angerechnet werden. Wird hierfür untere Bewehrung zugelegt, ist diese zur Sicherstellung einer Seilnetzwirkung mit der durchlaufenden Feldbewehrung im breiteren Gurtstreifen zu stoßen (Übergreifungslänge l_0). Im Bereich von Stützenkopfverstärkungen muss die Abreißbewehrung in der dünneren Platte durchgeführt werden, weil durch das Zugband der unangekündigte Deckenabsturz verhindert werden soll.

Die Forderung nach einer über den Innenstützen durchlaufenden unteren Abreißbewehrung $A_s = V_{Ed} / f_{yk}$ wurde in DIN 1045:1988-07 [R6] auf Basis der Arbeit von *Pöllet* [H9-12] für Platten ohne Durchstanzbewehrung eingeführt. Mit dieser Zugbewehrung wird bei einer lokalen Schädigung dem fortschreitenden Kollaps bis zum Ausfall des Gesamtsystems entgegengewirkt. Deshalb ist diese untere Bewehrung zur Sicherstellung einer Membranwirkung kraftschlüssig mit der Feldbewehrung zu stoßen [400].

Die Regelung gilt auch für Rand- und Eckstützen.

Zu 9.4.2 Flachdecken im Bereich von Randstützen

Zu (1): In den Fällen, in denen zusätzlich ein Biegemoment aus der Stütze in die Platte eingeleitet wird, verringert sich die nach Elastizitätstheorie ermittelte mitwirkende Plattenbreite b_e, da diese sich im Einleitungsbereich unter der Einwirkung eines Teilflächenmoments auf ca. 1/3 der Breite unter der Einwirkung einer Teilflächenlast einschnürt (siehe *Stiglat/Wippel* in [H9-14]). Dies ist für Rand- und Eckstützen der Regelfall, gilt aber auch für Innenstützen mit Biegemomenteinleitung, z. B. aus Horizontallasten. Für die mitwirkende Breite bei Innenstützen mit Biegemomenteinleitung wird nach [H9-14] vorgeschlagen, das Rahmenmoment auf $b_e \le 3c_{y,z}$ (mit $c_{y,z}$ der kleineren Seitenlänge der Stütze) zu verteilen [H9-2].

Bei Anordnung eines Randunterzuges kann von den üblichen Gurtstreifenbreiten für die Verteilung der Einspannbewehrung ausgegangen werden (z. B. mitwirkende Plattenbreite für den Riegel eines Ersatzrahmens) [H9-2].

Zu (NA.2): Die Bewehrung der Gurtstreifen ist an freien Plattenrändern kraftschlüssig zu verankern. Die schlaufenartige Einfassung der Ränder mit Steckbügeln nach Bild 9.8 hat sich als geeignet erwiesen, wenn sie mit Übergreifungslänge angeschlossen wird. Bei Eck- und Randstützen ist die zur Einleitung der Biegemomente in die Platte erforderliche konstruktiv einwandfreie Durchbildung der Einspannbewehrung besonders wichtig [400].

Zu 9.4.3 Durchstanzbewehrung

Zu (1): Wegen der abweichenden Festlegungen zur Ermittlung der Durchstanzbewehrung in DIN EN 1992-1-1 (aufgebogene Bewehrung allgemein und Bügel bei Fundamenten) wurde das Bild 9.10 von EN 1992-1-1 überarbeitet und ergänzt und als Bild 9.10DE im NA übernommen. Dabei wurden die Abstände für die aufgebogene Bewehrung in b) reduziert und die Anforderung engerer Bügelabstände in der Nähe der Lasteinleitungsfläche bei Fundamenten in c) aufgenommen.

Die Durchstanzbewehrung darf auch allein mit Schrägstäben nach Bild 9.10 b) ausgebildet werden. Erfordert die Querkraftbeanspruchung einen größeren durchstanzbewehrten Bereich, so ist eine Kombination von Bügeln und Schrägstäben möglich, wenn die Durchstanzbewehrung in den Eckbereichen außerhalb der orthogonal verlegten Schrägstäbe sowie in den Bereichen > 1,5d vom Rand der Lasteinleitungsfläche aus Bügeln besteht.

Es müssen mindestens 50 % der Längsbewehrung in tangentialer oder radialer Richtung von den Durchstanzbügeln umschlossen werden (ggf. auch in der 2. Lage ausreichend, siehe Bild H9-7 a)).

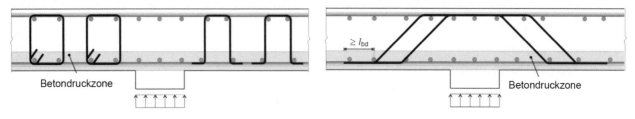

a) Bügel   b) Aufbiegungen

Bild H9-7 – Beispiele für Durchstanzbewehrung

Im Bereich der ausgerundeten Verlegeumfänge der Bewehrung (affin zum Nachweisschnitt in Bild 6.13) sind insbesondere wegen des orthogonalen Längsbewehrungsrasters Lagetoleranzen der Bügelschenkel gegenüber der theoretischen Schnittführung baupraktisch erforderlich. Versuchsauswertungen ergaben, dass einzelne Bügelschenkel von der theoretischen Reihenlinie radial um bis zu ±0,2d abweichen dürfen, solange die Grenzabstände der Bügel untereinander eingehalten werden (Bild H9-8).

Dies gilt nicht für die wichtigste erste Bügelreihe direkt neben der Lasteinleitungsfläche. Bei Flachdecken sollte diese zwischen 0,3d und 0,5d liegen, damit ein möglicher erster steiler Schubriss nicht vor dem ersten Bügelschenkel durch die Platte läuft. Die exakte Lage der ersten Bügelreihe in Fundamenten bei 0,3d ist wegen der tendenziell steileren Schubrisse noch wichtiger und sollte möglichst genau auf der Baustelle eingehalten werden. Eine entsprechende deutliche und auffällige Vermaßung der Bügelabstände auf den Bewehrungsplänen ist dringend erforderlich [H9-2].

Querkraftzulagen sind als Durchstanzbewehrung unzulässig.

Werden Gitterträger oder Doppelkopfanker als Durchstanzbewehrung bzw. Querkraftbewehrung verwendet, gelten die Zulassungen.

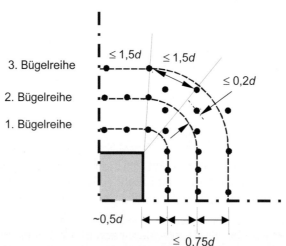

Bild H9-8 – Beispiel für eine orthogonale Bügelanordnung im Durchstanzbereich

Zu (2): Die Mindestdurchstanzbewehrung wird in DIN EN 1992-1-1 auf den Wirkungsbereich eines einzelnen Bügelschenkels ($s_r \cdot s_t$) bezogen.

Im NA wurde der Faktor $(1,5 \cdot \sin\alpha + \cos\alpha)$ aus Gleichung (9.11N) vereinfacht für alle Winkel α zu 1,5 in Gleichung (9.11DE) festgelegt. Der radiale Abstand für aufgebogene Bewehrung ist mit $s_r = 1,0d$ anzusetzen. In Gleichung (9.11DE) kann alternativ die Mindestdurchstanzbewehrung auch für den Umfang einer Bewehrungsreihe durch Ersatz des tangentialen Abstandes s_t durch u_i ermittelt werden. Das ist vorteilhaft, wenn man die tatsächliche Anzahl der zu wählenden Bügelschenkel in einer Bewehrungsreihe und damit s_t noch nicht kennt. Mit dem maximal zulässigen tangentialen Schenkelabstand $s_t = 1,5d$ bzw. $s_t = 2,0d$ erhält man alternativ den größten Mindestbügelstabdurchmesser [H9-2].

Darüber hinaus greifen in den Bewehrungsreihen mit zunehmendem Umfang die Konstruktionsregeln für den maximalen tangentialen Stababstand s_t, die zusammen mit einem üblichen Mindestdurchmesser von 6 mm die Mindestbewehrung bestimmen.

Zu 9.5 Stützen

Zu 9.5.2 Längsbewehrung

Zu (1): Der Mindestdurchmesser der Längsbewehrung soll sicherstellen, dass einzelne Bewehrungsstäbe nicht ausknicken. Es wird empfohlen, die Druckbewehrung A_{s2} einer Querschnittsseite höchstens mit dem am gezogenen bzw. weniger gedrückten Rand gegenüberliegenden Bewehrungsquerschnitt A_{s1} in die Rechnung einzubeziehen (DIN 1045:1972-01 [R8]). Darauf ist z. B. dann zu achten, wenn der Stützenquerschnitt durch Momente mit wechselnden Vorzeichen beansprucht wird [H9-1].

Zu 9.5.3 Querbewehrung

Zu (2): In den Kernquerschnitt der Stütze gerichtete Haken nach Bild 8.5DE a) sind für das Schließen der Bügel günstiger als 90°-Winkelhaken. Bei Verankerungen der Bügel mit 90°-Winkelhaken bzw. Übergreifung nach Bild 8.5DE b) und g) verlaufen nebeneinander liegende Stäbe im Bereich des Betondruckrandes quer zur Längsdruckspannung und in Richtung der Hauptbeanspruchung gesehen hintereinander. Dies ist bei Normaltemperatur und umso mehr bei Brandeinwirkung nachteilig, weil es das Abplatzen der Betondeckung fördert. Deshalb wird in der Regel die Hakenverankerung für die Stützenbügel gefordert.

In der Praxis werden 90°-Winkelhaken wegen ihrer einfacheren Herstellung und Einbaubarkeit bevorzugt. Diese Konstruktionsform erfüllt den gleichen Zweck, wenn Maßnahmen ergriffen werden, die einen ähnlichen Widerstand gegen Abplatzen der Betondeckung wie bei Haken erwarten lassen (siehe [H9-4]). Die vorgeschlagenen Maßnahmen haben z. B. die Erhöhung der Steifigkeit des Bügelgerüstes zum Ziel. Bei der Vergrößerung des Bügeldurchmessers um eine Durchmessergröße gegenüber 9.5.3 (1) wird hier die Wahl von $\phi_w \geq 8$ mm statt min 6 mm bzw. von $\phi_w \geq 14$ mm statt min 12 mm empfohlen.

In [H9-4] wird für Stützen mit einem Bügelverlegemaß von nur 20 mm (im Innenbereich XC1) und Feuerwiderstandsklassen $\geq R\,90$ bei Verwendung von 90°-Winkelhaken grundsätzlich ein Bügeldurchmesser $\phi_w \geq 10$ mm empfohlen.

Der traditionelle Standardfall für die Querbewehrung bei Rundstützen sind Wendeln, die ebenfalls mit Haken abschließen. In der Praxis werden jedoch oft auch Bügel bei Rundstützen eingesetzt. Der oben erläuterte ungünstige Einfluss übereinander liegender Bügelschenkel bei Übergreifungsstößen in Bezug auf die Betondruckzone in Stützenlängsrichtung ist bei dieser Querschnittsform vermutlich noch ausgeprägter. Da aussagekräftige Versuche mit Rundstützen und Bügelschlössern mit Übergreifungsstößen fehlen, kann nur das Schließen der Bügel mit Haken empfohlen werden.

Unabhängig von der Form der Bügelschlösser sollten diese in Längsrichtung der Stützen versetzt werden, damit kein Reißverschlusseffekt eintritt und beim Versagen eines Bügelstoßes sich der von dieser Ecke ausgehende Riss auf eine größere Länge fortsetzt. Sie sind zwingend zu versetzen, wenn mehr als drei Eckstäbe vorhanden sind [H9-1].

Zu (3): Die Abstände der Querbewehrung begrenzen vorrangig die Knicklänge der Längsbewehrung. Die bewährten Grenzwerte aus DIN 1045-1 [R4] wurden wieder in den NA übernommen. Für die Beibehaltung der Konstruktionsregeln spricht auch, dass fast alle relevanten Stützenversuche des DAfStb und insbesondere die Brandversuche des iBMB in Braunschweig mit Bügeln nach diesen Konstruktionsregeln durchgeführt wurden (vgl. z. B. [332]). Gerade das Versagen im Brandfall wird wesentlich durch die Leistungsfähigkeit der Querbewehrung mitbestimmt.

Zu (4): Reduzierte Bügelabstände sind zu wählen, wenn erhöhte Querzugspannungen oder nicht berücksichtigte Einspannwirkungen auftreten können. Das ist insbesondere im Kopf- und Fußbereich monolithisch angeschlossener Druckglieder und im Bereich von Stößen der Fall.

Bei Stabdurchmessern der verankerten Längsbewehrung $\phi > 32$ mm ist eine zusätzliche Querbewehrung gemäß 8.8 (6) erforderlich.

Bei der Verankerung bzw. Übergreifung der Längsbewehrung sind mehrere Fälle zu unterscheiden. Wird die Längsbewehrung nicht mehrgeschossig durchgeführt, muss sie in den anschließenden Bauteilen verankert werden (z. B. in der Dachdecke oder im Fundament). Gerade Druckstäbe gelten erst am Ende der Verankerungslänge l_{bd} als voll mittragend. Kann diese Verankerungslänge der Stützenlängsbewehrung nicht vollständig in dem anschließenden Bauteil zuzüglich 0,5b untergebracht werden, so darf auch ein höchstens 2b langer Stützenbereich für die Verankerungslänge in Ansatz gebracht werden (mit b – kleinste Seitenlänge oder Durchmesser der Stütze). In diesem Bereich ist dann die Verbundwirkung durch allseitige Behinderung der Querdehnung des Betons z. B. durch Querbewehrung im Abstand von maximal 80 mm sicherzustellen (DIN 1045:1972 [R8] und [H9-1]).

Bei der Durchführung der Längsbewehrung von Stützen über mehrere Geschosse werden diese meist konstruktiv gestoßen. Übergreifungsstöße sollten im unmittelbaren Kopf- oder Fußbereich angeordnet werden. Dabei wird der größte Teil des Spitzendrucks der Druckstäbe direkt in den Decken-/Unterzug-Knotenbereich eingeleitet. Wenn in diesen Fällen der Stützenquerschnitt voll überdrückt ist, reicht der konstruktiv auf 60 % reduzierte Bügelabstand aus. Zu überprüfen ist auch, ob die konstruktive Wahl des Bügelabstandes nach diesem Absatz für Stöße in überwiegend druckbeanspruchten Querschnitten ausreicht. Zu beachten ist auch in diesem Fall, dass bei den Druckstößen mindestens ein Bügel unmittelbar vor und nach der Übergreifung angeordnet werden muss (siehe Bild 8.9 b)).

Da in 8.7.4 in der Regel höhere Anforderungen an die Querbewehrung von Übergreifungsstößen gestellt werden, ist bei hochbeanspruchten Druckstößen außerhalb des unmittelbaren Knotenbereichs und in jedem Fall bei überwiegend biegebeanspruchten Stützenquerschnitten im Bereich eines Übergreifungsstoßes die Querbewehrung nach 8.7.4 anzuordnen.

Zu 9.6 Wände

Zu 9.6.3 Horizontale Bewehrung

Zu (1): Die Querbewehrung je Meter Wandhöhe $A_{s,hmin}$ ist prozentual der jeweiligen lotrechten Bewehrung je Meter Wandlänge $A_{s,v}$ der Wandseiten zuzuordnen (20 % bzw. 50 %). Bei Wandscheiben ist mit schiefen Hauptzugspannungen zu rechnen. Bei schlanken und hoch normalkraftbeanspruchten Wänden nimmt die Knickgefahr zu. Für diese Fälle wird daher die größere Querbewehrung von 50 % gefordert.

Zu 9.6.4 Querbewehrung

Zu (1) und (2): Die druckbeanspruchte Vertikalbewehrung in Wänden ist wie bei stabförmigen Druckgliedern gegen Ausknicken zu sichern. Bei hoher Druckbeanspruchung (erforderlicher Bewehrungsgrad > 2 %) ist die gegenüberliegende Vertikalbewehrung mit Bügeln bzw. Bügelschenkeln analog den Bestimmungen für Stützen zu verbinden. Bei geringer druckbeanspruchten Wänden (erforderlicher Bewehrungsgrad < 2 % insgesamt bzw. < 1 % je Wandseite) reichen aufgrund der Horizontalbewehrung in der Regel vier S-Haken je m² Wandfläche aus, die die auf beiden Wandseiten außenliegende horizontale Wandbewehrung verbinden.

Zu 9.7 Wandartige Träger

In DIN 1045 wurde die Grenze zwischen Balken und wandartigen Trägern bei h / l = 0,5 festgelegt. Diese Grenze wurde in DIN EN 1992-1-1 mechanisch begründet auf h / l = 0,33 verschoben. Falls keine genaueren Nachweise geführt werden (z. B. über Stabwerkmodelle), darf aber auf die Hinweise zur Schnittgrößenermitlung sowie zu den Konstruktions- und Bewehrungsregeln aus DAfStb-Heft [240], Abschnitt 4 sinngemäß weiterhin aufgebaut werden. Auf die in [240], Abschnitt 4.2.3 angegebene Schrägbewehrung darf verzichtet werden, wenn die orthogonale Bewehrung für jeweils 100 % der Querkraft bemessen wird.

Die Begrenzung der Hauptdruckspannungen nach [240] ist sinngemäß auf Bemessungswerte umzustellen. Die Begrenzung auf normalfeste Betone ≤ C50/60 ist beizubehalten. Der globale Sicherheitsbeiwert γ = 2,1 darf in diesem Fall auf die Teilsicherheitsbeiwerte für die Einwirkungen $\gamma_F \approx$ 1,4 und für die Widerstände $\gamma_M = \gamma_C$ = 1,5 aufgeteilt werden. Fasst man zul F bzw. zul Q aus [240] als Bemessungswerte F_{Rd} bzw. V_{Rd} auf, sind diese mit den Schnittgrößen aus den γ_F-fachen charakteristischen Einwirkungen zu vergleichen. Auf der Widerstandsseite darf dann für $\beta_R = \alpha \cdot f_{ck}$ und für $\beta_s = f_{yk}$ eingesetzt werden. Auf die in DIN 1045:1972 [R8] eingeführte überproportionale Reduktion des Rechenwertes der Betondruckfestigkeit β_R für die damals anspruchsvollen Betonfestigkeitsklassen B 35 bis B 55 wird somit verzichtet, da der heutige Erfahrungsbereich nunmehr auch diese Betonfestigkeiten sicher abdeckt. Die Gleichungen aus [240] können dann wie folgt formuliert werden:

- bei Innenauflagern: $F_{Ed} \leq F_{Rd}$ $= (0{,}9 \cdot \alpha_{cc} \cdot f_{ck} \cdot A_c + f_{yk} \cdot A_s) / \gamma_C$ [240] (4.7a)

- bei Endauflagern: $F_{Ed} \leq F_{Rd}$ $= (0{,}8 \cdot \alpha_{cc} \cdot f_{ck} \cdot A_c + f_{yk} \cdot A_s) / \gamma_C$ [240] (4.7b)

- Querkraft am Auflager: $V_{Ed} \leq V_{Rd}$ $= (0{,}21 / \gamma_C) \cdot \alpha_{cc} \cdot f_{ck} \cdot l \cdot b$

                                   $= 0{,}21 \cdot f_{cd} \cdot l \cdot b \leq 0{,}21 \cdot f_{cd} \cdot h \cdot b$ [240] (4.8)

Zu 9.8 Gründungen

Zu 9.8.4 Einzelfundament auf Fels

Zu (2): Die Gleichung für die Spaltzugkräfte im Fundament entspricht dem Stabwerkmodell für konzentrierte Knoten bei begrenzter Lastausbreitung nach 6.5.3 (3), Gleichung (6.58). Bei unbegrenzter Lastausbreitung darf auch die Gleichung (6.59) für die Ermittlung der Spaltzugbewehrung angewendet werden (vgl. Erläuterungen zu 6.5.4 (3)).

Zu 9.8.5 Bohrpfähle

Zu (3): Leider existieren derzeit teilweise abweichende konstruktive Festlegungen zu Bohrpfählen neben DIN EN 1992-1-1 in weiteren geotechnischen Regelwerken (DIN EN 1536 [R20], DIN SPEC 18140 [R21]). Für den Anwender ist zu empfehlen, bei der Planung von Bohrpfählen entweder die jeweils konservativeren Annahmen zu treffen oder eine bestimmte Norm wie DIN EN 1536 [R20] als vorrangige Vertragsgrundlage zu vereinbaren. Bei baurechtlich relevanten Nachweisen ist für die Bemessung der inneren Tragfähigkeit von Betonpfählen DIN EN 1992-1-1 als eingeführte technische Baubestimmung ab Juli 2012 maßgebend [H9-2].

Die konstruktive Mindestlängsbewehrung in DIN EN 1992-1-1 mit NA wird mit $6\phi 16$ mm = 12,1 cm² und einem maximalen Stababstand von 200 mm deutlich robuster ausgelegt als die in DIN EN 1536 [R20] mit mindestens $4\phi 12$ mm = 4,53 cm² mit einem maximalem Stababstand von 400 mm.

Die Ausführung unbewehrter Bohrpfähle mit $d_{nom} \geq 300$ mm ist wirtschaftlich und konstruktiv sinnvoll, wenn diese unter den Bemessungswerten aller Einwirkungen überdrückt bleiben und keine wesentlichen Momente aus einer Lastausmitte oder Querbiegung zu erwarten sind (z. B. unter zentrierenden steifen Platten). Zur Aufnahme unplanmäßiger Lasten (z. B. aus Baubetrieb) sollten sie jedoch eine konstruktive Pfahlkopfbewehrung erhalten. Für die Bemessung des Betontraganteils mit $f_{cd,pl}$ nach Gleichung (3.15) mit $\alpha_{cc,pl} = 0,70$ nach NDP zu 12.3.1 (1) sollten wegen der größeren Ausführungstoleranzen die reduzierten Nettowerte d nach 2.3.4.2 (2) für den Durchmesser von unbewehrten Ortbeton-Bohrpfählen angesetzt werden [H9-2].

Zu 9.10 Schadensbegrenzung bei außergewöhnlichen Ereignissen

Zu 9.10.2 Ausbildung von Zugankern

Mit einem Corrigendum zu EN 1992-1-1 vom November 2010 wurden im Gegensatz zur Vornorm ENV 1992-1-1 [R36] (Grundlage für DIN 1045-1 [R4]) die oberen Grenzwerte der Zugkraft für Ringanker und innenliegende Zuganker zu unteren Grenzwerten deklariert. In DIN EN 1992-1-1 werden die Mindestwerte mit dem Grenzwert 70 kN festgelegt. Dieser Grenzwert wird maßgebend, wenn bei Ringankern die Spannweite des Endfeldes $l_i < 7$ m und bei innenliegenden Zugankern der Mittelwert benachbarter Deckenspannweiten $l_i < 3,5$ m beträgt. Diese Änderung bedeutet, dass diese Zuganker mindestens mit $A_{s,tie,min} = F_{tie,min} / f_{yk} = 10^4 \cdot 0,070 / 500 = 1,4$ cm² (entspricht z. B. ca. 2 ϕ10 oder 1 ϕ14) zu bewehren sind. Da es sich um konstruktive Festlegungen handelt, dürfen andere Bewehrungen in entsprechender Anordnung angerechnet werden [H9-2].

Zu 9.10.2.2 Ringanker

Die Anrechenbarkeit der Bewehrung in Ortbetondecken auf den umlaufenden Ringanker sollte auf einen Randbereich von etwa 1,2 m Breite begrenzt werden, damit sich diese Bestimmung in der Bewehrungsführung auswirkt. Bei Verwendung von Bügelmatten darf der Abstand der Querbewehrung im Stoßbereich von $s \leq 100$ mm auf $s \leq 150$ mm vergrößert werden.

Zu 9.10.2.3 Innenliegende Zuganker

Bei Fertigteildecken ohne Aufbeton dürfen die in Spannrichtung erforderlichen innenliegenden Zuganker in den Fugen zwischen den Bauteilen angeordnet werden. Die nach Absatz (1) rechtwinklig dazu anzuordnenden Zuganker dürfen entweder in Vergussfugen über Rand- und Mittelunterstützungen oder aber in unterstützenden Wänden oder Unterzügen verlegt werden, sofern eine Verbindung zur Decke – zumindest durch ausreichende Reibungskräfte – sichergestellt ist. In Wänden sollten sie dabei in einem Bereich von maximal 0,50 m unter- oder oberhalb der Deckenplatte angeordnet werden.

Zu 9.10.2.4 Horizontale Stützen- und Wandzuganker

Zu (NA.4) bis (NA.6): Die Absätze im NA gehen auf die Regelungen in DIN 1045:1972 [R8], 19.8.6, zurück. Bei Gebäuden aus großformatigen Wandfertigteilen ist eine sorgfältige Verbindung zwischen den Wandtafeln und Deckenscheiben erforderlich. Die tragenden und aussteifenden Fertigteile sind untereinander und miteinander so durch Bewehrung, Stahlverankerungen oder gleichwertige Maßnahmen zu verbinden, dass sie auch durch außergewöhnliche Beanspruchungen, wie z. B. Bauwerkssetzungen, starke Erschütterungen, kleinere Gasexplosionen usw. nicht ihre Standsicherheit verlieren [H9-1].

Zu 10 ZUSÄTZLICHE REGELN FÜR BAUTEILE UND TRAGWERKE AUS FERTIG-TEILEN

Zu 10.1 Allgemeines

DIN 1045-4 [R3] wurde überarbeitet und in einer Neufassung herausgegeben. Diese Norm gilt für die Herstellung und Konformität von Betonfertigteilen, die nach DIN EN 1992-1-1 in Verbindung mit DIN EN 1992-1-1/NA entworfen und bemessen sind und für die Beton nach DIN EN 206-1 [R18] in Verbindung mit DIN 1045-2 [R4] verwendet wird. Sie enthält ergänzende Regeln für diejenigen Fertigteile, die in den europäischen Produktnormen für Betonfertigteile nicht enthalten sind. Sobald eine eingeführte Produktnorm vorliegt, hat sie Vorrang gegenüber DIN 1045-4.

Zu (NA.2): DIN EN 1992-1-1 enthält keine Angaben zur Tragfähigkeit von serienmäßig hergestellten Transportankern zum Heben und Transportieren von vorgefertigten Betonbauteilen mit zugehörigem Hebezeug. Die Transportanker fallen nicht in den durch die Bauordnungen geregelten Rechtsbereich, sondern als Bestandteil der zugehörigen Transportsysteme in den Rechtsbereich des Arbeitsschutzes (Sicherheit bei der Arbeit und Gesundheitsschutz). Die einzuhaltenden Sicherheitsregeln sind z. B. vom Hauptverband der gewerblichen Berufsgenossenschaften in den BGR 106 „Transportanker und -systeme von Betonfertigteilen" [R65] festgelegt.

Zukünftig soll die VDI-Richtlinie VDI/BV-BS 6205: „Transportanker und Transportankersysteme für Betonfertigteile" [R64] an Bedeutung gewinnen. Sie wird als Arbeitsunterlage und Entscheidungshilfe für das Herstellen, Inverkehrbringen, Planen und Anwenden von Transportankern und Transportankersystemen zum Heben und Versetzen von Betonfertigteilen dienen. Wesentliche Ziele der Richtlinie sind, Personen- und Sachschäden bei Anwendungen in der Praxis zu vermeiden und Beurteilungs- und Bewertungskriterien aufzustellen. Sie richtet sich an die Planer, Hersteller und Nutzer von Transportankern und Transportankersystemen und an die Personen, die vom Betonfertigteilwerk bis zum Einbau auf der Baustelle damit umgehen.

Die Betonbauteile selbst sind jedoch für die Transport- und Montagevorgänge nach den Regeln von DIN EN 1992-1-1 hinsichtlich Tragfähigkeit und Gebrauchstauglichkeit zu bemessen. Auf die Überprüfung und Durchbildung der Lasteinleitungspunkte, ggf. mit zusätzlicher Bewehrung, ist zu achten.

Werden im Endzustand an den Transportankern dauerhaft Lasten verankert, sind die Transportanker für diesen Fall wie ungeregelte Bauprodukte zu behandeln und benötigen für den Anwendungszweck eine Zulassung oder eine Zustimmung im Einzelfall.

Zu 10.2 Grundlagen für die Tragwerksplanung

Zu (NA.4): Bei Fertigteilen dürfen im Bauzustand aufgrund der geringeren Schwankungsbreiten der geometrischen Abmessungen und der Einwirkungen reduzierte Teilsicherheitsbeiwerte in Ansatz gebracht werden. Die Anwendungsregel gilt nur für Biegung mit oder ohne Längskraft nach 6.1 und nicht für Nachweise nach 5.8 oder Nachweise für Querkraft.

Zu (NA.5): Weitere Hinweise zur Erstellung von Fertigteilzeichnungen sind im FDB-Merkblatt Nr. 5 „Checkliste für das Zeichnen von Betonfertigteilen" [FDB5] enthalten.

Zu (NA.7): In (NA.7) wird das Vorhandensein einer Montageanweisung gefordert, die nach den Unfallverhütungs-Vorschriften auf Montagebaustellen erforderlich ist. Hinweise zum Inhalt einer solchen Montageanweisung sind in [H10-4] enthalten.

Zu 10.3 Baustoffe

Zu 10.3.1 Beton

Zu 10.3.1.1 Festigkeiten

Zu (2): In EN 1992-1-1 werden Betonfestigkeitsklassen zwischen den Standard-Festigkeitsklassen nach Tabelle 3.1 zugelassen. Diese wurden für Deutschland ausgeschlossen.

Zu 10.3.2 Spannstahl

Zu 10.3.2.1 Eigenschaften

Zu (2): Die Gleichungen (3.28) bis (3.30) zur Ermittlung der Relaxationsverluste nach 3.3.2 (7) sind in Deutschland nicht zugelassen (siehe Erläuterungen dort). Gleichung (10.2) darf jedoch stattdessen in Verbindung mit den Zulassungen verwendet werden, sofern dort zur Berücksichtigung der Auswirkungen der Wärmebehandlung auf die Vorspannverluste keine anderen Angaben gemacht werden.

Zu NA.10.4 Dauerhaftigkeit und Betondeckung

In Bezug auf die Qualitätskontrolle bei einer Abminderung des Vorhaltemaßes wird auf die Planung und Verwendung „geeigneter" Abstandhalter und Unterstützungen hingewiesen, die z. B. nach den einschlägigen DBV-Merkblättern [DBV2] und [DBV3] geprüft und zertifiziert sowie nach dem DBV-Merkblatt „Betondeckung und Bewehrung" [DBV1] verlegt werden.

Bei der werksmäßigen Herstellung von Betonfertigteilen wird bei entsprechender Qualitätssicherung eine geringere Streuung der Betondeckungen am fertigen Bauteil erwartet. Daher wird in Analogie zur Reduktion des Teilsicherheitsbeiwertes für Beton in A.2.3 ein vergleichbares Vorgehen bei einer Reduktion des Vorhaltemaßes um mehr als 5 mm gestattet. Voraussetzung ist dabei, dass durch eine Überprüfung der Mindestbetondeckung am Fertigteil sichergestellt wird, dass Fertigteile mit zu geringer Mindestbetondeckung ausgesondert werden. Die in diesem Fall notwendigen Maßnahmen sind durch die zuständigen Überwachungsstellen im Einzelfall festzulegen. Eine Verringerung von Δc_{dev} unter 5 mm ist dabei unzulässig. Eine weitere Reduktion des Vorhaltemaßes unter 5 mm ist nur in Ausnahmefällen mit sehr aufwändigen Maßnahmen bei Herstellung und Überwachung im Rahmen einer Zustimmung im Einzelfall oder einer Zulassung denkbar.

Die in der Regel erforderliche Messung der Betondeckung am Fertigteil und die Auswertung der Messergebnisse sollte nach dem entsprechenden Anhang im DBV-Merkblatt „Betondeckung und Bewehrung" [DBV1] erfolgen. Mit den zuständigen Überwachungsstellen ist dabei z. B. das Herstellungsverfahren, die Messtechnik, die Messhäufigkeit, die laufende Produktionskontrolle, die Dokumentation und Auswertung sowie die ggf. mögliche Weiterverwendung ausgesonderter Bauteile festzulegen.

Wenn die Tragwerksplanung nicht vom Fertigteilwerk selbst, sondern extern aufgestellt wird, sollte vom Aufsteller eine frühzeitige Absprache mit den nachgeschalteten Planern und Ausführenden erfolgen und das Fertigteilwerk rechtzeitig über die Reduktion des Vorhaltemaßes informiert werden.

Zu 10.9 Bemessungs- und Konstruktionsregeln

Zu 10.9.2 Wand-Decken-Verbindungen

Zu (2): Die Regel gilt für Wände über dem Stoß zweier Deckenplatten oder über einer in eine Außenwand einbindenden Deckenplatte und war bereits in DIN 1045:1988-07 [R6], 19.8.4 enthalten. Es wird empfohlen, Wände in einem Mörtelbett zu lagern, um Unebenheiten ausgleichen zu können und Spannungskonzentrationen zu vermeiden. Eine Bewehrung nach Bild 10.1DE ist in diesen Fällen nicht erforderlich.

Zu 10.9.3 Deckensysteme

Zu (5): Grundsätzliche Ausführungen zur Tragfähigkeit einer nach Bild 10.2a) DE ausgebildeten Deckenverbindung werden in DAfStb-Heft [348], [H10-8], [H10-9] vorgestellt. Die Ergebnisse lassen sich wie folgt zusammenfassen:

– Der Füllbeton für die Fuge muss mindestens die Festigkeitsklasse C16/20 aufweisen.

– Für die Größe der übertragbaren Fugenquerkraft ist die Biegezugfestigkeit des Plattenbetons maßgebend. Sie steht gleichwertig neben den Einflussgrößen der Fugengeometrie.

– Die Fugengeometrie sollte entsprechend Bild 10.2a) DE bei Änderung der Plattendicke h höhenproportional verändert werden; die angegebenen Fugenabmessungen in der Breite von ≥ 20 mm bleiben dann unverändert.

Die in der Fuge übertragbare Querkraft beträgt dann:

$$V_{R,Fuge,zul} = V_{R,Fuge,0} \cdot \sqrt[3]{\left(\frac{f_{ck,cube}}{45}\right)} \cdot \left(\frac{h}{10}\right)^{1,44} \qquad \text{(H.10-1)}$$

mit $f_{ck,cube}$ in N/mm² und h in cm.

Die Umrechnung der den Untersuchungen im DAfStb-Heft [348] zugrunde liegenden Festigkeiten des Betons nach DIN 1045:1988-07 [R6] auf die nach DIN 1045-1 [R4] führt zu einer geringen Ungenauigkeit, die allerdings angesichts der übrigen Einflussparameter vernachlässigt werden kann. Bei Übernahme von Q_0 aus [348] mit 5 kN/m ist zu beachten, dass dieser Wert für den Gebrauchslastfall festgelegt wurde, sodass er mit dem Teilsicherheitsbeiwert für veränderliche Einwirkungen $\gamma_Q = 1,5$ multipliziert werden muss; hieraus ergibt sich $v_{R,Fuge,0} = 7,5$ kN/m.

In Abhängigkeit von der Festigkeitsklasse des Betons und der Plattendicke h sind gerundete Werte für $v_{R,Fuge,zul}$ in Tabelle H10.1 zusammengestellt.

Bei nicht höhenproportionaler Fugengeometrie sind die Werte in Tabelle H10.1 entsprechend den Angaben in DAfStb-Heft [348] abzumindern. Extrapolationen für Festigkeitsklassen > C45/55 und Dicken der Deckenplatte $h > 200$ mm lassen sich durch die Untersuchungen nicht belegen.

Tabelle H10.1 – $v_{R, Fuge, zul}$ in kN/m

	1	2	3	4
	Deckenplatte	**$v_{R,Fuge,zul}$ [kN/m] für Betonfestigkeitsklasse**		
	h [mm]	**C30/37**	**C35/45**	**C45/55**
1	100	6,5	7,5	8,0
2	150	12,0	13,5	14,5
3	200	18,0	20,5	22,0

Bei der unbewehrten Fuge wird die Querkraft zwischen den Platten durch eine schräge Druckkraft im Fugenmörtel übertragen, deren Horizontalkomponente als Spreizkraft wirkt. Diese Spreizkraft sollte mindestens das 1,5-fache der in der Fuge zu übertragenden Querkraft betragen und über die Deckenscheibe auf die Längsbewehrung der Querfugen übertragen werden.

Die Fugenausbildung nach Bild 10.2a) DE darf nur bei vorwiegend ruhenden Lasten angewendet werden. Bei nicht vorwiegend ruhenden Lasten ist eine statisch mitwirkende Ortbetonschicht als Lastverteilung vorzusehen.

Zu (NA.17): Aufgrund von Versuchen stellte sich heraus, dass bei Endauflagern ohne Wandauflast im Brandfall eine Ablösung des Aufbetons von der vorgefertigten Deckenplatte auftreten kann, weshalb die geforderte Verbundsicherungsbewehrung einzulegen ist. Bei Elementplatten, die üblicherweise eine durchgehende Gitterträgerbewehrung enthalten, ist diese Verbundbewehrung bereits vorhanden. Bei vorgespannten Elementplatten, bei denen eine ausreichende Montagesteifigkeit durch Wahl der Dicke und der entsprechenden Vorspannung erzielt wird, sind entsprechende Verbundbewehrungen im Fertigteilwerk einzubauen; auch dabei kann es sich um Gitterträgerabschnitte handeln.

Zu (NA.18): Beim Nachweis einer Verbundsicherung gemäß (NA.18) ist die Wirkung einer angehängten Last nach der Lastausbreitung als Zugspannung $\sigma_n < 0$ unter Ansatz der Lastausbreitung und unter Beachtung von $c = 0$ in den Nachweisen zu berücksichtigen.

Zu 10.9.4 Verbindungen und Lager für Fertigteile

Zu 10.9.4.3 Verbindungen zur Druckkraft-Übertragung

Zu (3): Hier wird die durchschnittliche Lagerpressung für trockene Lagerfugen fälschlicherweise auf $0,3f_{cd}$ begrenzt. Dies steht im Widerspruch zu 10.9.5.2 (2), wonach $0,4f_{cd}$ zulässig ist. Es darf wie auch in DIN 1045-1 [R4], 13.8.2, der Wert $0,4f_{cd}$ angesetzt werden.

Zu (6): Die Tragfähigkeit zentrisch belasteter Fertigteil-Stützenstöße wurde u. a. von *König* et al. in [H10-7] behandelt. Nach [H10-7] darf die Tragfähigkeit ermittelt werden zu:

$$N_{Rd} = \kappa \cdot (A_c \cdot f_{cd} + A_s \cdot f_{yd}) \qquad (H.10\text{-}2)$$

Dabei ist der Abminderungsfaktor κ für einen Stoß mit Stahlplatten ($t \geq 10$ mm) $\kappa = 1,0$ und für einen Stoß mit Stirnflächenbewehrung $\kappa = 0,9$.

Bei der Verwendung von Stahlplatten (Bild H10-1a)) werden die auftretenden Querdehnungen der Mörtelfuge effektiv behindert, wobei der gesamte Traglastanteil der Längsbewehrung über die Mörtelfuge hinweg übertragen werden kann. Im Stoßbereich entstehen dann keine Beanspruchungen aus der Endverankerung der Längsbewehrung. Die Längsbewehrung muss nicht mit der Stahlplatte verbunden, sollte jedoch möglichst nahe herangeführt werden. Eine verstärkte Querbewehrung im Stützenfuß ist nicht erforderlich [499].

Hingegen wird bei der Verwendung einer Stirnflächenbewehrung (Bild H10-1b)) nur ein Teil der im Bewehrungstahl vorhandenen Kraft über Spitzendruck abgetragen. Der größere Teil wird über Verbundspannungen in den Stützenbeton eingeleitet. Die größere Betonbeanspruchung muss durch ein Umschnüren des Kernbetons aufgenommen werden. Eine ausreichende Verbügelung des Stützenfußes ist erforderlich. In der Mörtelfuge müssen die Querzugbeanspruchungen aus der Mörtelquerdehnung durch die Stirnflächenbewehrung aufgenommen werden [H10-7].

Die Stützenlängsbewehrung im Bereich der Stützenköpfe sollte auf $\rho_l \leq 6$ % begrenzt werden, um eine Überlastung des Betons im Stoßbereich auszuschließen [H10-7]. Die Vergleichslast der ungestoßenen Stütze wird bis zu $\rho_l \leq 3$ % und der Abminderungsfaktor von 0,9 bis zu $\rho_l \leq 6$ % nicht unterschritten [316]. Bei der konstruktiven Durchbildung sollte darauf geachtet werden, dass die Stirnflächenbewehrung ohne Betondeckung direkt in die Stützenstirn eingebaut und der Stabdurchmesser von $\phi = 12$ mm nicht überschritten wird. Die Mattenendknoten müssen an den Außenseiten der Stütze liegen und die Kreuzungspunkte sollten sorgfältig verschweißt sein. Der Stababstand muss $s \leq 50$ mm betragen. Außerdem sollte bei hartgebetteten

Fugen von Stützenstößen eine maximal zulässige Fugendicke von 20 mm bei unbewehrten Fugen und 40 mm bei bewehrten Fugen beachtet werden [H10-7]. Die Druckfestigkeit des Mörtels darf die Druckfestigkeit des Stützenbetons nicht unterschreiten. Generell müssen Mörtelfugen sorgfältig ausgebildet werden, da durch fehlerhaft ausgeführte Mörtelfugen die Tragfähigkeit des Stoßes deutlich herabgesetzt wird.

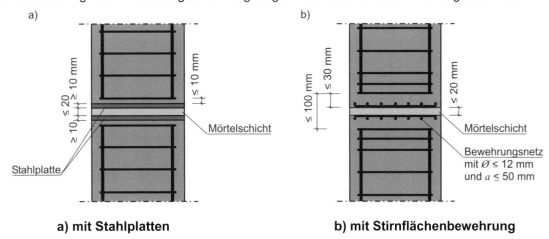

a) mit Stahlplatten **b) mit Stirnflächenbewehrung**

Bild H10-1 – Stützenstoß im Mörtelbett

Bei der Verwendung weicher Fugenmaterialien (Bild 10.3b) entstehen Spaltzugkräfte aus der Kraftumlenkung im Einschnürungsbereich und Stirnzugspannungen in der Lagerfuge aufgrund der Querdehnung des Lagers. Diese Kräfte müssen durch zusätzliche Bewehrung aufgenommen werden. Stützenstöße mit weichen Fugenmaterialien wie Elastomerlagern werden in [339] behandelt.

Zu 10.9.4.6 Ausgeklinkte Auflager

Allgemeine Hinweise und Bemessungsbeispiele zu ausgeklinkten Auflagern sind z. B. in [599] sowie in [H10-1], [H10-6], [H10-10] und [H10-11] enthalten.

Zu 10.9.4.7 Verankerung der Längsbewehrung an Auflagern

In Bild 10.5 werden in einem einzigen Bild verschiedene Ausführungsmöglichkeiten dargestellt. Dadurch wird der Eindruck erweckt, dass die Auflagerlängen gleich sind, was aber nicht der Fall ist. In Bild H10-2 wird deutlich, dass eine Ausführung mit vertikal aufgebogenen Stäben bei ansonsten gleichen Randbedingungen zu größeren Abständen d_i vom Rand des betrachteten Bauteils und somit zu größeren Auflagerbereichen führt.

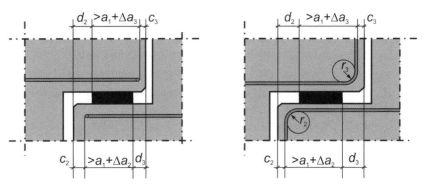

a) mit horizontalen Schlaufen **b) mit vertikal aufgebogenen Stäben**

Bild H10-2 – Bewehrungsführung am Auflager

Bei einer Ausführung mit ausschließlich vertikal aufgebogenen Stäben ist unter Umständen kein ausreichender Kantenschutz vorhanden und es besteht die Gefahr des Abscherens. Eine Ausführung mit ausschließlich vertikal aufgebogenen Stäben sollte daher lediglich bei geringen Belastungen ausgeführt werden. Dabei sollten die Angaben nach Bild H10-3 beachtet werden. Bei größeren Belastungen oder bei großen Bügeldurchmessern sollten zusätzliche horizontale Schlaufen eingebaut werden.

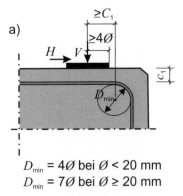 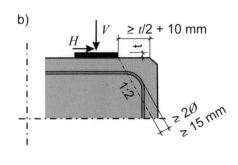

$D_{min} = 4\varnothing$ bei $\varnothing < 20$ mm
$D_{min} = 7\varnothing$ bei $\varnothing \geq 20$ mm

a) Abstand der Auflagerkraft **b) Abstand der Bewehrungsstäbe vom Rand des Lagers**

Bild H10-3 – Bewehrungsführung bei nach unten abgebogener Biegezugbewehrung

Zu 10.9.5 Lager

Zu 10.9.5.1 Allgemeines

Die Auflagerung von Betonfertigteilen erfolgt in der Regel auf Elastomerlagern, um Unebenheiten der Auflagerfläche sowie Bewegungen und Verdrehungen zwischen den einzelnen Bauteilen auszugleichen und damit verbundene Spannungskonzentrationen zu vermeiden. Die Wahl und Bemessung des Elastomerlagers ist dabei die Voraussetzung für die Dimensionierung und die Bemessung des stützenden und unterstützten Bauteils. Ohne die Dimensionierung der Lagerfläche kann z. B. die Bewehrung des Trägerendes und der Konsole nicht richtig gewählt und verankert werden. Die Lagerabmessungen dürfen daher später nicht mehr verändert werden.

Bei der Verwendung von Elastomerlagern ist zu berücksichtigen, dass Beanspruchungen des Lagers parallel zur Lagerebene aus ständigen Einwirkungen einschließlich des Erddrucks in der Regel nicht zulässig sind.

Auswirkungen aus Bewegungen, die durch Temperatur, durch Vorspannung oder durch Kriechen und Schwinden hervorgerufen werden, müssen bei der Bemessung der Lager berücksichtigt werden, falls nicht durch konstruktive Maßnahmen wie z. B. einbetonierte Querkraftbolzen sichergestellt ist, dass keine horizontalen Bewegungen auftreten können.

Bei Stahlbeton- und Spannbetonbauteilen sind in der Regel zusätzlich zur herkömmlichen Bemessung folgende Nachweise im Lagerungsbereich zu führen:

– Nachweis der Teilflächenbelastung

– Nachweis der Spaltzugkräfte und Randzugkräfte; der Nachweis darf nach DAfStb-Heft [240] erfolgen. Die entstehenden Spaltzugkräfte sind erforderlichenfalls durch Bewehrung aufzunehmen.

– Nachweis der Querzugkräfte infolge der Dehnungsbehinderung des Elastomerlagers (siehe 10.9.4.3). Die infolge der Dehnungsbehinderung des Elastomerlagers entstehenden Querzugspannungen sind erforderlichenfalls durch eine oberflächennahe Bewehrung aufzunehmen.

– erforderlichenfalls Nachweis der Weiterleitung der Horizontalkräfte über einen einbetonierten Querkraftbolzen.

Bei der Verwendung von Elastomerlagern ist die Lagerausbreitung zu beachten. Hinweise zur Lagerausbreitung von Elastomerlagern sind den Angaben der Hersteller zu entnehmen.

Falls keine genaueren Nachweise geführt werden, kann die durch die Verdrehung des Elastomerlagers entstehende Lastausmitte e nach Bild H10-4 vereinfacht folgendermaßen berücksichtigt werden (vgl. auch DIN 4141-15 [R13]):

$$e = (a^2 / 2t) \cdot \alpha$$

Dabei ist

a die kleinere Seitenabmessung von Elastomerlagern mit rechteckigem Grundriss (senkrecht zur Drehwinkelachse) in mm

t Dicke des Elastomerlagers in mm

α Verdrehungswinkel des Elastomerlagers

Bei der Ermittlung des Verdrehungswinkels sind folgende Einflussfaktoren zu berücksichtigen:

- Verdrehungen aus der Verformung des unterstützten Bauteils aus ständigen und veränderlichen Einwirkungen sowie aus 2/3 der Bauteilverformung aus Kriechen und Schwinden zum Zeitpunkt t = ∞. Hilfsmittel zur Berechnung der Verformungen von Betonbauteilen enthält DAfStb-Heft [240].

- Verdrehungen aus der Schiefwinkligkeit der Lagerfläche infolge Herstell- und Montagetoleranzen; diese können vereinfacht mit α_{imp} = 0,01 (= 10 ‰) berücksichtigt werden.

- Verdrehungen aus Unebenheiten der Auflagerflächen; diese können vereinfacht mit 0,625 / a zu berücksichtigen (a nach Bild H10-4 in mm).

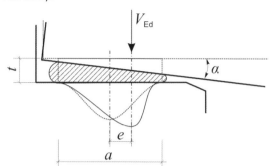

Bild H10-4 – Verdrehung des Lagers und Exzentrizität der Lagerkraft

Zu 10.9.5.2 Lager für verbundene Bauteile (Nicht-Einzelbauteile)

Zu (1): Zur Bestimmung der Fugenbreite t_j zwischen den Bauteilen (Bild H10-5) sollten Passungsberechnungen unter Berücksichtigung der Herstellungs- und Montagetoleranzen sowie unter Berücksichtigung last- und zeitabhängiger Formänderungen durchgeführt werden. Hinweise sind in [FDB6] enthalten.

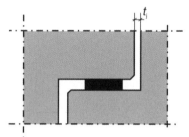

Bild H10-5 – Fuge zwischen unterstütztem und unterstützendem Bauteil

Zu (1), Tabelle 10.5: Streng genommen ergibt sich das Grenzabmaß Δa_2 für den lichten Abstand zwischen den Auflageranschnitten aus dem lichten Abstand l_i zwischen den Auflagern. Aufgrund der geringen Unterschiede wird jedoch vereinfacht die Spannweite l als Basiswert in Tabelle 10.5 angesetzt.

Zu 10.9.6 Köcherfundamente

Zu 10.9.6.1 Allgemeines

Allgemeine Hinweise zu Köcher- und Blockfundamenten sind z. B. in [326], [411] und [599] sowie in [H10-1] und [H10-11] enthalten.

Zu 10.9.6.2 Köcherfundamente mit profilierter Oberfläche

Zu (1): Aufgrund der geringen Dicke der Fundamentplatte unterhalb der Stütze wird die Innenwandung eines Blockfundaments in der Regel verzahnt, um die Stützennormalkräfte über Reibung abtragen zu können. Auf eine Verzahnung der Innenwandung kann bei Köcherfundamenten mit ausreichend dicken Fundamentplatten verzichtet werden, wenn die Stützennormalkräfte allein über den Durchstanzwiderstand der Fundamentplatte aufgenommen werden. Heutzutage werden allerdings auch Köcherfundamente überwiegend mit verzahnter Innenwandung ausgeführt.

Ein Beispiel einer ausreichenden Verzahnung nach [326] ist in Bild H10-6 dargestellt.

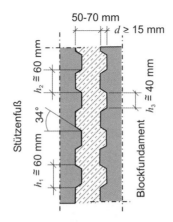

Bild H10-6 – Verzahnung nach [326]

Zu (2): Bei der Ermittlung des Übergreifungsstoßes l_0 der Stützenlängsbewehrung mit der vertikalen Köcherbewehrung darf nach [399] aufgrund des vorhandenen Querdrucks eine 50 % erhöhte Verbundspannung angenommen werden.

Bei der Ermittlung der Übergreifungslänge der Stützenbewehrung braucht nur der Zugkraftanteil angesetzt werden, der über die Druckstrebe auf die vertikale Köcherbewehrung übertragen wird. Der Rest der Stützenzugkraft wird dann über eine innere Druckstrebe in die Druckzone der Stütze übertragen (Bild H10-7).

Da somit die erforderliche Einbindetiefe über die Verankerungs- bzw. Übergreifungslängen ermittelt wird, stellt der Wert $l \geq 1{,}5h$ aus DIN EN 1992-1-1/NA, 10.9.6.3 (1) eine auf der sicheren Seite liegende Empfehlung dar.

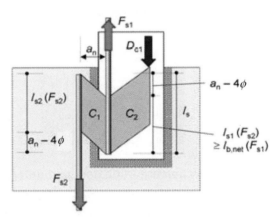

Bild H10-7 – Modell der Kraftübertragung

Zu (3): Bei Blockfundamenten nach Bild 10.7 a) sollte im Montagezustand für das Stützeneigengewicht ein Durchstanznachweis des Fundamentbodens geführt werden.

Zu NA.10.9.8 Zusätzliche Konstruktionsregeln für Fertigteile

Zu (2): Die pauschale Möglichkeit, auf Querbewehrung nach 9.3.1.1 bei Fertigteilen bis zu 1,20 m Breite zu verzichten, ist nur für Vollplatten zulässig. In Stahlbeton-Hohlplatten darf eine Querbewehrung bis zu einer maximalen Plattenbreite von 0,50 m generell entfallen. Für größere Plattenbreiten (bis 1,20 m) darf vereinfachend die in den DIBt-Mitteilungen 3/2005 [H10-2] angegebene Beziehung zur Ermittlung der Querbewehrung genutzt werden. Eine Zusammenfassung mit den in [H10-3] aktualisierten Grundsätzen für die statische Prüfung von Stahlbeton- und Stahlleichtbetonplatten findet sich auch in [H10-5].

Zu 11 ZUSÄTZLICHE REGELN FÜR BAUTEILE UND TRAGWERKE AUS LEICHTBETON

Zu 11.1.1 Geltungsbereich

Zu (4): Die Definition in EN 1992-1-1 begrenzt die obere Rohdichte des für die Bemessung geregelten gefügedichten Leichtbetons auf $\rho \leq 2200$ kg/m³ (abweichend von DIN 1045-1 [R4] sowie von EN 206-1 [R18] und DIN 1045-2 [R4] mit $\rho \leq 2000$ kg/m³). Im NA wird übereinstimmend mit DIN EN 206-1 [R18] (und damit abweichend von EN 1992-1-1) die Definition des Leichtbetons mit $\rho \leq 2000$ kg/m³ festgelegt.

Zu 11.3 Baustoffe

Zu 11.3.2 Elastische Verformungseigenschaften

Zu (1): Aufgrund der nahezu linearen Spannungs-Dehnungs-Beziehung bei Leichtbetonen im Gebrauchszustand kann der Tangentenmodul E_{lc0} mit dem mittleren E-Modul E_{lcm} gleichgesetzt werden [H11-1].

Zu (2): Der Unterschied zwischen den Wärmedehnzahlen von Stahl und Leichtbeton darf bei der Bemessung vernachlässigt werden (DIN 1045-1 [R4]).

Zu 11.3.3 Kriechen und Schwinden

Zu (1): Das Kriechen des Leichtbetons wird durch die weicheren leichten Gesteinskörnungen, die Zementleimmenge sowie die Zementsteinporosität beeinflusst. Bisherige Versuchsergebnisse lassen den Schluss zu, dass die Kriechdehnung gefügedichter Leichtbetone ε_{lcc} für im mittleren Betonalter aufgebrachte Dauerlasten in der gleichen Größenordnung liegt wie die von Normalbetonen gleicher Festigkeit. Somit darf die sich auf die elastische Verformung beziehende Kriechzahl $\varphi_{lc}(\infty,t_0)$ entsprechend dem geringeren E-Modul des Leichtbetons mit dem Faktor η_E abgemindert werden. Für die niedrigen Druckfestigkeitsklassen LC12/13 und LC16/18 wird ein zusätzlicher Erhöhungsfaktor $\eta_2 = 1{,}3$ festgelegt, der die geringere Kriechbehinderung bei leichten Gesteinskörnungen berücksichtigt. Zur Berechnung der Kriechdehnung ε_{lcc} darf für den Tangentenmodul E_{lc0} der mittlere Elastizitätsmodul E_{lcm} verwendet werden. In Fällen, in denen dem Kriecheinfluss eine große Bedeutung zukommt, sollte die Bemessung auf Versuchswerte gestützt werden [11-1].

Zu 11.3.4 Spannungs-Dehnungs-Linie für nichtlineare Verfahren und für Verformungsberechnungen

Bei der Anwendung nichtlinearer Verfahren für Leichtbeton ist zu beachten, dass in der Arbeitslinie nach Bild 3.2 aufgrund der größeren Sprödigkeit kein abfallender Ast angesetzt werden darf (daher $\varepsilon_{lcu1} = \varepsilon_{lc1}$).

Zu 11.3.5 Bemessungswerte für Druck- und Zugfestigkeiten

Zu (1)P: Bei Leichtbeton wird mit dem Beiwert α_{lcc} zusätzlich auch die Völligkeit der verschiedenen Spannungs-Dehnungs-Linien angepasst. Die Spannungs-Dehnungs-Linie von Leichtbeton weist gegenüber der von Normalbeton eine wesentlich geringere Völligkeit auf. Sie lässt außerdem die größere Sprödigkeit des Leichtbetons im Nachbruchbereich erkennen. Zusätzlich liegt bei Leichtbeton im Fall eines hohen Ausnutzungsgrads der leichten Gesteinskörnung noch ein größerer Dauerstandseinfluss vor, da das Umlagerungsvermögen von der Matrix auf die Gesteinskörnung eingeschränkt ist. Bei der Ableitung des Faktors α_{lcc} für Leichtbeton wurde einheitlich ein reduzierter Dauerstandsfaktor von 0,8 zugrunde gelegt. Für den bilinearen Zusammenhang nach Bild 3.4 wurde $\alpha_{lcc} = 0{,}8$ festgelegt. Ausgehend von dieser Linie wurde für das Parabel-Rechteck-Diagramm und für den Spannungsblock der Beiwert α_{lcc} aus der Bedingung der Äquivalenz des Moments der Druckzonenresultierenden um die neutrale Achse bei maximaler Randdehnung ermittelt. Für das Parabel-Rechteck-Diagramm nach Bild 3.3 und für den Spannungsblock nach Bild 3.5 ergibt sich damit $\alpha = 0{,}75$.

Bei der Anwendung nichtlinearer Verfahren ist der reduzierte Dauerstandsbeiwert $\alpha_{lcc} = 0{,}8$ ebenfalls zu berücksichtigen (z. B. in Gleichung (NA.5.12.7)).

Zu 11.4 Dauerhaftigkeit und Betondeckung

Zu 11.4.1 Umgebungseinflüsse

Zu (1): Für die Expositionsklasse XM sollte kein Leichtbeton verwendet werden. Sofern aus Gründen der Wirtschaftlichkeit kein Luftporenbeton zum Einsatz kommen soll, ist für die Expositionsklasse XF jeweils die größere der angegebenen Mindestbetonfestigkeitsklassen anzuwenden.

Zu 11.4.2 Betondeckung

Die hohe Dichtheit der Kontaktzone zwischen Matrix und Zuschlag ist trotz der Porosität der leichten Gesteinskörnung die Ursache für die in der Regel gute Dauerhaftigkeit von Leichtbeton. Daher wird zur Gewährleistung einer ausreichenden Dauerhaftigkeit keine Erhöhung der Betonüberdeckung für Leichtbeton gefordert, sofern diese um mindestens 5 mm größer ist als der Durchmesser des porigen Größtkorns. Damit soll der mit geringerem Widerstand verbundene Stofftransport über die porige leichte Gesteinskörnung direkt zum Bewehrungsstab verhindert werden [H11-1].

Die niedrigere Betonzugfestigkeit von Leichtbeton gegenüber Normalbeton fördert das Spalten der Betondeckung. Deshalb ist zur Sicherstellung des Verbundes die Mindestbetondeckung für die Verbundbedingung um 5 mm zu erhöhen. Damit wird die reduzierte Betonzugfestigkeit kompensiert.

Zu 11.5 Ermittlung der Schnittgrößen

Zu 11.5.1 Vereinfachter Nachweis der plastischen Rotation

Zu (1)P: Bei Bauteilen aus Leichtbeton dürfen Verfahren nach der Plastizitätstheorie nicht angewendet werden, da die Rotationskapazität von Bauteilen aus Leichtbeton nicht ausreichend bekannt ist. In jedem Fall aber ist sie wegen der größeren Sprödigkeit wesentlich geringer als die von Normalbeton.

Zu NA.11.5.2 Linear-elastische Berechnung

Zu (2): Mit $k_6 = 1,0$ werden für Leichtbeton bei Verwendung normalduktilen Betonstahls Momentenumlagerungen ausgeschlossen, weil dafür noch keine Erfahrungen vorliegen.

Zu 11.6.7 Teilflächenbelastung

Die sich mit steigender Betondruckfestigkeit bei Leichtbeton nur unterproportional entwickelnde Zugfestigkeit führt in Verbindung mit der geringeren Effizienz einer Querpressung zu niedrigeren Teilflächenpressungen als bei Normalbeton.

Bei Leichtbeton ist der Einfluss der Übertragungsfläche A_{c0} auf die aufnehmbare Teilflächenpressung f_{c0} geringer als bei Normalbeton. Dies wird im Wurzelexponenten in Abhängigkeit der Trockenrohdichte in Gleichung (11.6.63) formuliert. Als Bezugswert wurde hier $\rho = 2200$ kg/m³ gewählt. Der obere Grenzwert ergibt sich damit etwas höher als mit dem Bezugswert 2400 kg/m³ in DIN 1045-1 [R4].

Zu 11.6.8 Nachweis gegen Ermüdung

Die Eigenschaften von Leichtbeton hängen stark von der Betonrezeptur, Verarbeitung und Nachbehandlung ab. Das Ermüdungsverhalten von Leichtbetonen wurde noch nicht für diese große Streubreite von Parametern experimentell untersucht. Aus diesem Grund können die Regeln in 6.8 nicht ohne weitere Nachweise der Gleichwertigkeit hinsichtlich des Ermüdungsverhaltens des eingesetzten Leichtbetons zu einem normaldichten Beton verwendet werden.

Zu 11.8 Allgemeine Bewehrungsregeln

Zu 11.8.1 Zulässige Biegerollendurchmesser

Zu (1): Wegen der geringeren Betonzugfestigkeit bei Leichtbeton sind die Biegerollendurchmesser für Haken, Winkelhaken und Schlaufen um 50 % gegenüber den zulässigen Werten bei Normalbeton zu vergrößern. In vergleichbarer Weise sollte dies auch für die abgebogenen Stäbe erfolgen, wobei hier wie nach DIN 1045-1 [R4] eine Vergrößerung um 30 % ausreicht.

Zu 11.8.2 Bemessungswert der Verbundfestigkeit

Zu (NA.2)P: Da in Deutschland keine ausreichenden allgemeingültigen Erfahrungen für das Tragverhalten von Leichtbeton im Verankerungsbereich vorliegen, ist für den Nachweis des Verankerungsbereichs sowie des Übertragungsbereichs von Spanngliedern eine Zulassung erforderlich.

Zu 11.9 Konstruktionsregeln

Zu (1): Leichtbeton weist gegenüber Normalbeton einen geringeren Widerstand gegen Spalten des Betons auf. Da keine Versuchserfahrungen mit dicken Stäben in Leichtbetonkonstruktionen vorliegen, dürfen Stäbe mit $\phi > 32$ mm nur eingesetzt werden, wenn für den speziellen Anwendungsfall positive Versuchserfahrungen vorliegen.

Zu (NA.2): Die Zugfestigkeiten für Leichtbeton nach Tabelle 11.3.1 sind gegenüber denen von Normalbeton mit einem von der Rohdichte abhängigen Korrekturfaktor η_1 abgemindert, der durch Auswertung von Versuchsergebnissen gewonnen wurde (vgl. [H11-1]). Da sich die Zugfestigkeit mit zunehmender Betondruckfestigkeit bei Leichtbeton allerdings nicht in gleichem Maße wie bei Normalbeton entwickelt, ist eine Begrenzung des Abminderungsbeiwerts $\eta_1 \geq 0,85$ beim Ansatz von f_{lctm} bei der Ermittlung des Grundwertes der Mindestbewehrung $\rho_{w,min}$ nach NDP zu 9.2.2 (5) erforderlich. Bei der Bemessung kann diese Einschränkung unter Ansatz der Zugfestigkeit für die Ermittlung von Widerstandswerten vernachlässigt werden, da die sich nach Tabelle 11.3.1 ergebenden Werte auf der sicheren Seite liegen.

Zu 12 TRAGWERKE AUS UNBEWEHRTEM ODER GERING BEWEHRTEM BETON

Zu 12.3 Baustoffe

Zu 12.3.1 Beton

Zu (1): Allgemein wird in Tabelle 2.1DE ein Teilsicherheitsbeiwert für den Beton γ_C = 1,5 für ständige und vorübergehende Bemessungssituationen gefordert. Unbewehrte Bauteile (Bauteile ohne Bewehrung oder mit Bewehrungsgraden unterhalb der nach DIN EN 1992-1-1 geforderten Mindestbewehrungsgrade) weisen eine geringere Umlagerungsfähigkeit im Querschnitt und im Tragwerk auf und reagieren damit empfindlicher auf Streuungen der Betondruckfestigkeit.

Um dies zu berücksichtigen, wird anstelle eines abweichenden Teilsicherheitsbeiwertes im NA die Dauerstandsbeiwerte der Gleichungen (3.15) und (3.16) mit einem Duktilitätsbeiwert multipliziert, sodass sich die Beiwerte $\alpha_{cc,pl}$ = 0,70 und $\alpha_{ct,pl}$ = 0,70 ergeben.

Zu 12.6 Nachweise in den Grenzzuständen der Tragfähigkeit (GZT)

Zu 12.6.5 Auswirkungen von Verformungen nach Theorie II. Ordnung

Zu 12.6.5.1 Schlankheit von Einzeldruckgliedern und Wänden

Zu (1): Die Knicklängen nach Tabelle 12.1 dürfen sinngemäß auch für bewehrte Wände verwendet werden.

Zu 12.6.5.2 Vereinfachtes Verfahren für Einzeldruckglieder und Wände

Zu (2): Die im Grenzzustand aufnehmbare Längsdruckkraft von Stützen oder Wänden in unverschieblich ausgesteiften Tragwerken darf vereinfachend nach Gleichung (12.10) und (12.11) berechnet werden. Eine aufwändigere Berechnung nach 5.8.6, die zu wirtschaftlicheren Ergebnissen führen kann, ist nicht ausgeschlossen.

Eine Begrenzung der Druckzonenhöhe ist für Nachweise im Grenzzustand der Tragfähigkeit entbehrlich. Zur Sicherstellung eines duktilen Bauteilverhaltens sollte für stabförmige unbewehrte Bauteile mit Rechteckquerschnitt die Ausmitte der Längskraft in der maßgebenden Einwirkungskombination des Grenzzustandes der Tragfähigkeit auf e_d / h < 0,4 beschränkt werden. Für e_d ist e_{tot} nach Gleichung (12.12) anzusetzen.

Hinweis: Der Bundesverband der Deutschen Transportbetonindustrie e.V. hat eine Typenstatik für unbewehrte Kellerwände aus Beton im Wohnungsbau [H12-3] erstellen lassen. Die Bemessungsdiagramme berücksichtigen alle Einzelnachweise. Mit Modellrechnungen konnte gezeigt werden, dass eine Wand aus unbewehrtem Beton im Belastungsfall Biegung mit Längskraft (Kelleraußenwand) eine ähnliche Verformungsfigur mit Verdrehungen der Auflagerpunkte zeigt, wie eine Mauerwerkswand. Infolge der Wanddurchbiegung in Richtung des Gebäudeinnern verdrehen sich die Endquerschnitte am Wandfuß und Wandkopf. Dadurch stellt sich dort eine Exzentrizität der Normalkraft ein. Bei Annahme einer Ausmitte von h / 6 bedeutet dies, dass an Wandkopf und Wandfuß ein vollständig gedrückter Querschnitt vorliegt (keine klaffende Fuge; Annahme einer dreiecksförmigen Spannungsverteilung). Für die Kellerwand entstehen traglaststeigernde, im Vergleich zur Belastung aus seitlichem Erddruck entgegenwirkende Biegemomente (siehe auch [H12-1], [H12-2]).

Zu 12.9 Konstruktionsregeln

Zu 12.9.3 Streifen- und Einzelfundamente

Zu (1): Alternativ kann die Bemessung für unbewehrte, zentrisch belastete Einzel- und Streifenfundamente durch Einhaltung von Konstruktionsregeln geführt werden. Hierfür wird Gleichung (12.13) angegeben, die aus der Betrachtung am auskragenden Teil des Fundamentes und der zulässigen Zugfestigkeit abgeleitet wird (siehe Bild H12-1 a)). Da wegen des gedrungenen Kragarms das Ebenbleiben des Bemessungsquerschnitts zweifelhaft ist, wird das Widerstandsmoment im Schnitt I-I näherungsweise auf eine reduzierte Fundamenthöhe von $0,85 h_F$ bezogen.

Die im NA erlaubte Verwendung des höheren Bemessungswertes f_{ctd} für die Betonzugfestigkeit bei unbewehrten Streifen- und Einzelfundamenten an Stelle von $f_{ctd,pl}$ ist gerechtfertigt, weil die Boden-Bauwerk-Interaktion die Gefahr des spröden Versagens der Fundamente durch Umlagerungen des Sohldrucks reduziert. Rechnerisch darf keine höhere Betonfestigkeit als C35/45 für unbewehrte Bauteile im GZT angesetzt werden.

Vereinfachend darf die Beziehung h_F / $a \geq 2$ verwendet werden. Wegen der angenommenen 45°-Lastausbreitung im Fundament sollte ein Verhältnis von h_F / a = 1 nicht unterschritten werden. Die Auswertung der Gleichung (12.13) mit diesen beiden Grenzwerten enthält Bild H12-1 b).

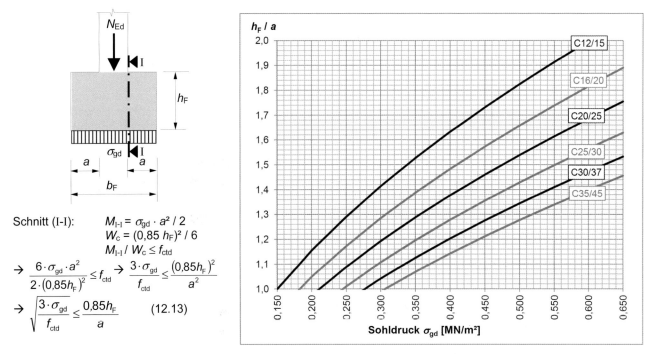

Schnitt (I-I): $M_{I\text{-}I} = \sigma_{gd} \cdot a^2 / 2$
$W_c = (0,85\, h_F)^2 / 6$
$M_{I\text{-}I} / W_c \leq f_{ctd}$

$\rightarrow \dfrac{6 \cdot \sigma_{gd} \cdot a^2}{2 \cdot (0,85 h_F)^2} \leq f_{ctd} \rightarrow \dfrac{3 \cdot \sigma_{gd}}{f_{ctd}} \leq \dfrac{(0,85 h_F)^2}{a^2}$

$\rightarrow \sqrt{\dfrac{3 \cdot \sigma_{gd}}{f_{ctd}}} \leq \dfrac{0,85 h_F}{a}$ \qquad (12.13)

a) Bezeichnungen und Ableitung Gleichung (12.13)   b) Auswertung der Gleichung (12.13)

Bild H12-1 – Unbewehrte Stützenfundamente

ZU DEN ANHÄNGEN

Der Eurocode 2 wird durch Anhänge zum Normentext ergänzt, die in informativ und normativ unterschieden werden. Die Verwendung der Anhänge darf national geregelt werden. Tabelle H.Anhang.1 gibt einen Überblick über die Festlegungen zur Verwendung der Anhänge im deutschen NA.

Tabelle H.Anhang.1 Übersicht der EN 1992-1-1-Anhänge

Anhang	Inhalt	EN 1992-1-1	DIN EN 1992-1-1/NA
A	Modifikation von Teilsicherheitsbeiwerten für Baustoffe	informativ	normativ
B	Kriechen und Schwinden	informativ	normativ
C	Eigenschaften des Betonstahls	normativ	informativ, keine Anwendung
D	Genauere Methode zur Berechnung von Spannkraftverlusten aus Relaxation	informativ	informativ
E	Indikative Mindestfestigkeitsklassen zur Sicherstellung der Dauerhaftigkeit	informativ	normativ
F	Gleichungen für Zugbewehrung für den ebenen Spannungszustand	informativ	informativ, keine Anwendung
G	Boden-Bauwerk-Interaktion	informativ	informativ, keine Anwendung
H	Nachweise am Gesamttragwerk nach Theorie II. Ordnung	informativ	informativ
I	Ermittlung der Schnittgrößen bei Flachdecken und Wandscheiben	informativ	informativ, keine Anwendung
J	Konstruktionsregeln für ausgewählte Beispiele	informativ	normativ

Zu Anhang A: Modifikation von Teilsicherheitsbeiwerten für Baustoffe

Wenn eine Reduktion des Teilsicherheitsbeiwertes auf der Grundlage der Betonfestigkeit im fertigen Bauteil vorgesehen wird und die statische Berechnung nicht vom Fertigteilwerk selbst, sondern extern aufgestellt wird, sollte eine frühzeitige Absprache mit den nachgeschalteten Planern und Ausführenden erfolgen. Das Fertigteilwerk und der Verwender sind über die Anwendung dieser Regelung zu informieren und das Ergebnis der Abstimmung muss in den Ausführungsunterlagen (u. a. auf den Fertigteilzeichnungen) dokumentiert werden.

Bei der Bestimmung der Druckfestigkeit am Fertigteil ist DIN EN 13791 [R45] zu beachten, die in DIN 1045-2 [R4], 8.4, zur Festigkeitsbeurteilung bei Nichtkonformität von Bauprodukten herangezogen wird. Sofern der Teilsicherheitsbeiwert planerisch jedoch auf $\gamma_{C,red}$ = 1,35 abgemindert wurde, sind als charakteristische Mindestdruckfestigkeiten anstelle der Werte nach DIN EN 13791 [R45], Tabelle 1, die in DIN EN 206-1 [R18] bzw. DIN 1045-2 [R4] angegebenen Werte für den Konformitätsnachweis zugrunde zu legen. Für die Betonfestigkeitsklasse C30/37 ist somit beispielsweise eine charakteristische in-situ Festigkeit $f_{ck,is,cyl}$ = 30 N/mm² (statt 26 N/mm² nach DIN EN 13791 [R45]) sicherzustellen.

Der ausschließliche Nachweis der Druckfestigkeit nach DIN EN 13791 [R45], Abschnitt 9 bzw. durch zerstörungsfreie Prüfungen nach DIN EN 13791 [R45], NA.4.5 sind für Fertigteile nicht vorgesehen und somit nicht anzuwenden. Bei Anwendung indirekter Prüfverfahren nach DIN EN 13791 ist die Kalibrierung der Bezugskurven anhand von Bohrkernen bzw. Probekörpern in regelmäßigen Zeitabständen sowie bei jeder Änderung des verwendeten Betons zu überprüfen. Fertigteile, an denen entweder der Nachweis des kleinsten Einzelwertes f_{ck} – 4 N/mm² oder der Nachweis der charakteristischen in-situ-Festigkeit nicht geführt werden können, sind auszusondern.

Zu Anhang B: Kriechen und Schwinden

Dieser Anhang enthält die Grundgleichungen zur Ermittlung der Kriechzahl und der Trocknungsschwinddehnung. Die in DIN EN 1992-1-1, 3.1.4 und im Anhang B angegebenen Beziehungen liefern in den ersten Jahren größere Schwinddehnungen und für $t \rightarrow \infty$ kleinere Werte als DAfStb-Heft [525]. Mit Blick auf die ohnehin großen Streuungen wurden die etwas einfacheren Eurocode-Regeln ohne Änderung akzeptiert und der Anhang B als normativ definiert (siehe auch Erläuterungen zu 3.1.4). Somit können auf Basis dieser Gleichungen die Kriech- und Schwindbeiwerte für verschiedene Parameter berechnet werden. Die Auswertung der Gleichungen für die Grundwerte der Trocknungsschwinddehnung wurde in ergänzenden NA-Tabellen im Anhang B für alle Betonfestigkeitsklassen und die Zementarten S, N und R vorgenommen.

Für das Ablesen der Endkriechzahlen werden mit Bild 3.1 in 3.1.4 Ablesediagramme für Umgebungsbedingungen mit 50 % und 80 % relativer Luftfeuchte angegeben. Auf Diagramme zum Ablesen der Endschwindmaße wurde verzichtet. Die entsprechenden Diagramme aus DIN 1045-1 [R4] dürfen weiter verwendet werden, da sie größere Werte liefern und damit in der Regel auf der sicheren Seite liegen.

Zu Anhang C: Eigenschaften des Betonstahls

Der Anhang C sollte die Lücke zwischen der europäischen Produktnorm DIN EN 10080 „Stahl für die Bewehrung von Beton" [R40], die keine konkreten Zahlenwerte und Leistungsmerkmale festlegt und DIN EN 1992-1-1 schließen, die alle für die Bemessung erforderlichen Betonstahleigenschaften definiert. EN 10080 wurde jedoch wegen diverser Defizite aus dem Europäischen Amtsblatt wieder gestrichen (Materialspezifikation für eine CE-Kennzeichnung unzureichend, fehlende Regelungen für Werkkennzeichnung).

In Deutschland werden Betonstähle der Duktilitätsklassen A und B bis auf Weiteres durch die neue DIN 488-Reihe [R1] oder Zulassungen des DIBt auch für die Verwendung nach DIN EN 1992-1-1 geregelt. Der Betonstahl der Duktilitätsklasse C wird z. B. in europäischen Starkbebengebieten eingesetzt und ist in Deutschland bisher nicht genormt. Der Anhang C findet in Deutschland zunächst keine Anwendung und wurde national zu einem informativen Anhang bestimmt. Die für die Bemessung erforderlichen Eigenschaften werden durch Betonstähle nach DIN 488 erfüllt. Nach der bauaufsichtlichen Einführung einer neuen harmonisierten Produktnorm DIN EN 10080 [R40] für Betonstahl, kann der Anhang C wieder an Bedeutung gewinnen. Anhang C enthält u. a. die für die Bemessung nach Eurocode 2 erforderlichen Eigenschaften der Betonstähle, wie die Duktilitätsparameter, die Dehngrenzen sowie Anforderungen an die bezogene Rippenfläche und die Ermüdungsschwingbreite.

Die Festigkeitswerte in Tabelle C.1 gelten für übliche Belastungsgeschwindigkeiten. Bei sehr hohen Belastungsgeschwindigkeiten (Explosion, Anprall) können andere Festigkeiten maßgebend sein [HC-1].

Zu Anhang D: Genauere Methode zur Berechnung von Spannkraftverlusten aus Relaxation

Die für die Bemessung notwendige Ermittlung der relaxationsbedingten Spannkraftverluste erfolgt in der Regel auf der Grundlage des Relaxationsverlustes ρ_{1000} (in %), der 1000 Stunden nach dem Anspannen bei einer Durchschnittstemperatur von 20 °C mit konstanter Dehnung bei $\sigma_p = 0,7f_{p,test}$ ermittelt wurde. Die Zulassungen sind zu beachten. Zur Ermittlung der Spannkraftverluste für verschiedene Zeitintervalle oder Laststufen darf das Verfahren der äquivalenten Belastungsdauer aus dem informativen Anhang D sinngemäß verwendet werden.

Zu Anhang E: Indikative Mindestfestigkeitsklassen zur Sicherstellung der Dauerhaftigkeit

Der Anhang E wurde national als normativ bestimmt.

Die in DIN 1045-2 [R4], Anhang F, für Normalbetone angegebenen Mindestdruckfestigkeitsklassen, die sich aus einer Zuordnung der Druckfestigkeit zum Wasserzementwert ergeben, wurden in DIN EN 1992-1-1, Tabelle E.1DE als Richtwerte für die zu erwartenden Betondruckfestigkeitsklassen übernommen. Werden die Umgebungsbedingungen des Betons durch besondere betontechnologische Maßnahmen berücksichtigt, können sich je nach Zusammensetzung des Betons Druckfestigkeiten ergeben, die von denen der Mindestdruckfestigkeitsklassen in Tabelle E.1DE abweichen. In diesem Fall ist die tatsächlich vorhandene Druckfestigkeitsklasse und, sofern keine genaueren Werte bekannt sind, die entsprechend den Regeln des Abschnitts 3.1 der Norm abgeleiteten Betonkennwerte der Tragwerksplanung zugrunde zu legen.

Die Druckfestigkeit des Leichtbetons wird dominiert von der Festigkeit der eingesetzten leichten Gesteinskörnung. Für die Dauerhaftigkeit ist primär die Zusammensetzung der Matrix (Bindemittelgehalt, Wasser/Bindemittel-Wert) maßgebend. Ein einfacher Zusammenhang zwischen der Druckfestigkeit der Leichtbetone und ihrer Dauerhaftigkeit ist daher nicht gegeben. Leichtbeton kann bei entsprechender Zusammensetzung die Anforderungen verschiedener Expositionsklassen bereits in niedrigeren Festigkeitsklassen erfüllen als ein Normalbeton (vgl. auch Hinweise im DAfStb-Heft [526]). In Tabelle E.1DE wurde daher keine Mindestbetonfestigkeitsklasse für Leichtbeton aufgenommen.

Für die Expositionsklasse XM sollte kein Leichtbeton verwendet werden. Sofern aus Gründen der Wirtschaftlichkeit kein Luftporenbeton zum Einsatz kommen soll, sind für die Expositionsklasse XF jeweils die größere der angegebenen Mindestbetonfestigkeitsklassen anzuwenden. Für Bauteile mit Vorspannung sind aufgrund erhöhter Anforderungen an den Korrosionsschutz der Spannglieder und aufgrund der höheren Beanspruchung des Betons zusätzlich Mindestbetonfestigkeiten in Abhängigkeit von der Vorspannart einzuhalten. Für die Mindestbetonfestigkeit bei Aufbringung der Vorspannung (frühzeitige Teilvorspannung im Bauzustand, endgültiges Vorspannen) gelten die Regeln in den Zulassungen der Spannverfahren.

Zu Anhang F: Gleichungen für Zugbewehrung für den ebenen Spannungszustand

Im Anhang F werden grundlegende Zusammenhänge zu Hauptspannungszuständen und der sich daraus ergebenden Zugbewehrung erläutert. Der informative Anhang F ist in Deutschland nicht anzuwenden, da er keine verbindlichen Bemessungsregeln vorgibt.

Zu Anhang G: Boden-Bauwerk-Interaktion

Im Anhang G finden sich grundlegende Ausführungen zur Boden-Bauwerk-Interaktion von Flachgründungen und Pfahlgründungen, die relativ allgemeine Hinweise enthalten und hinter dem Stand der sonstigen Fachliteratur zurückbleiben. Insbesondere sollte für die Abschätzung der Bodensteifigkeit auf geotechnische Regelwerke zurückgegriffen werden. Der informative Anhang G ist in Deutschland nicht anzuwenden, da er keine verbindlichen Bemessungsregeln vorgibt.

Zu Anhang H: Nachweise am Gesamttragwerk nach Theorie II. Ordnung

Der Anhang H dient zum Verständnis des Aussteifungskriteriums in DIN EN 1992-1-1, 5.8.3.3, und eröffnet weitergehende Nachweise für Aussteifungssysteme. Der Anhang H wurde als informativ belassen und reiht sich damit in die Reihe der Fachliteratur zur Aussteifung von Gebäuden ein.

Zu Anhang I: Ermittlung der Schnittgrößen bei Flachdecken und Wandscheiben

In Anhang I wird für Flachdecken die Ermittlung der Schnittgrößen anhand von Rahmen- oder Trägerrostmodellen behandelt. Da mit diesen Verfahren in Deutschland keine Erfahrungen vorliegen, sollte für eine Handrechnung das Näherungsverfahren nach DAfStb-Heft [240] mit Gurt- und Feldstreifen angewendet werden. Die Ermittlung der Schnittgrößen im Aussteifungssystem und der Nachweis von aussteifenden Wandscheiben sind in der Fachliteratur ausreichend behandelt. Der informative Anhang I ist daher in Deutschland nicht anzuwenden.

Zu Anhang J: Konstruktionsregeln für ausgewählte Beispiele

Zu J.1 Oberflächenbewehrung

Der Anhang J enthält in J.1 die Regeln für die Oberflächenbewehrung bei Stabdurchmessern ϕ bzw. $\phi_h > 32$ mm (vgl. auch Erläuterungen zu 8.8) und bei vorgespannten Bauteilen (als NA.J.4 eingefügt). Der Anhang J wird daher im NA normativ festgelegt.

Zu J.2 Rahmenecken und J.3 Konsolen

Gemäß 6.5 dürfen zur Bemessung von Knoten Stabwerkmodelle verwendet werden. Schlaich/Schäfer geben in [HJ-11] einen umfassenden Überblick zur Modellierung mit Stabwerkmodellen. Im Anhang J.2 und J.3 der EN 1992-1-1 werden Stabwerkmodelle zu Rahmenecken und Konsolen erläutert, die aber gemäß dem deutschen NA mit Verweis auf Heft 600 gestrichen wurden. Im Folgenden werden in Anlehnung an [HJ-3] praxisgerechte Bemessungsregeln und Standarddetails festgelegt, die durch Versuche verifiziert wurden, in der Praxis erprobt sind und deren Kräfteverlauf durch einfache Stabwerkmodelle dargestellt werden. In DAfStb-Heft [599] wird die konstruktive Durchbildung an Hand von Praxisbeispielen erläutert.

Rahmenecke mit negativem Moment (Zug außen)

Bei einer Rahmenecke mit negativem Moment liegt der Biegezug außen (schließende Rahmenecke). Es können folgende Versagensarten angegeben werden [535]:

- Fließen der Biegebewehrung,
- Betondruckversagen,
- Spaltzugversagen oder Verankerungsbruch.

Die Zugbewehrung sollte mit ausreichend großem Biegeradius (Mindestwerte D_{min} siehe Tabelle 8.1DE, Spalten 3 bis 5) geführt werden, um Spaltrisse infolge Umlenkung und Übergreifung zu vermeiden. Die Biegezugbewehrung wird im Regelfall oberhalb der Betonierfuge im Bereich des Riegels mit der Übergreifungslänge l_0 gestoßen. Zur Aufnahme der Spaltzugkräfte einerseits aus der Umlenkung der Bewehrung und andererseits aus der diagonalen Druckstrebe wird eine Querzugbewehrung in Form von Steckbügeln eingebaut, wobei die Anforderungen an eine Querbewehrung im Stoßbereich nach 8.7.4 einzuhalten sind und die horizontalen Steckbügel mindestens dem Querschnitt der Bügel der anschließenden Stützenbügel entsprechen. Bei Rahmenecken mit einem Verhältnis Riegelhöhe zur Stützenhöhe $h_1 / h_2 > 1,5$ sollten die Summe der Steckbügel im Knoten die Riegelzugkraft F_{Td1} zurückhängen können (Bild HJ-1, oben - rechts). Bei einer konstruktiven Durchbildung gemäß Bild HJ-1, unten wurde in Versuchen bis zu einem mechanischen Bewehrungsgrad von $\omega \approx 0,20$ bis $0,25$ das rechnerische Biegemoment erreicht. Bei höheren mechanischen Bewehrungsgraden wird Betonversagen maßgebend. Die Betonfestigkeit ist nach [HJ-7] zu $f_{ck} \geq 25$ MPa festzulegen.

179

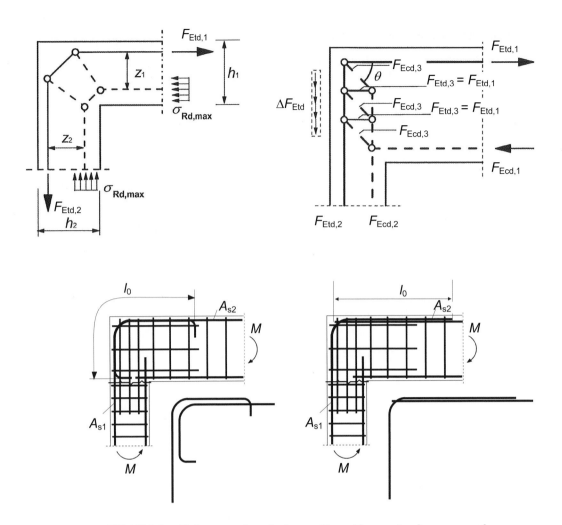

Bild HJ-1 – Rahmenecken bei negativer Momentenbeanspruchung
oben: Stabwerkmodelle für Rahmenecke mit $h_1/h_2 < 1,5$ (links) und $h_1/h_2 > 1,5$ (rechts)
unten: Bewehrungsführung

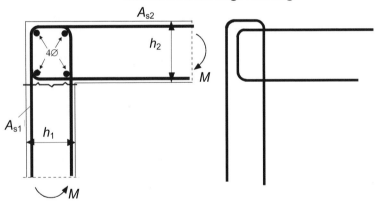

Bild HJ-2 – Bewehrung Wand/Decke

Die Bewehrung in Wand-Decken-Anschlüssen kann entsprechend Bild HJ-2 geführt werden. Hier ist bei einem Längsbewehrungsgrad von $\rho_L \leq 0,4\,\%$ und $\phi_L \leq d\,/\,20$ ein Biegerollendurchmesser D_{min} gemäß Tabelle 8.1DE, Spalten 1 bis 2 ausreichend, wenn in den Abbiegungen eine durchlaufende und ausreichend dimensionierte Querbewehrung angeordnet wird [HJ-11] und an den Bauteilrändern ein seitliches Abspalten des Betons durch Steckbügel verhindert wird.

Rahmenecke mit positivem Moment (Zug innen)

Bei einer Rahmenecke mit positivem Moment (öffnende Rahmenecke) liegt die Biegezugbewehrung auf der Innenseite. Es können vier charakteristische Versagensarten angegeben werden [535]:

– Fließen der Biegezugbewehrung,

– Betondruckversagen unter Querzug,

– Druckzonenversagen durch Abplatzung der Betondeckung,

– Verankerungsbruch durch Rißbildung.

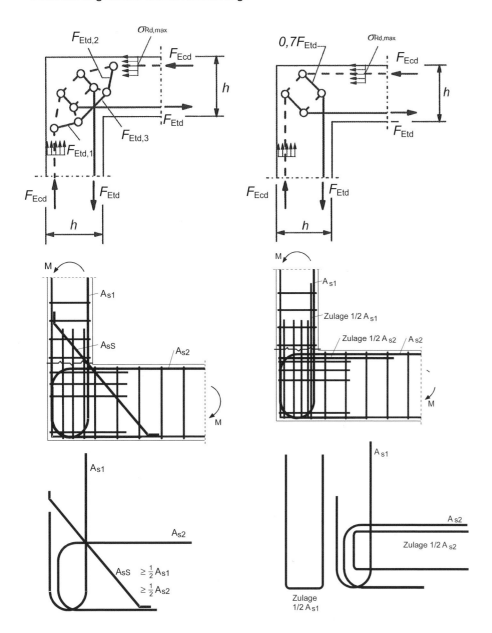

Bild HJ-3 – hochbeanspruchte Rahmenecken bei positiver Momentenbeanspruchung:
oben: Stabwerkmodell mit Schrägbewehrung (links) und orthogonalem Bewehrungsnetz (rechts);
unten: Bewehrungsführung mit Schrägbewehrung (links) und mit erhöhter Zugbewehrung (rechts)

Die Umlenkung der Biegedruckkräfte aus dem Riegel und der Stütze erzeugen im Eckbereich radial gerichtete Zugspannungen. Um ein Abspalten des Druckgurtes infolge der Spaltzugkräfte zu verhindern, sollte die Biegezugbewehrung schlaufenförmig ausgebildet und mit Steckbügeln eingefaßt werden. Mit der Bewehrungsführung gemäß Bild HJ-3 kann bis zu einem mechanischen Bewehrungsgrad von $\omega = 0{,}2$ die rechnerische Biegetragfähigkeit erreicht werden. Alternativ zur Schrägbewehrung kann eine Erhöhung der Biegezugbewehrung um 50 % vorgenommen werden [HJ-7]. Bei geometrischen Bewehrungsgraden $\rho < 0{,}4$ % kann auf eine Verstärkung der schlaufenförmigen Bewehrung verzichtet werden. Bei Rahmenecken mit einem Verhältnis Riegelhöhe / Stützenhöhe $h_1 / h_2 > 1{,}5$ muss die Steckbügelbewehrung in der Lage sein, die

181

gesamte resultierende Kraft aus der Umlenkung der Biegedruckzone zurückzuhängen. Hinweise zur konstruktiven Durchbildung bei erhöhten Anforderungen an die Rotationsfähigkeit des Eckbereichs finden sich in [535].

Treppenpodeste

Bei biegesteifen Anschlüssen von Treppenläufen an Treppenpodeste handelt es sich um Rahmenecken mit Laibungswinkeln $\alpha \leq 45°$. Um einen Wirkungsgrad von 100 % zu erreichen ist die Biegezugbewehrung schlaufenförmig in die Biegedruckzone abzubiegen. Durch die Bewehrungsschlaufen werden die nach außen gerichteten Abtriebskräfte aus der abgewinkelten Biegedruckzone aufgenommen. Wird die Biegedruckzone nicht durch die abgebogene Bewehrung eingefasst und Biegebewehrung gerade geführt, kommt es zum vorzeitigen Absprengen der Biegedruckzone vor dem Erreichen des rechnerischen Bruchmoments. Der Biegerollendurchmesser der Schlaufen sollte $D_{min} = 10\phi$ nicht unterschreiten, um die in der Umlenkung wirkenden Querzugspannungen zu begrenzen. Bei geringen Randabständen der Längsbewehrung kann eine Einfassung des Podestbereichs durch Steckbügel $\phi = 6$ bis 8 mm sinnvoll sein, um ein Abspalten der seitlichen Betondeckung zu verhindern. Für geometrische Längsbewehrungsgrade $\rho_L \geq 0,4$ % ist zusätzlich eine Schrägbewehrung $a_{ss} \geq 0,5\ a_s$ anzuordnen. Bild HJ-4 zeigt die empfohlene konstruktive Durchbildung für ein Zwischenpodest bei einem Bewehrungsgrad $\rho_L \geq 0,4$ %. In Versuchen [354] an Treppenpodesten läßt sich mit einer Bewehrungsführung nach Bild HJ-4 bis zu einem mechanischen Bewehrungsgrad von $\omega \approx 0,15$ das rechnerische Bruchmoment erreichen. Für höhere mechanische Bewehrungsgrade ist a_{ss} zu erhöhen, weitere Hinweise finden sich in [HJ-8] und [399].

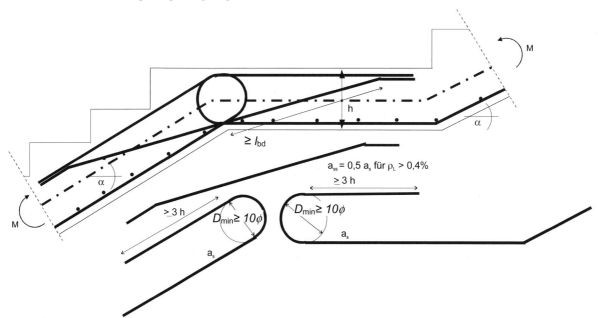

Bild HJ-4 – Beispiel für die Bewehrungsführung eines Treppenzwischenpodestes

Rahmenendknoten

Randstützen von rahmenartigen Tragwerken sind stets als Rahmenstiele in biegefester Verbindung mit Balken oder Platten zu berechnen. In Rahmenendknoten wechselt das Vorzeichen des Stützenmomentes innerhalb des Rahmenriegels, wodurch aus dem Gleichgewicht der Kräfte die Knotenquerkraft V_{jh} resultiert. Bild HJ-5 zeigt den prinzipiellen Kräfteverlauf in einem Rahmenendknoten.

Es können drei unterschiedliche Versagensarten charakterisiert werden [532], [HJ-4], [HJ-5]:

- Biegeversagen Riegel,
- Biegeversagen Stütze,
- Knotenversagen.

Die Biegetragfähigkeit von Riegel und Stütze ergibt sich aus der Biegelehre. Ein Knotenversagen wird durch das Wachstum des diagonalen Knotenschubrisses in die obere Stützendruckzone ausgelöst.

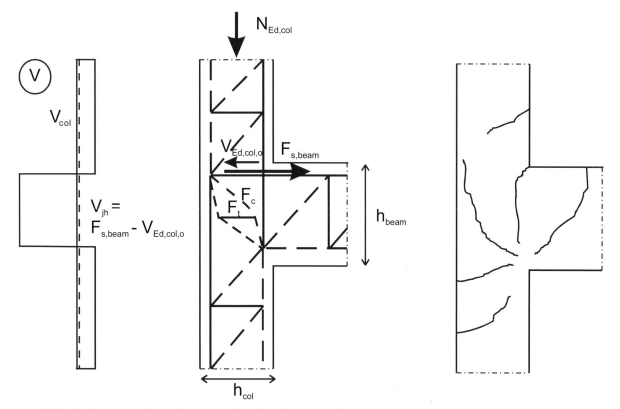

Bild HJ-5 – Rahmenendknoten Querkraftverlauf Stütze; Stabwerkmodell sowie Rißbild

Die auf den Rahmenknoten einwirkende Querkraft V_{jh} ergibt sich zu:

$$V_{jh} = F_{s,beam} - V_{Ed,col,o} = M_{beam} / z_{beam} - V_{Ed,col,o} \qquad \text{(H.J-1)}$$

Zur Bemessung der Rahmenendknoten wird der Bemessungsansatz für die Knotenquerkrafttragfähigkeit gemäß [532] empfohlen, wobei $V_{j,Rd} \geq V_{jh}$ nachzuweisen ist. Dabei wird zwischen der Tragfähigkeit des Knotens ohne und mit Bügelbewehrung unterschieden. Zur Aufnahme der Spaltzugkräfte F_t in dem Stabwerkmodell in Bild HJ-5 wird im Knoten eine Steckbügelbewehrung $A_{s,j}$ angeordnet. Der Nachweis der Betondruckstrebe F_c wird durch Begrenzung der Knotenquerkrafttragfähigkeit in Gleichung (H.J-2b) geführt.

Knotenquerkrafttragfähigkeit ohne Bügel:

$$V_{j,cd} = 1,4 \left(1,2 - 0,3 \frac{h_{beam}}{h_{col}}\right) b_{eff} \, h_{col} \, (f_{ck}/\gamma_c)^{1/4} \qquad \text{(H.J-2a)}$$

Mit: h_{beam}/h_{col} = Schubschlankheit $1,0 \leq h_{beam}/h_{col} \leq 2,0$
        b_{eff} = effektive Knotenbreite $(b_{beam} + b_{col}) / 2 \leq b_{col}$

Knotenquerkrafttragfähigkeit mit Bügeln:

$$V_{j,Rd} = V_{j,cd} + 0,4 \, A_{sj,eff} \, f_{yd} \qquad\qquad \leq 2 \, V_{j,cd}$$

$$\leq \gamma_N \, 0,25 \, (f_{ck} / \gamma_c) \, b_{eff} \, h_{col} \qquad \text{(H.J-2b)}$$

Mit: $A_{sj,eff}$ = effektive Steckbügelbewehrung (im Bereich zwischen Riegeldruckzone und Knotenoberkante anrechenbar)

       γ_N = Einfluß der quasi-ständigen Stützennormalkraft $N_{Ed,col}$ und der Knotenschlankheit

$$\gamma_N = \gamma_{N1} \cdot \gamma_{N2}$$

$$\gamma_{N1} = 1,5 \cdot \left(1 - 0,8 \cdot \frac{N_{Ed,col}}{A_{c,col} \cdot f_{ck}}\right) \leq 1$$

Einfluß der quasi-ständigen Stützendruckkraft $N_{Ed,col}$

$$\gamma_{N2} = 1,9 - 0,6 \, h_{beam}/h_{col} \leq 1$$

Einfluß der Schubschlankheit h_{beam}/h_{col}

Bild HJ-6 zeigt die empfohlene bauliche Durchbildung. Innerhalb des Knotens wechselt das Stützenmoment das Vorzeichen. Daher muß die Stützenbewehrung innerhalb des Knotens verankert werden. Ist die Verankerungslänge nicht ausreichend, so muß eine gerade Zulagebewehrung angeordnet werden. Die Bügelbewehrung aus Steckbügeln oder geschlossenen Bügeln ist in einem Abstand von $s \leq 10$ cm einzubauen. Im Bereich der Riegelzugzone ist eine engere Bügelanordnung sinnvoll um die Rißbreite zu begrenzen. Die Riegelbewehrung wird um 180° mit einem Biegerollendurchmesser $D_{min} \geq 10\ \phi$ abgebogen. Die erforderliche horizontale Verankerungslänge der Riegelzugbewehrung im Knoten wird zu $l_{bd} = 0{,}5\ l_{b,rqd}$ angesetzt. Durch den Verankerungsfaktor $\alpha = 0{,}5$ wird (1.) die Hakenwirkung, (2.) die Querpressung aus Stützenauflast und (3.) die seitliche Betondeckung gleichermaßen erfasst. Dazu ist außen beidseitig je eine Lage der Stützenbewehrung seitlich der abgebogenen Riegelzugbewehrung anzuordnen. Als noch wirkungsvoller hat sich eine gerade Riegelzugbewehrung mit Ankerplatten erwiesen, die hinter der äußeren Stützenbewehrung verankert wird. Ausführliche Bemessungsbeispiele befinden sich in [532], [HJ-2] und [HJ-4].

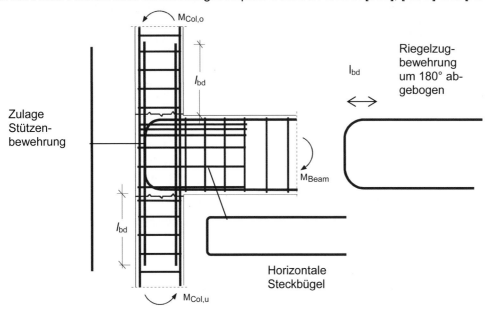

Bild HJ-6 – Typische Bewehrungsführung in Rahmenendknoten mit abgebogener Riegelbewehrung

Rahmeninnenknoten

In ausgesteiften Rahmen, bei denen alle horizontalen Kräfte von den aussteifenden Bauteilen aufgenommen werden, kann für die Innenstützen die Rahmenwirkung vernachlässigt werden, wenn das Stützweitenverhältnis benachbarter Felder $0{,}5 < l_{eff,1} / l_{eff,2} < 2{,}0$ beträgt (symmetrische Belastung).

Bei unausgesteiften Rahmen ist stets das Gesamtsystem zu untersuchen. Die Rahmeninnenknoten erfahren dann aus den Horizontallasten und aus feldweiser Verkehrslast antimetrische Momente. Diese erzeugen im Knotenbereich große Querkräfte und Verbundspannungen, die den Bruchzustand auslösen können [532]. Daher ist einerseits die Knotenquerkrafttragfähigkeit mit Gleichung (H.J-3) nachzuweisen und anderseits die Verankerung der Riegelzugbewehrung im Knotenbereich zu überprüfen.

$$V_{jh} = (|M_{beam,1}|+|M_{beam,2}|)\,/z_{beam} - |V_{col}| \leq \gamma_N\ 0{,}25\ (f_{ck}\,/\,\gamma_c)\ b_{eff}\ h_{col} \qquad\text{(H.J-3)}$$

Mit: $M_{beam,1}$ und $M_{beam,2}$: antimetrische Biegemomente in Riegel 1 und 2

γ_N = Einfluß der quasi ständigen Stützennormalkraft $N_{Ed,col}$

$$= 1{,}5 \cdot \left(1 - 0{,}8 \cdot \frac{N_{Ed,col}}{A_{c,col} \cdot f_{ck}}\right) \leq 1{,}0$$

Gleichung (H.J-3) gilt für ein Verhältnis $1{,}0 \leq h_{beam} / h_{col} \leq 1{,}5$

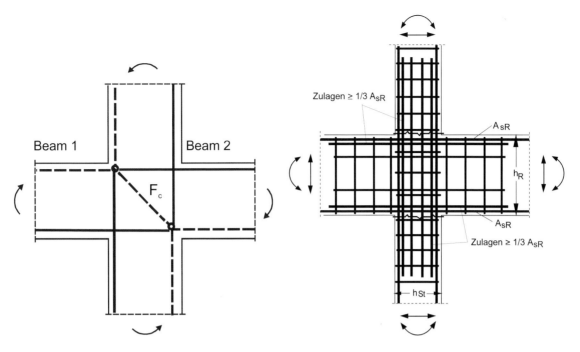

Bild HJ-7 – Stabwerkmodell und typische Bewehrungsführung in Rahmeninnenknoten unter antimetrischer Belastung (gegenläufige wechselseitige Momente)

Die Stützen- und Riegelbewehrung ist gerade durch den Knoten hindurchzuführen. Kann die Verankerung im Knotenbereich nicht nachgewiesen werden, so ist eine gerade Zulagebewehrung gemäß Bild HJ-7 rechts anzuordnen. Der Knotenbereich muss mit dem gleichen Bügelbewehrungsgrad wie die Stütze ausgeführt werden.

Konsolen

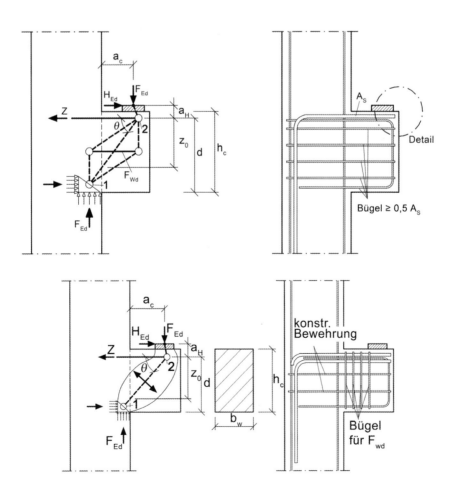

Bild HJ-8 – Stabwerkmodell und Bewehrungsführung in Konsolen
oben: $a_c/h_c < 0{,}5$; unten: $a_c/h_c > 0{,}5$

Der Tragfähigkeitsnachweis von Konsolen mit $a_c \leq h_c$ kann als Querkraftnachweis nach [HJ-10] in Übereinstimmung mit [399] geführt werden. Eine Überprüfung des Bemessungsansatz aus [HJ-10] mit einer Versuchsdatenbank [HJ-6], [HJ-9] zeigt eine besonders gute Übereinstimmung zwischen dem Standardverfahren und Versuchsergebnissen. Wird alternativ der Nachweis der Druckstrebe am Stützenanschnitt mit einem diskreten Stabwerkmodell geführt, so ist die Knotendruckspannung gemäß 6.5.4 infolge der Spaltzugspannungen auf $\sigma_{Rd,max} \leq 0,75 \ \nu \ f_{cd}$ zu beschränken. Versuche von *Eibl/Zeller* [HJ-1] haben gezeigt, dass eine sorgfältige Verbügelung Voraussetzung dafür ist, die Druckstrebentragfähigkeit zu erreichen.

(1) Begrenzung der mittleren Betonspannung durch den <u>Nachweis für die Querkraft</u> der Konsole:

$$V_{Ed} = F_{Ed} \leq V_{Rd,max} = 0,5 \cdot \nu \cdot b \cdot z \cdot (f_{ck}/\gamma_c) \tag{H.J-4}$$

Mit:
$$\nu \geq (0,7 - f_{ck}/200) \geq 0,5$$
$$z = 0,9d$$

(2) <u>Ermittlung der Zuggurtkraft</u> Z_{Ed} aus dem einfachen Streben-Zugband-Modell nach Bild HJ-7:

$$Z_{Ed} = F_{Ed} \cdot \frac{a_c}{z_0} + H_{Ed} \frac{a_H + z_0}{z_0} \tag{H.J-5}$$

$$\text{mit } a_c/z_0 \geq 0,4$$

Dabei wird die Lage der Druckstrebe folgendermaßen angenommen:

$$z_0 = d \cdot \left(1 - 0,4 \cdot \frac{V_{Ed}}{V_{Rd,max}}\right) \tag{H.J-6}$$

Zur Berücksichtigung behinderter Verformungen ist mindestens eine Horizontalkraft $H_{Ed} \geq 0,2 \ F_{Ed}$ anzusetzen.

(3) Nachweis der Lastpressung und Verankerung des Zugbandes im Lastknoten 2. Die Verankerungslänge beginnt unter der Innenkante der Lagerplatte. Die Verankerung kann mit liegenden Schlaufen oder Ankerkörpern erfolgen. Bei einer Verankerung mit Schlaufen kann $\alpha_1 = 0,7$ und bei direkter Lagerung $\alpha_5 = 2/3$ gesetzt werden.

(4) Anordnung von Bügeln

(a) Für $a_c \leq 0,5h_c$ und $V_{Ed} > 0,3V_{Rd,\,max}$ ($V_{Rd,max}$ nach Gleichung (H.J-4)):

Es sind geschlossene horizontale oder geneigte Bügel mit einem Gesamtquerschnitt von mindestens 50 % der Gurtbewehrung (Bild HJ-8 oben) anzuordnen.

(b) Für $a_c > 0,5h_c$ und $V_{Ed} \geq V_{Rd,ct}$ ($V_{Rd,ct}$ nach 6.2):

Es sind geschlossene vertikale Bügel für Bügelkräfte von insgesamt $F_{wd} = 0,7F_{Ed}$ (Bild HJ-8 unten) anzuordnen.

(5) Der Nachweis zur Weiterleitung der Kräfte aus der Konsole in der anschließenden Stütze kann bei durchlaufenden Stützen wie für Rahmenendknoten geführt werden und bei Kopfkonsolen wie für Rahmenecken.

Zu NA.J.4 Oberflächenbewehrung bei vorgespannten Bauteilen

Aufgabe der Oberflächenbewehrung ist es, die Rissbildung infolge von Eigenspannungen aus unterschiedlichem Schwinden und aus Temperaturgradienten innerhalb eines Betonquerschnitts so zu steuern, dass die Oberflächenrisse die Dauerhaftigkeit des Bauteils nicht negativ beeinflussen. Zur Berechnung der erforderlichen Bewehrung kann von einer Eigenspannungsverteilung mit einer Höhe des abzudeckenden Zugkeils von etwa einem Viertel der Bauteildicke ausgegangen werden. Wird die Völligkeit der Spannungsverteilung mit 0,8 angesetzt und bei der Rissbildung von einer Betonzugfestigkeit von etwa 80 % der 28-Tagefestigkeit ausgegangen, ergibt sich die Mindestbewehrung nach Gleichung (H.J-7):

$$A_s = 0{,}8 \cdot \frac{0{,}25 \cdot b \cdot h \cdot 0{,}8 \cdot f_{ctm}}{f_{yk}} = 0{,}16 \cdot \frac{f_{ctm}}{f_{yk}} \cdot b \cdot h \qquad\qquad\text{(H.J-7)}$$

Der Wert $0{,}16 \cdot f_{ctm} / f_{yk}$ entspricht Gleichung (9.5aDE).

Für größere Bauteildicken darf berücksichtigt werden, dass die Höhe der Zugfläche des Eigenspannungsprofils nicht linear mit der Querschnittshöhe zunimmt. Unter Annahme einer maximalen Höhe des Zugkeils infolge Eigenspannungen von $2{,}5 \cdot (h - d)$ je Querschnittsseite ergibt sich:

$$a_s = 0{,}8 \cdot \frac{2{,}5 \cdot (h - d) \cdot 0{,}8 \cdot f_{ctm}}{f_{yk}} = 10 \cdot (h - d) \cdot \rho \qquad\qquad\text{(H.J-8)}$$

Bei einem Achsabstand der Bewehrung vom Querschnittsrand von $(h - d) \approx 35$ mm ergibt sich für die Betonfestigkeitsklasse C35/45 eine erforderliche Oberflächenbewehrung von etwa 3,5 cm²/m.

Durch die Rissbildung wird die Eigenspannung deutlich abgebaut. Der sich aus einer Netzbewehrung $\phi\,8\,/\,150$ mm ergebende Bewehrungsquerschnitt von $a_s = 3{,}35$ cm²/m $\approx 3{,}4$ cm²/m (siehe Tabelle NA.J.4.1) wird aus diesem Grund als generell ausreichende Oberflächenbewehrung zur Abdeckung der Eigenspannungen angesehen. Weitere Erläuterungen können [HJ-12] entnommen werden.

Zitierte Normen und Regelwerke

[R1]   DIN 488: Betonstahl –
         DIN 488-1:2009-08: Teil 1: Stahlsorten, Eigenschaften, Kennzeichnung,
         DIN 488-2:2009-08: Teil 2: Betonstabstahl,
         DIN 488-3:2009-08: Teil 3: Betonstahl in Ringen, Bewehrungsdraht,
         DIN 488-4:2009-08: Teil 4: Betonstahlmatten,
         DIN 488-5:2009-08: Teil 5: Gitterträger,
         DIN 488-6:2010-01: Teil 6: Übereinstimmungsnachweis.

[R2]   DIN 1045-3:2012-03: Tragwerke aus Beton, Stahlbeton und Spannbeton –
         Teil 3: Bauausführung – Anwendungsregeln zu DIN EN 13670.

[R3]   DIN 1045-4:2012-02: Tragwerke aus Beton, Stahlbeton und Spannbeton –
         Teil 4: Ergänzende Regeln für die Herstellung und die Konformität von Fertigteilen.

[R4]   DIN 1045: Tragwerke aus Beton, Stahlbeton und Spannbeton –
         DIN 1045-1:2008-08: Teil 1: Bemessung und Konstruktion,
         DIN 1045-2:2008-08: Teil 2: Beton; Festlegung, Eigenschaften, Herstellung und Konformität,
         DIN 1045-3:2008-08: Teil 3: Bauausführung,
         DIN 1045-4:2001-07: Teil 4: Ergänzende Regeln für die Herstellung und die Konformität von
                            Fertigteilen.

[R5]   DIN 1045-1:2001-07: Tragwerke aus Beton, Stahlbeton und Spannbeton –
         Teil 1: Bemessung und Konstruktion

[R6]   DIN 1045:1988-07: Beton und Stahlbeton; Bemessung und Ausführung.

[R7]   DIN 1045:1978-12: Beton und Stahlbetonbau, Bemessung und Ausführung.

[R8]   DIN 1045:1972-01: Beton und Stahlbetonbau, Bemessung und Ausführung.

[R9]   DIN 1048-5:1991-06: Prüfverfahren für Beton –
         Teil 5: Festbeton, gesondert hergestellte Prüfkörper

[R10]   DIN 1054:2010-12: Baugrund – Sicherheitsnachweise im Erd- und Grundbau –
         Ergänzende Regelungen zu DIN EN 1997-1.

[R11]   DIN 4030-1:2008-06: Beurteilung betonangreifender Wässer, Böden und Gase –
         Teil 1: Grundlagen und Grenzwerte.

[R12]   DIN 4102-4:1994-03: Brandverhalten von Baustoffen und Bauteilen – Teil 4: Zusammenstellung
         und Anwendung klassifizierter Baustoffe, Bauteile und Sonderbauteile. Mit Berichtigungen 1 bis 3
         vom Mai 1995, April 1996 und September 1998 und DIN 4102-4/A1-Änderung:2004-11

[R13]   DIN 4141-15:1991-01: unbewehrte Elastomerlager

[R14]   DIN 4227-1:1988-07: Spannbeton; Bauteile aus Normalbeton mit beschränkter oder voller
         Vorspannung und DIN 4227-1/A1-Änderung:1995-12.

[R15]   DIN 18202:2005-10: Toleranzen im Hochbau – Bauwerke.

[R16]   DIN 18218:2010-01: Frischbetondruck auf lotrechte Schalungen.

[R17]   DIN 18539:2011-02: Anwendungsdokument zu DIN EN 14199:2005-05, Ausführung von
         besonderen geotechnischen Arbeiten (Spezialtiefbau) – Pfähle mit kleinen Durchmessern
         (Mikropfähle).

[R18]   DIN EN 206-1:2001-07: Beton – Teil 1: Festlegung, Eigenschaften, Herstellung und Konformität
         und DIN EN 206-1/A1:2004-10: A1-Änderung,
         und DIN EN 206-1/A1:2005-09: A2-Änderung.

[R19]   DIN EN 845-2:2010-02: Festlegungen für Ergänzungsbauteile für Mauerwerk – Teil 2: Stürze

[R20]   DIN EN 1536:2010-12: Ausführung von Arbeiten im Spezialtiefbau – Bohrpfähle.

[R21]   DIN SPEC 18140:2012-02: Ergänzende Festlegungen zu DIN EN 1536:2010-12, Ausführung von
         Arbeiten im Spezialtiefbau – Bohrpfähle.

[R22]   DIN EN 1990:2010-12: Eurocode 0: Grundlagen der Tragwerksplanung.

[R23]   DIN EN 1990/NA:2010-12: Eurocode 0: Nationaler Anhang – National festgelegte Parameter –
         Grundlagen der Tragwerksplanung.

[R24]   DIN EN 1991-1-1:2010-12: Eurocode 1: Einwirkungen auf Tragwerke – Teil 1-1: Allgemeine Einwirkungen auf Tragwerke - Wichten, Eigengewicht und Nutzlasten im Hochbau.

[R25]   DIN EN 1991-1-1/NA:2010-12: Nationaler Anhang – National festgelegte Parameter – Eurocode 1: Einwirkungen auf Tragwerke – Teil 1-1: Allgemeine Einwirkungen auf Tragwerke – Wichten, Eigengewicht und Nutzlasten im Hochbau.

[R26]   DIN EN 1991-1-4:2010-12: Eurocode 1: Einwirkungen auf Tragwerke – Teil 1-4: Allgemeine Einwirkungen – Windlasten.

[R27]   DIN EN 1991-1-4/NA:2010-12: Nationaler Anhang – National festgelegte Parameter – Eurocode 1: Einwirkungen auf Tragwerke – Teil 1-4: Allgemeine Einwirkungen – Windlasten.

[R28]   DIN EN 1992-1-1:2011-01: Eurocode 2: Bemessung und Konstruktion von Stahlbeton- und Spannbetontragwerken – Teil 1-1: Allgemeine Bemessungsregeln und Regeln für den Hochbau.

[R29]   DIN EN 1992-1-1/NA:2011-01: Nationaler Anhang – National festgelegte Parameter – Eurocode 2: Bemessung und Konstruktion von Stahlbeton- und Spannbetontragwerken – Teil 1-1: Allgemeine Bemessungsregeln und Regeln für den Hochbau. Mit Berichtigung 1:2012-06 und Entwurf der A1-Änderung:2012-05.

[R30]   DIN EN 1992-1-2:2010-12: Eurocode 2: Bemessung und Konstruktion von Stahlbeton- und Spannbetontragwerken – Teil 1-2: Allgemeine Regeln – Tragwerksbemessung für den Brandfall.

[R31]   DIN EN 1992-1-2/NA:2010-12: Nationaler Anhang – National festgelegte Parameter – Eurocode 2: Bemessung und Konstruktion von Stahlbeton- und Spannbetontragwerken – Teil 1-2: Allgemeine Regeln – Tragwerksbemessung für den Brandfall.

[R32]   DIN EN 1992-2:2010-12: Eurocode 2: Bemessung und Konstruktion von Stahlbeton- und Spannbetontragwerken – Teil 2: Betonbrücken – Bemessungs- und Konstruktionsregeln.

[R33]   DIN EN 1992-2/NA *(in Vorbereitung)*: Nationaler Anhang – National festgelegte Parameter – Eurocode 2: Bemessung und Konstruktion von Stahlbeton- und Spannbetontragwerken – Teil 2: Betonbrücken – Bemessungs- und Konstruktionsregeln.

[R34]   DIN EN 1992-3:2011-01: Eurocode 2: Bemessung und Konstruktion von Stahlbeton- und Spannbetontragwerken – Teil 3: Silos und Behälterbauwerke aus Beton.

[R35]   DIN EN 1992-3/NA:2011-01: Nationaler Anhang – National festgelegte Parameter – Eurocode 2: Bemessung und Konstruktion von Stahlbeton- und Spannbetontragwerken – Teil 3: Silos und Behälterbauwerke aus Beton.

[R36]   DIN V ENV 1992-1-1:1992-06: Eurocode 2 – Planung von Stahlbeton- und Spannbeton-tragwerken, Teil 1-1: Grundlagen und Anwendungsregeln für den Hochbau.

[R37]   CEN/TS 1992-4:2009 bzw. DIN SPEC 1021-4:2009-08: Bemessung der Verankerung von Befestigungen in Beton

[R38]   DIN EN 1997-1:2009-09: Eurocode 7: Entwurf, Berechnung und Bemessung in der Geotechnik – Teil 1: Allgemeine Regeln.

[R39]   DIN EN 1997-1/NA:2010-12: Eurocode 7: Nationaler Anhang – National festgelegte Parameter – Entwurf, Berechnung und Bemessung in der Geotechnik – Teil 1: Allgemeine Regeln.

[R40]   DIN EN 10080:2005-08: Stahl für die Bewehrung von Beton – Schweißgeeigneter Betonstahl – Allgemeines.

[R41]   DIN EN 10088-3:2005-09: Nichtrostende Stähle – Teil 3: Technische Lieferbedingungen für Halbzeug, Stäbe, Walzdraht, gezogenen Draht, Profile und Blankstahlerzeugnisse aus korrosionsbeständigen Stählen für die allgemeine Verwendung.

[R42]   DIN EN 10138:2000-10: Spannstähle - Teil 1: Allgemeine Anforderungen, Teil 2: Draht, Teil 3: Litze, Teil 4: Stäbe

[R43]   DIN EN 12699:2001-05: Ausführung spezieller geotechnischer Arbeiten (Spezialtiefbau) – Verdrängungspfähle mit Berichtigung 1:2010-11.

[R44]   DIN EN 13670:2011-03: Ausführung von Tragwerken aus Beton.

[R45]   DIN EN 13791:2008-05: Bewertung der Druckfestigkeit von Beton in Bauwerken oder in Bauwerksteilen.

[R46]   DIN EN 14199:2005-05: Ausführung von besonderen geotechnischen Arbeiten (Spezialtiefbau) –
          Pfähle mit kleinen Durchmessern (Mikropfähle).

[R47]   DIN EN ISO 17660: Schweißen – Schweißen von Betonstahl
          – Teil 1: Tragende Schweißverbindungen: 2006-12 mit Berichtigung 1: 2007-08;
          – Teil 2: Nichttragende Schweißverbindungen: 2006-12 mit Berichtigung 1: 2007-08.

[R48]   ISO 4356: Basis for the design of structures – Deformations of buildings at the serviceability limit
          state, 1977.

[R49]   SIA 262: SN 505262:2003-01: Betonbau

[R50]   Normen-Handbuch: Eurocode 2: Betonbau – Band 1: Allgemeine Regeln. Vom DIN konsolidierte
          Fassung. Berlin: Beuth-Verlag 2012-07.

[R51]   Normen-Handbuch Eurocode 2: Betonbau – Band 2: Betonbrücken. Vom DIN konsolidierte
          Fassung. Berlin: Beuth-Verlag 2012-11. *(in Vorbereitung)*

[R52]   DIN-Fachbericht 100: Beton: Zusammenstellung von DIN EN 206-1 Beton – Teil 1: Festlegungen,
          Eigenschaften, Herstellung und Konformität und DIN 1045-2 Tragwerke aus Beton, Stahlbeton
          und Spannbeton – Teil 2: Beton - Festlegungen, Eigenschaften, Herstellung und Konformität –
          Anwendungsregeln zu DIN EN 206-1. Berlin: Beuth-Verlag 2010-03.

[R53]   DIN-Fachbericht 102: Betonbrücken. Berlin: Beuth-Verlag 2009-03.

[R54]   ZTV-ING - Zusätzliche Technische Vertragsbedingungen und Richtlinien für Ingenieurbauten.
          Dortmund: Verkehrsblattverlag 2010-04.

[R55]   ZTV-SIB 90: Zusätzliche Technische Vertragsbedingungen für Schutz und Instandsetzung von
          Betonbauteilen; Der Bundesminister für Verkehr. Dortmund: Verkehrsblattverlag 1990.

[R56]   Musterbauordnung – MBO, Fassung 2002, zuletzt geändert durch Beschluss der Bauministerkon-
          ferenz vom Oktober 2008. *www.bauministerkonferenz.de* → Mustervorschrifen/Mustererlasse.

[R57]   Muster-Liste der Technischen Baubestimmungen (MLTB). Aktuelle Fassung unter: *www.dibt.de*
          → Aktuelles → Technische Baubestimmungen.

[R58]   DAfStb-Richtlinie: Massige Bauteile aus Beton, Ausgabe 2010-04.

[R59]   DAfStb-Richtlinie: Betonbau beim Umgang mit wassergefährdenden Stoffen (BUmwS), Ausgabe
          2011-03.

[R60]   DAfStb-Richtlinie: Vorbeugende Maßnahmen gegen schädigende Alkalireaktion im Beton (Alkali-
          Richtlinie), Ausgabe 2007-02, mit Berichtigungen: 2010-04 und 2011-04.

[R61]   DAfStb-Richtlinie: Qualität der Bewehrung – Ergänzende Festlegung zur Weiterverarbeitung von
          Betonstahl und zum Einbau der Bewehrung, Ausgabe 2010-10.

[R62]   DAfStb-Richtlinie: Stahlfaserbeton – Ergänzungen und Änderungen zu DIN EN 1992-1-1 in
          Verbindung mit DIN EN 1992-1-1/NA, DIN EN 206-1 in Verbindung mit DIN 1045-2 und
          DIN EN 13670 in Verbindung mit DIN 1045-3, *(in Vorbereitung)*.

[R63]   DAfStb-Richtlinie: Wasserundurchlässige Bauwerke aus Beton (WU-Richtlinie), Ausgabe 2003-11
          mit Berichtigung: 2006-03.

[R64]   VDI-Richtlinie:2012-04: VDI/BV-BS 6205 Transportanker und Transportankersysteme für
          Betonfertigteile – Grundlagen, Bemessung, Anwendungen
          Blatt 1: Allgemeine Grundlagen,
          Blatt 2: Herstellen und Inverkehrbringen,
          Blatt 3: Planung und Anwendung.

[R65]   BGR 106: Transportanker und -systeme von Betonfertigteilen. Hauptverband der gewerblichen
          Berufsgenossenschaften: Fachausschuss „Bau", 1992-04.

[R66]   Bundesvereinigung der Prüfingenieure für Bautechnik e.V. (Hrsg.): Richtlinie für das Aufstellen
          und Prüfen EDV-unterstützter Standsicherheitsnachweise (Ri-EDV-AP-2001). Ausgabe April
          2001. In: Der Prüfingenieur 18 (2001), S. 49 ff.

DAfStb- Hefte (Deutscher Ausschuss für Stahlbeton)

[220]   DAfStb-Heft 220: Bemessung von Beton- und Stahlbetonbauteilen nach DIN 1045, Ausgabe Dezember 1978. *Grasser, E.:* Biegung mit Längskraft, Schub, Torsion. *Kordina, K. und Quast, U.:* Nachweis der Knicksicherheit. Berlin: Ernst & Sohn, 2. überarbeitete Auflage 1979.

[240]   DAfStb-Heft 240: *Grasser, E.; Thielen, G.:* Hilfsmittel zur Berechnung der Schnittgrößen und Formänderungen von Stahlbetontragwerken nach DIN 1045, Ausgabe Juli 1988. 3. Auflage. Berlin, Köln: Beuth-Verlag 1991.

[300]   DAfStb-Heft 300: *Rehm, G.; Eligehausen, R.; Neubert, B.:* Erläuterung der Bewehrungsrichtlinien. Berlin: Ernst & Sohn 1979.

[316]   DAfStb-Heft 316: *Paschen, H.; Zillich, V. C.:* Versuche zur Bestimmung der Tragfähigkeit stumpf gestoßener Stahlbetonfertigteilstützen. Berlin: Ernst & Sohn 1980.

[326]   DAfStb-Heft 326: *Dieterle, H.; Steinle, A.:* Blockfundamente für Stahlbetonfertigstützen. Berlin: Ernst & Sohn 1981

[332]   DAfStb-Heft 332: *Olsen, P. C. und Quast, U.:* Anwendungsgrenzen von vereinfachten Bemessungsverfahren für schlanke zweiachsig ausmittig beanspruchte Stahlbetondruckglieder. *Haksever, A. und Haß, R.:* Traglast von Druckgliedern mit vereinfachter Bügelbewehrung unter Feuerangriff. *Kordina, K. und Mester, R.:* Traglast von Druckgliedern mit vereinfachter Bügelbewehrung unter Normaltemperatur und Kurzzeitbeanspruchung. Berlin: Ernst & Sohn 1982.

[339]   DAfStb-Heft 339: *Müller, F.; Sasse, H. R.; Thormählen, U.:* Stützenstöße im Stahlbeton-Fertigteilbau mit unbewehrten Elastomerlagern. Berlin: Ernst & Sohn 1982.

[348]   DAfStb-Heft 348: *Paschen, H.; Zillich, V. C.:* Tragfähigkeit querkraftschlüssiger Fugen zwischen Stahlbeton-Fertigteildeckenelementen. Berlin: Ernst & Sohn 1983.

[354]   DAfStb-Heft 354: *Kordina, K.:* Bewehrungsführung in Ecken und Rahmenendknoten. Berlin: Beuth Verlag 1984.

[361]   DAfStb-Heft 361: *Galgoul, N. S.:* Beitrag zur Bemessung von schlanken Stahlbetonstützen für schiefe Biegung mit Achsdruck unter Kurzzeit- und Dauerbelastung. Dissertation, TU München. Berlin: Ernst & Sohn 1985.

[399]   DAfStb-Heft 399: *Eligehausen, R.; Gerster, R.:* Das Bewehren von Stahlbetonbauteilen. Berlin, Köln: Beuth-Verlag 1993.

[400]   DAfStb-Heft 400: Erläuterungen zu DIN 1045 Beton- und Stahlbeton, Ausgabe 07.88. Berlin, Köln: Beuth Verlag, 3. berichtigter Nachdruck 1994.

[408]   DAfStb-Heft 408: *Schäfer, K.; Schelling, G.; Kuchler, T.:* Druck- und Querzug in bewehrten Betonelementen. Berlin: Beuth Verlag 1990.

[411]   DAfStb,-Heft 411: *Mainka, G.-W.; Paschen, H.:* Untersuchungen über das Tragverhalten von Köcherfundamenten. Berlin: Beuth-Verlag 1990.

[413]   DAfStb-Heft 413: *Kolleger J.; Mehlhorn, G.:* Experimentelle Untersuchungen zur Bestimmung der Druckfestigkeit des gerissenen Stahlbetons bei einer Querzugbeanspruchung. Berlin, Köln: Beuth-Verlag 1990.

[422]   DAfStb-Heft 422: Prüfung von Beton – Empfehlungen und Hinweise als Ergänzung zu DIN 1048. Berlin, Köln: Beuth-Verlag 1991

[425]   DAfStb-Heft 425: *Kordina, K. u. a.:* Bemessungshilfsmittel zu Eurocode 2 Teil 1 (DIN V ENV 1992 Teil 1-1, Ausgabe 06.92) – Planung von Stahlbeton- und Spannbetontragwerken. Berlin, Köln: Beuth Verlag, 3. ergänzte Auflage 1992.

[439]   DAfStb-Heft 439: *König, G.; Danielewicz, I.:* Ermüdungsfestigkeit von Stahlbeton- und Spannbetonbauteilen mit Erläuterungen zu den Nachweisen gemäß CEB-FIP Model Code 1990. Berlin, Köln: Beuth Verlag 1994.

[456]   DAfStb-Heft 456: *Schäfer, H. G.; Brock, K.; Drell, R.:* Oberflächenrauheit und Haftverbund. Berlin: Beuth-Verlag 1996.

[466]   DAfStb-Heft 466: *König, G.; Tue, N. V.:* Grundlagen und Bemessungshilfen für die Rissbreitenbeschränkung im Stahlbeton und Spannbeton sowie Kommentare, Hintergrundinformationen und Anwendungsbeispiele zu den Regelungen nach DIN 1045, EC 2 und Model Code 90. Berlin, Köln: Beuth-Verlag 1996.

[469]   DAfStb-Heft 469: *König, G.; Tue, N. V.; Bauer, Th.; Pommerening, D.*: Schadensablauf bei Korrosion der Spannbewehrung. Berlin: Beuth-Verlag 1996.

[484]   DAfStb-Heft 484: *Eligehausen, R.; Fabritius, E.*: Grenzen der Anwendung nichtlinearer Rechenverfahren bei Stabtragwerken und einachsig gespannten Platten. Berlin: Beuth-Verlag 1997.

[489]   DAfStb-Heft 489: *Paas, U.*: Mindestbewehrung für verformungsbehinderte Betonbauteile im jungen Alter. Berlin: Beuth-Verlag 1998.

[499]   DAfStb-Heft 499: *Minnert, J.*: Tragverhalten von stumpf gestoßenen Fertigteilstützen aus hochfestem Beton. Berlin: Beuth-Verlag 2000.

[525]   DAfStb-Heft 525: Erläuterungen zu DIN 1045-1. Berlin: Beuth-Verlag, 2. überarbeitete Auflage 2010.

[526]   DAfStb-Heft 526: Erläuterungen zu den Normen DIN EN 206-1, DIN 1045-2, DIN 1045-3, DIN 1045-4 und DIN EN 12620. Berlin: Beuth-Verlag, 2. überarbeitete Auflage 2011

[532]   DAfStb-Heft 532: *Hegger, J.; Roeser, W.*: Die Bemessung und Konstruktion von Rahmenknoten – Grundlagen und Beispiele gemäß DIN 1045-1. Berlin: Beuth-Verlag 2002.

[535]   DAfStb-Heft 535: *Akkermann, J.; Eibl, J.*: Rotationsverhalten von Rahmenecken. Berlin: Beuth Verlag 2002.

[555]   DAfStb-Heft 555: Erläuterungen zur DAfStb-Richtlinie wasserundurchlässige Bauwerke aus Beton (inkl. WU-Richtlinie). Berlin: Beuth Verlag 2006.

[567]   DAfStb-Heft 567: *Graubner, C.-A. u. a.*: Sachstandsbericht – Frischbetondruck fließfähiger Betone. Berlin: Beuth-Verlag 2006.

[597]   DAfStb-Heft 597: *Reineck, K.-H.; Kuchma, D. A.; Fitik, B.*: Erweiterte Datenbanken zur Überprüfung der Querkraftbemessung von Konstruktionsbetonbauteilen ohne und mit Bügel. Juli 2007. Berlin: Beuth-Verlag (*in Vorbereitung*).

[599]   DAfStb-Heft 599: Praxisgerechtes Bewehren von Stahlbetonbauteilen nach DIN EN 1992-1-1 entsprechend dem aktuellen Stand der Bewehrungs- und Herstelltechniken. Berlin: Beuth-Verlag (*in Vorbereitung*).

DBV-Merkblätter (Deutscher Beton- und Bautechnik-Verein E. V.)

[DBV1]   DBV-Merkblatt:2011-01: Betondeckung und Bewehrung nach Eurocode 2.

[DBV2]   DBV-Merkblatt:2011-01: Abstandhalter nach Eurocode 2.

[DBV3]   DBV-Merkblatt:2011-01: Unterstützungen nach Eurocode 2.

[DBV4]   DBV-Merkblatt:2011-01: Rückbiegen von Betonstahl und Anforderungen an Verwahrkästen nach Eurocode 2.

[DBV5]   DBV-Merkblatt:2010-09: Parkhäuser und Tiefgaragen.

[DBV6]   DBV-Merkblatt:2006-09: Betonschalungen und Ausschalfristen.

[DBV7]   DBV-Merkblatt:2006-01: Begrenzung der Rissbildung im Stahlbeton- und Spannbetonbau.

[DBV8]   DBV-Merkblatt:2004-08: Sichtbeton.

[DBV9]   DBV-Merkblatt:2008-02: Gleitbauverfahren.

[DBV10]   DBV-Merkblatt:2004: Betonierbarkeit von Bauteilen aus Beton und Stahlbeton.

[DBV11]   DBV-Merkblatt:2008-01: Bauen im Bestand – Beton und Betonstahl.

FDB-Merkblätter (Fachvereinigung Deutscher Betonfertigteilbau e.V.)

[FDB1]   Fachvereinigung Deutscher Betonfertigteilbau e. V. – Merkblatt Nr. 1: Sichtbetonflächen von Fertigteilen aus Beton und Stahlbeton. 2005-06.

[FDB5]   Fachvereinigung Deutscher Betonfertigteilbau e.V. – Merkblatt Nr. 5: Checkliste für das Zeichnen von Betonfertigteilen. 2010-09.

[FDB6]   Fachvereinigung Deutscher Betonfertigteilbau e.V. – Merkblatt Nr. 6: Passungsberechnungen und Toleranzen von Einbauteilen und Verbindungsmitteln. 2006-06.

Literatur nach Abschnitten geordnet

→ Literatur zu Abschnitt 2

[H2-1]   Comité Euro-International du Béton (CEB): Vibration problems in structures. Practical Guidelines. CEB Bulletin No. 209, Lausanne, 1991.

[H2-2]   *Eibl, J.; Häussler-Combe, U.:* Baudynamik. Betonkalender 1997/II. Berlin: Ernst & Sohn.

[H2-3]   *Fingerloos, F.; Hegger, J.; Zilch, K.:* EUROCODE 2 für Deutschland. DIN EN 1992-1-1 Bemessung und Konstruktion von Stahlbeton- und Spannbetontragwerken – Teil 1-1: Allgemeine Bemessungsregeln und Regeln für den Hochbau mit Nationalem Anhang. Kommentierte Fassung. Berlin: Beuth-Verlag und Ernst & Sohn 2012.

[H2-4]   *Grünberg, J.:* Grundlagen der Tragwerksplanung - Sicherheitskonzept und Bemessungsregeln für den konstruktiven Ingenieurbau , Erläuterungen zu DIN 1055-100, Beuth Verlag 2004.

[H2-5]   *Grünberg, J.:* Sicherheitskonzept für den konstruktiven Ingenieurbau nach DIN 1055-100. Bauingenieur 76 (2001), Heft 12, S. 549 ff.

[H2-6]   *Grünberg, J.; Vogt, N.:* Teilsicherheitskonzept für Gründungen im Hochbau. Betonkalender 2009/2, Berlin: Ernst & Sohn.

[H2-7]   *Vogt, N.; Kellner, C.:* Überprüfung der konstruktiven Regeln für Gründungen in EN 1992-1-1 im Hinblick auf den Nationalen Anhang. Abschlussbericht DIBt-Forschungsvorhaben ZP 52-5-7.271-1220/06. Technische Universität München, Zentrum Geotechnik, 07.08.2006 und 1. Ergänzung vom 10.10.2006.

[H2-8]   *Zilch, K.; Zehetmaier, G.:* Bemessung im konstruktiven Betonbau nach DIN 1045-1 (Fassung 2008) und EN 1992-1-1 (Eurocode 2). Heidelberg: Springer-Verlag, 2. Auflage 2010.

→ Literatur zu Abschnitt 3

[H3-1]   Comité Euro-International du Béton (CEB): Evaluation of the time dependent behavior of concrete. CEB Bulletin No. 199, Lausanne, Schweiz, 1990.

[H3-2]   Comité Euro-International du Béton (CEB): CEB-FIP Model Code MC 90. CEB Bulletin No. 203, 1991.

[H3-3]   Comité Euro-International du Béton (CEB): CEB-FIP Model Code 1990. Bulletin No. 213/214, London, Thomas Telford Publications 1993.

[H3-4]   Comité Euro-International du Béton (CEB): High Performance Concrete – Recommended Extensions to the Model Code 90. Report on the CEB/FIP Working Group on High Strength/High Performance Concrete. CEB-Bulletin No. 228, July 1995.

[H3-5]   Eurocode 2 – Commentary. Ed.: The European Concrete Platform ASBL. June 2008. *www.ermco.eu*.

[H3-6]   *Faust, T.; König, G:* Zur Bemessung von Leichtbeton und Konstruktionsregeln. In: DAfStb-Heft 525, Teil 2. Berlin: Beuth 2003.

[H3-7]   *Fingerloos, F.; Hegger, J.; Zilch, K.:* EUROCODE 2 für Deutschland. DIN EN 1992-1-1 Bemessung und Konstruktion von Stahlbeton- und Spannbetontragwerken – Teil 1-1: Allgemeine Bemessungsregeln und Regeln für den Hochbau mit Nationalem Anhang. Kommentierte Fassung. Berlin: Beuth-Verlag und Ernst & Sohn 2012.

[H3-8]   *Fingerloos, F.; Potucek, W.; Randl,N.:* Normen und Regelwerke, Betonkalender 2012/2, S. 463-537. Berlin: Ernst & Sohn, 2011.

[H3-9]   *Fingerloos, F.; Stenzel, G.:* Konstruktion und Bemessung von Details nach DIN 1045-1. Betonkalender 2007/2, Berlin: Ernst & Sohn.

[H3-10] *Grübl, P.; Weigler, H.; Karl, S.:* Beton – Arten, Herstellung und Eigenschaften. Berlin: Ernst & Sohn, 2. Auflage 2001.

[H3-11] *Hilsdorf, H.; Müller, H.:* 3.1 Concrete. In fib-Bulletin No 1: Structural Concrete – Textbook on Behaviour, Design and Performance. Updated knowledge of the CEB/FIP Model Code 1990. Volume 1: Introduction - Design process - Materials. Lausanne, July 1999, S. 41-46.

[H3-12] *Müller, H. S.; Kvitsel, V.:* Kriechen und Schwinden von Beton – Grundlagen der neuen DIN 1045 und Ansätze für die Praxis. Beton- und Stahlbetonbau 97 (2002), Heft 1, S. 8-19.

[H3-13] *Müller, H. S.; Reinhardt, H. W.:* Beton. Betonkalender 2009/1, Berlin: Ernst & Sohn.

[H3-14] *Reinhardt, H.-W.; Hilsdorf, H. K.:* Beton. Betonkalender 2001/1. Berlin: Ernst & Sohn.

[H3-15] *Stiglat, K.; Wippel, H.:* Massive Platten. Betonkalender 1986/I. Berlin: Ernst & Sohn.

[H3-16] *Weiske, R.:* Durchleitung hoher Stützenlasten bei Stahlbeton-Flachdecken. Dissertation TU Braunschweig, Institut für Baustoffe, Massivbau und Brandschutz: Heft 180, 2004.

[H3-17] *Zilch, K.; Zehetmaier, G.:* Bemessung im konstruktiven Betonbau nach DIN 1045-1 (Fassung 2008) und EN 1992-1-1 (Eurocode 2). Heidelberg: Springer-Verlag, 2. Auflage 2010.

→ Literatur zu Abschnitt 4

[H4-1] *Brameshuber, W.; Schmidt, H.; Schröder, P.; Fingerloos, F.:* Messung der Betondeckung – Auswertung und Abnahme. Beton- und Stahlbetonbau 99 (2004), Heft 3, S. 169-175.

[H4-2] *Dillmann, R.:* Betondeckung – Planung als erster Schritt zur Qualität. Beton- und Stahlbetonbau 91 (1996), Heft 1, S. 13-17.

[H4-3] *Fingerloos, F.:* Erläuterungen zu DIN 1045-1. In: Normen und Regelwerke, Betonkalender 2009/2, S. 451-477. Berlin: Ernst & Sohn.

[H4-4] *Fingerloos, F.; Hegger, J.; Zilch, K.:* EUROCODE 2 für Deutschland. DIN EN 1992-1-1 Bemessung und Konstruktion von Stahlbeton- und Spannbetontragwerken – Teil 1-1: Allgemeine Bemessungsregeln und Regeln für den Hochbau mit Nationalem Anhang. Kommentierte Fassung. Berlin: Beuth-Verlag und Ernst & Sohn 2012.

[H4-5] *Hegger, J.; Nitsch, A.; Hartz, U.:* Zur Einleitung der Vorspannung bei sofortigem Verbund. In: DAfStb-Heft 525, Teil 2. Berlin: Beuth-Verlag, 1. Auflage 2003.

[H4-6] *Hosser, D.; Gensel, B.:* Einflüsse auf die Betondeckung von Stahlbetonbauteilen – statistische Analyse von Messungen an Wänden, Stützen und Unterzügen. Beton- und Stahlbetonbau 91 (1996), Heft 10, S. 229-235.

→ Literatur zu Abschnitt 5

[H5-1] *Beck, H.; König, G.:* Haltekräfte im Skelettbau. Beton- und Stahlbetonbau 62 (1967), S. 7-15 und 37-42.

[H5-2] Comité Euro-International du Béton (CEB): CEB-FIP Model Code 1990. Bulletin No. 213/214, London, Thomas Telford Publications 1993.

[H5-3] Comité Euro-International du Béton (CEB): Ductility of Reinforced Concrete Structures, Synthesis Report and Individual Contributions. Bulletin No. 242, Stuttgart 1998.

[H5-4] *Cordes, H.; Engelke, P.; Jungwirth, D., Thode, D.:* Eintragung der Spannkraft – Einflußgrößen bei Entwurf und Ausführung. Mitteilungen des Instituts für Bautechnik, Heft 2 (1983).

[H5-5] *Eligehausen, R.; Fabritius, E.:* Steel Quality and Static Analysis, CEB Bulletin d'Information No. 217, Comité Euro-International du Béton, Lausanne 1993, S. 69-107.

[H5-6] *Fabritius, E.:* Zum Trag- und Rotationsverhalten von Stahlbetontragwerken mit nicht-linearer Schnittgrößenermittlung. Dissertation, Schriftenreihe IWB-Mitteilungen 2001/2, Institut für Werkstoffe im Bauwesen, Universität Stuttgart, Stuttgart 2001.

[H5-7] *Fingerloos, F.:* Neuausgabe DIN 1045-1 - Erläuterungen zu den Änderungen. In: Deutscher Beton- und Bautechnik-Verein E. V., DBV-Heft 14: Weiterbildung Tragwerksplaner Massivbau – Brennpunkt Aktuelle Normung. 2007.

[H5-8] *Fingerloos, F. (Hrsg.):* Überprüfung und Überarbeitung des Nationalen Anhangs (DE) für DIN EN 1992-1-1 (Eurocode 2). Abschlussbericht des DIBt-Forschungsvorhabens ZP 52-5-7.278.2-1317/09: Eurocode 2 Hochbau – Pilotprojekte. Februar 2010.

[H5-9] *Fingerloos, F.; Hegger, J.; Zilch, K.:* EUROCODE 2 für Deutschland. DIN EN 1992-1-1 Bemessung und Konstruktion von Stahlbeton- und Spannbetontragwerken – Teil 1-1: Allgemeine Bemessungsregeln und Regeln für den Hochbau mit Nationalem Anhang. Kommentierte Fassung. Berlin: Beuth-Verlag und Ernst & Sohn 2012.

[H5-10] *Fingerloos, F.; Stenzel, G.:* Konstruktion und Bemessung von Details nach DIN 1045. Betonkalender 2007/2. Berlin: Verlag Ernst & Sohn.

[H5-11]   *Fingerloos, F.; Zilch, K.:* Neuausgabe von DIN 1045-1 – Hintergründe und Erläuterungen. Beton- und Stahlbetonbau (83) 2008, Heft 4, S. 147-157.

[H5-12]   *Grasser, E. und. Galgoul, N. S.:* Praktisches Verfahren zur Bemessung schlanker Stahlbetonstützen unter Berücksichtigung zweiachsiger Biegung. Beton- und Stahlbetonbau 81 (1986). H.7, 173-177.

[H5-13]   *Graubner, C.-A.; Six, M.:* Spannbetonbau. Stahlbetonbau aktuell, Bauwerk Verlag, Berlin 2002.

[H5-14]   Grundbau-Taschenbuch. *Witt, K. J. (Hrsg.).* Berlin: Ernst & Sohn, 7. Auflage, 2009.
– Teil 1: Geotechnische Grundlagen,
– Teil 2: Geotechnische Verfahren,
– Teil 3: Gründungen und geotechnische Bauwerke.

[H5-15]   *König, G.:* Ein Beitrag zur Berechnung aussteifender Bauteile von Skelettbauten. Dissertation, Darmstadt 1966.

[H5-16]   *König, G.; Pauli, W.:* Nachweis der Kippstabilität von schlanken Fertigteilträgern aus Stahlbeton und Spannbeton. Beton- und Stahlbetonbau 87 (1992), Heft 5, S. 109-112, 149-152.

[H5-17]   *König, G.; Pauli, W.:* Ergebnisse von sechs Kippversuchen an schlanken Fertigteilträgern aus Stahlbeton und Spannbeton. Beton- und Stahlbetonbau 85 (1990), Heft 10, S. 253-258.

[H5-18]   *Kordina, K.; Quast, U.:* Bemessung der Stahlbeton- und Spannbetonbauteile nach DIN 1045-1 – Teil II: Bemessung von schlanken Bauteilen für den durch Tragwerksverformungen beeinflussten Grenzzustand der Tragfähigkeit – Stabilitätsnachweis. Betonkalender 2002/1. Berlin: Ernst & Sohn, S. 361-434.

[H5-19]   *Krüger, W.; Mertzsch, O.; Schmidt, Th.:* Spannungsverteilungen in vielsträngig bewehrten Stahlbeton- und Spannbetonquerschnitten bei Langzeitbeanspruchungen. In: Schriftenreihe iBMB Braunschweig, Heft 142, 1999, S. 193-202.

[H5-20]   *Mayer, U.:* Zum Einfluss der Oberflächengestalt von Rippenstählen auf das Trag- und Verformungsverhalten von Stahlbetonbauteilen. Dissertation. Institut für Werkstoffe im Bauwesen, Universität Stuttgart, Stuttgart 2001.

[H5-21]   *Naser, A.:* Untersuchungen zu schlanken Stahlbetondruckgliedern mit schiefer Biegung. Dissertation. Ruhr-Universität Bochum, 1996.

[H5-22]   *Petersen, Ch.:* Statik und Stabilität der Baukonstruktionen. Braunschweig / Wiesbaden: Vieweg & Sohn 2. durchgesehene Auflage 1982.

[H5-23]   *Quast, U.:* Stützenbemessung. Betonkalender 2004/2, Berlin: Ernst & Sohn, S. 377 ff..

[H5-24]   *Reineck,K.-H.:* Modellierung der D-Bereiche von Fertigteilen. Betonkalender 2005/2. Berlin: Ernst & Sohn.

[H5-25]   *Rubin, H.:* Näherungsweise Bestimmung der Knicklängen und Knicklasten von Rahmen nach E DIN 18800 Teil 2. Stahlbau 68 (1989), Heft 4, S. 103-109.

[H5-26]   *Schlaich, J.; Schäfer, K.:* Konstruieren im Stahlbetonbau. Betonkalender 2001/2, S. 311-492. Berlin: Ernst & Sohn.

[H5-27]   *Schlaich, J.; Schäfer, K; Jennewein, M.:* Toward a consistent design for structural concrete. PCI-Journ. V.32 (1987), No.3, S. 75-150.

[H5-28]   *Stoffregen, U.; König, G.:* Schiefstellung von Stützen in vorgefertigten Skelettbauten. Beton- und Stahlbetonbau 74 (1979), Heft 1, S. 1-5.

[H5-29]   *Stolze, R.:* Zum Tragverhalten von Stahlbetonplatten mit von den Bruchlinien abweichender Bewehrungsrichtung – Bruchlinien-Rotationskapazität. Schriftenreihe des Instituts für Massivbau und Baustofftechnologie, Heft 21, Universität Karlsruhe, 1993.

[H5-30]   *Westerberg, B.:* Second order effects in slender concrete structures – Background to the rules in EC 2. TRITA-BKN Rapport 77. Stockholm: Betongbyggnad 2004. *www.byv.kth.se*

[H5-31]   *Zilch, K.; Rogge, A.:* Grundlagen der Bemessung von Beton-, Stahlbeton- und Spannbeton-bauteilen nach DIN 1045-1. Betonkalender 2002/1. Berlin: Ernst & Sohn.

[H5-32]   *Zilch, K.; Zehetmaier, G.:* Bemessung im konstruktiven Betonbau nach DIN 1045-1 (Fassung 2008) und EN 1992-1-1 (Eurocode 2). Heidelberg: Springer-Verlag, 2. Auflage 2010.

→ **Literatur zu Abschnitt 6**

[H6-1] *Broms, C. E.:* Concrete flat slabs and footings – Design method for punching and detailing for ductility. Dissertation, Royal Institute of Technology Stockholm, 2005

[H6-2] *Bülte, S.:* Zum Verbundverhalten von Spannstahl mit sofortigem Verbund unter Betriebsbeanspruchung. Dissertation. In: Schriftenreihe des IMB RWTH Aachen, Heft 25, 2008.

[H6-3] *Eibl, J.; Neuroth, U.:* Untersuchungen zur Druckfestigkeit von bewehrtem Beton bei gleichzeitig wirkendem Querzug. Institut für Massivbau und Baustofftechnologie, Universität Karlsruhe, 1988.

[H6-4] *Feix, J.:* Kritische Analyse und Darstellung der Bemessung für Biegung mit Längskraft, Querkraft und Torsion nach Eurocode 2, Teil 1. Lehrstuhl für Massivbau. Technische Universität München (Diss.)

[H6-5] *Fingerloos, F.:* Erläuterungen zu einigen Auslegungen der DIN 1045-1. Beton- und Stahlbetonbau 101 (2006), Heft 4, S. 282-291.

[H6-6] *Fingerloos, F.; Hegger, J.; Zilch, K.:* EUROCODE 2 für Deutschland. DIN EN 1992-1-1 Bemessung und Konstruktion von Stahlbeton- und Spannbetontragwerken – Teil 1-1: Allgemeine Bemessungsregeln und Regeln für den Hochbau mit Nationalem Anhang. Kommentierte Fassung. Berlin: Beuth-Verlag und Ernst & Sohn 2012.

[H6-7] *Fingerloos, F.; Stenzel, G.:* Konstruktion und Bemessung von Details nach DIN 1045. Betonkalender 2007/2. Berlin: Verlag Ernst & Sohn.

[H6-8] *Frey, R.:* Ermüdung von Stahlbetonbalken unter Biegung und Querkraft. Dissertation, ETH Zürich, 1984.

[H6-9] *Häusler, F.:* Zum maximalen Durchstanzwiderstand von Flachdecken mit und ohne Vorspannung. Dissertation. In: Schriftenreihe des IMB RWTH Aachen, Heft 27, 2009.

[H6-10] *Hegger, J.; Beutel, R., Hoffmann, S.:* Statistische Auswertung von Versuchen – Beurteilung von Bemessungsansätzen. Beton- und Stahlbetonbau 94 (1999), Heft 11, S. 457-465.

[H6-11] *Hegger, J.; Beutel, R.:* Hintergründe und Anwendungshinweise zur Durchstanzbemessung nach DIN 1045-1. Bauingenieur 77 (2002), S. 535-549.

[H6-12] *Hegger, J.; Häusler, F.; Ricker, M.:* Zur Durchstanzbemessung von Flachdecken nach Eurocode 2. Beton- und Stahlbetonbau 103 (2008), Heft 2, S. 93-102.

[H6-13] *Hegger, J.; König, G.; Zilch, K.; Reineck, K.-H.; u. a.:* Überprüfung und Vereinheitlichung der Bemessungsansätze für querkraftbeanspruchte Stahlbeton- und Spannbetonbauteile aus normalfestem und hochfestem Beton nach DIN 1045-1. DIBt-Forschungsvorhaben IV1-5-876/98, Abschlussbericht Dezember 1999.

[H6-14] *Hegger, J.; Ricker, M.; Häusler, F.:* DAfStb-AG „Nationales Anwendungsdokument zu DIN EN 1992-1-1" –Durchstanzen nach Eurocode 2. Institutsbericht 173/2006, IMB Lehrstuhl und Institut für Massivbau der RWTH Aachen, 06.12.2006.

[H6-15] *Hegger, J.; Ricker, M.; Sherif, A.:* Punching Strength of Reinforced Concrete Footings. ACI Structural Journal, September-October 2009.

[H6-16] *Hegger, J.; Sherif, A.; Ricker, M.:* Experimental Investigations on Punching Behavior of Reinforced Concrete Footings. ACI Structural Journal, S. 604-613, July-August 2006.

[H6-17] *Hegger, J.; Siburg, C.:* Durchstanzen. In: Gemeinschaftstagung Eurocode 2 für Deutschland (Tagungsband). Berlin: Beuth und Ernst & Sohn, 2. aktualisierte Auflage 2010, S. 53-76.

[H6-18] *Hegger, J.; Siburg, C.:* Experimentelle Untersuchungen zur Anordnung von horizontalen Leitungen im Bereich von Innenstützen. Abschlussbericht zum DBV-Forschungsvorhaben DBV 281, IMB-Institutsbericht 270/2011. RWTH Aachen 2012.

[H6-19] *Hegger, J.; Siburg, C.; Ricker, M.:* Stellungnahme zum Abschlussbericht 2009 für „Eurocode 2 Hochbau (EN 1992-1-1) – Pilotprojekte". Institutsbericht IMB Lehrstuhl und Institut für Massivbau der RWTH Aachen, 13.10.2009.

[H6-20] *Hegger, J.; Teworte, F.:* Querkraft, Torsion, Stabwerkmodelle. In: Gemeinschaftstagung Eurocode 2 für Deutschland (Tagungsband). Berlin: Beuth und Ernst & Sohn, 2. aktualisierte Auflage 2010, S. 45-52.

[H6-21] *Hegger, J., Teworte, F.:* Fatigue of Prestressed Concrete Beams with low Shear Reinforcement Ratios - Experimental Investigations. 18th IABSE Congress, Seoul, September 2012.

[H6-22] *Hegger, J.; Walraven, J. C.; Häusler, F.:* Zum Durchstanzen von Flachdecken nach Eurocode 2. Beton- und Stahlbetonbau 105 (2010), Heft 4, S. 206-215.

[H6-23] *Hegger, J.; Ziegler, M.; Ricker, M.; Kürten, S.:* Experimentelle Untersuchungen zum Durchstanzen von gedrungenen Fundamenten unter Berücksichtigung der Boden-Bauwerk-Interaktion. Bauingenieur, 85 (2010), Heft 2, S. 87-96.

[H6-24] *Kaufmann, N:* Das Sandflächenverfahren; Straßenbautechnik 24, Nr.3, 1971.

[H6-25] *Kinnunen, S.; Nylander, H.:* Punching of Concrete Slabs without Shear Reinforcement. Transactions of the Royal Institute of Technology Stockholm, Nr. 158 Civil Engineering 3, 1960

[H6-26] *Nölting, D.:* Durchstanzbemessung bei ausmittiger Stützenlast. Beton- und Stahlbetonbau 97 (2001), Heft 8, S. 548-551.

[H6-27] *Reineck, K.-H.:* Ein mechanisches Modell für Stahlbetonbauteile ohne Stegbewehrung. Bauingenieur 66 (1991), Heft 4, S. 157-165 und Heft 7, S. 323-332.

[H6-28] *Reineck, K.-H.:* Hintergründe zur Querkraftbemessung in DIN 1045-1 für Bauteile aus Konstruktionsbeton mit Querkraftbewehrung. Bauingenieur 76 (2001), Heft 4, S. 168-179.

[H6-29] *Reineck, K.-H.:* Überprüfung des Mindestwertes der Querkrafttragfähigkeit in EN 1992-1-1 - Projekt A3: DIBt Forschungsvorhaben ZP 52-5-7.270-1218/05. Abschlussbericht März 2007.

[H6-30] *Reißen, K.; Hegger, J.:* Shear Capacity of Reinforced Concrete Slabs under Concentrated Loads. In: 18th IABSE Congress, Seoul, Korea, September 2012.

[H6-31] *Ricker, M.:* Zur Zuverlässigkeit der Bemessung gegen Durchstanzen bei Einzelfundamenten. Dissertation. In: Schriftenreihe des IMB RWTH Aachen, Heft 28, 2009.

[H6-32] *Ricker, M.; Siburg, C.; Hegger, J.:* Durchstanzen von Fundamenten nach NA (D) zu Eurocode 2. In: Bauingenieur Band 87, S. 267-276, Juni 2012.

[H6-33] *Roos, W.:* Zur Druckfestigkeit des gerissenen Stahlbetons in scheibenförmigen Bauteilen bei gleichzeitig wirkender Querzugbeanspruchung. Diss. TU München, Februar 1995. H. 2/95, Berichte aus dem Konstruktiven Ingenieurbau, TU München.

[H6-34] *Schießl, P.; Volkwein, A.:* Forschungsbericht: Auswertung von Dauerschwingversuchen an Betonstählen zur Ableitung von Werkstoffkenngrößen für DIN 488. Deutscher Ausschuss für Stahlbeton, 2004.

[H6-35] *Schlaich, J.; Schäfer, K.:* Konstruieren im Stahlbetonbau. Betonkalender 2001/2, S.311-492. Berlin: Ernst & Sohn.

[H6-36] *Schlaich, J.; Schäfer, K.:* Konstruieren im Stahlbetonbau. Betonkalender 1998/2, Berlin: Ernst & Sohn.

[H6-37] *Schlaich, J.; Schäfer, K.:* Konstruieren im Stahlbetonbau. Betonkalender 1989/2, Berlin: Ernst & Sohn.

[H6-38] *Schlaich, J.; Schäfer, K.:* Zur Druck-Querzug-Festigkeit des Stahlbetons. Beton- und Stahlbetonbau 78 (1983), Heft 3, S. 73-78.

[H6-39] *Schnell, J., Thiele, C.:* Querkrafttragfähigkeit von Stahlbetondecken mit integrierten Leitungsführungen. Bauingenieur 82 (2007), Heft 4, S. 185-192.

[H6-40] *Schnell, J.; Thiele, C.:* Bemessung von Stahlbetondecken ohne Querkraftbewehrung mit integrierten Leitungsführungen. DIBt-Mitteilungen 42 (2011), Heft 4, S. 119-139.

[H6-41] *Siburg, C.; Häusler, F.; Hegger, J.:* Durchstanzen von Flachdecken nach NA(D) zu Eurocode 2. In: Bauingenieur Band 87, S. 216-225, Mai 2012.

[H6-42] *Vocke, H.:* Durchstanzen von Flachdecken im Bereich von Rand- und Eckstützen. Dissertation Universität Stuttgart, Institut für Werkstoffe im Bauwesen, 2001.

[H6-43] *Weiske, R.:* Durchleitung hoher Stützenlasten bei Stahlbeton-Flachdecken. Dissertation TU Braunschweig, Institut für Baustoffe, Massivbau und Brandschutz: Heft 180, 2004.

[H6-44] *Zilch, K.; Jähring, A.; Müller, A.:* Zur Berücksichtigung der Nettoquerschnittsfläche bei der Bemessung von Stahlbetonquerschnitten mit Druckbewehrung. In: DAfStb-Heft 525, Teil 2. Berlin: Beuth-Verlag 2003.

[H6-45]   *Zilch, K.; Methner, R.:* Neuausgabe DIN 1045-1 – Ermüdungsnachweise. In: Deutscher Beton-
und Bautechnik-Verein E. V., DBV-Heft 14: Weiterbildung Tragwerksplaner Massivbau – Brennpunkt Aktuelle Normung. 2007.

[H6-46]   *Zilch, K.; Müller, A.:* Grundlagen und Anwendungsregeln der Bemessung von Fugen nach
EN 1992-1-1. Abschlussbericht DIBt-Forschungsvorhaben. Lehrstuhl für Massivbau,
TU München, April 2007.

[H6-47]   *Zilch, K.; Rogge, A.:* Grundlagen der Bemessung von Beton-, Stahlbeton- und Spannbetonbauteilen nach DIN 1045-1. Betonkalender 2002/1. Berlin: Ernst & Sohn.

[H6-48]   *Zilch, K.; Zehetmaier, G.:* Bemessung im konstruktiven Betonbau nach DIN 1045-1 (Fassung
2008) und EN 1992-1-1 (Eurocode 2). Heidelberg: Springer-Verlag, 2. Auflage 2010.

→ Literatur zu Abschnitt 7

[H7-1]   *Curbach, M.; Tue, N.; Eckfeldt, L.; Speck, K.:* Erläuterungen zum Nachweis der Rissbreitenbeschränkung gemäß DIN 1045-1. In: DAfStb-Heft 525, Teil 2. Berlin: Beuth-Verlag 2003.

[H7-2]   *Donaubauer, K.:* Rechnerische Untersuchung der Durchbiegung von Stahlbetonplatten unter
Ansatz wirklichkeitsnaher Steifigkeiten und Lagerungsbedingungen und unter Berücksichtigung
zeitabhängiger Verformungen. Lehrstuhl für Massivbau, TU München 2002 (Dissertation).

[H7-3]   Eurocode 2 – Commentary. Ed.: The European Concrete Platform ASBL. June 2008.
www.ermco.eu.

[H7-4]   *Falkner, H.:* Fugenlose und wasserundurchlässige Stahlbetonbauten ohne zusätzliche
Abdichtung. Beitrag zum Betontag 1986.

[H7-5]   *Fingerloos, F. (Hrsg.):* Überprüfung und Überarbeitung des Nationalen Anhangs (DE) für
DIN EN 1992-1-1 (Eurocode 2). Abschlussbericht des DIBt-Forschungsvorhabens
ZP 52-5-7.278.2-1317/09: Eurocode 2 Hochbau – Pilotprojekte. Februar 2010.

[H7-6]   *Fingerloos, F.; Hegger, J.; Zilch, K.:* EUROCODE 2 für Deutschland. DIN EN 1992-1-1
Bemessung und Konstruktion von Stahlbeton- und Spannbetontragwerken –
Teil 1-1: Allgemeine Bemessungsregeln und Regeln für den Hochbau mit Nationalem Anhang.
Kommentierte Fassung. Berlin: Beuth-Verlag und Ernst & Sohn 2012.

[H7-7]   *Fingerloos, F.; Litzner, H.-U.:* Erläuterungen zur praktischen Anwendung der neuen DIN 1045.
Betonkalender 2006/2. Berlin: Ernst & Sohn.

[H7-8]   *Hotzler, H.; Kordina, K.:* Näherungsweise Berechnung der Durchbiegung von Flächentragwerken.
In: Bautechnik 69 (1992), Heft 6, S. 322-326.

[H7-9]   *König, G.; Fehling, E.:* Zur Rissbreitenbeschränkung bei voll oder beschränkt vorgespannten
Betonbrücken. Beton- und Stahlbetonbau 84 (1989), Hefte 7-9, S. 161-166, 203-207, 238-241.

[H7-10]   *Krüger, W.; Mertzsch, O.:* Verformungsnachweis – Erweiterte Tafeln zur Berechnung der
Biegeschlankheit. Stahlbeton aktuell. Berlin: Bauwerk-Verlag 2003.

[H7-11]   *Krüger, W.; Mertzsch, O.:* Beitrag zur Verformungsberechnung von überwiegend auf Biegung
beanspruchten bewehrten Betonquerschnitten. Beton- und Stahlbetonbau 97 (2002), Heft 11,
S. 584-589.

[H7-12]   *Litzner, H.-U.:* Grundlagen der Bemessung nach Eurocode 2 – Vergleich mit DIN 1045 und
DIN 4227. Betonkalender 1995/1, S. 519-727. Berlin: Ernst & Sohn.

[H7-13]   *Maurer, R.; Tue, N. V.; Haveresch, K.-H.; Arnold, A.:* Mindestbewehrung zur Begrenzung der
Rissbreiten bei dicken Wänden. Bauingenieur 80 (2005), Heft 10, S. 479-485.

[H7-14]   *Rostásy, F.S.; Krauß, M.; Budelmann, H.:* Planungswerkzeug zur Kontrolle der frühen
Rissbildung in massigen Betonbauteilen. In: Bautechnik 79 (2002). 6 Teile: H. 7, S. 431-435;
H. 8, S. 523-527; H. 9, S. 641-647; H. 10, S. 697-703; H. 11, S. 778-789; H. 12, S. 869-874.

[H7-15]   *Schließl, P.:* Grundlagen der Neuregelung zur Beschränkung der Rissbreite. In: DAfStb-Heft 400.
Berlin: Beuth-Verlag. 3. berichtigter Nachdruck 1994.

[H7-16]   *Vismann, U.:* Wendehorst Bautechnische Zahlentafeln. Vieweg + Teubner, 34. Auflage, 2012.

[H7-17] *Zilch, K.; Donaubauer, U.:* Rechnerische Untersuchung der Durchbiegung von Stahlbetonplatten unter Ansatz wirklichkeitsnaher Steifigkeiten und Lagerungsbedingungen und unter Berücksichtigung zeitabhängiger Verformungen, Lehrstuhl für Massivbau, TU München. 2001. – Forschungsbericht.

[H7-18] *Zilch, K.; Donaubauer, U.; Scheider, R.:* Zur Berechnung und Begrenzung der Verformungen im Grenzzustand der Gebrauchstauglichkeit. In: DAfStb-Heft 525, Teil 2. Berlin: Beuth 2003.

[H7-19] *Zilch, K.; Reitmayer, C.:* Zur Verformungsberechnung von Betontragwerken nach Eurocode 2 mit Hilfsmitteln. In: Bauingenieur, 87 (2012), Heft 6.

[H7-20] *Zilch, K.; Zehetmaier, G.:* Bemessung im konstruktiven Betonbau nach DIN 1045-1 (Fassung 2008) und EN 1992-1-1 (Eurocode 2). Heidelberg: Springer-Verlag, 2. Auflage 2010.

[H7-21] *Zilch,K. et al.:* Handbuch für Bauingenieure. Springer-Verlag, 2. aktualisierte Auflage, 2012.

→ Literatur zu Abschnitt 8

[H8-1] *Azizinamini, A.; Chisala, M.; Ghosh, S.K.:* Tension development length of reinforcing bars embedded in high-strength concrete. Engineering Structures, Vol. 12, No. 7, 1995, S. 512-522.

[H8-2] *Bülte, S.:* Zum Verbundverhalten von Spannstahl mit sofortigem Verbund unter Betriebsbeanspruchung. Dissertation. In: Schriftenreihe des IMB RWTH Aachen, Heft 25, 2008.

[H8-3] Comité Euro-International du Béton (CEB): CEB-FIP Model Code 1990. Bulletin No. 213/214, London, Thomas Telford Publications 1993.

[H8-4] *Fingerloos, F.; Hegger, J.; Zilch, K.:* EUROCODE 2 für Deutschland. DIN EN 1992-1-1 Bemessung und Konstruktion von Stahlbeton- und Spannbetontragwerken – Teil 1-1: Allgemeine Bemessungsregeln und Regeln für den Hochbau mit Nationalem Anhang. Kommentierte Fassung. Berlin: Beuth-Verlag und Ernst & Sohn 2012.

[H8-5] *Hegger, J.; Nitsch, A.:* Neuentwicklung von Spannbetonfertigteilen – aktuelle Forschungsergebnisse und Anwendungsbeispiele. Beton + Fertigteiljahrbuch, Bauverlag 2000.

[H8-6] *Hegger, J.; Nitsch, A.; Hartz, U.:* Zur Einleitung der Vorspannung bei sofortigem Verbund. In: DAfStb-Heft 525, Teil 2. Berlin: Beuth-Verlag, 1. Auflage 2003.

[H8-7] *Leonhardt, F.; Mönnig, E.:* Vorlesungen über Massivbau – Dritter Teil: Grundlagen zum Bewehren im Stahlbetonbau. Berlin: Springer-Verlag 1974.

[H8-8] *Nitsch, A.:* Spannbetonfertigteile mit teilweiser Vorspannung aus hochfestem Beton. Dissertation. In: Schriftenreihe des IMB RWTH Aachen, Heft 13, 2001.

[H8-9] *Zilch, K.; Niedermeier, R.; Haas, A.:* Verbundverhalten und Rissbreitenbeschränkung unter Querzug. Forschungsbericht V 456 für den Deutschen Ausschuss für Stahlbeton, Juli 2008.

→ Literatur zu Abschnitt 9

[H9-1] *Bonzel, J.; Bub, H.; Funk, P.:* Erläuterungen zu den Stahlbetonbestimmungen. Berlin: Ernst & Sohn, 7. Auflage 1972.

[H9-2] *Fingerloos, F.; Hegger, J.; Zilch, K.:* EUROCODE 2 für Deutschland. DIN EN 1992-1-1 Bemessung und Konstruktion von Stahlbeton- und Spannbetontragwerken – Teil 1-1: Allgemeine Bemessungsregeln und Regeln für den Hochbau mit Nationalem Anhang. Kommentierte Fassung. Berlin: Beuth-Verlag und Ernst & Sohn 2012.

[H9-3] *Fingerloos, F.; Litzner, H.-U.:* Erläuterungen zur praktischen Anwendung der neuen DIN 1045. Betonkalender 2006/2. Berlin: Ernst & Sohn.

[H9-4] *Fingerloos, F.; Stenzel, G.:* Konstruktion und Bemessung von Details nach DIN 1045-1. Betonkalender 2007/2, Berlin: Ernst & Sohn.

[H9-5] *Görtz, S.:* Zum Schubrissverhalten von profilierten Stahlbeton- und Spannbetonbauteilen aus Normal- und aus Hochleistungsbeton. Entwurf Dissertation, RWTH Aachen, Mai 2001.

[H9-6] *Hegger, J.; Görtz, S.:* Querkraftbemessung nach DIN 1045-1. Beton- und Stahlbetonbau 97 (2002), Heft 9, S. 460-470.

[H9-7] *Hegger, J.; Görtz, S.:* Zur Mindestquerkraftbewehrung nach DIN 1045-1. In: DAfStb-Heft 525, Teil 2. Berlin: Beuth 2003.

[H9-8]   *Hegger, J.; Görtz, S.; Neuser, J. U.:* Hochfester Beton für Spannbetonbalken mit sofortigem Verbund. Beton- und Stahlbetonbau 96 (2001), Heft 2, S. 90-97.

[H9-9]   *König, G.; u. a.:* Einfluss der Rissreibung bei Querkraftversuchen. Beton- und Stahlbetonbau 95 (2000), Heft 10, S. 584-591.

[H9-10] *Leonhardt, F.; Mönnig, E.:* Vorlesungen über Massivbau – Dritter Teil: Grundlagen zum Bewehren im Stahlbetonbau. Berlin: Springer-Verlag 1974.

[H9-11] *Leonhardt, F.; Koch, R.; Rostásy, F. S.:* Aufhängebewehrung bei indirekter Lasteintragung von Spannbetonträgern, Versuchsbericht und Empfehlungen. Beton- und Stahlbetonbau 66 (1971), Heft 10, S. 233-241

[H9-12] *Pöllet, L.:* Untersuchung von Flachdecken auf Durchstanzen im Bereich von Eck- und Randstützen. Dissertation. RWTH Aachen, 1983.

[H9-13] *Reineck,K.-H.:* Modellierung der D-Bereiche von Fertigteilen. Betonkalender 2005/2. Berlin: Ernst & Sohn.

[H9-14] *Stiglat, K.; Wippel, H.:* Massive Platten, Ausgewählte Kapitel der Schnittkraftermittlung und Bemessung. Betonkalender 1986/1 und 2000/2, Berlin: Ernst & Sohn.

[H9-15] *Zilch, K.; Zehetmaier, G.:* Bemessung im konstruktiven Betonbau nach DIN 1045-1 (Fassung 2008) und EN 1992-1-1 (Eurocode 2). Heidelberg: Springer-Verlag, 2. Auflage 2010.

→ Literatur zu Abschnitt 10

[H10-1] *Bachmann, H.; Steinle, A.; Hahn, V.:* Bauen mit Betonfertigteilen im Hochbau. Betonkalender 2009/1, Berlin: Ernst & Sohn.

[H10-2] Deutsches Institut für Bautechnik – Stahlbeton-Hohlplatten nach DIN 1045-1. DIBt-Mitteilungen 36 (2005), Heft 3.

[H10-3] Deutsches Institut für Bautechnik – Grundsätze für die statische Prüfung von Stahlbeton- und Stahlleichtbetonplatten. Mitteilungen des Instituts für Bautechnik 16 (1985), Heft 2.

[H10-4] Fachvereinigung Deutscher Betonfertigteilbau e.V. – Muster-Montageanweisungen für den Betonfertigteilbau. Düsseldorf: Verlag Bau + Technik, 4. Auflage 2009

[H10-5] *Fingerloos, F.:* Auslegungen zu DIN 1045-1 für den Fertigteilbau. In: Beton+Fertigteil-Jahrbuch 2007, S. 171-173.

[H10-6] *Fingerloos, F.; Stenzel, G.:* Konstruktion und Bemessung von Details nach DIN 1045-1. Betonkalender 2007/2, Berlin: Ernst & Sohn.

[H10-7] *König, G.; Tue, N. V.; Saleh, H.; Kliver, J.:* Herstellung und Bemessung stumpf gestoßener Fertigteilstützen. In: Beton+Fertigteil-Jahrbuch 2003. Gütersloh: Bertelsmann Springer Bauverlag 2003.

[H10-8] *Paschen, H.; Zillich, V.H.:* Tragfähigkeit querkraftschlüssiger Fugen zwischen vorgefertigten Stahlbeton-Fertigteildecken. Beton- und Stahlbetonbau 78 (1983), Heft 6, S. 168-172, 197-201.

[H10-9] *Paschen, H.:* Berichtigung zu [H10-8]. Beton- und Stahlbetonbau 82 (1987), S. 56.

[H10-10] *Reineck, K.-H.:* Modellierung der D-Bereiche von Fertigteilen. Betonkalender 2005/2. Berlin: Ernst & Sohn.

[H10-11] *Schlaich, J.; Schäfer, K.:* Konstruieren im Stahlbetonbau. Betonkalender 2001/2, S.311-492. Berlin: Ernst & Sohn.

→ Literatur zu Abschnitt 11

[H11-1] *Faust, T.; König, G.:* Zur Bemessung von Leichtbeton und Konstruktionsregeln. In: DAfStb-Heft 525, Teil 2. Berlin: Beuth-Verlag 2003.

→ Literatur zu Abschnitt 12

[H12-1] *Hegger, J.; Dreßen, T.; Will, N.:* Zur Tragfähigkeit unbewehrter Betonwände. Beton- und Stahlbetonbau 102 (2007), Heft 5, S. 280-288.

[H12-2] *Hegger, J.; Niewels, J.; Dreßen, T.; Will, N.:* Zum statischen System von Kellerwänden aus unbewehrtem Beton unter Erddruck. Beton- und Stahlbetonbau 102 (2007), Heft 5, S. 289-295.

[H12-3]   Typenstatik Bemessungsnomogramme für Kellerwände aus unbewehrtem Beton im Wohnungs-
           bau. Prüfbescheid Nr. II B 2-542-198 und Änderung Nr. VI A 3 - 542 - 216. Bundesverband der
           Deutschen Transportbetonindustrie e. V. → *www.transportbeton.org.*

→ **Literatur zu den Anhängen**

[HC-1]   fib: Structural Concrete. Textbook on Behaviour, Design and Performance. Updated knowledge
           on the CEB/FIP Model Code 1990. Volume 1. Lausanne: fib 1999.

[HJ-1]   *Eibl, J.; Zeller, W.:* Untersuchungen zur Traglast der Druckdiagonalen in Konsolen; Beton- und
           Stahlbetonbau, Heft 1, 1993, Ernst & Sohn, Berlin

[HJ-2]   *Goris, A.:* Stabwerkmodelle – Bemessung von Stahlbetonbauteilen nach EC 2; in *Goris, A.;
           Hegger, J.:* Stahlbetonbau aktuell 2012, Praxishandbuch, Beuth Verlag, 2012

[HJ-3]   *Hegger, J.; Roeser, W.:* Zur Ausbildung von Knoten.
           In: DAfStb-Heft 525, Teil 2. Berlin: Beuth-Verlag 2003.

[HJ-4]   *Hegger, J.; Roeser, W.; Beutel, R.; Kerkeni, N.:* Konstruktion und Bemessung von Industrie- und
           Gewerbebauten nach DIN 1045-1. In: Beton Kalender 2006, Turmbauwerke und Industriebauten
           Teil 2, Ernst & Sohn, Berlin, 2006, S. 107-200.

[HJ-5]   *Hegger, J.; Sherif, A.; Roeser, W.:*The Design of Non-Seismic Beam-Column Joints; ACI
           Structural Journal, USA, Sept./Oct. 2003

[HJ-6]   *Heidolf, T.; Roeser, W.:* Bemessung von Stahlbetonkonsolen; in: BFT International - Betonwerk +
           Fertigteil-Technik; Heft 3/2011.

[HJ-7]   *Kordina, K.:* Über das Verformungsverhalten von Stahlbeton-Rahmenecken und –knoten. Beton-
           und Stahlbetonbau 92 (1997), Heft 8, S. 208-213 und Heft 9, S. 245-248

[HJ-8]   *Leonhardt, F.; Mönnig, E.:* Vorlesungen über Massivbau, Dritter Teil: Grundlagen zum Bewehren
           im Stahlbetonbau. Dritte Auflage, Springer Verlag, Berlin, Heidelberg, New York, 1977

[HJ-9]   *Roeser, W.; Hegger, J.:* Zur Bemessung von Konsolen gemäß DIN 1045-1 und Heft 525.
           In: Beton-und Stahlbeton 100 (2005), Heft 5, S. 434 - 439.

[HJ-10]   *Schäfer, K.:* Anwendung der Stabwerkmodelle. In: DAfStb-Heft [425]: Bemessungshilfsmittel zu
           Eurocode 2 Teil 1 - Planung von Stahlbeton- und Spannbetontragwerken;
           Beuth Verlag, Berlin 1992

[HJ-11]   *Schlaich, J.; Schäfer, K.:* Konstruieren im Stahlbetonbau. Betonkalender 2001 Teil 2,
           Ernst & Sohn, Berlin 2001

[HJ-12]   *Tue, N.; König, G.; Pommerening, D.:* Erläuterung zur Anwendung der DIN 4227-1/A1.
           Bautechnik 76 (1999), Heft 2, S. 146-151.

Verzeichnis
der in der Schriftenreihe des Deutschen Ausschusses für Stahlbeton – DAfStb – seit 1945 erschienenen Hefte

Heft

100: Versuche an Stahlbetonbalken zur Bestimmung der Bewehrungsgrenze.
Von W. Gehler, H. Amos und E. Friedrich.
Die Ergebnisse der Versuche und das Dresdener Rechenverfahren für den plastischen Betonbereich (1949).
Von W. Gehler. 9,70 EUR

101: Versuche zur Ermittlung der Rissbildung und der Widerstandsfähigkeit von Stahlbetonplatten mit verschiedenen Bewehrungsstählen bei stufenweise gesteigerter Last.
Von O. Graf und K. Walz.
Versuche über die Schwellzugfestigkeit von verdrillten Bewehrungsstählen.
Von O. Graf und G. Weil.
Versuche über das Verhalten von kalt verformten Baustählen beim Zurückbiegen nach verschiedener Behandlung der Proben.
Von O. Graf und G. Weil.
Versuche zur Ermittlung des Zusammenwirkens von Fertigbauteilen aus Stahlbeton für Decken (1948).
Von H. Amos und W. Bochmann. vergriffen

102: Beton und Zement im Seewasser (1950).
Von A. Eckhardt und W. Kronsbein. vergriffen

103: Die n-freien Berechnungsweisen des einfach bewehrten, rechteckigen Stahlbetonbalkens (1951).
Von K. B. Haberstock. vergriffen

104: Bindemittel für Massenbeton, Untersuchungen über hydraulische Bindemittel aus Zement, Kalk und Trass (1951).
Von K. Walz. vergriffen

105: Die Versuchsberichte des Deutschen Ausschusses für Stahlbeton (1951).
Von O. Graf. vergriffen

106: Berechnungstafeln für rechtwinklige Fahrbahnplatten von Straßenbrücken (1952). 7. neubearbeitete Auflage (1981).
Von H. Rüsch. vergriffen

107: Die Kugelschlagprüfung von Beton.
Von K. Gaede. vergriffen

108: Verdichten von Leichtbeton durch Rütteln (1952).
Von K. Walz. vergriffen

109: SO$_3$-Gehalt der Zuschlagstoffe (1952).
Von K. Gaede. 3,30 EUR

110: Ziegelsplittbeton (1952).
Von K. Charisius, W. Drechsel und A. Hummel. vergriffen

111: Modellversuche über den Einfluss der Torsionssteifigkeit bei einer Plattenbalkenbrücke (1952).
Von G. Marten. vergriffen

112: Eisenbahnbrücken aus Spannbeton (1953). 2. erweiterte Auflage (1961).
Von R. Bührer. 7,80 EUR

113: Knickversuche mit Stahlbetonsäulen.
Von W. Gehler und A. Hütter.
Festigkeit und Elastizität von Beton mit hoher Festigkeit (1954).
Von O. Graf. 9,10 EUR

114: Schüttbeton aus verschiedenen Zuschlagstoffen.
Von A. Hummel und K. Wesche.
Die Ermittlung der Kornfestigkeit von Ziegelsplitt und anderen Leichtbeton-Zuschlagstoffen (1954).
Von A. Hummel. vergriffen

115: Die Versuche der Bundesbahn an Spannbetonträgern in Kornwestheim (1954).
Von U. Giehrach und C. Sättele. 5,40 EUR

116: Verdichten von Beton mit Innenrüttlern und Rütteltischen, Güteprüfung von Deckensteinen (1954).
Von K. Walz. vergriffen

117: Gas- und Schaumbeton: Tragfähigkeit von Wänden und Schwinden.
Von O. Graf und H. Schäffler.
Kugelschlagprüfung von Porenbeton (1954).
Von K. Gaede. vergriffen

118: Schwefelverbindung in Schlackenbeton (1954).
Von A. Stois, F. Rost, H. Zinnert und F. Henkel. 6,90 EUR

119: Versuche über den Verbund zwischen Stahlbeton-Fertigbalken und Ortbeton.
Von O. Graf und G. Weil.
Versuche mit Stahlleichtträgern für Massivdecken (1955).
Von G. Weil. vergriffen

120: Versuche zur Festigkeit der Biegedruckzone (1955).
Von H. Rüsch. vergriffen

121: Gas- und Schaumbeton:
Versuche zur Schubsicherung bei Balken aus bewehrtem Gas- und Schaumbeton.
Von H. Rüsch.
Ausgleichsfeuchtigkeit von dampfgehärtetem Gas- und Schaumbeton.
Von H. Schäffler.
Versuche zur Prüfung der Größe des Schwindens und Quellens von Gas und Schaumbeton (1956).
Von O. Graf und H. Schäffle. vergriffen

122: Gestaltfestigkeit von Betonkörpern.
Von K. Walz.
Warmzerreißversuche mit Spannstählen.
Von J. Dannenberg, H. Deutschmann und Melchior.
Konzentrierte Lasteintragung in Beton (1957).
Von W. Pohle. 7,60 EUR

123: Luftporenbildende Betonzusatzmittel (1956).
Von K. Walz. vergriffen

124: Beton im Seewasser (Ergänzung zu Heft 102) (1956).
Von A. Hummel und K. Wesche. 2,70 EUR

125: Untersuchungen über Federgelenke (1957).
Von K. Kammüller und O. Jeske. vergriffen

126: SO$_3$-Gehalt der Zuschlagstoffe – Langzeitversuche (Ergänzung zu Heft 109). Eindringtiefe von Beton in Holzwolle-Leichtbauplatten (1957).
Von K. Gaede. 5,40 EUR

127: Witterungsbeständigkeit von Beton (1957)
Von K. Walz. 4,80 EUR

128: Kugelschlagprüfung von Beton (Einfluss des Betonalters) (1957).
Von K. Gaede. vergriffen

129: Stahlbetonsäulen unter Kurz- und Langzeitbelastung (1958).
Von K. Gaede. 12,90 EUR

130: Bruchsicherheit bei Vorspannung ohne Verbund (1959).
Von H. Rüsch, K. Kordina und C. Zelger. 5,40 EUR

131: Das Kriechen unbewehrten Betons (1958).
Von O. Wagner. vergriffen

132: Brandversuche mit starkbewehrten Stahlbetonsäulen.
Von H. Seekamp.
Widerstandsfähigkeit von Stahlbetonbauteilen und Stahlsteindecken bei Bränden (1959).
Von M. Hannemann und H. Thoms. vergriffen

133: Gas- und Schaumbeton:
Druckfestigkeit von dampfgehärtetem Gasbeton nach verschiedener Lagerung.
Von H. Schäffler.
Über die Tragfähigkeit von bewehrten Platten aus dampfgehärtetem Gas- und Schaumbeton.
Von H. Schäffler.
Untersuchung des Zusammenwirkens von Porenbeton mit Schwerbeton bei bewehrten Schwerbetonbalken mit seitlich angeordneten Porenbetonschalen (1959).
Von H. Rüsch und E. Lassas. 4,80 EUR

134: Über das Verhalten von Beton in chemisch angreifenden Wässern (1959).
Von K. Seidel. vergriffen

135: Versuche über die beim Betonieren an den Schalungen entstehenden Belastungen.
Von O. Graf und K. Kaufmann.
Druckfestigkeit von Beton in der oberen Zone nach dem Verdichten durch Innenrüttler.
Von K. Walz und H. Schäffler.
Versuche über die Verdichtung von Beton auf einem Rütteltisch in lose aufgesetzter und in aufgespannter Form (1960).
Von J. Strey. vergriffen

136: Gas- und Schaumbeton:
Versuche über die Verankerung der Bewehrung in Gasbeton.
Über das Kriechen von bewehrten Platten aus dampfgehärtetem Gas- und Schaumbeton (1960).
Von H. Schäffler. 11,20 EUR

137: Schubversuche an Spannbetonbalken ohne Schubbewehrung.
Von H. Rüsch und G. Vigerust.
Die Schubfestigkeit von Spannbetonbalken ohne Schubbewehrung (1960).
Von G. Vigerust. vergriffen

138: Über die Grundlagen des Verbundes zwischen Stahl und Beton (1961).
Von G. Rehm. vergriffen

139: Theoretische Auswertung von Heft 120 – Festigkeit der Biegedruckzone (1961).
Von G. Scholz. 5,80 EUR

Heft

140: Versuche mit Betonformstählen (1963).
Von *H. Rüsch* und *G. Rehm.*
16,00 EUR

141: Das spiegeloptische Verfahren (1962).
Von *H. Weidemann* und *W. Koepcke.*
9,90 EUR

142: Einpressmörtel für Spannbeton (1960).
Von *W. Albrecht* und *H. Schmidt.*
7,30 EUR

143: Gas- und Schaumbeton: Rostschutz der Bewehrung.
Von *W. Albrecht* und *H. Schäffler.*
Festigkeit der Biegedruckzone (1961).
Von *H. Rüsch* und *R. Sell.*
15,00 EUR

144: Versuche über die Festigkeit und die Verformung von Beton bei Druck-Schwellbeanspruchung.
Über den Einfluss der Größe der Proben auf die Würfeldruckfestigkeit von Beton (1962).
Von *K. Gaede.*
14,50 EUR

145: Schubversuche an Stahlbeton-Rechteckbalken mit gleichmäßig verteilter Belastung.
Von *H. Rüsch, F. R. Haugli* und *H. Mayer.*
Stahlbetonbalken bei gleichzeitiger Einwirkung von Querkraft und Moment (1962).
Von *F. R. Haugli.*
15,50 EUR

146: Der Einfluss der Zementart, des Wasser-Zement-Verhältnisses und des Belastungsalters auf das Kriechen von Beton.
Von *A. Hummel, K. Wesche* und *W. Brand.*
Der Einfluss des mineralogischen Charakters der Zuschläge auf das Kriechen von Beton (1962).
Von *H. Rüsch, K. Kordina* und *H. Hilsdorf.*
31,20 EUR

147: Versuche zur Bestimmung der Übertragungslänge von Spannstählen.
Von *H. Rüsch* und *G. Rehm.*
Ermittlung der Eigenspannungen und der Eintragungslänge bei Spannbetonfertigteilen (1963).
Von *K. Gaede.*
12,20 EUR

148: Der Einfluss von Bügeln und Druckstäben auf das Verhalten der Biegedruckzone von Stahlbetonbalken (1963).
Von *H. Rüsch* und *S. Stöckl.*
14,80 EUR

149: Über den Zusammenhang zwischen Qualität und Sicherheit im Betonbau (1962).
Von *H. Blaut.*
10,00 EUR

150: Das Verhalten von Betongelenken bei oftmals wiederholter Druck- und Biegebeanspruchung (1962).
Von *J. Dix.*
8,40 EUR

151: Versuche an einfeldrigen Stahlbetonbalken mit und ohne Schubbewehrung (1962).
Von *F. Leonhardt* und *R. Walther.*
10,70 EUR

152: Versuche an Plattenbalken mit hoher Schubbeanspruchung (1962).
Von *F. Leonhardt* und *R. Walther.*
14,80 EUR

153: Elastische und plastische Stauchungen von Beton infolge Druckschwell- und Standbelastung (1962).
Von *A. Mehmel* und *E. Kern.*
13,40 EUR

Heft

154: Spannungs-Dehnungs-Linien des Betons und Spannungsverteilung in der Biegedruckzone bei konstanter Dehngeschwindigkeit (1962).
Von *C. Rasch.*
14,10 EUR

155: Einfluss des Zementleimgehaltes und der Versuchsmethode auf die Kenngrößen der Biegedruckzone von Stahlbetonbalken.
Von *H. Rüsch* und *S. Stöckl.*
Einfluss der Zwischenlagen auf Streuung und Größe der Spaltzugfestigkeit von Beton (1963).
Von *R. Sell.*
10,60 EUR

156: Schubversuche an Plattenbalken mit unterschiedlicher Schubbewehrung (1963).
Von *F. Leonhardt* und *R. Walther.*
15,90 EUR

157: Verformungsverhalten von Beton bei zweiachsiger Beanspruchung (1963).
Von *H. Weigler* und *G. Becker.*
11,10 EUR

158: Rückprallprüfung von Beton mit dichtem Gefüge.
Von *K. Gaede* und *E. Schmidt.*
Konsistenzmessung von Beton (1964).
Von *W. Albrecht* und *H. Schäffler.*
11,00 EUR

159: Die Beanspruchung des Verbundes zwischen Spannglied und Beton (1964).
Von *H. Kupfer.*
6,60 EUR

160: Versuche mit Betonformstählen; Teil II. (1963).
Von *H. Rüsch* und *G. Rehm.*
11,70 EUR

161: Modellstatische Untersuchung punktförmig gestützter schiefwinkliger Platten unter besonderer Berücksichtigung der elastischen Auflagernachgiebigkeit (1964).
Von *A. Mehmel* und *H. Weise.*
vergriffen

162: Verhalten von Stahlbeton und Spannbeton beim Brand (1964).
Von *H. Seekamp, W. Becker, W. Struck, K. Kordina* und *H.-J. Wierig.*
vergriffen

163: Schubversuche an Durchlaufträgern (1964).
Von *F. Leonhardt* und *R. Walther.*
20,70 EUR

164: Verhalten von Beton bei hohen Temperaturen (1964).
Von *H. Weigler, R. Fischer* und *H. Dettling.*
13,20 EUR

165: Versuche mit Betonformstählen Teil III. (1964).
Von *H. Rüsch* und *G. Rehm.*
12,20 EUR

166: Berechnungstafeln für schiefwinklige Fahrbahnplatten von Straßenbrücken (1967).
Von *H. Rüsch, A. Hergenröder* und *I. Mungan.*
vergriffen

167: Frostwiderstand und Porengefüge des Betons, Beziehungen und Prüfverfahren.
Von *A. Schäfer.*
Der Einfluss von mehlfeinen Zuschlagstoffen auf die Eigenschaften von Einpressmörteln für Spannkanäle, Einpressversuche an langen Spannkanälen (1965).
Von *W. Albrecht.*
14,80 EUR

Heft

168: Versuche mit Ausfallkörnungen.
Von *W. Albrecht* und *H. Schäffler.*
Der Einfluss der Zementsteinporen auf die Widerstandsfähigkeit von Beton im Seewasser.
Von *K. Wesche.*
Das Verhalten von jungem Beton gegen Frost.
Von *F. Henkel.*
Zur Frage der Verwendung von Bolzensetzgeräten zur Ermittlung der Druckfestigkeit von Beton (1965).
Von *K. Gaede.*
13,10 EUR

169: Versuche zum Studium des Einflusses der Rissbreite auf die Rostbildung an der Bewehrung von Stahlbetonbauteilen.
Von *G. Rehm* und *H. Moll.*
Über die Korrosion von Stahl im Beton (1965).
Von *H. L. Moll.*
vergriffen

170: Beobachtungen an alten Stahlbetonbauteilen hinsichtlich Carbonatisierung des Betons und Rostbildung an der Bewehrung.
Von *G. Rehm* und *H. L. Moll.*
Untersuchung über das Fortschreiten der Carbonatisierung an Betonbauwerken, durchgeführt im Auftrage der Abteilung Wasserstraßen des Bundesverkehrsministeriums, zusammengestellt von *H.-J. Kleinschmidt.*
Tiefe der carbonatisierten Schicht alter Betonbauten, Untersuchungen an Betonproben, durchgeführt vom Forschungsinstitut für Hochofenschlacke, Rheinhausen, und vom Laboratorium der westfälischen Zementindustrie, Beckum, zusammengestellt im Forschungsinstitut der Zementindustrie des Vereins Deutscher Zementwerke e.V. Düsseldorf (1965).
15,70 EUR

171: Knickversuche mit Zweigelenkrahmen aus Stahlbeton (1965).
Von *W. Hochmann* und *S. Röbert.*
10,30 EUR

172: Untersuchungen über den Stoßverlauf beim Aufprall von Kraftfahrzeugen auf Stützen und Rahmenstiele aus Stahlbeton (1965).
Von *C. Popp.*
10,70 EUR

173: Die Bestimmung der zweiachsigen Festigkeit des Betons (1965).
Zusammenfassung und Kritik früherer Versuche und Vorschlag für eine neue Prüfmethode.
Von *H. Hilsdorf.*
8,40 EUR

174: Untersuchungen über die Tragfähigkeit netzbewehrter Betonsäulen (1965).
Von *H. Weigler* und *J. Henzel.*
8,40 EUR

175: Betongelenke. Versuchsbericht, Vorschläge zur Bemessung und konstruktiven Ausbildung.
Von *F. Leonhardt* und *H. Reimann.*
Kritische Spannungszustände des Betons bei mehrachsiger ruhender Kurzzeitbelastung (1965).
Von *H. Reimann.*
vergriffen

176: Zur Frage der Dauerfestigkeit von Spannbetonbauteilen (1966).
Von *M. Mayer.*
9,60 EUR

177: Umlagerung der Schnittkräfte in Stahlbetonkonstruktionen. Grundlagen der Berechnung bei statisch unbestimmten Tragwerken unter Berücksichtigung der plastischen Verformungen (1966).
Von *P. S. Rao.*
12,00 EUR

Heft

476: Zuverlässigkeit des Verpressens von Spannkanälen unter Berücksichtigung der Unsicherheiten auf der Baustelle (1997).
Von *Ferdinand S. Rostásy* und *Alex-W. Gutsch*.   25,70 EUR

477: Einfluss bruchmechanischer Kenngrößen auf das Biege- und Schubtragverhalten hochfester Betone (1997).
Von *Rainer Grimm*.   27,90 EUR

478: Tragfähigkeit von Druckstreben und Knoten in D-Bereichen (1997).
Von *Wolfgang Sundermann* und *Kurt Schäfer*.   29,00 EUR

479: Über das Brandverhalten punktgestützter Stahlbetonplatten (1997).
Von *Karl Kordina*.   25,70 EUR

480: Versagensmodell für schubschlanke Balken (1997).
Von *Jürgen Fischer*.   19,30 EUR

481: Sicherheitskonzept für Bauten des Umweltschutzes.
Von *Daniela Kiefer*.
Erfahrungen mit Bauten des Umweltschutzes.
Von *Johann-Dietrich Wörner, Daniela Kiefer* und *Hans-Werner Nordhues*.
Qualitätskontrollmaßnahmen bei Betonkonstruktionen (1997).
Von *Otto Kroggel*.   21,50 EUR

482: Rissbreitenbeschränkung zwangbeanspruchter Bauteile aus hochfestem Normalbeton (1997).
Von *Harald Bergner*.   25,70 EUR

483: Durchlässigkeitsgesetze für Flüssigkeiten mit Feinstoffanteilen bei Betonbunkern von Abfallbehandlungsanlagen.
Von *Klaus-Peter Grote*.
Einfluss von Stahlfasern auf die Durchlässigkeit von Beton (1997).
Von *Ralf Winterberg*.   22,60 EUR

484: Grenzen der Anwendung nichtlinearer Rechenverfahren bei Stabtragwerken und einachsig gespannten Platten.
Von *Rolf Eligehausen* und *Eckhart Fabritius*.
Rotationsfähigkeit von plastischen Gelenken im Stahl- und Spannbetonbau.
Von *Longfei Li*.
Verdrehfähigkeit plastizierter Trag-werksbereiche im Stahlbetonbau (1998).
Von *Peter Langer*.   37,60 EUR

485: Verwendung von Bitumen als Gleitschicht im Massivbau.
Von *Manfred Curbach* und *Thomas Bösche*.
Versuche zur Eignung industriell gefertigter Bitumenbahnen als Bitumengleitschicht (1998).
Von *Manfred Curbach* und *Thomas Bösche*.   21,50 EUR

486: Trag- und Verformungsverhalten von Rahmenknoten (1998).
Von *Karl Kordina, Manfred Teutsch* und *Erhard Wegener*.   34,30 EUR

487: Dauerhaftigkeit hochfester Betone (1998).
Von *Ulf Guse* und *Hubert K. Hilsdorf*.
                                          19,30 EUR

488: Sachstandsbericht zum Einsatz von Textilien im Massivbau (1998).
Von *Manfred Curbach* u. a.
                                          22,60 EUR

Heft

489: Mindestbewehrung für verformungsbehinderte Betonbauteile im jungen Alter (1998).
Von *Udo Paas*.   23,60 EUR

490: Beschichtete Bewehrung. Ergebnisse sechsjähriger Auslagerungsversuche.
Von *Klaus Menzel, Frank Schulze* und *Hans-Wolf Reinhardt*.
Kontinuierliche Ultraschallmessung während des Erstarrens und Erhärtens von Beton als Werkzeug des Qualitätsmanagements (1998).
Von *Hans-Wolf Reinhardt, Christian U. Große* und *Alexander Herb*.
                                          18,30 EUR

491: Der Einfluss der freien Schwingungen auf ausgewählte dynamische Parameter von Stahlbetonbiegeträgern (1999).
Von *Manfred Specht* und *Michael Kramp*.   31,20 EUR

492: Nichtlineares Last-Verformungs-Verhalten von Stahlbeton- und Spannbetonbauteilen, Verformungsvermögen und Schnittgrößenermittlung (1999).
Von *Gert König, Dieter Pommerening* und *Nguyen Viet Tue*.
                                          26,90 EUR

493: Leitfaden für die Erfassung und Bewertung der Materialien eines Abbruchobjektes (1999).
Von *Theo Rommel, Wolfgang Katzer, Gerhard Tauchert* und *Jie Huang*.
                                          18,80 EUR

494: Tragverhalten von Stahlfaserbeton (1999).
Von *Yong-zhi Lin*.   23,60 EUR

495: Stoffeigenschaften jungen Betons; Versuche und Modelle (1999).
Von *Alex-W. Gutsch*.   29,50 EUR

496: Entwerfen und Bemessen von Betonbrücken ohne Fugen und Lager (1999).
Von *Stephan Engelsmann, Jörg Schlaich* und *Kurt Schäfer*.
                                          25,70 EUR

497: Entwicklung von Verfahren zur Beurteilung der Kontaminierung der Baustoffe vor dem Abbruch (Schnellprüfverfahren) (2000).
Von *Jochen Stark* und *Peter Nobst*.
                                          20,90 EUR

498: Kriechen von Beton unter Zugbeanspruchung (2000).
Von *Karl Kordina, Lothar Schubert* und *Uwe Troitzsch*.   16,70 EUR

499: Tragverhalten von stumpf gestoßenen Fertigteilstützen aus hochfestem Beton (2000).
Von *Jens Minnert*.   29,00 EUR

500: BiM-Online – Das interaktive Informationssystem zu „Baustoffkreislauf im Massivbau" (2000).
Von *Hans-Wolf Reinhardt, Marcus Schreyer* und *Joachim Schwarte*.
                                          21,50 EUR

501: Tragverhalten und Sicherheit betonstahlbewehrter Stahlfaserbetonbauteile (2000).
Von *Ulrich Gossla*.   20,40 EUR

502: Witterungsbeständigkeit von Beton. 3. Bericht (2000).
Von *Wilhelm Manns* und *Kurt Zeus*.
                                          17,80 EUR

Heft

503: Untersuchungen zum Einfluss der bezogenen Rippenfläche von Bewehrungsstäben auf das Tragverhalten von Stahlbetonbauteilen im Gebrauchs- und Bruchzustand (2000).
Von *Rolf Eligehausen* und *Utz Mayer*.
                                          20,90 EUR

504: Schubtragverhalten von Stahlbetonbauteilen mit rezyklierten Zuschlägen (2000).
Von *Sufang Lü*.   24,70 EUR

505: Biegetragverhalten von Stahlbetonbauteilen mit rezyklierten Zuschlägen (2000).
Von *Matthias Meißner*.   29,00 EUR

506: Verwertung von Brechsand aus Bauschutt (2000).
Von *Christoph Müller* und *Bernd Dora*.   24,70 EUR

507: Betonkennwerte für die Bemessung und Verbundverhalten von Beton mit rezykliertem Zuschlag (2000).
Von *Konrad Zilch* und *Frank Roos*.
                                          19,30 EUR

508: Zulässige Toleranzen für die Abweichungen der mechanischen Kennwerte von Beton mit rezykliertem Zuschlag (2000).
Von *Johann-Dietrich Wörner, Pieter Moerland, Sabine Giebenhain, Harald Kloft* und *Klaus Leiblein*.
                                          16,70 EUR

509: Bruchmechanisches Verhalten jungen Betons (2000).
Von *Karim Hariri*.   24,70 EUR

510: Probabilistische Lebensdauerbemessung von Stahlbetonbauwerken – Zuverlässigkeitsbetrachtungen zur wirksamen Vermeidung von Bewehrungskorrosion (2000).
Von *Christoph Gehlen*.
                                          24,20 EUR

511: Hydroabrasionsverschleiß von Betonoberflächen.
Beton und Mörtel für die Instandsetzung verschleißgeschädigter Betonbauteile im Wasserbau (2000).
Von *Gesa Haroske, Jan Vala* und *Ulrich Diederichs*.   27,40 EUR

512: Zwang und Rissbildung infolge Hydratationswärme – Grundlagen Berechnungsmodelle und Tragverhalten (2000).
Von *Benno Eierle* und *Karl Schikora*.
                                          27,40 EUR

513: Beton als kreislaufgerechter Baustoff (2001).
Von *Christoph Müller*.   65,50 EUR

514: Einfluss von rezykliertem Zuschlag aus Betonbruch auf die Dauerhaftigkeit von Beton.
Von *Beatrix Kerkhoff* und *Eberhard Siebel*.
Einfluss von Feinstoffen aus Betonbruch auf den Hydratationsfortschritt.
Von *Walter Wassing*.
Recycling von Beton, der durch eine Alkalireaktion gefährdet oder bereits geschädigt ist.
Von *Wolfgang Aue*.
Frostwiderstand von rezykliertem Zuschlag aus Altbeton und mineralischen Baustoffgemischen (Bauschutt) (2001).
Von *Stefan Wies* und *Wilhelm Manns*.
                                          48,60 EUR

Heft

515: Analytische und numerische Untersuchungen des Durchstanzverhaltens punktgestützter Stahlbetonplatten (2001).
Von *Markus Anton Staller.*
43,50 EUR

516: Sachstandbericht Selbstverdichtender Beton (SVB) (2001).
Von *Hans-Wolf Reinhardt, Wolfgang Brameshuber, Geraldine Buchenau, Frank Dehn, Horst Grube, Peter Grübl, Bernd Hillemeier, Martin Jooß, Bert Kilanowski, Thomas Krüger, Christoph Lemmer, Viktor Mechterine, Harald Müller, Thomas Müller, Markus Plannerer, Andreas Rogge, Andreas Schaab, Angelika Schießl* und *Stephan Uebachs.*
33,80 EUR

517: Verformungsverhalten und Tragfähigkeit dünner Stege von Stahlbeton- und Spannbetonträgern mit hoher Betongüte (2001).
Von *Karl-Heinz Reineck, Rolf Wohlfahrt* und *Harianto Hardjasaputra.*
54,20 EUR

518: Schubtragfähigkeit längsbewehrter Porenbetonbauteile ohne Schubbewehrung.
Thermische Vorspannung bewehrter Porenbetonbauteile.
Kriechen von unbewehrtem Porenbeton.
Kriechen des Porenbetons im Bereich der zur Verankerung der Längsbewehrung dienenden Querstäbe und Tragfähigkeit der Verankerung (2001).
Von *Ferdinand Daschner* und *Konrad Zilch.*
55,90 EUR

519: Betonbau beim Umgang mit wassergefährdenden Stoffen. Zweiter Sachstandsbericht mit Beispielsammlung (2001).
Von *Rolf Breitenbücher, Franz-Josef Frey, Horst Grube, Wilhelm Kanning, Klaus Lehmann, Hans-Wolf Reinhardt, Bernd Schnütgen, Manfred Teutsch, Günter Timm* und *Johann-Dietrich Wörner.*
52,10 EUR

520: Frühe Risse in massigen Betonbauteilen – Ingenieurmodelle für die Planung von Gegenmaßnahmen (2001).
Von *Ferdinand S. Rostásy* und *Matias Krauß.*
39,20 EUR

521: Sachstandbericht Nachhaltig Bauen mit Beton (2001).
Von *Hans-Wolf Reinhardt, Wolfgang Brameshuber, Carl-Alexander Graubner, Peter Grübl, Bruno Hauer, Katja Hüske, Julian Kümmel, Hans-Ulrich Litzner, Heiko Lünser, Dieter Rußwurm.*
31,10 EUR

522: Anwendung von hochfestem Beton im Brückenbau.
Von *Konrad Zilch* und *Markus Hennecke.*
Erfahrungen mit Entwurf, Ausschreibung, Vergabe und Tragwerksplanung.
Von *André Müller, Hans Pfisterer, Jürgen Weber* und *Konrad Zilch.*
Erfahrungen mit der Bauausführung und Maßnahmen zur Gewährleistung der geforderten Qualität.
Von *Markus Hennecke, Gert Leonhardt* und *Rolf Stahl.*
Betontechnologie (2002).
Von *Volker Hartmann* und *Werner Schrub.*
37,60 EUR

Heft

523: Beständigkeit verschiedener Betonarten im Meerwasser und in sulfathaltigem Wasser (2003).
Von *Ottokar Hallauer.* 96,10 EUR

524: Mehraxiale Festigkeit von duktilem Hochleistungsbeton (2002).
Von *Manfred Curbach* und *Kerstin Speck.* 68,30 EUR

525: Erläuterungen zu DIN 1045-1; 2. überarbeitete Auflage (2010) 64,30 EUR

526: Erläuterungen zu den Normen DIN EN 206-1, DIN 1045-2, DIN 1045-3, DIN 1045-4 und DIN EN 12620; 2. überarbeitete Auflage (2011). 88,40 EUR

527: Füllen von Rissen und Hohlräumen in Betonbauteilen (2006).
Von *Angelika Eßer.* 58,40 EUR

528: Schubtragfähigkeit von Betonergänzungen an nachträglich aufgerauten Betonoberflächen bei Sanierungs- und Ertüchtigungsmaßnahmen (2002).
Von *Konrad Zilch* und *Jürgen Mainz.*
20,80 EUR

529: Betonwaren mit Recyclingzuschlägen.
Von *Christoph Müller* und *Peter Schießl.*
Rezyklieren von Leichtbeton (2002).
Von *Hans-Wolf Reinhardt* und *Julian Kümmel.* 32,20 EUR

530: Nachweise zur Sicherheit beim Abbruch von Stahlbetonbauwerken durch Sprengen.
Von *Josef Eibl, Andreas Plotzitza, Nico Herrmann.*
Sprengtechnischer Abbruch, Erprobung und Optimierung (2000).
Von *Hans-Ulrich Freund, Gerhard Duseberg, Steffen Schumann, Helmut Roller, Walter Werner.*
36,50 EUR

531: Großtechnische Versuche zur Nassaufbereitung von Recycling-Baustoffen mit der Setzmaschine.
Von *Harald Kurkowski* und *Klaus Mesters.*
Einflüsse der Aufbereitung von Bauschutt für eine Verwendung als Betonzuschlag (2003).
Von *Werner Reichel* und *Petra Heldt.*
42,80 EUR

532: Die Bemessung und Konstruktion von Rahmenknoten. Grundlagen und Beispiele gemäß DIN 1045-1 (2002).
Von *Josef Hegger* und *Wolfgang Roeser.* 62,80 EUR

533: Rechnerische Untersuchung der Durchbiegung von Stahlbetonplatten unter Ansatz wirklichkeitsnaher Steifigkeiten und Lagerungsbedingungen und unter Berücksichtigung zeitabhängiger Verformungen (2006).
Von *Konrad Zilch* und *Uli Donaubauer.*
Zum Trag- und Verformungsverhalten bewehrter Betonquerschnitte im Grenzzustand der Gebrauchstauglichkeit.
Von *Wolfgang Krüger* und *Olaf Mertzsch.*
67,70 EUR

534: Sicherheitskonzept für nichtlineare Traglastverfahren im Betonbau (2003).
Von *Michael Six.* 51,90 EUR

535: Rotationsfähigkeit von Rahmenecken (2002).
Von *Jan Akkermann* und *Josef Eibl.*
43,70 EUR

Heft

537: Zum Einfluss der Oberflächengestalt von Rippenstählen auf das Trag- und Verformungsverhalten von Stahlbetonbauteilen (2003).
Von *Utz Mayer.* 44,20 EUR

538: Analyse der Transportmechanismen für wassergefährdende Flüssigkeiten in Beton zur Berechnung des Medientransportes in ungerissene und gerissene Betondruckzonen (2002).
Von *Norbert Brauer.* 45,40 EUR

539: Alkalireaktion im Bauwerksbeton. Ein Erfahrungsbericht (2003).
Von *Wilfried Bödeker.*
26,30 EUR

540: Trag- und Verformungsverhalten von Stahlbetontragwerken unter Betriebsbelastung (2003).
Von *Thomas M. Sippel.*
27,30 EUR

541: Das Ermüdungsverhalten von Dübelbefestigungen (2003).
Von *Klaus Block* und *Friedrich Dreier.*
38,80 EUR

542: Charakterisierung, Modellierung und Bewertung des Auslaugverhaltens umweltrelevanter, anorganischer Stoffe aus zementgebundenen Baustoffen (2003).
Von *Inga Hohberg.* 52,40 EUR

543: Mikrostrukturuntersuchungen zum Sulfatangriff bei Beton (2003).
Von *Winfried Malorny.* 19,60 EUR

544: Hochfester Beton unter Dauerzuglast (2003).
Von *Tassilo Rinder.* 37,70 EUR

545: Gebrauchsverhalten von Bodenplatten aus Beton unter Einwirkungen infolge Last und Zwang (2004).
Von *Peter Niemann.* 65,00 EUR

546: Zu Deckenscheiben zusammengespannte Stahlbetonfertigteile für demontable Gebäude (2003).
Von *Georg Christian Weiß.*
39,90 EUR

547: Durchstanzen von Bodenplatten unter rotationssymmetrischer Belastung (2004).
Von *Maike Timm.* 49,10 EUR

548: Die Druckfestigkeit von gerissenen Scheiben aus Hochleistungsbeton und selbstverdichtendem Beton unter Berücksichtigung des Einflusses der Rissneigung (2005).
Von *Angelika Schießl.* 56,30 EUR

549: Zum Gebrauchs- und Tragverhalten von Tunnelschalen aus Stahlfaserbeton und stahlfaserverstärktem Stahlbeton (2004).
Von *Olaf Hemmy.* 74,20 EUR

550: Zur Querkrafttragfähigkeit von Balken aus stahlfaserverstärktem Stahlbeton (2004).
Von *Joachim Rosenbusch.*
47,60 EUR

551: Zur Wirkung von Steinkohlenflugasche auf die chloridinduzierte Korrosion von Stahl in Beton (2005).
Von *Udo Wiens.* 63,30 EUR

552: Randbedingungen bei der Instandsetzung nach dem Schutzprinzip W bei Bewehrungskorrosion im karbonatisierten Beton (2005).
Von *Romain Weydert.* 38,50 EUR

Heft

588: Der Stadtbaustein im DAfStb/BMBF-Verbundforschungsvorhaben „Nachhaltig Bauen mit Beton" – Dossier zu Nachhaltigkeitsuntersuchungen. (in Vorbereitung).
Von *Thorsten Bleyer, Marten F. Brunk, Tobias Dreßen, Christian Fensterer, Christoph Gehlen, Carl-Alexander Graubner, Andreas Haas, Norbert Hanenberg, Bruno Hauer, Josef Hegger, Ingo Heusler, Sylvia Keßler, Torsten Mielecke, Christian Piehl, Hans-Wolf Reinhardt, Carolin Roth, Peter Schießl, Hartwig N. Schneider, Joachim Schwarte, Herbert Sinnesbichler, Udo Wiens, Konrad Zilch.*   EUR

589: Zerstörungsfreie Ortung von Gefügestörungen in Betonbodenplatten (2010).
Von *Harald S. Müller, Martin Fenchel, Herbert Wiggenhauser, Christiane Maierhofer, Martin Krause, Andre Gardei, Frank Mielentz, Boris Milman, Mathias Röllig, Jens Wöstmann.*   84,60 EUR

Heft

590: Materialverhalten von hochfestem Beton unter thermomechanischer Beanspruchung (2010).
Von *Sven Huismann.*   65,00 EUR

591: Sachstandbericht Verstärken von Betonbauteilen mit geklebter Bewehrung (2011).
Von *Konrad Zilch, Roland Niedermeier, Wolfgang Finckh.*   77,50 EUR

592: Praxisgerechte Bemessungsansätze für das wirtschaftliche Verstärken von Betonbauteilen mit geklebter Bewehrung – Verbundtragfähigkeit unter statischer Belastung
Von *Konrad Zilch, Roland Niedermeier, Wolfgang Finckh.*   71,20 EUR

594: Praxisgerechte Bemessungsansätze für das wirtschaftliche Verstärken von Betonbauteilen mit geklebter Bewehrung – Querkrafttragfähigkeit
Von *Konrad Zilch, Roland Niedermeier, Wolfgang Finckh.*   50,40 EUR

Heft

597: Erweiterte Datenbanken zur Überprüfung der Querkraftbemessung für Konstruktionsbetonbauteile mit und ohne Bügel (2012).
Von *Karl-Heinz Reineck, Daniel A. Kuchma, Birol Fitik.*   192,40 EUR

598: Mischungsentwurf und Fließeigenschaften von Selbstverdichtendem Beton (SVB) vom Mehlkorntyp unter Berücksichtigung der granulometrischen Eigenschaften der Gesteinskörnung (2012).
Von *Andreas Huß.*   57,30 EUR

600: Erläuterungen zu DIN EN 1992-1-1 und DIN EN 1992-1-1/NA (Eurocode 2) (2012).   98,80 EUR

603: Gütebewertung qualitativer Prüfaufgaben in der zerstörungsfreien Prüfung im Bauwesen am Beispiel des Impulsradarverfahrens (2012).
Von *Sascha Feistkorn.*   70,80 EUR

605: Zur Rheologie und den physikalischen Wechselwirkungen bei Zementsuspensionen (2012).
Von *Michael Haist.*   78,50 EUR

Hinweis auf überarbeitete und ergänzte Hefte der Schriftenreihe des DAfStb:
Heft 220:   2. überarbeitete Auflage 1991
Heft 240:   3. überarbeitete Auflage 1991 (vergriffen)
Heft 400:   4. Auflage 1994 (3. berichtigter Nachdruck) vergriffen
Heft 425:   3. ergänzte Auflage 1997

DAfStb-Heft 600

Jetzt diesen Titel zusätzlich als E-Book downloaden und 70 % sparen!

Als Käufer dieses Buchtitels haben Sie Anspruch auf ein besonderes Kombi-Angebot: Sie können den Titel zusätzlich zum Ihnen vorliegenden gedruckten Exemplar für nur 30 % des Normalpreises als E-Book beziehen.

Der BESONDERE VORTEIL: Im E-Book recherchieren Sie in Sekundenschnelle die gewünschten Themen und Textpassagen. Denn die E-Book-Variante ist mit einer komfortablen Volltextsuche ausgestattet!

Deshalb: Zögern Sie nicht. Laden Sie sich am besten gleich Ihre persönliche E-Book-Ausgabe dieses Titels herunter.

In 3 einfachen Schritten zum E-Book:

❶ Rufen Sie die Website **www.beuth.de/e-book** auf.

❷ Geben Sie hier Ihren persönlichen, nur einmal verwendbaren E-Book-Code ein:

6521807845990BB

❸ Klicken Sie das „Download-Feld" an und gehen dann weiter zum Warenkorb. Führen Sie den normalen Bestellprozess aus.

Hinweis: Der E-Book-Code wurde individuell für Sie als Erwerber dieses Buches erzeugt und darf nicht an Dritte weitergegeben werden. Mit Zurückziehung dieses Buches wird auch der damit verbundene E-Book-Code für den Download ungültig.